光电信息专业实验教程

主　编　陈　笑

副主编　张　颖　吕　敏　杨玉平

　　　　贾　莹　高文焱　高云舒

科 学 出 版 社

北　京

内 容 简 介

本书是在我们近 40 年教学实践的基础上积累的教学成果，尤其是自 2003 年创建光电信息科学与工程专业以来，为该专业高年级学生逐步开设了一批专业实验，同时撰写了实验讲义，通过多年教学实践的检验，汇集编制了这本实验教材。本书涉及工程光学与光学设计类、光电信息处理类、全息显示技术类、激光原理与技术类、光纤技术类、光电器件与光电子技术类 6 个专业子方向，包括基础性、设计性和综合创新性三个层次共 46 个实验项目，可为光电信息科学与工程专业和其他电子信息类专业高年级本科生开设，其中难度较大的综合创新性实验也可作为研究生的实验技能训练项目。同时，我们还增设了面向工程应用的光电工程实训项目，涵盖光学器件组装与检验、光纤器件与系统集成和应用光谱学 3 个实训项目。实训内容以工位制形式编排，坚持体现教材内容深广度适中、够用的原则，对基本工艺遵循“少、精、严”的原则。

本书可作为光电信息科学与工程专业本科生和光学工程、电子信息类研究生的教材，也可供从事光学信息领域的研究人员、工程技术人员和教师阅读参考。

图书在版编目（CIP）数据

光电信息专业实验教程 / 陈笑主编. —北京：科学出版社，2022.9

ISBN 978-7-03-073075-6

Ⅰ. ①光… Ⅱ. ①陈… Ⅲ. ①光电子技术–信息技术–实验–教材
Ⅳ. ①TN2-33

中国版本图书馆 CIP 数据核字（2022）第 164453 号

责任编辑：窦京涛 崔慧娴 / 责任校对：杨聪敏
责任印制：张 伟 / 封面设计：蓝正设计

科学出版社 出版
北京东黄城根北街 16 号
邮政编码：100717
http://www.sciencep.com

北京九州迅驰传媒文化有限公司 印刷
科学出版社发行 各地新华书店经销
*
2022 年 9 月第 一 版 开本：720×1000 1/16
2022 年 9 月第一次印刷 印张：27
字数：544 000

定价：89.00 元

（如有印装质量问题，我社负责调换）

前　言

自20世纪80年代初至今，我们陆续为物理专业、应用物理专业和光电信息科学与工程专业本科生开设了全息显示实验、信息光学实验、光纤通信技术实验和光电信息科学与工程专业实验等实验课程，并撰写了多部相应的实验讲义。尤其是近十年来，在不断探索和研究实验课教学模式、教学方法的基础上，重点研究了专业实验教材的写作模式，改革了早期实验讲义的撰写方式，以培养学生的创新能力为出发点，为光电信息科学与工程专业高年级本科生量身打造了这本专业实验教材。

本书共编入46个专业实验项目，涉及6个专业子方向及3个面向生产应用的工位制专业实训模块，分为基础性实验、设计性实验和综合创新性实验三个层次，涵盖光电信号的产生、调制、传输、检测、处理、显示/存储六大模块。所选实验项目和光电信息科学与工程专业开设的专业理论课程相呼应，既涉足学科前沿的研究，又兼顾实际应用的热门技术；既考虑到基本的实验技能训练，又期望在较高难度水平上有所突破。希望通过专业实验的训练，学生能加深对光电信息科学与工程专业理论知识的理解，同时培养较强的实践能力。

全书共八章，其中第一章由陈笑编写，第二章由陈笑、高文焱编写，第三章和第四章由张颖编写，朱伟利教授负责审核；第五章由陈笑、杨玉平和高文焱编写；第六章由吕敏编写；第七章由陈笑、张颖、杨玉平和高云舒编写；第八章由张颖、吕敏和贾莹编写。陈笑负责全书统稿和审核修改工作。

本书的编写曾得到多位资深专家和工程师的热心指导，他们是美国光学学会和美国国际光学工程学会高级会员、中央民族大学特聘教授宋菲君，北京工业大学陶世荃教授，北京理工大学孙雨南教授，中央民族大学朱伟利教授。大恒新纪元科技股份有限公司北京光电技术研究所及北京杏林睿光科技有限公司的工程师对书中部分内容做了认真细致的审阅，并提出了富有建设性的修改意见，在此一并表示衷心感谢！

由于编者水平有限，书中不当之处在所难免，敬请读者批评指正。

编　者

2021年8月

目　　录

第一章 绪 论

本书是专为光电信息科学与工程专业(简称“光电信息专业”)本科生量身打造的专业实验教材。内容涵盖工程光学与光学设计类、光电信息处理类、全息显示技术类、激光原理与技术类、光纤技术类、光电器件与光电子技术类 6 个专业子方向(46 个实验项目)，以及光学器件组装与检验、光纤器件与系统集成和应用光谱学 3 个工位制专业实训模块。整体内容难度按照基础性、设计性、综合创新性三个层次编排，涉及光电信号的产生、调制、传输、检测、处理和显示/存储等内容。

通过专业实验的学习，学生能深入理解光电信息科学与工程相关领域的基本概念、基本原理和设计方法；能运用所学数理和光电知识对复杂光电问题进行系统描述、建模与分析；能在明确设定条件和局域性下综合给出适当的解决途径，并尝试改进。本书内容体现出科学性与前沿性，并将有助于提升学生学科交叉创新思维能力和解决复杂工程问题的能力。

1.1 光电信息专业实验的特点和要求

1. 专业实验特点与培养目标

本书中的实验项目全部针对光电信息专业培养目标设置，因而实验涉及的内容均与该专业的学科知识紧密相关。本书特点为专业性强、内容涉及学科门类广、与理论课程紧密结合，同时实验内容比较前沿，应用性与实践性强。此外，光电信息专业实验所涉及的仪器设备大多比较先进，不仅精密度高，而且价格较昂贵；实验仪器的调节难度普遍较高，实验设备的操作规程复杂、严格，多数实验的用时都比较长等。值得一提的是，本书还编入以光电工程为核心、面向生产应用和通用技术的“工位制”实训项目，让学生由浅入深地全方位、多角度感受光电元器件的设计—制作—检测—分析—优化等工业流程。

通过学习与实验实践，学生可具备以下能力。

目标 1：学生通过实验能够系统、集中、有效地巩固工程光学、物理光学、激光技术与应用、信息光学、光电子技术、光纤通信、光纤技术等理论课程中的基本概念、基本原理和分析设计方法；能运用所学理论知识，借助文献研究和分组讨论，分析光电信息科学与工程领域中的影响因素，包括技术性因素和非技术性因素。

目标 2：从测量手段、实验方法、数据处理分析等方面对学生进行训练，加深学生对理论知识的理解，并使其掌握相关的实验原理与实验步骤。通过实验，对理论课程中所涉及的部分理论知识进行验证，对实验结果进行分析，得出合理有效的结论，并能持续改进。

目标 3：培养学生使用和维护光电与光电子实验设备的能力及运用实验方法解决实际问题的能力。例如，能够选择并合理使用恰当的仪器、工具，对光电信息领域复杂工程问题进行分析、计算和设计，同时领会交叉学科的思维融合和新兴光电技术的应用融合。

2. 要求

鉴于光电信息专业实验的特点，要求学生能够以一种全新的自主学习的方式投入到专业实验课中，边学习、边研究、边实验、边总结，以期迅速地、全方位地提高自身的实验技能和专业水准。重点注意实验的如下三个环节。

1) 预习环节

实验前的预习尤其重要，必须认真阅读实验讲义，深刻领会实验原理，了解实验仪器的结构和特性，熟悉注意事项。根据实验内容的要求精心设计实验系统和实验步骤，并提出一些疑难问题，在实验课开始时进行必要的讨论。对于难度较高的综合性实验，还需课前查阅相关文献资料，按要求做好实验前的准备。

2) 实验环节

由于部分实验并不涉及测量操作，而是观察、研究和分析实验现象，因此要求实验者在实验中学会快捷、准确、合理地调整实验系统，注意细心捕捉和观察实验现象，学会研究和分析各有关物理量或各种条件之间的有机联系，认真记录实验中发现的问题和解决问题的思路及方法，重视实验过程而不仅仅关心结果。鼓励探讨深层次的问题，鼓励“异想天开”，提倡“与众不同”，活跃思维。

3) 总结环节

实验课后应善于总结，并以实验报告形式汇报给指导教师。要求学生认真写好实验报告，“颠覆”以往的写作习惯，充分体现个性化。要求在实验报告中详尽地反映实验者的实验思路，描述并分析观察到的现象，提供分析和研究所得的结论性或规律性的结果，以及对结果的讨论，提出存在的问题或改进的意见。实验报告应记录实验过程中得到的全部信息，是经过整理和归纳的实验情况汇报，避免“流水账”式的写作方式。对于某些综合性实验，则要求将实验报告写成小论文形式。

1.2 光电信息专业实验的课程安排和选课建议

本书的实验项目包含基础性、设计性和综合创新性三个层次，内容涉及6个专业子方向，实验用时不尽相同，差别很大，例如部分基础性实验3学时可以完成，大部分实验需要4学时，而综合创新性实验平均需6～8学时，个别实验需12学时才能完成。因此，如何使用本书为专业培养方案中实验课程的设置服务，是值得考虑的问题。这里提出一些建议，仅供选用时参考。

一种是“拼盘阶梯式”的课程配置方式，即按照实验内容的难度层次设置三门课程：光电信息专业实验(一)、光电信息专业实验(二)、光电信息专业实验(三)，每门课程都内含6个专业方向的实验项目，而难度是依次递增的。每门课程包含的实验项目可由学生从教材提供的指定项目中挑选，要求选满课程规定的学时数即可。

另一种是按照专业方向设置多门实验课程，如全息与光电信息处理实验、光纤通信基础实验、激光与光电检测实验、光电信息专业综合创新实验等。同样，学生在每门课程中只需选修够课程规定的学时数即可。

此外，我们还可根据各专业实验室配备的实验仪器设备情况，采用适合自己的课程配置方式。

1.3 基本实验技巧与调节方法简介

对于光学类实验而言，光学系统的调节是否完善是关系到实验成败的关键环节，这里介绍几种最基本的调节原则和方法。

1. 光学系统共轴的调节

所谓“共轴”即系统中所有光学元器件的“光轴”均重合于空间同一坐标轴上。实验系统搭建好后，首先必须保证系统共轴。各类系统中共轴的调节方法各不相同，这里仅给出几种通用元件，如平面反射镜、分光(束)镜、透镜、扩束镜的共轴调节方法。

1) 借助细激光束调节元件的共轴

首先检查细激光束的传播方向与平台或导轨是否平行，以便以激光束为基准调节光学元件与之共轴，方法是在光束所到之处测量光束高度，调节激光束的俯仰使之处处等高。如在导轨上，则还需适当调整激光束的方位，使之与导轨平行。

(1) 平面反射镜、分光(束)镜的共轴调节。在光路上放置一小孔光阑，小孔孔径的选择应以使激光束恰好能完全通过为准，约 2mm。调节反射镜或分光(束)镜在水平方向和竖直方向的俯仰角，使从镜面反射的激光点回到小孔内。

(2) 透镜的共轴调节。在上述小孔光阑周围设置有一定面积的平面屏幕，构成“小孔屏”，如图 1-3-1 所示。将透镜置于小孔后方一定距离处，在激光束照射下，透镜前后表面反射回来的光束在小孔屏上显示多个直径不同的光斑，调节透镜，使其在竖直方向和水平方向平移，使多个反射光斑相互靠拢并重叠且共心，然后调节透镜水平方位，使重叠光斑的中心进入小孔。

图 1-3-1　调节透镜共轴的光路示意图

(3) 扩束镜的共轴调节。扩束镜实际是焦距超短的透镜或透镜组件，其调节方法与上述透镜相同，只是由于镜面曲率半径很小，其前表面反射的光斑半径很大，所以在调节时透镜与小孔屏的距离不宜太大，以免难以确定大光斑的中心位置，因此该调节方法有一定难度。

另一种较简便的方法是将小孔屏 2 置于光轴上，让光束通过小孔，然后将扩束镜置于小孔屏 1 和 2 之间，如图 1-3-2 所示。先调节扩束镜水平方位，使其后表面反射的小光斑进入小孔屏 1，再观察细激光束通过扩束镜扩展成的大光斑，调节扩束镜使其在竖直方向和水平方向平移，使光斑中心与小孔屏 2 大致重合。该方法虽不够精确，但对某些实验系统而言已经足够了。如果实验室未配备两个小孔屏，则可用其他白屏代替，只需事先确定光轴中心位置即可。

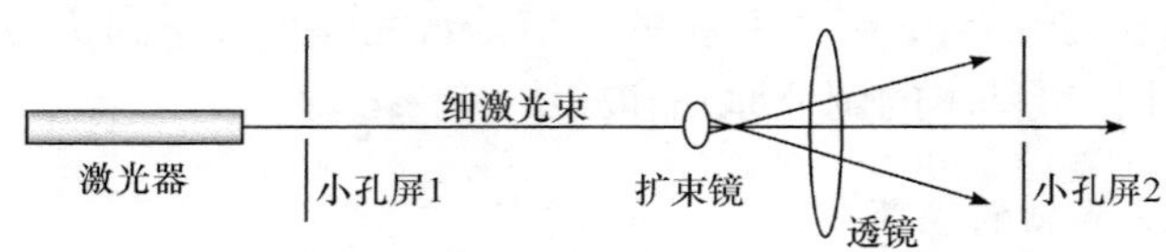

图 1-3-2　调节扩束镜共轴的光路示意图

2) 在白光系统中调节元件的共轴

在光学信息处理中，常有用白光作为信息处理系统光源的情况，系统通常设置在导轨上，共轴调节有其特殊性。此处仅举透镜一例：透镜的共轴调节。利用透镜的二次成像法可以方便地调节透镜共轴。在导轨上放置如图 1-3-3 所示各元件，沿导轨前后移动透镜，根据透镜成像原理，当光阑与像屏的距离 d 大于 $4f'$ (f' 为透镜焦距)时，在像屏上先后出现光阑放大和缩小的两个像，调节透镜的高低和左右位置，使两个像的中心在像屏上重合，即可认为透镜与光阑中心共轴(其原理请实验者自行推导)。

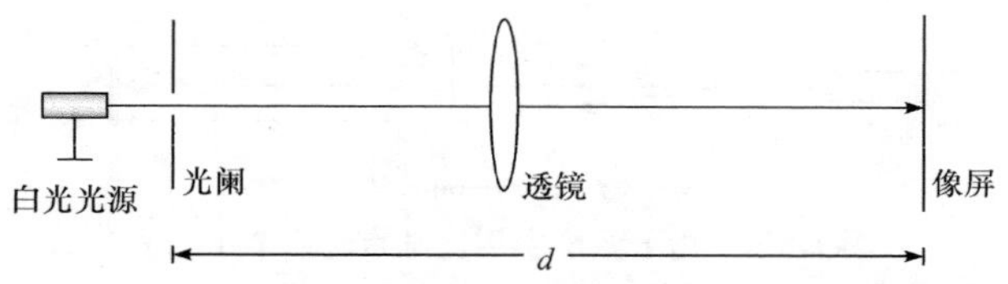

图 1-3-3　在白光信息处理系统中调节透镜共轴的光路示意图

2. 平行光的调节

光学实验有时常需要使用平行光，平行光的调节方法有多种，而在相干光学系统和非相干光学系统中方法有所不同，此处仅作简单介绍。

1) 干涉法

干涉法仅适用于相干光学系统。将扩束镜置于透镜前焦面附近，让细激光束依次通过，用平晶在透镜后方检测平行光的质量。检测光路如图 1-3-4 所示，平晶反射的光束照射到透镜一侧的白屏上，当透镜出射的光束为非平行光时，白屏上出现干涉条纹，其密度与入射光的平行度有关，平行度越高，条纹密度越低。理论分析表明，当扩束镜后焦面与透镜前焦面严格重合时，透镜射出标准的平行光，在理想情况下，白屏上的干涉条纹将消失(其原理请实验者自行推导)。而实际上光学元件的加工并不理想，因此，即使扩束镜和透镜的焦面已经重合，平晶反射到白屏上的干涉条纹也不可能消失殆尽，因此，只需将干涉条纹调整到尽可能稀少即可。

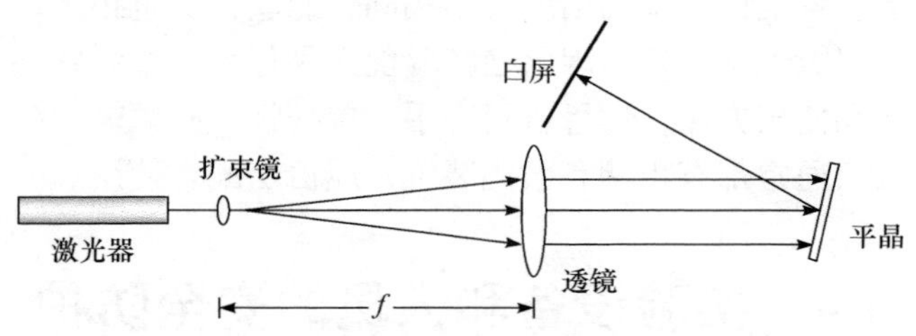

图 1-3-4　相干系统中调节平行光的光路示意图

需要说明的是，所谓平晶是指两个光学面的抛光度、平面度和平行度都很高的光学玻璃薄板。在没有平晶的实验条件下，如何调节平行光？请参照自准直法。

2) 自准直法

相干系统中检测平行光的光路排布如图 1-3-5 所示，将图 1-3-4 光路中的平晶更换为反射镜，并使反射光束通过透镜照射到扩束镜共面的边框上，缓慢改变扩束镜和透镜距离，直至边框上获得清晰的聚焦点为止(调节原理请实验者自行推导)。

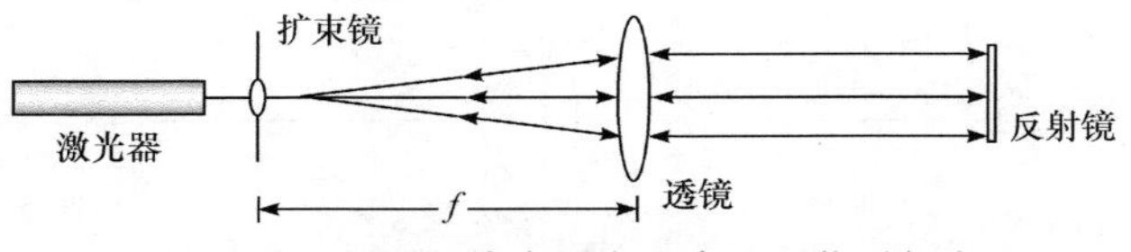

图 1-3-5　相干系统中用自准直法调节平行光

非相干系统中检测平行光的光路排布如图 1-3-6 所示，与相干光的检测系统类似，只是将光路中的扩束镜更换为小孔光阑，调节方法同上，直至在小孔光阑共面的边框上获得清晰的聚焦点为止(调节原理请实验者自行推导)。

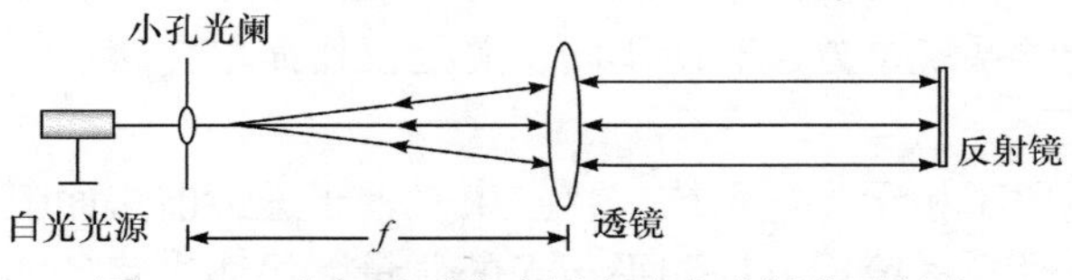

图 1-3-6　非相干系统中用自准直法调节平行光

值得提醒的是，有些实验对平行光的质量要求并不很高，因此可用较为简便的方法调节和检测，如用白屏检查从透镜出射的光斑有无发散或会聚的现象，即观察透过透镜的光斑尺寸在传播距离上是否有改变，以判断平行光是否已调好。

3. 精密调节架的使用及注意事项

光学系统中诸多光学元件大多安装在精密调节支架上，以便作二维至五维甚至更多维的调节。各类调节架的精度各不相同，螺丝种类也很多，若使用不当，会损坏器件甚至损毁光学元件，因此在实验前必须仔细观察和熟悉各种调节架的结构、调节特点和使用方法，切忌盲目动手，旋拧螺丝必须轻、缓，调节幅度不可过大。各类支架通常都有粗调和微调装置，应恰当配合使用。

1.4　实验设备和人员的安全防护

光信息专业实验室拥有一定数量价格昂贵的仪器设备，很多实验要接触激光或高压电源，因此设备和实验人员的安全防护格外重要。

1. 激光器的安全使用

实验中接触到种类繁多的激光器，如氦氖激光器、氩离子激光器、YAG 激光器、半导体激光器等。按其增益介质分类，有气体激光器和固体激光器；按其输出方式分类，有连续出光的和脉冲间断出光的。各种激光器的使用都有各自特定的操作程序和规则，差别很大。为了激光器的安全，请在实验前务必认真阅读实验教材，熟记实验所涉及特定激光器的使用程序和规则，切忌“张冠李戴”，盲目操作，尤其是使用大功率激光器，应该佩戴相应的激光防护眼镜，使用时加倍小心。

2. 全息防震系统的安全使用

全息技术类实验全部是在防震平台上进行操作的，其关键是防止曝光过程中光路系统发生微小振动。防震平台一般都比较沉重，其隔震措施有多种，有的用充气囊隔震，有的用压缩气筒隔震，还有的用高强度隔震弹簧隔震，其功能是隔离地壳振动及地面因人员走动及外界环境引起的各类高频和低频振动。使用时，实验人员不得压迫台面，不得依着、靠着或趴在平台上操作。用气体隔震的平台应定时充气，维持额定气压，以保证良好的隔震功能。防震平台的台面大多用铁质材料制成，平面度、光洁度较高，因此应保持台面清洁，避免腐蚀性药液接触台面造成损毁。放置防震平台和全息记录或光信息处理光学系统的实验室应注意防潮、防尘和防污染。

3. 光电检测仪器的安全使用

在使用光电检测仪器前，必须了解相关的注意事项，如仪器的开机与关机顺序、使用温度、湿度等。一般情况下，电学设备不能在大于40℃的环境下使用。此外，还需要注意防止静电，特别是在电学仪器的接线端口。静电不但影响实验的测试结果，而且还会对仪器产生损害，所以必要时需要戴防静电手套。

4. 实验人员的安全防护

1) 光的安全

激光的能量高度集中，方向性好，这是其他光源无法相比的优点，但也会给实验人员的安全带来潜在威胁。激光器输出光能量/功率相当大，例如实验所用皮秒激光输出单脉冲能量高达80mJ@脉宽30ps，较小的如氦氖激光输出50mW，更小的如用于光信息处理的半导体激光输出只有5mW。但无论功率多小，都会伤害人眼，因此安全防护的重点是眼睛，实验人员应切忌让激光直接照射眼睛，切忌实验过程中坐着操作，避免让光路平面与人眼等高。搭建激光光路时，应严格避免细激光束射出门外或窗外，以免伤害过往人员。接触功率较大的激光时，实验人员必须戴上相应的防护镜，同时应避免让强激光照射身体的任何部位。

2) 电的安全

激光电源的电压很高，有的达千伏以上，因此实验人员必须严格按照操作规程操作，注意绝缘。激光电源不同于其他电源，使用后即使电源开关已经关闭，但激光器内部仍有很高的储备电压，因此严禁在储备电压未被充分释放前开启激光器外壳进行检修或其他操作，以防造成电击伤亡事故。

5. 实验室安全防护

实验人员进入实验室工作，同时也承担着保证实验室安全的责任。

(1) 注意用水、用电、用火的安全。人员离开实验室前，应仔细检查电闸、水龙头、火源是否关闭妥当，离开时锁紧门窗，注意防盗。

(2) 使用超净实验室，应严格按照超净实验室使用规则行事，不得疏忽大意。

(3) 地下实验室的防潮也是实验室安全防护的重点之一，尤其应注意雨季的防潮工作，在实验室工作人员指导下采取相应防潮措施。

1.5　光学实验室规则

(1) 学生进入光电信息专业实验室，应遵守实验室规则，不得擅自触碰或搬弄仪器及光学元件。

(2) 未经过必要的课前讨论，不得擅自先行进行实验。

(3) 实验过程中，应爱护仪器设备，不得触摸光学表面，注意轻拿轻放，调节仪器应细心、耐心、小心，动作要轻、缓，不得操之过急。

(4) 保持实验室环境安静、洁净。

(5) 在暗房中工作时，更应保持头脑清醒，一方面注意避光，另一方面应注意仪器、元件的安全，以防损坏。

(6) 应按照实验规程进行操作，特别是使用大功率激光器和化学处理的操作，尤其应注意安全。

(7) 实验中一旦出现异常情况，包括设备状态异常，应首先切断电源，并及时报告指导教师，不得擅自处理。

(8) 维护实验室整洁，严禁在实验室内吃食物、喝饮料，禁止咀嚼口香糖或糖果等。

(9) 实验结束后整理好实验仪器及设备，清洁台面、用具，并认真填写实验记录本和仪器使用档案，经教师检查同意后方可离开实验室。

(10) 实验报告通常在实验后一周内交给指导教师。

1.6　超净实验室附加规则

(1) 实验人员需经培训合格后方可进入超净实验室，服从超净实验室管理人员的管理和安排。

(2) 进入超净实验室必须履行登记手续，注明进出时间、联系方式、目的及所使用的设备等。

(3) 进入超净实验室前，应先在更衣室更换洁净服，穿洁净鞋，戴洁净帽，经过风淋室风淋清洁后方可进入；实验结束走出超净室，应在更衣室脱下洁净服、洁净鞋、洁净帽，整理好后放入特定衣柜中，方可离开。注意：洁净衣物不得穿出超净实验室。

第二章　工程光学与光学设计类

实验 2.1　薄透镜焦距的三种测量方法

【实验目的】

1. 掌握透镜成像原理与规律。
2. 掌握薄透镜焦距的常用测定方法：自准直法、二次成像法和焦距仪法。

方法 1　自准直法测薄透镜焦距实验

自准直法是光学实验中常用的方法。在光学信息处理中经常利用自准直法检测平行光。在工程应用中，用自准直法还可简单快速地测量透镜焦距。

【实验仪器】

发光二极管(LED)光源(含匀光器)，准直镜(ϕ=40mm，f'=150mm)，目标物，待测透镜(ϕ=50mm，f'=75mm)，反射镜。

【实验原理】

透镜是由两个折射球面组成的光具组。当透镜的厚度与成像相关的距离(如物距、像距、焦距、曲率半径)相比小得多时，透镜厚度可以忽略不计，这种透镜称为薄透镜。对于薄透镜，若光轴上物 Q 到 O 点的物距记作$-l$，像 Q'到 O 点的像距记作 l'，如图 2-1-1 所示，对应薄透镜物像公式的高斯形式表示为

$$\frac{1}{l'}-\frac{1}{l}=\frac{1}{f'} \tag{2-1-1}$$

判定透镜物像关系除了可采用公式(2-1-1)，还可采用作图法。一般在作图中，有以下三条特殊的共轭光线可供选择，如图 2-1-2 所示。

(1) 若物方和像方折射率相等，通过光心的光线经过透镜后方向不变。

(2) 通过物方焦点的光线经透镜后平行于光轴。

(3) 平行于光轴的光线经透镜后通过像方焦点。

在以上三条光线中任意选择两条作图，出射光线的焦点即为像点。

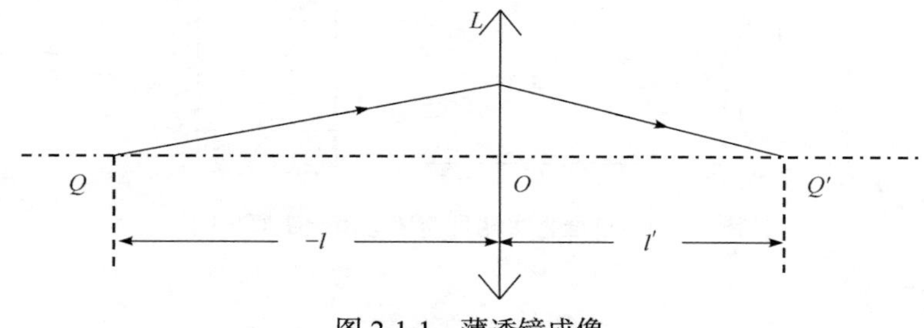

图 2-1-1　薄透镜成像

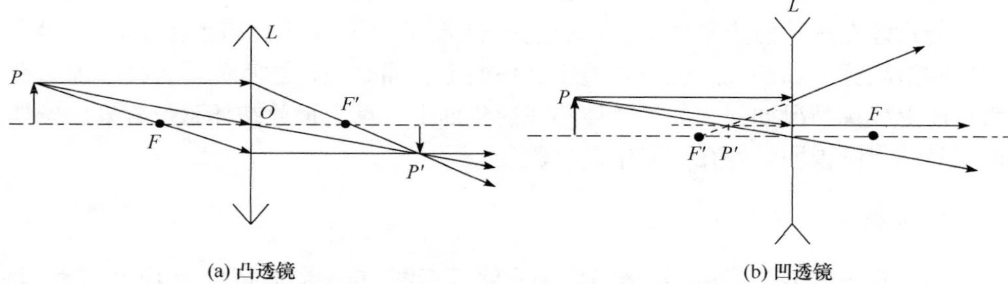

(a) 凸透镜　(b) 凹透镜

图 2-1-2　用作图法求透镜轴外物点的像

利用作图法求透镜任意入射光线的共轭光线，可利用焦面性质。如图 2-1-3 所示，求任意入射光线 PQ 的共轭线，具体做法是通过光心 O 点作 PQ 的平行线，该平行线与像方焦面的交点为 M'，连接 QM'，即为 PQ 的共轭光线。共轭光线与光轴的交点为 P'，P 与 P'互为共轭点，因此利用该方法可以求出轴上点的共轭点。

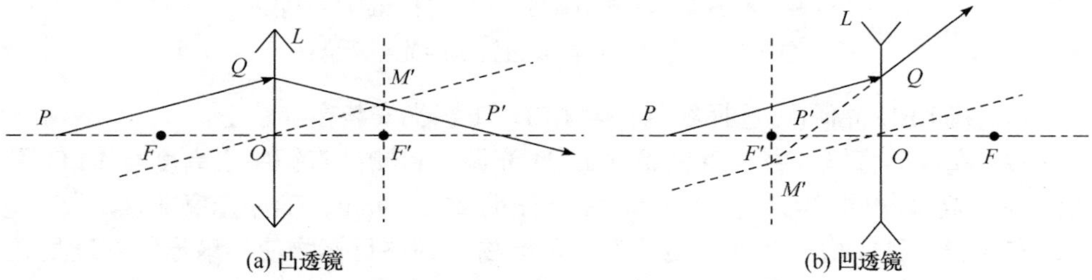

(a) 凸透镜　(b) 凹透镜

图 2-1-3　用作图法求透镜任意入射光线的共轭光线

本实验采用自准直法测量焦距，其基本原理如下：如图 2-1-4 所示，若物体 AB 正好处在透镜 L 的前焦面处，那么物体上各点发出的光经过透镜后变成不同方向的平行光，经透镜后方的反射镜 M 把平行光反射回来，反射光经过透镜后成一倒立的与原物体大小相同的实像 $A'B'$，像 $A'B'$位于原物平面处，即成像于该透镜的前焦面上。此时物体与透镜之间的距离就是透镜的焦距$-f'$，它的大小可用刻度尺直接测量出来。

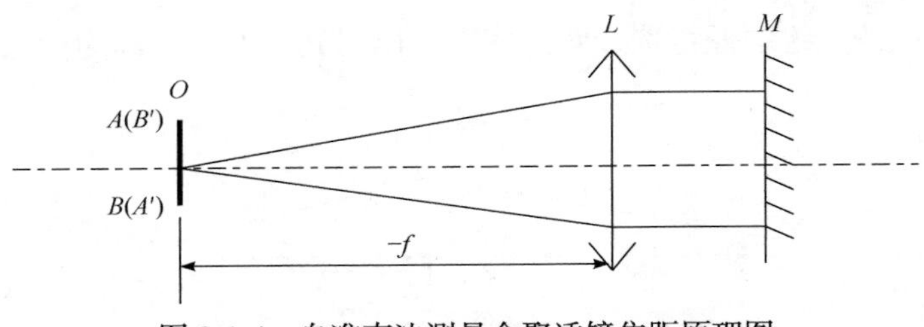

图 2-1-4　自准直法测量会聚透镜焦距原理图

【实验内容】

在实验预习阶段思考如下情况：

若物体在透镜前焦平面上，反射镜在透镜后焦面上，则在前焦面成一个等大倒立的清晰像。如果反射镜不在透镜后焦面上，而是在任意其他位置处，那么在前焦面上成像情况如何？如果物体不在前焦面上，反射镜放在任意位置处，像如何变？试作图说明，并在实验中进行验证。

1. 光路设计与调试

图 2-1-5 是自准直法测量透镜焦距光路示意图，自左向右依次为 LED 光源(含匀光器)、准直镜(ϕ=40mm，f'=150mm)、目标物、待测透镜(ϕ=50mm，f'=75mm)、反射镜。

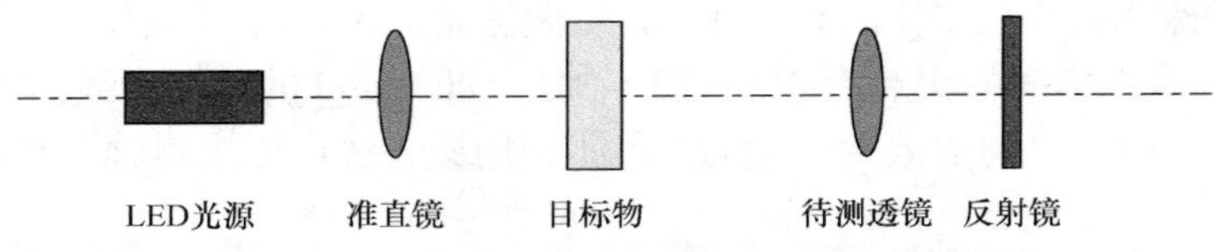

图 2-1-5　自准直法测量透镜焦距光路示意图

(1) 将 LED 光源(可选择红色，含 LED 匀光器)安装在导轨上。

(2) 安装准直镜。将准直镜靠近 LED 光源，目测准直镜中心高度与 LED 发光点中心高度相同，沿导轨移动准直镜至相距约 150mm，确保光束准直。

(3) 安装目标物。在准直镜后安装目标物，调整目标物使“扇形”图案处在光路中心。

(4) 安装待测透镜。在目标物后安装待测透镜，并调整透镜位置使“扇形”光斑入射到待测透镜中心。

(5) 安装反射镜。紧挨待测透镜后安装反射镜，调整反射镜高度使待测透镜出射光斑打在反射镜中心，并调整反射镜的反射角度，使反射光斑与目标物光斑在同一高度。

(6) 同时移动反射镜和待测透镜，直至在目标物上获得镂空图案的倒立实像始终最清晰，且与物等大(充满同一圆面积)。

2. 结果记录及数据处理

分别测量目标物位置 a_1 和待测透镜位置 a_2，填入表 2-1-1 中，并利用 $f'=a_1-a_2$ 计算透镜焦距。重复 3 次实验，计算焦距，取平均值。

表 2-1-1　自准直法测量透镜焦距记录表

测量次数	目标物位置 a_1	待测透镜位置 a_2	透镜焦距 f'
1			
2			
3			
焦距平均值			

方法 2　二次成像法测薄透镜焦距实验

二次成像法测量焦距是通过两次成像测量出相关数据，再通过成像公式计算出透镜焦距。

【实验仪器】

LED 光源(含匀光器)，准直镜(ϕ=40mm，f'=150mm)，目标物，待测透镜(ϕ=50mm，f'=75mm)，白屏。

【实验原理】

利用透镜两次成像求焦距方法，其原理图如图 2-1-6 所示。

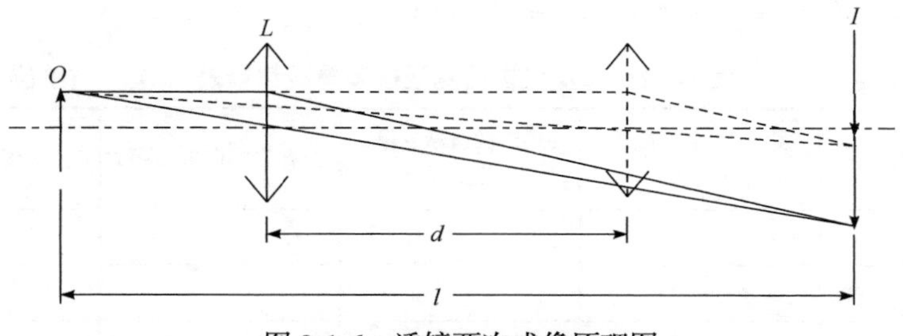

图 2-1-6　透镜两次成像原理图

当物体与白屏的距离 $l>4f'$ 时，保持其相对位置不变，则会聚透镜置于物体与白屏之间，可以找到两个位置，在白屏上均能看到清晰像。透镜两位置之间的距离绝对值为 d，运用物像的共轭对称性质，容易证明

$$f' = \frac{l^2 - d^2}{4l} \tag{2-1-2}$$

上式表明：只要测出 d 和 l，就可以算出 f'。由于通过透镜两次成像而求得焦距，故这种方法称为二次成像法或贝塞尔法。由于这种方法无须考虑透镜厚度，因此用这种方法测出的焦距较为准确。

【实验内容】

在实验预习阶段推导公式(2-1-2)。

光路设计与调试如下。

(1) 图 2-1-7 是二次成像法测量透镜焦距的光路示意图，自左向右依次为 LED 光源(含匀光器)、准直镜($\phi = 40$mm，f'=150mm)、目标物、待测透镜(ϕ=50mm，f'=75mm)、白屏。调整白屏与目标物之间的距离不小于 300mm(目标物与白屏之间的距离 $l > 4f'$)。

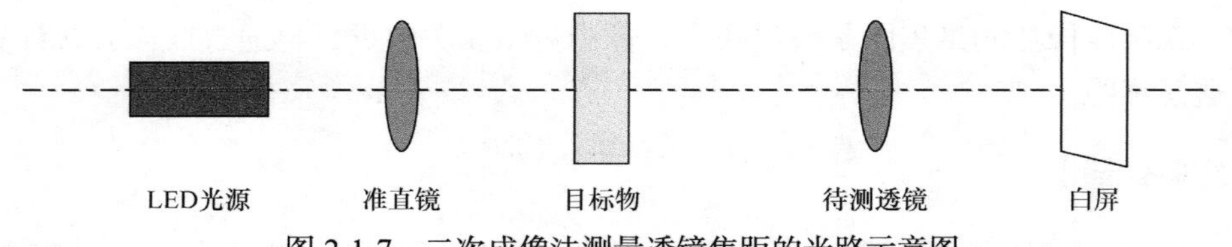

图 2-1-7 二次成像法测量透镜焦距的光路示意图

(2) 待测透镜从目标物位置向白屏方向移动，可观察到两次清晰成像，分别记录待测透镜的位置 a_1、a_2，两次清晰成像对应的两次透镜位置距离 $d=a_2-a_1$。同时测量目标物到白屏的距离 l，分别填入表 2-1-2 中，并利用 $f' = \frac{l^2 - d^2}{4l}$ 计算透镜焦距。重复 3 次实验，计算焦距，取平均值。

表 2-1-2 二次成像法测量透镜焦距记录表 (单位：mm)

测量次数	第一次清晰成像位置 a_1	第二次清晰成像位置 a_2	目标物到白屏距离 l	透镜焦距 f'
1				
2				
3				
平均值				

方法 3　焦距仪法测量薄透镜焦距实验

平行光管是一种长焦距、大口径，并具有良好像质的仪器。它与前置镜或测量显微镜组合使用，既可用于观察、瞄准无穷远目标，又可作光学部件、光学系统的光学常数测定及成像质量的评定和检测。

【实验仪器】

LED 光源，平行光管(安装分划板)，被测透镜(ϕ=40mm，f'=200mm)，互补金属氧化物半导体(CMOS)相机。

【实验原理】

根据几何光学原理，无限远处的物体经过透镜后将成像在焦平面上；反之，从透镜焦平面上发出的光线经透镜后将成为一束平行光。如果将一个物体放在透镜的焦平面上，那么它将成像在无限远处。

图 2-1-8(a)为平行光管的结构原理图。它由物镜、置于物镜焦平面上的分划板、光源及为使分划板被均匀照亮而设置的毛玻璃组成。由于分划板置于物镜的焦平面上，因此，当光源照亮分划板后，分划板上每一点发出的光经过透镜后都成为一束平行光。又由于分划板上有根据需要而刻成的分划线或图案(图 2-1-8(b))，这些刻线或图案将成像在无限远处。这样，对观察者而言，分划板相当于一个无限远距离的目标。

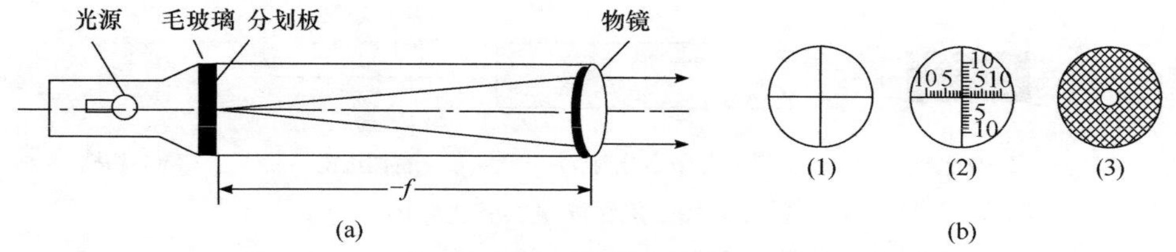

图 2-1-8　平行光管的结构原理图(a)和分划板的几种形式(b)

用平行光管法测量凸透镜焦距的光路图如图 2-1-9 所示。由光路图看出

$$\tan\varphi=-\frac{y}{f_{\mathrm{o}}},\quad \tan\varphi_1'=-\frac{y'}{f_x'}$$

平行光管射出的是平行光，且通过透镜光心的光线不改变方向，因此

$$\varphi=\varphi'=\varphi_1=\varphi_1'$$

$$\frac{y}{f_o} = \frac{y'}{f'_x}$$

$$f'_x = \frac{y'}{y} f_o \tag{2-1-3}$$

其中，f_o 为平行光管物镜焦距，y 为分划板上选择的线对长度，y' 为用摄像机读出的分划板上线对像的距离。用这种方法测量凸透镜焦距比较简单，关键是要保证各光学元件等高共轴，平行光管出射平行光。

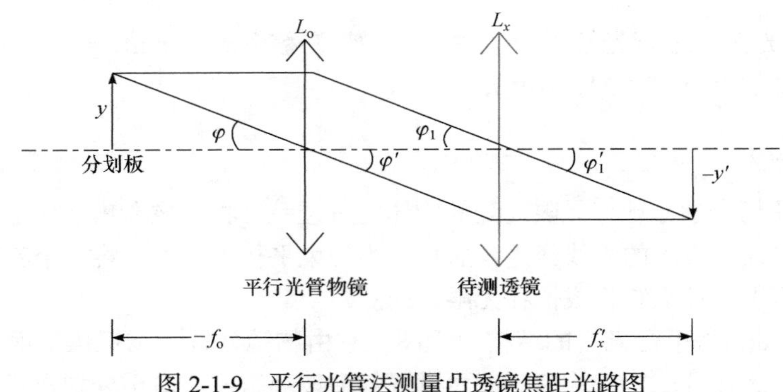

图 2-1-9　平行光管法测量凸透镜焦距光路图

【实验内容】

(1) 图 2-1-10 是焦距测量实验的光路图。自左向右依次为 LED 光源、平行光管(含分划板)、待测透镜(ϕ = 40mm，f' =200mm)、CMOS 相机。

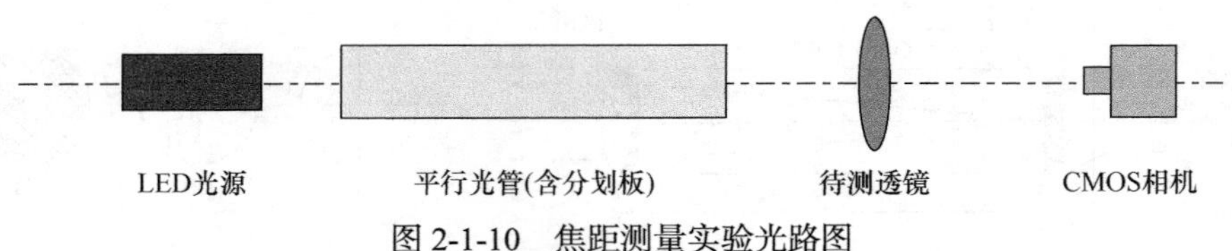

图 2-1-10　焦距测量实验光路图

(2) 适当调整相机曝光时间和光源强度，确保采集图像最清楚，如图 2-1-11 所示。如果图像采集出现光斑分布不均匀或者偏离中心较大，可适当调整 LED 照明光源位置。

(3) 运行焦距测量实验软件，如图 2-1-12 所示，获取最左峰 P1 和最右峰 P2 的横坐标位置，计算获得像的大小，填写平行光管透镜焦距 f'=400mm，即可计算待测透镜焦距。

(4) 测量 3 次，求取平均值，完成表 2-1-3。

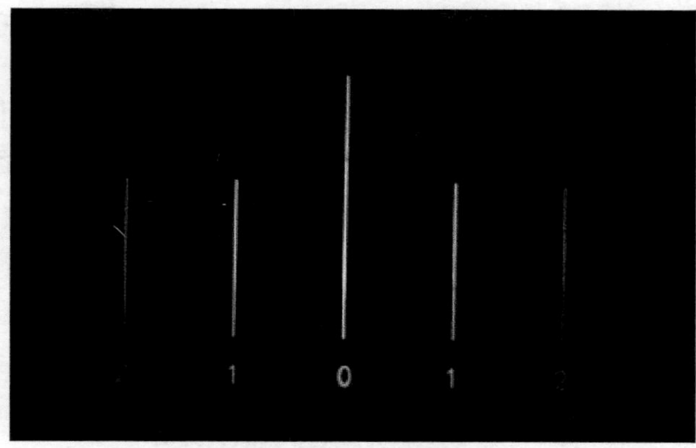

图 2-1-11　分划板像

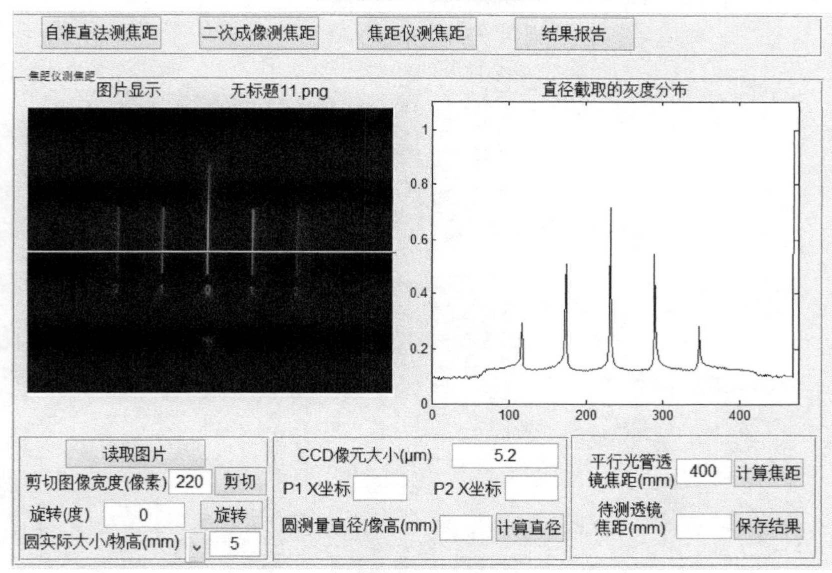

图 2-1-12　焦距测量实验软件界面

表 2-1-3　焦距仪法测量薄透镜焦距记录表

测量次数	1	2	3	平均值/mm
透镜 1				
透镜 2				

【思考题】

1. 比较自准直法、二次成像法及基于平行光管的焦距仪法测量薄透镜焦距的优势与不足。

2. 在自准直法测量凸透镜焦距中，为何待测透镜与接收反射镜之间的距离就是透镜焦距？画出光路图。

3. 在自准直法测量透镜焦距中，如果反射镜不在透镜后焦面上，而是在任意其他位置处，那么在前焦面上成像情况如何？如果物体不在前焦面上，反射镜放在任意位置处，像如何变化？试作图说明，并总结规律。

4. 推导二次成像法中公式(2-1-2)，说明其适用条件。

5. 试列出测量凹透镜焦距的方法，并画出原理光路图。

【参考文献】

[1] 郁道银, 谈恒英. 工程光学. 4 版. 北京: 机械工业出版社, 2016.

[2] 姚启钧. 光学教程. 3 版. 北京: 高等教育出版社, 2002.

实验 2.2　光学系统基点的测量

对于理想共轴光学系统，无论其结构简单还是复杂，物像之间的共轭关系完全由几对特殊的点和面组成，这些点和面就是理想共轴光学系统的基点和基面。每个厚透镜及共轴球面透镜组都有三对基点和三对基面，即主点 H、H'和对应主面；节点 N、N'和对应节面；焦点 F、F'和对应焦面。

【实验目的】

1. 了解光学系统基点的一般特性。
2. 掌握测定光学系统基点的方法。

【实验仪器】

LED 光源，准直镜，目标物，辅助透镜，节点镜头，白屏。

【实验原理】

1. 主面和主点

若将物体垂直于系统的光轴放置在物方主点 H 处，则必成一个与物体同样大小的正立的像于像方主点 H'处，即主点是横向放大率$\beta=1$ 的一对共轭点。过主点垂直于光轴的平面 MH 和 $M'H'$分别称为物方主面和像方主面，如图 2-2-1 所示。

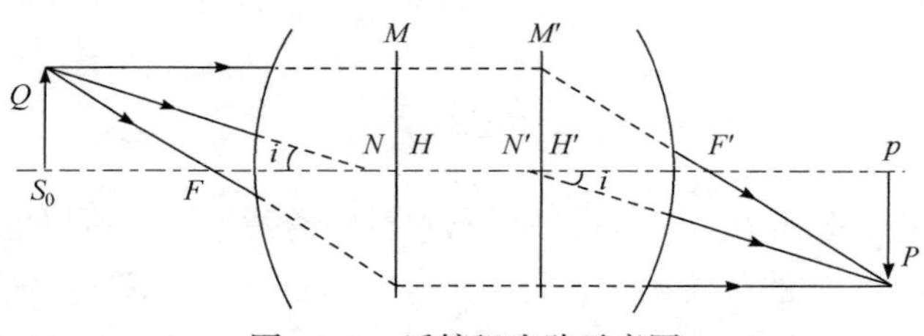

图 2-2-1　透镜组光路示意图

2. 节点和节面

节点是角放大率$\gamma=1$ 的一对共轭点。入射光线(或其延长线)通过物方节点 N 时，出射光线(或其延长线)必通过像方节点 N'，并与过 N 的入射光线平行(图 2-2-1)。过节点垂直于主光轴的平面分别称为物方节面和像方节面。当共轴球面系统处于同一介质时，两主点分别与两节点重合。

3. 焦点和焦面

平行于系统主轴的平行光束，经系统折射后与主轴的交点 F'称为像方焦点；过 F'垂直于主轴的平面称为像方焦面。像方主点 H'到像方焦点 F'的距离称为系统的像方焦距 f'。此外，还有对应的物方焦点 F、焦面和焦距 f。

综上所述，薄透镜的两主点和节点与透镜的光心重合，而共轴球面系统两主点和节点的位置将随各组合透镜或折射面的焦距和系统的空间特性而异。实际使用透镜组时，多数场合透镜组两边都是空气，物方和像方介质的折射率相等，此时节点和主点重合。

本实验以两个薄透镜组合为例，主要讨论如何测定透镜组的节点(主点)。设 L 为已知焦距为 f_o' 的凸透镜，$L.S.$为待测透镜组，其主点(节点)为 H、H'(N、N')，像焦点为 F'。当物 AB(高度已知)放在 L 的前焦点处时，它经过 L 及 $L.S.$将成像 $A'B'$ 于 $L.S.$的后焦面上，如图 2-2-2 所示。

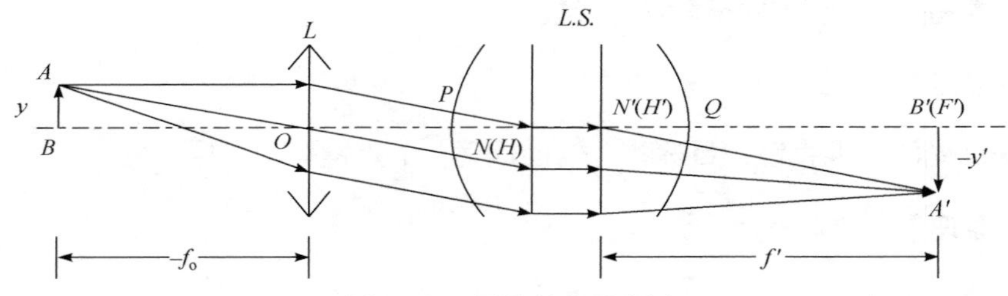

图 2-2-2　测量基点示意图

因为$\triangle AOB \backsim \triangle A'N'B'$，即

$$\frac{y}{f_o}=\frac{y'}{f'}$$

所以

$$f'=\frac{y'}{y}f_o \qquad (2\text{-}2\text{-}1)$$

因此可通过测量 y'得到 f'。因为是平行光入射到透镜组上，所以像 $A'B'$的位置就是 F'的位置。如果 F'的位置确定，而 $N'F'=f'$，因此 N'的位置也就确定了。把 $L.S.$的入射方向和出射方向互相置换，即可测定 F 和 N 的位置。本实验节点和主点重合，所以 H 和 H'的位置也就确定了。

【实验内容】

1. 设计系统基点测试光路

如图 2-2-3 所示，搭建透镜系统基点测量光路，依次为 LED 光源(含匀光器)、准直镜(直径ϕ=40mm，焦距f'=150mm)、目标物、辅助透镜(ϕ=50mm，f'= 75mm)、待测光学系统即节点镜头(镜片间距60～110mm，固定镜片ϕ=40mm，f'=200mm，可动镜片ϕ=40mm，f'=350mm)、白屏。

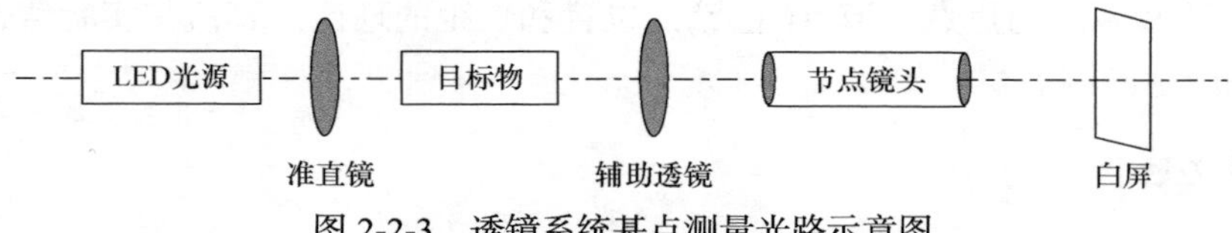

图 2-2-3　透镜系统基点测量光路示意图

2. 结果记录及数据处理

(1) 使用白屏上的尺子测量像高h_2，已知目标物上方孔的尺寸h_1(正方形边长为10mm)，辅助透镜焦距为75mm，将数据填入表2-2-1中。根据式(2-2-1)计算像方焦距f'。

(2) 以两个镜片相距60mm为例，计算出像方焦距以后，成像清晰位置即为像方焦点，从像方焦点逆光量取一个像方焦距即为像方主点H'位置(主点与节点重合，所以此位置也是像方节点位置)。

(3) 将节点镜头旋转180°，重复第(1)和(2)步，即可获得物方焦点、主点和节点位置。

表 2-2-1　节点镜头焦距记录表　(单位：mm)

两镜片距离L	方孔尺寸h_1	像尺寸h_2	辅助透镜f_o'	像(物)方焦距f'	备注
70	10		75		不旋转
70	10		75		旋转180°
90	10		75		不旋转
90	10		75		旋转180°
120	10		75		不旋转
120	10		75		旋转180°

【注意事项】

光学元件表面，尤其是通光面不得用手触摸。

【思考题】

1. 计算待测光学系统不同镜片距离下焦点、节点(主点)的位置和焦距的理论值。

2. 比较系统的焦点、节点(主点)的位置和焦距的理论计算值与实验值，分析其误差产生原因。

【参考文献】

[1] 郁道银，谈恒英. 工程光学. 4 版. 北京：机械工业出版社，2016.

实验 2.3　望远镜与显微镜的设计与性能检测

望远镜是帮助人眼对远处的物体进行观察、瞄准与测量的一种助视光学仪器。观察者以对望远镜像空间的观察代替对物空间的观察，而所观察的像实际上并不比原物大，只是相当于把远处的物体移近，增大视角，以利观察。望远镜由物镜和目镜组成。物镜是反射式的称为反射式望远物镜，物镜是透射式的称为折射式望远物镜。天文望远镜都是反射系统，使用有光焦的折叠反射镜来达到成像目的，如哈勃太空望远系统。目镜是会聚透镜的称为开普勒望远镜，目镜是发散透镜的称为伽利略望远镜。

显微镜主要是用来帮助人眼观察近处的微小物体。一般目镜的放大率不超过20×。通过本实验，学生可了解望远镜和显微镜的结构和工作原理，通过自行搭建光学系统测量相关参数。

【实验目的】

1. 掌握望远镜和显微镜的构造和工作原理。
2. 掌握测定望远镜的视角放大率和视场角的方法。
3. 掌握显微镜放大倍数的测量原理和方法。

【实验仪器】

目镜(直径ϕ=20mm，f'=30mm)，物镜(直径ϕ=40mm，f'=150mm)，标尺，分束镜，物镜(直径ϕ=50mm，f'=75mm)，分辨率板，LED 光源(含匀光器)。

【实验原理】

1. 望远镜

望远镜是如何把远处的景物移到我们眼前来的呢？这主要依靠组成望远镜的两块透镜。望远镜的前端是一块直径大、焦距长的凸透镜，称为物镜；后端是一块直径小、焦距短的透镜，称为目镜。物镜把来自远处景物的光线会聚成倒立缩小的实像，相当于把远处景物移近到成像的地方。而该景物的倒像又恰好落在目镜的前焦点处，这样对着目镜看，就好像拿放大镜看东西，可以看到一个放大了数倍的虚像。这样通过望远镜看远处的景物，就仿佛近在眼前。

1) 望远镜分类

常见望远镜可分为伽利略望远镜和开普勒望远镜。伽利略发明的望远镜在人类认识自然的历史中占有重要地位。它由一个凹透镜(目镜)和一个凸透镜(物镜)构成。其优点是镜筒短、结构简单，能直接成正像，但视场小，无法在镜筒内放分划板。因此，自开普勒望远镜发明后，此种结构已不被专业级的望远镜采用，而多被玩具级的望远镜采用。

开普勒望远镜由两个凸透镜构成，如图 2-3-1 所示，由于两者之间有一个实像，可方便地安装分划板，并且各种性能优良，所以目前军用望远镜、小型天文望远镜等专业级的望远镜都采用此种结构。但这种结构成像是倒立的，所以要在中间增加正像系统。

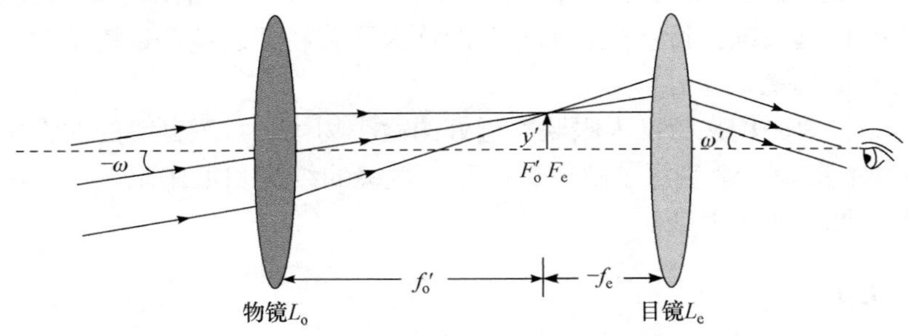

图 2-3-1　开普勒望远镜光路示意图

为能观察到远处的物体，物镜用较长焦距的凸透镜，目镜用较短焦距的凸透镜。远处射来光线(视为平行光)，经过物镜后会聚在后焦面，成一倒立、缩小的实像。目镜的前焦面和物镜的后焦面重合，所以物镜的像作为目镜的物体，从目镜可看到远处物体的倒立实像，由于增大了视角，故提高了分辨能力。

2) 望远镜的视角放大率

当观测无限远处的物体时，物镜的焦平面和目镜的焦平面重合，物体通过物镜成像在它的后焦面上，同时也处于目镜的前焦面上，因而通过目镜观察时成像于无限远，光学仪器所成的像对人眼的张角为ω'，物体直接对人眼的张角为ω，则视角放大率为

$$\Gamma = \frac{\tan\omega'}{\tan\omega} \tag{2-3-1}$$

由几何光路可知

$$\tan\omega = \frac{y'}{f'_o}, \qquad \tan\omega' = \frac{y'}{f'_e} \tag{2-3-2}$$

因此，望远镜的视角放大率为

$$\Gamma_{\mathrm{T}} = \frac{f_{\mathrm{o}}'}{f_{\mathrm{e}}'} \tag{2-3-3}$$

由此可见，望远镜的视角放大率Γ_{T}等于物镜和目镜焦距之比。若要提高望远镜的放大率，可增大物镜的焦距或减小目镜的焦距。

3) 物像共面时的视角放大率(实验室研究这种情况)

当望远镜的被观测物位于有限远时，望远镜的视角放大率可以通过移动目镜把像推远到与物 y 在一个平面上来测量，如图 2-3-2 所示。

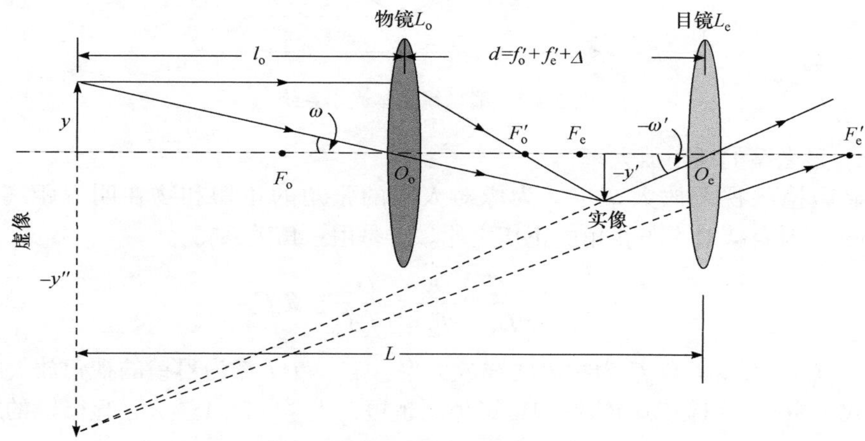

图 2-3-2　测望远镜物像共面时的视角放大率的示意图

此时

$$\tan\omega' = \frac{y''}{L}, \quad \tan\omega = \frac{y}{l_{\mathrm{o}}}$$

于是可以得到望远镜物像共面时的视角放大率为

$$\Gamma_{\mathrm{T}} = \frac{\tan\omega'}{\tan\omega} = \frac{y''}{L}\cdot\frac{l_{\mathrm{o}}}{y} = \frac{l_{\mathrm{o}}}{L}\frac{f_{\mathrm{o}}'(L+f_{\mathrm{e}}')}{f_{\mathrm{e}}'(l_{\mathrm{o}}+f_{\mathrm{o}}')} \tag{2-3-4}$$

可见，当物镜的物距 l_{o} 大于 20 f_{o}' 时，它和无穷远时的视角放大率差别很小。

2. 显微镜

1) 显微镜简介

望远镜用于观察远处的大物体，而显微镜用于观察近处的小物体。显微镜的光学系统(图 2-3-3)是由焦距较短的物镜 L_{o} 和目镜 L_{e} 组成的，且均为会聚透镜。位于物镜物方焦点附近的微小物体经物镜放大后，先成一放大实像，此实像再经目镜成像于无穷远处，这两次放大都使得视场角增大。为了适于观察近处的物体，显微镜的焦距都很短。

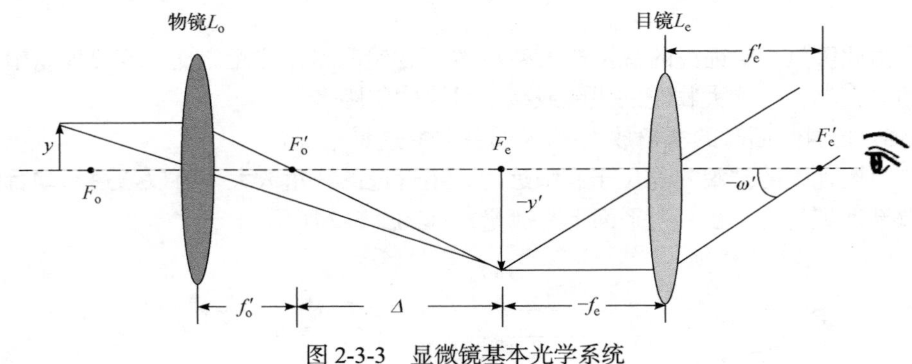

图 2-3-3　显微镜基本光学系统

2) 显微镜的视角放大率

显微镜的视角放大率定义为像对人眼的张角的正切和物在明视距离 D=250mm 处时直接对人眼张角的正切之比。于是由三角关系得

$$\Gamma_M = \frac{y'/f'_e}{y/D} = \frac{Dy'}{f'_e y} = \frac{D\Delta}{f'_e f'_o} = \beta_o \Gamma_e \tag{2-3-5}$$

其中，$\beta_o = y'/y = \Delta / f'_o$ 为物镜的线放大率；$\Gamma_e = D/f'_e$ 为目镜的视角放大率。从上式可看出，显微镜的物镜和目镜焦距越短，光学间隔Δ越大，显微镜的放大倍数越大。

当显微镜成虚像于距目镜为 l''的位置上(图 2-3-4)，而人眼在目镜后焦点处观察时，显微镜的视角放大率为

$$\Gamma_M = \frac{y''/(l''+f'_e)}{y/D} = \frac{y''/(l''+f'_e)}{y'/D}\frac{y'}{y} = \frac{Dy'}{f'_e y} = \beta_o \Gamma_e \tag{2-3-6}$$

当中间像不在目镜的物方焦平面上时，$\beta_o = y'/y \neq \Delta / f'_o$。这时通过一个与主光轴成 45°的半透半反镜把标尺成虚像至显微镜的像平面，直接比较测量像长 y''，即可得出视角放大率

$$\Gamma_M = y''/y \tag{2-3-7}$$

【实验内容】

1. 望远镜

(1) 设计开普勒望远镜系统，依次为目镜(直径ϕ=20mm，f'=30mm)、物镜(直径ϕ=40mm，f'=150mm)、标尺。目标物标尺与物镜间的距离一般大于 2 倍物镜焦距。

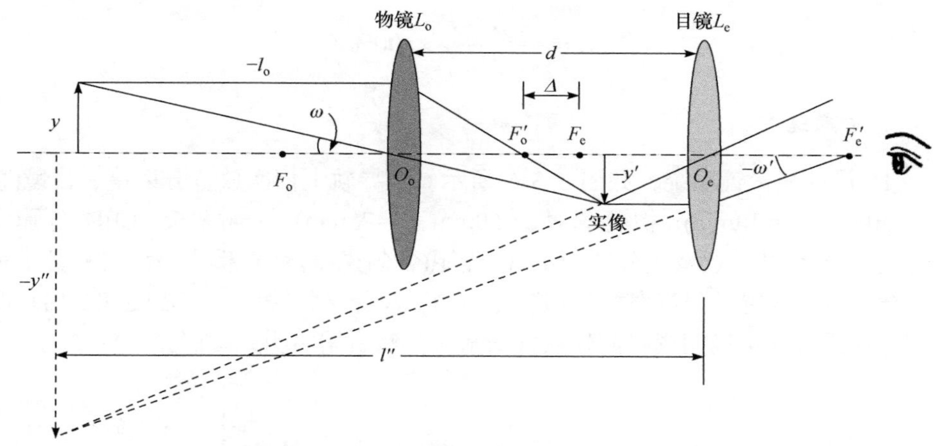

图 2-3-4　显微镜成像于有限远时的光路图

(2) 观察中，用一只眼睛通过望远镜的目镜看标尺的像，移动目镜，最终通过目镜看到标尺被放大的清晰像；同时用另一只眼睛直接观察标尺。两只眼睛适应性练习观察，最终从目镜中能看到望远镜放大标尺像和直接看到的标尺重合，且两者之间基本没有视差。

(3) 视场中标尺和放大像如图 2-3-5 所示，图中左边是标尺，右边是像。测出与标尺像(右边)上 n 格所对应的标尺(左边)上的 m 格(图 2-3-5 中 m=6，其中 3 个黑格，3 个白格)，并将 m 值填入表 2-3-1 中，则放大率实验值为 $\Gamma_e=\dfrac{m}{n}$，多次测量取平均值，视角放大率实验值 $\Gamma_e=(\Gamma_1+\Gamma_2+\Gamma_3)/3$。测量放大率与计算得到的视角放大率 f_o'/f_e' 作比较。

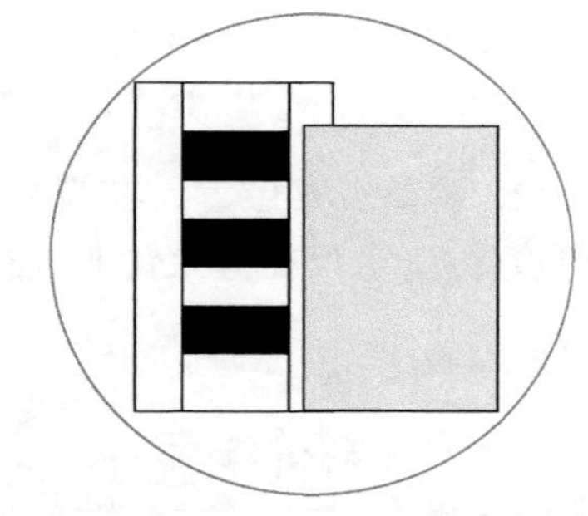

图 2-3-5　标尺(左)及放大像(右)示意图

表 2-3-1　望远镜实验结果记录表

测量序号	1	2	3
物格数 m			
像格数 n			
Γ_e			

(4) 测定物距(标尺与物镜的距离)及目镜与标尺的距离 L，根据望远镜物像共面时的放大率公式计算望远镜放大率的理论值Γ_T。

(5) 比较实验值与计算值，计算相对偏差。

$$E = \frac{\Gamma_{实验} - \Gamma}{\Gamma} \times 100\%$$

2. 显微镜

(1) 设计显微镜系统，如图 2-3-6 所示。在导轨上依次放置分束镜、目镜(直径ϕ=20mm，f'=30mm)、物镜(直径ϕ=50mm，f'=75mm)、分辨率板、LED 光源(含匀光器)，导轨外由远及近分别为 LED 光源(含匀光器)和毫米尺。(注意：分束镜按 45°反射角放置；分辨率板与物镜之间的距离介于物镜的一倍焦距和二倍焦距之间；在距离分束镜明视距离处放置毫米尺，然后用照明光源照亮。)

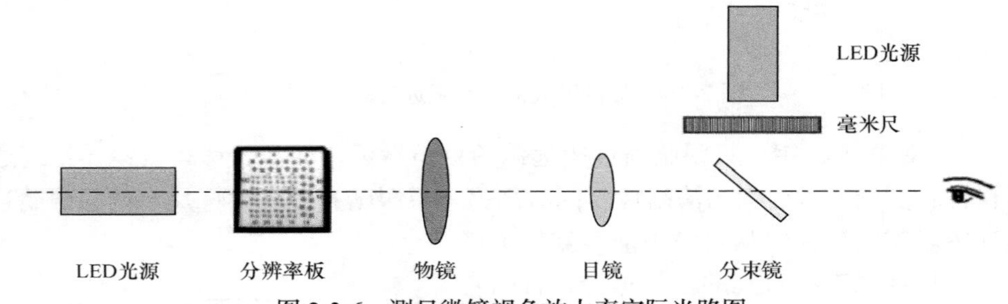

图 2-3-6　测显微镜视角放大率实际光路图

(2) 调整观察位置，在视野中可以同时观察到分辨率板的“条纹”和毫米尺的刻度像(毫米尺在分束镜明视距离 250mm 处)，如图 2-3-7 所示。

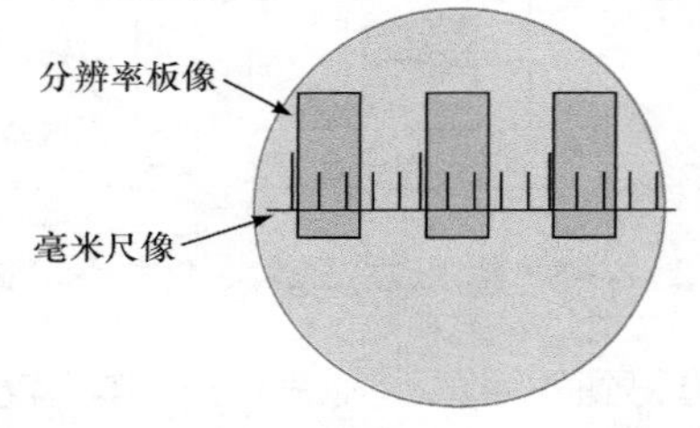

图 2-3-7　视野中分辨率板像和毫米尺像

参考如下数据完成计算过程，如物镜与目镜之间距离为 324mm，目标板与物镜之间距离为 105mm，在视场中可清楚看到 4 号(2 号黑条纹实际宽度 d 为 0.5mm，4 号黑条纹实际宽度为 0.25mm)的清晰像。

(3) 如图 2-3-7 中，上下左右移动眼睛，寻找到清晰完整的条纹，通过刻度尺测定条纹像宽度 d'。根据读出的宽度 d'与实际宽度 d，即可算出显微镜放大倍数的实验值 Γ，完成表 2-3-2。

表 2-3-2　显微镜实验结果记录表

测量序号(4 号)	1	2	3
条纹宽度 d/mm	0.25	0.25	0.25
条纹像宽 d'/mm			
$\Gamma_{实验}=d'/d$			

(4) 显微镜的视角放大率是物镜放大率与目镜放大率的乘积，其中物镜放大率$\beta_o = y'/y = q_o/l_o$，目镜放大率$\Gamma_e = D/f_e'$。l_o是目标物到物镜之间的距离，q_o是物镜到所成像的距离，其中l_o可以测量出，q_o可以根据成像公式计算出，所以可求出β_o。目镜放大率中D为明视距离250mm，f_e'为目镜焦距，可求出目镜放大率，最终可计算理论放大倍数Γ。

(5) 比较实验值与计算值，计算相对偏差。

【思考题】

1. 开普勒望远镜和显微镜均是由两个凸透镜组成，提高望远镜的放大率可通过增大物镜的焦距或减小目镜的焦距实现；但是提高显微镜的放大率却是选用焦距较短的物镜和目镜实现，请说明原因。

2. 利用工程光学知识，试推导公式(2-3-4)和(2-3-6)。

3. 学生根据显微镜的放大倍数，设计两个透镜之间的距离。

【参考文献】

[1] 姚启钧. 光学教程. 3版. 北京：高等教育出版社, 2002.
[2] 郁道银, 谈恒英. 工程光学. 4版. 北京：机械工业出版社, 2016.

实验 2.4　星点法测量光学系统像差

在应用光学领域中，光学系统成像质量的评价是一个重要问题。根据几何光学的观点，光学系统的理想状况是“点点成像”(点物成点像)，即物空间一点发出的光能量在像空间也集中在一点上。但实际上像差的存在导致点物成弥散斑。评价一个光学系统像质优劣的依据是物空间一点发出的光能量在像空间的分布情况。在传统像质评价中，人们先后提出了许多像质评价的方法，其中用得最广泛的有分辨率法、星点法和阴影法(刀口法)。

一、星点法测量透镜色差

透镜所用的光学材料对于不同波长光的折射率是不同的，因此不同色光经透镜后有不同的传播光路，称之为色差。波长越短，折射率越大；波长越长，折射率越小。同一薄透镜对不同单色光的焦距也不同。色差可分为位置色差和倍率色差两种。按色光的波长由短到长，它们的像点离开透镜由近到远地排列在光轴上，这就是位置色差。以白光为例，取波长 0.48μm(F 光)，波长 0.58μm(d 光)，波长 0.65μm(C 光)作为白光特征光，$\Delta L'_{FC}$ 即是位置色差，如图 2-4-1(a)所示。倍率色差是一种因不同色光成像的高度(也即倍率)不同而造成的像大小差异，以两种色光 F 光和 C 光的主光线在高斯像面上的交点高度之差来度量，以符号$\Delta Y'_{FC}$表示，如图 2-4-1(b)所示。

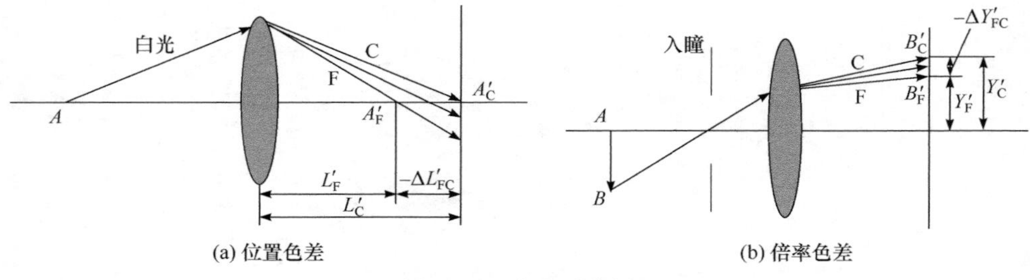

(a) 位置色差　　　　(b) 倍率色差

图 2-4-1　色差示意图

【实验目的】

1. 理解色差产生的原理。
2. 学会用平行光管测量透镜的色差。

3. 掌握星点法测量成像系统单色像差的原理及方法。

【实验仪器】

LED 光源，平行光管，环带光阑，待测透镜(ϕ=40mm，f'=200mm)，CMOS 相机。

【实验原理】

星点法简介如下。

光学系统对相干照明物体或自发光物体成像时，可将物光强分布看成是无数个具有不同强度的独立发光点的集合。每一发光点经过光学系统后，由于衍射和像差及其他工艺疵病的影响，在像面处得到的星点像光强分布是一个弥散光斑，即点扩散函数。在等晕区内，每个光斑都具有完全相似的分布规律，像面光强分布是所有星点像光强叠加的结果。因此，星点像光强分布规律决定了光学系统成像的清晰程度，也在一定程度上反映了光学系统对任意物分布的成像质量。上述观点是进行星点检验的基本依据。

星点检验法是通过考察一个点光源经光学系统后在像面及像面前后不同截面上所成衍射像，根据星点像的形状及光强分布来定性评价光学系统成像质量好坏的一种方法。在光学仪器的生产过程中，早期曾利用圆孔衍射现象来检测透镜的质量，这种方法称为星点法。所谓星点就是一个个的小圆孔，通常工艺上采用带有许多小孔的半镀银板作为星点板。检验时把星点板放在显微镜的载物台上，这时光通过每个星点就产生一个小圆孔衍射图样。如果在显微镜下看到明亮的星点像，而且在中央亮点(艾里斑)周围的圆环条纹明暗相间、均匀对称，则这个物镜的质量就是合格的；如果质量有问题，则在显微镜中观察到的星点图将会畸变。

光学系统的像差或缺陷均会引起星点像产生变形或改变其光能分布。待检系统的缺陷不同，星点像的变化情况也不同。因此，通过将实际星点衍射像与理想星点衍射像进行比较，可反映出待检系统的缺陷，并由此评价像质。

【实验内容】

(1) 图 2-4-2 是测量透镜色差的光路示意图。自左向右依次为 LED 光源、平行光管、环带光阑、待测透镜(ϕ=40mm，f' =200mm)、CMOS 相机。其中，环带光阑为环形镂空目标板，本系统中有 10mm、20mm 和 30mm 三种直径可供选择。

(2) 将蓝光 LED(451nm)光源安装到平行光管上，适当调整针孔位置使其出射平行光。

(3) 安装待测透镜和 CMOS 相机，调整元件高度与距离至最佳。

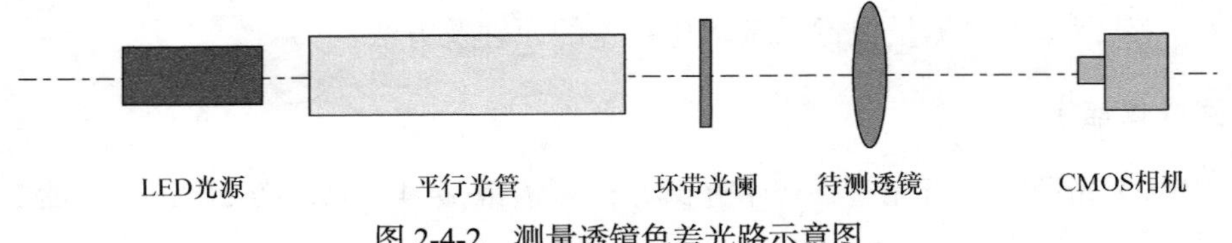

图 2-4-2　测量透镜色差光路示意图

(4) 在平行光管和待测透镜中间安装环带光阑，适当调整环带光阑高度使光阑中心与平行光管出光中心等高。

(5) 适当调整蓝光 LED(451nm)光源强度，同时粗调 CMOS 相机位置，使得 CMOS 相机上出现如图 2-4-3(a)所示圆环光斑，细调 CMOS 直到观测到一个会聚亮点，如图 2-4-3(b)所示，并记录此位置读数 X_1 填到表 2-4-1 中；同时记录聚焦亮点的像素坐标(a, b)，并将数据填入表 2-4-2 中。

(a)　(b)

图 2-4-3　蓝光 LED 聚焦点实物图

表 2-4-1　位置色差数据记录表　(单位：mm)

测量次数	X_1	X_2	位置色差$\Delta X=X_2-X_1$
1			
2			
3			

表 2-4-2　倍率色差数据记录表　(单位：mm)

测量次数	b	c	$c-b$	倍率色差 $5.2\times(c-b)$
1				
2				
3				

注：倍率色差$=5.2\times(c-b)$μm，其中 CMOS 单像素大小为 5.2μm。

(6) 光源更换为红色 LED(690nm)，按照步骤(5)记录数据，并基于弥散斑上下边缘位置得到像素坐标(a, c)，以及相应会聚亮点对应在平移台上千分尺读数 X_2，并填入表 2-4-1 中。

二、星点法测量单色像差

一般来讲，在实际光学系统中一定宽度的光束对一定大小的物体成像时往往存在成像的不完善，即对“点点成像”的偏离。在光源波长一致的情况下，单色像差主要有五种：球差、彗差、像散、场曲和畸变。

【实验目的】

1. 了解平行光管的结构及工作原理。
2. 了解单色像差的产生原理。
3. 掌握星点法测量成像系统单色像差的原理及方法。

【实验仪器】

LED 光源，平行光管，环带光阑，被测透镜(ϕ=40mm，f'=200mm)，CMOS 相机。

【实验原理】

1. 平行光管结构介绍

根据几何光学原理，无限远处的物体经过透镜后将成像在焦平面上；反之，从透镜焦平面上发出的光线经透镜后将成为一束平行光。如果将一个物体放在透镜的焦平面上，那么它将成像在无限远处。

图 2-4-4 为平行光管的示意图。它由物镜及置于物镜焦平面上的针孔和 LED 光源组成。由于针孔置于物镜的焦平面上，因此当光源通过针孔并经过透镜后，会成为一束平行光。

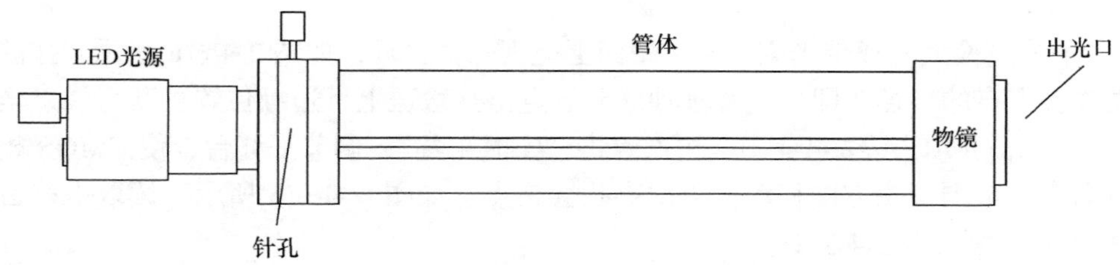

图 2-4-4　平行光管示意图

2. 星点法介绍(略)

【实验内容】

1. 球差的测量

(1) 参考图 2-4-2 搭建测量透镜球差光路。自左向右依次为 LED 光源、平行光管、环带光阑、待测透镜(ϕ=40mm，f'=200mm)、CMOS 相机。

(2) 将红色 LED(690nm)光源安装到平行光管上，适当调整针孔位置使其出射平行光。选用最小环带光阑，移动 CMOS 相机找到会聚点，如图 2-4-5 所示，读取平移台丝杆读数 X_1，填入表 2-4-3 中；将聚焦位置像素坐标(a，b)填入表 2-4-4 中。

图 2-4-5　最小环带光阑的聚焦点

表 2-4-3　红色 LED 轴向球差　(单位：mm)

测量次数	X_1	X_2	轴向球差$\Delta X=X_2-X_1$
1			
2			
3			

注：透镜对红色光源的轴向球差$\Delta X=X_2-X_1$。

(3) 更换大号环带光阑，相机靶面上呈现弥散光环，如图 2-4-6(a)所示，弥散斑与会聚点的半径差即是透镜垂轴球差。点击弥散斑上下边缘位置可获得像素坐标(a，c)，并填入表 2-4-4 中；再次点击“实时采集”，调节平移台，使 CMOS 相机向靠近被测镜头方向移动，再次寻找会聚点，如图 2-4-6(b)所示，读取平移台读数 X_2，填入表 2-4-3 中。

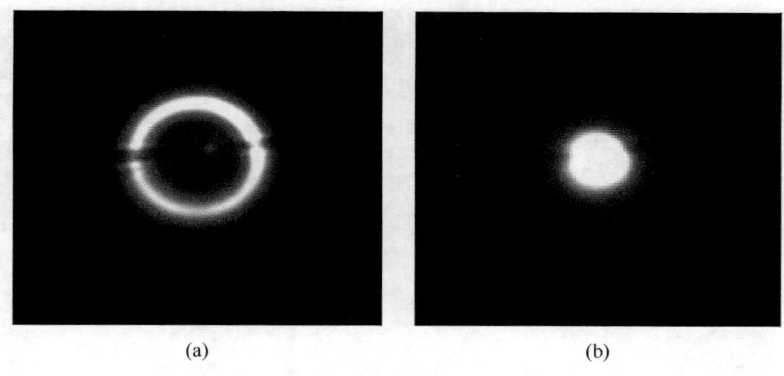
(a)　(b)

图 2-4-6　大号光阑产生的弥散斑

表 2-4-4　红色 LED 垂轴球差

测量次数	b	c	$c-b$	垂轴球差 $5.2\times(c-b)$
1				
2				
3				

注：垂轴球差 $=5.2\times(c-b)\mu m$，CMOS 单像素大小为 5.2μm

2. 彗差的观察

(1) 图 2-4-7 是观察彗差的光路示意图。自左向右依次为 LED 光源、平行光管、待测透镜(ϕ=40mm，f'=200mm)、CMOS 相机。

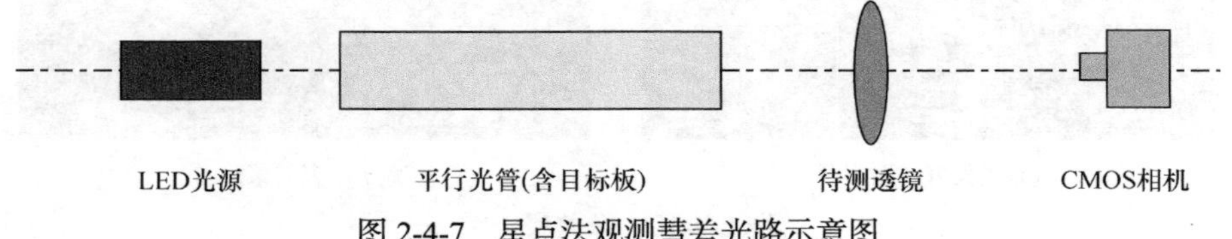

图 2-4-7　星点法观测彗差光路示意图

(2) 将红色 LED(690nm)光源安装到平行光管上。细调透镜与光轴的夹角，转动透镜的过程中观测星点像的变化，效果如图 2-4-8 所示，即彗差。

3. 像散的测量

(1) 图 2-4-9 是测量透镜像散的光路示意图。自左向右依次为 LED 光源、平行光管、环带光阑、待测透镜(ϕ =40mm，f'=200mm)、CMOS 相机。其中环带光阑为环形镂空目标板，本系统中选择 10mm 直径光阑。

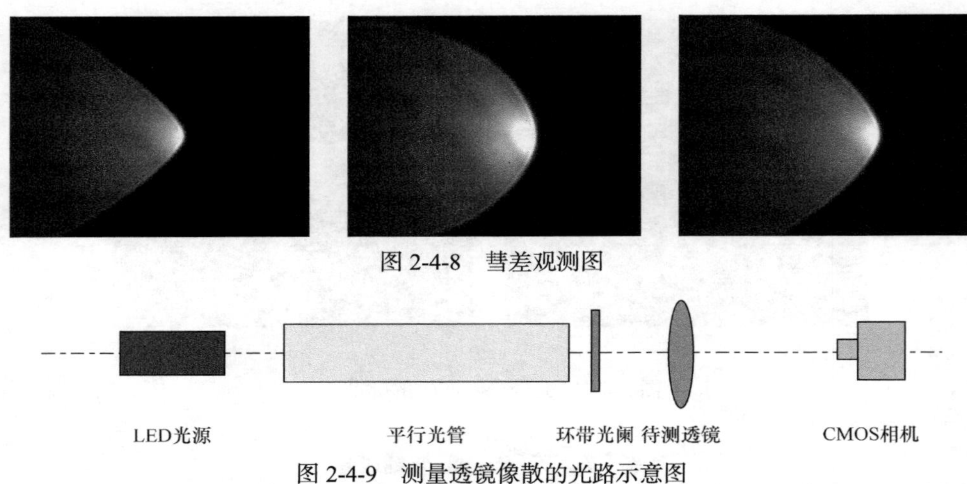

图 2-4-8　彗差观测图

图 2-4-9　测量透镜像散的光路示意图

(2) 将红色 LED(690nm)光源安装到平行光管上。在平行光管和待测透镜支架之间加入最小环带光阑，将透镜微转某一角度固定，在轴向改变平移台可调整 CMOS 相机的前后位置，找到弧矢聚焦面，如图 2-4-10(a)所示，将平移台的示数 X_1 记录在表 2-4-5 中。

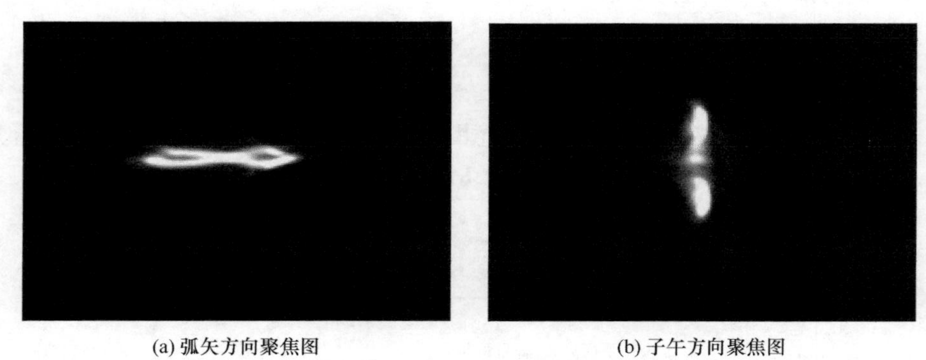

(a) 弧矢方向聚焦图　　(b) 子午方向聚焦图

图 2-4-10　像散聚焦图

表 2-4-5　像散数据记录　(单位：mm)

测量次数	X_1	X_2	透镜像散$\Delta X=X_2-X_1$
1			
2			
3			

(3) 再次改变平移台位置可以看到 CMOS 相机由弧矢聚焦变为子午聚焦，如

图 2-4-10(b)所示，记录平移台的示数 X_2，填入表 2-4-5 中。

【思考题】

1. 星点法测量透镜色差实验中为什么要在平行光管和待测透镜中间安装环带光阑?

2. 试分析球差、彗差、像散、场曲、畸变及色差的区别。说明这些像差产生的原因，与哪些因素有关，以及如何校正像差。

3. 引起测量误差的原因有哪些?

【参考文献】

[1] 朱瑶. 光学系统的星点检验方法. 红外, 2004, 9:31-37.
[2] 郁道银, 谈恒英. 工程光学. 4 版. 北京: 机械工业出版社, 2016.
[3] 姚启钧. 光学教程. 3 版. 北京: 高等教育出版社, 2002.

实验 2.5　刀口阴影法测量光学系统像差综合实验

刀口阴影法可灵敏地判别会聚球面波前的完善程度。物镜存在的几何像差使得不同区域的光线成到像空间不同位置上。一方面，刀口在像面附近切割成像光束，即可看到具有特定形状的阴影图；另一方面，物镜的几何像差对应着出瞳处的一定波像差，并由此可求得刀口图方程及其相应的阴影图。反之，由阴影图也可检测典型几何像差。刀口阴影法所需设备简单，检测法方便、直观，故非常有实用价值。

【实验目的】

1. 巩固光学系统像差理论。
2. 掌握刀口阴影法测量光学透镜像差的原理和方法。

【实验原理】

对于理想成像系统，成像光束经过系统后的波面是理想球面(图 2-5-1)，所有光线都会聚于球心 O。此时用不透明的锋利刀口以垂直于图面的方向切割该成像光束，当刀口正好位于光束会聚点 O 点处(位置 N_2)时，则全视场仍然是均匀的，但整体变暗一些 (阴影图 M_2)。如果刀口位于光束交点之前(位置 N_1)，则视场中与刀口相对系统轴线方向相同的一侧视场出现阴影，相反的方向仍为亮视场(阴影图 M_1)。当刀口位于光束交点之后(位置 N_3)，则视场中与刀口相对系统轴线方向相反的一侧视场出现阴影，相同的方向仍为亮视场(阴影图 M_3)。(**焦前刀影同方向，焦后刀影对面来，焦点阴影一起暗。**)

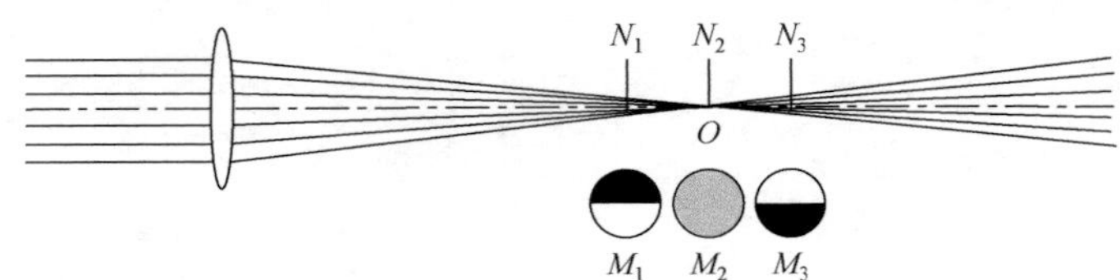

图 2-5-1　理想光学系统的刀口阴影示意图

实际光学系统由于存在球差，成像光束经过系统后不再会聚于轴上同一点。此时，如果用刀口切割成像光束，根据系统球差的不同情况，视场中会出现不同的图案形状。图 2-5-2 是 4 种典型的球差及其相应的阴影图。图 2-5-2(a)和(b)为球差校正不足和球差校正过度的情况，相当于单片正透镜和单片负透镜球差情况。

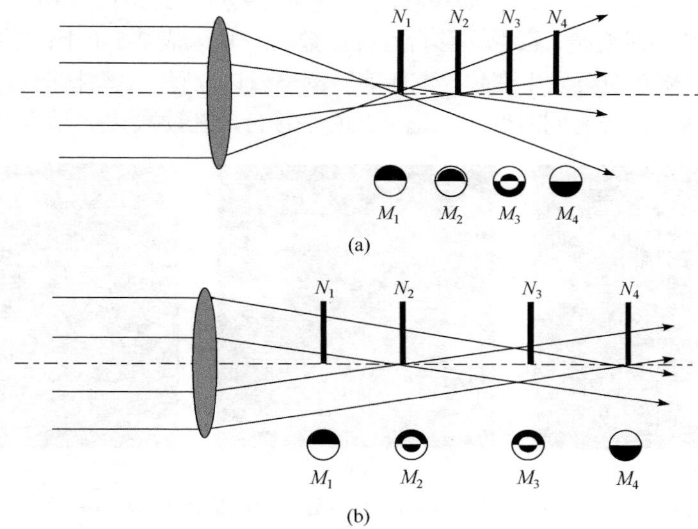

图 2-5-2　光学系统存在球差时的刀口阴影示意图

利用刀口阴影法对系统轴向球差进行测量时，我们需要判断出与视场图案中亮暗环带分界(呈均匀分布的半暗圆环)位置相对应的刀口位置，一般系统球差的表示以近轴光束的焦点作为球差原点。

【实验内容】

1. 球差的测量(环带光阑测试法)

(1)图 2-5-3(a)是测量透镜球差的光路示意图。自左向右依次为 LED 光源(波长 690nm)、平行光管、环带光阑、待测透镜(直径ϕ=40mm，f'=200mm)、刀口、CMOS 相机。其中环带光阑为环形镂空目标板，直径分别为 10mm、20mm 和 30mm，本实验中可选择 10mm 和 20mm 两种。调整相机位置，在刀口没有遮挡的情况下可以看到环形光圈，如图 2-5-3(b)所示。

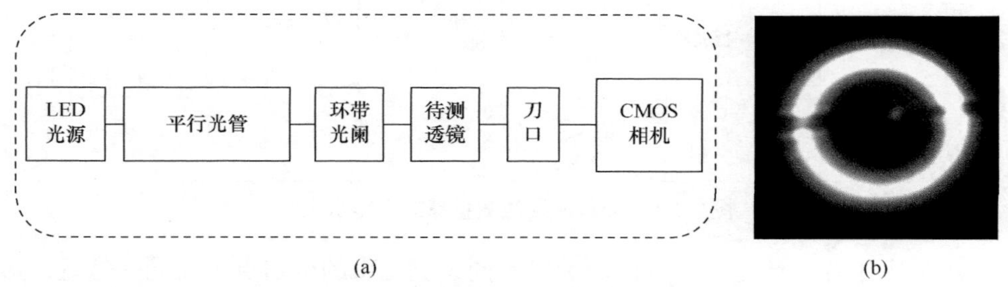

图 2-5-3　环带光阑法测量透镜球差光路示意图(a)和经过刀口的环形光圈(b)

(2) 选用最小环带光阑，刀口在焦前或焦后横向遮挡光斑过程中出现的光斑形状如图 2-5-4(a)、(b)所示。如果移动刀口到会聚点，刀口恰好切到焦点，可以看到环形光圈同时变暗，读取平移台丝杆读数 X_1，填入表 2-5-1 中；更换中号环带光阑，环带光聚焦位置发生变化，重新前后调整刀口位置，观察横向遮挡光斑的图样，直到观察到环带光同时变暗，记下此时平移台丝杆读数 X_2，填入表 2-5-1 中。

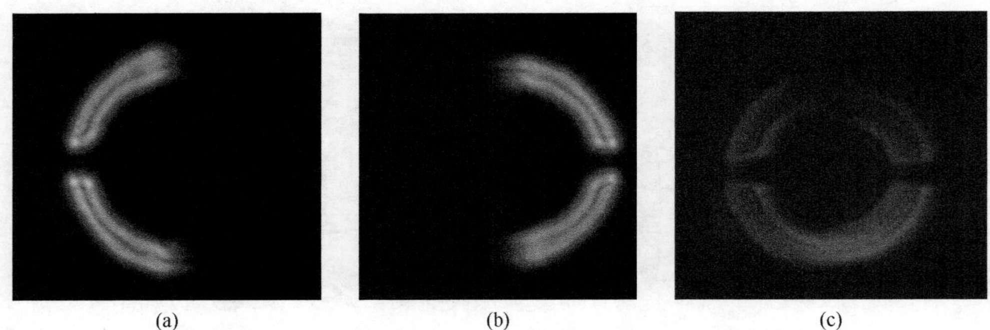

(a)　(b)　(c)

图 2-5-4　刀口在焦前、焦后及焦点处横向遮挡光斑过程中的图样

表 2-5-1　红色光源轴向球差(环带光阑测试法)　(单位：mm)

测量次数	X_1	X_2	轴向球差$\Delta X=X_2-X_1$
1			
2			
3			

2. 球差的测量(刀口阴影观察法)

(1) 图 2-5-5 是刀口阴影法测量球差光路示意图，自左向右依次包括 LED 光源(波长 690nm)、平行光管、待测透镜(直径ϕ =40mm，f'=200mm)、刀口和白屏。

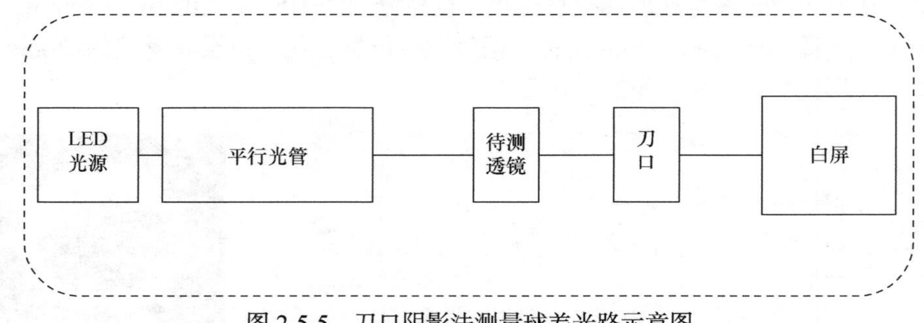

图 2-5-5　刀口阴影法测量球差光路示意图

(2) 由于存在球差，通过待测透镜不同位置光束的聚焦点不在同一位置，形

成弥散光斑，调整刀口到会聚点附近，横向移动刀口，可观察到如图 2-5-6(a)所示阴影，记下此位置平移台示数 X_1；前后平移刀口找到图 2-5-6(b)所示阴影，记录平移台读数 X_2。将以上数据记录在表 2-5-2 中。

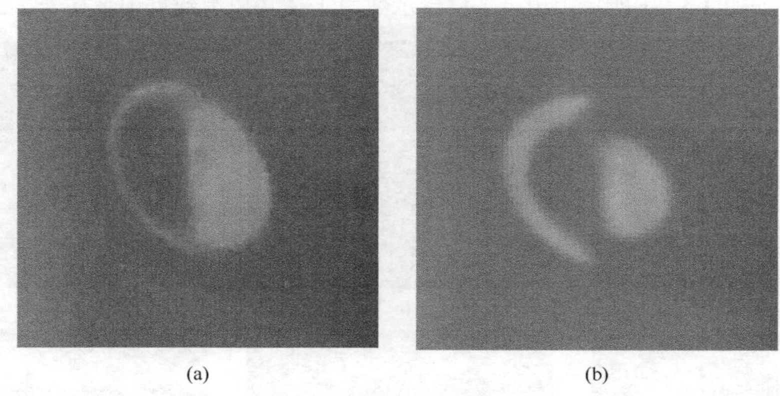

(a)　(b)

图 2-5-6　白屏上的阴影图样

表 2-5-2　红色光源轴向球差(刀口阴影观察法)　(单位：mm)

测量次数	X_1	X_2	轴向球差$\Delta X=X_2-X_1$
1			
2			
3			

3. 像散的测量

(1) 图 2-5-7 是测量透镜像散的光路示意图。自左向右依次为 LED 光源(波长 690nm)、平行光管、环带光阑、待测透镜(直径ϕ=40mm，f'=200mm)、刀口和 CMOS 相机。本系统中选择 10mm 直径的环带光阑目标板。

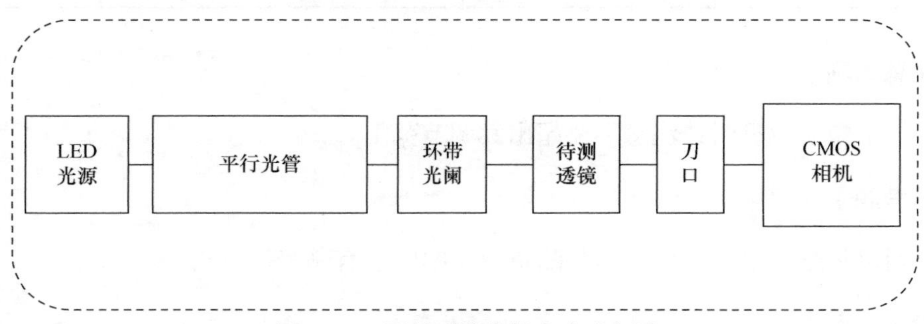

图 2-5-7　测量透镜像散光路示意图

(2) 选择 10mm 直径的环带光阑，将透镜微转一角度固定，在导轨方向改变刀口的前后位置，如刀口处于子午聚焦面与弧矢聚焦面中间时，刀口横向遮挡即可看到图 2-5-8 中的某一幅，调整刀口位置使得阴影与水平面垂直，如图 2-5-8(a)所示，记录平移台示数为 X_1；再次移动平移台可以看到阴影逐渐变化，直至与水平面重合，如图 2-5-8(f)所示，记录平移台示数为 X_2。将以上数据记录在表 2-5-3 中。

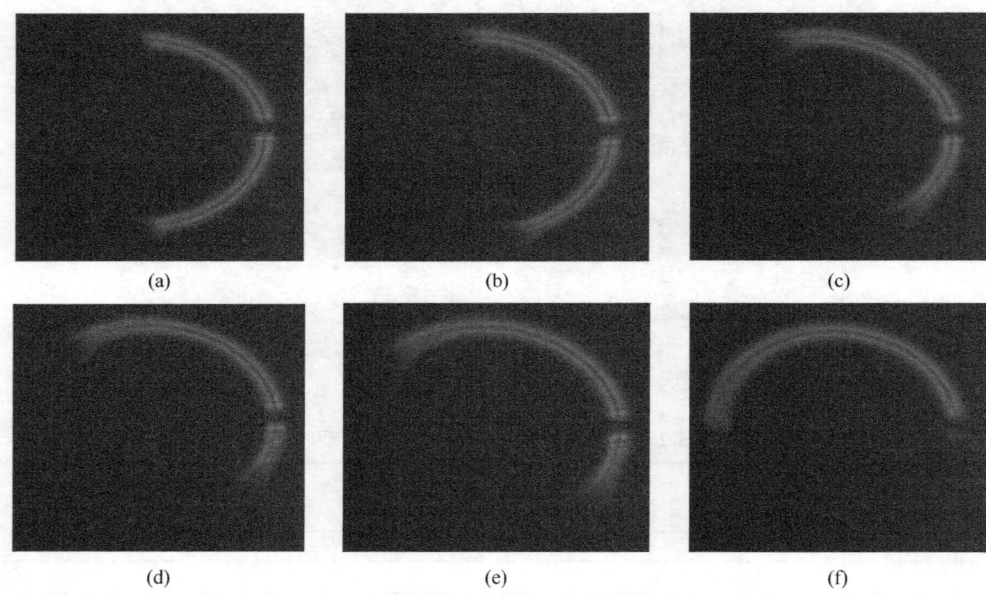

(a) (b) (c) (d) (e) (f)

图 2-5-8 刀口阴影法测量像散效果图

表 2-5-3 像散数据记录 (单位：mm)

测量次数	X_1	X_2	透镜像散$\Delta X=X_2-X_1$
1			
2			
3			

【注意事项】

调节螺旋丝杆时，注意不要超出其调节范围。

【思考题】

对测量数据进行分析，引起测量误差的因素有哪些？

【参考文献】

[1] 姚启钧. 光学教程. 3 版. 北京：高等教育出版社, 2002.
[2] 郁道银, 谈恒英. 工程光学. 4 版. 北京：机械工业出版社, 2016.

实验 2.6　显微成像系统的光学设计

显微镜是常用的目视光学仪器。生物显微镜用于观察细微物体和细菌、病毒标本；医用手术显微镜进行手术过程的监控；光刻机显微镜用来观察对准集成电路芯片的线条；金相显微镜用来观察矿石的微细结构；测量显微镜和工具显微镜用于精密检测等。

显微镜通常由照明系统、成像系统和探测系统组成。成像系统主要由显微物镜、目镜和转像棱镜构成。显微物镜是显微镜最重要的部件，用于对微细目标进行第一次放大；放大的像再由目镜或数字显示系统进行第二次放大。

【实验目的】

1. 掌握显微镜成像原理和结构特性。
2. 熟练利用光学软件 Zemax 设计符合要求的显微系统。

【实验原理】

计算机的巨大进展和新一代智能化光学设计软件的开发，使光学设计的观念和流程发生重大的改观。流行的、实用化的光学设计流程如图 2-6-1 所示。

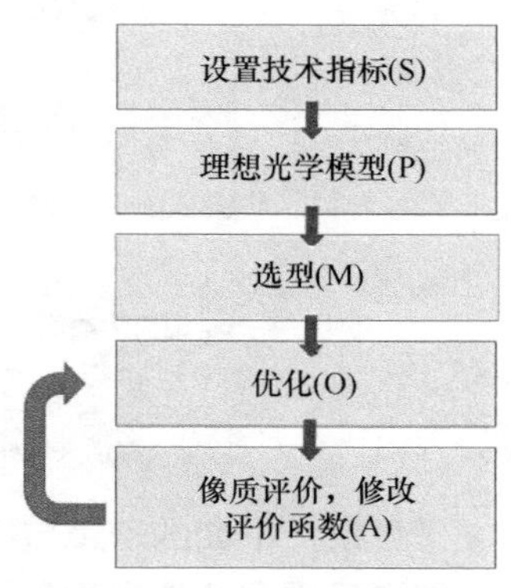

图 2-6-1　光学设计流程

(1) 根据使用要求设置技术指标。

(2) 建立理想光学模型。

(3) 根据技术指标和要求选型，从数据库中找到透镜实例作为初始结构部件(不再进行三级像差和 P-W 计算)。

(4) 设置评价函数(merit function)，直接进入像差平衡和全局优化。

(5) S-P-M-O-A，其中 O-A 环节反复多次，直至达到指标要求。

新的设计观念和流程是充分利用计算机软件的功能，把计算机能做的事尽量交给计算机去做。在完成理想光学计算后，设计工作的重点将放在参考系统选型、评价函数的设置和动态修改上，使系统平稳、快速收敛。

1. Zemax 软件简介

Zemax 是一套综合性光学设计仿真软件，能够在光学系统设计中实现建模、分析和其他辅助功能。Zemax 可以将实际光学系统的设计概念优化、分析、公差及报表整合在一起，可建立反射、折射和绕射等光学模型，可进行光学组件设计与照明系统的照度分析，也可仿真序列(sequential)和非序列(non-sequential)成像系统，具有直观、功能强大、灵活、快速和容易使用等优点，在全球范围内已经被广泛应用于投影、摄影、扫描、望远系统，以及光纤耦合、照明和夜视等系统的设计中。

2. 显微系统简介

图 2-6-2 为基于 Zemax 设计的显微镜系统结构图，包含显微物镜和目镜。如果需要转像，还需要加上转像棱镜。Zemax 设计显微系统通常系统倒置，即待观察样品设置在像面处，有利于 Zemax 计算快速收敛。目镜是以眼睛作为接收终端的特殊光学器件，是望远镜、显微镜等目视光学仪器的组成部分，使用时它的入瞳与人眼的瞳孔重合，位于目镜以外。目镜的作用是把物镜所成的实像进行二次放大，成像于无穷远或明视距离处，供眼睛观察。入瞳与第一片透镜的间距(入瞳距)L_p，又称“镜目距”或“眼点距”，一般大于 10mm。

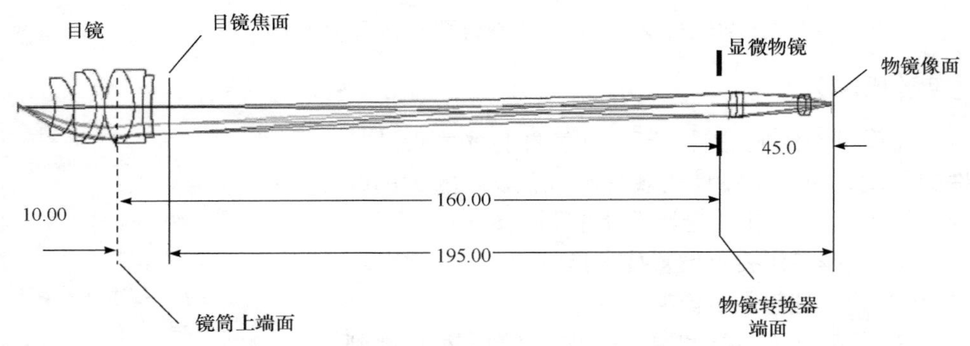

图 2-6-2　显微镜系统结构图(单位：mm)

物镜共轭距为 195mm，机械筒长为 160mm，物镜长度 45mm

目镜：早期的目镜包括惠更斯目镜和拉姆斯登目镜，均由两片正透镜构成，近年来只用在低档生物显微镜中。之后发展了凯涅尔目镜、无畸变目镜、艾尔佛目镜、对称式目镜等，如图 2-6-3 所示。由于目镜的设计非常成熟，一般根据应用要求直接缩放、略加修改即可，不必重新设计。

显微物镜：它是显微镜最重要的部件，用于对微细目标进行第一次放大。显微物镜不仅用于显微镜，在科研和工程领域还经常独立使用。一台显微镜或显微系统最重要的性能是分辨率，而分辨率的高低主要是由显微物镜决定的。目前大部分显微物镜的分辨率接近或达到衍射极限，即最小分辨长度

$$\delta = 0.61\frac{\lambda}{\text{NA}} \approx \frac{\lambda}{2\text{NA}} \tag{2-6-1}$$

其中，NA 为显微物镜的数值孔径。

$$\text{NA} = n'\sin u' \tag{2-6-2}$$

其中，n'为被观察标本环境介质的折射率。由于 $\text{NA} \approx 1/(2F)$，大数值孔径意味着很大的相对孔径(或很小的 F 数)。

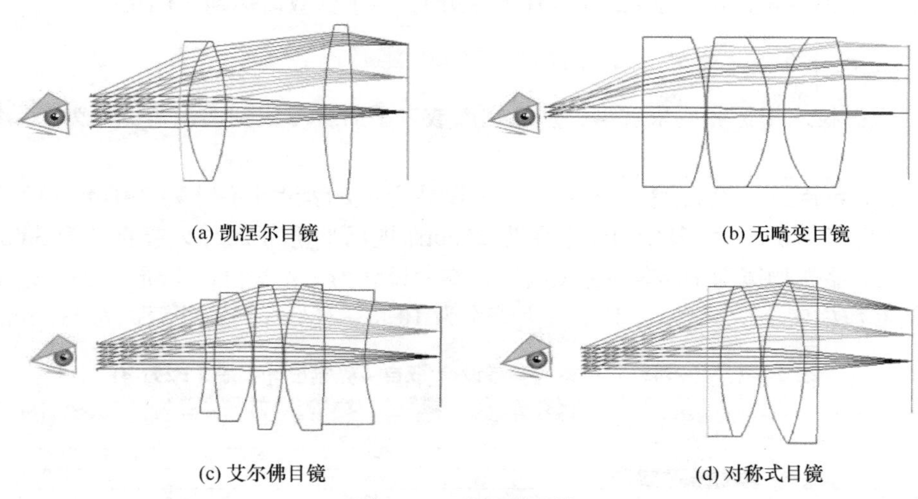

(a) 凯涅尔目镜　(b) 无畸变目镜

(c) 艾尔佛目镜　(d) 对称式目镜

图 2-6-3　常见的目镜

与照相、投影类物镜不同，显微物镜称“小像差系统”，各种轴上和近轴像差，如球差、彗差、纵向色差等都要严格校正。由于像方(接近标本方)的孔径角很大，所以完善校正轴上像差并不易。业内简称衍射极限为 DL(diffraction limit)，例如分辨率达到或接近一倍或两倍衍射极限的物镜分别称为“1 DL”物镜和“2 DL”物镜。

显微镜是人类最早使用的光学仪器，一些常用消色差类物镜早已定型，包括李斯特型物镜、阿米西型物镜等。近年的发展方向主要是平场、复消色差和长工作距。平场即平像场，指的是在整个视场内均匀一致的清晰度；复消色差指的是同时校正 F、d、C 三色光的球差，即校正或接近校正二级光谱。由于像方孔径角很大，一般后截距不易做大，否则会给操作带来不便。长工作距显然对某些细分领域有吸引力。为了实现或部分实现这三个目标，付出的代价是元件的增加和系统的复杂化，以及采用特殊材料，例如肖特厂的 KZFS 系列、PSK 系列和 FK 系列的特种光学玻璃。早年复消色差物镜采用氟化钙晶体 CaF_2，如今 N-FK56 和氟化钙晶体性能已经非常接近。

显微镜是非常成熟而又精密的光学仪器，各种标准型号的显微镜在显微镜厂家大批生产，其技术指标也有行业规范。作为显微镜的重要部件，显微物镜也可单独订购。但用于科研的一些非标的显微物镜，仍需自行设计加工。

【实验内容】

设计一款用于观察生物样品的 100×显微镜，它由 10×目镜和 10×物镜组成。光学特性要求：显微镜放大倍率 100×，显微物镜 NA=0.25，物镜共轭距 L=195mm，工作距(物镜最后一面镜片到生物样品之间的距离)大于 7mm，样品区域η'=0.8mm，样品上有一厚度为 0.17mm 的盖玻片(H-K9L)，要求弥散斑达到～1 DL。

1. 设计准备：选型

根据技术指标和要求选型，从数据库或者手册中寻找到透镜实例作为初始结构的部件。

(1) 目镜选用 10×对称式目镜，参考设计为《光学设计手册》P291-4。该结构参数如表 2-6-1 所示，其中目镜焦距为 25mm，视场半角为 20°，入瞳直径为 5mm。

(2) 显微物镜为 10×李斯特型物镜，参考设计为《光学设计手册》P331-3。该结构参数如表 2-6-2 所示，其中放大倍率为 10 倍，NA=0.25，共轭距为 195mm。

表 2-6-1　10×对称式目镜的参考设计(取自《光学设计手册》P291-4)

Lens Data Editor

Edit　Solves　Options　Help

	Surf:Type	Comment	Radius		Thickness		Glass		Semi-Diameter	
OBJ	Standard		Infinity		Infinity				Infinity	
STO	Standard		Infinity		18.000000				2.500000	
2*	Standard		76.640000		1.500000		F3		12.000000	U
3*	Standard		24.600000		7.500000		H-K9L		12.000000	U
4*	Standard		-30.620000		0.100000				12.000000	U
5*	Standard		30.620000	P	7.500000	P	H-K9L	P	12.000000	P
6*	Standard		-24.600000	P	1.500000	P	F3	P	12.000000	P
7*	Standard		-76.640000	P	18.966822	V			12.000000	P
IMA	Standard		Infinity		-				8.590569	

EFFL: 25.0809　WFNO: 5.01406　ENPD: 5　TOTR: 55.0668

表 2-6-2　10×李斯特型物镜的参考设计(取自《光学设计手册》P331-3)

Lens Data Editor

Edit　Solves　Options　Help

	Surf:Type	Comment	Radius		Thickness		Glass		Semi-Diameter	
OBJ	Standard		Infinity		160.138819				9.794159	
STO	Standard		Infinity		0.000000				4.087610	
2*	Standard		16.983000		2.700000		K4A		4.448301	U
3*	Standard		-13.092000		1.800000		F13		4.448301	U
4*	Standard		-102.090000		17.550000				4.448000	U
5*	Standard		8.356000		2.900000		H-K7		3.459789	U
6*	Standard		-6.252000		1.400000		H-ZF3		3.459789	U
7*	Standard		-15.488000		7.203000				3.459789	U
8*	Standard		Infinity		0.170000		H-K9L		10.000000	U
9*	Standard		Infinity		0.000000				10.000000	U
IMA	Standard		Infinity		-				1.058935	

EFFL: 17.3288　WFNO: 2.00012　ENPD: 8.17522　TOTR: 33.723

2. 设计流程

(1) 分别将目镜和显微物镜参考设计的结构参数(表 2-6-3)录入文件中，存盘备用。
(2) 在目镜数据表 IMA 前插入 1 行。
(3) 复制物镜的 T0-T9 行，粘贴到目镜的 T8。
(4) 将光阑恢复到物镜第 1 面。
(5) 在 Gen 中，令 Paraxial F/#=1/(2×0.25)=2。
(6) 在 Fie 中，令η'(Paraxial Ima. Height)=0，0.56，0.8。
(7) 第 8 行的 COMMENTS(备注)栏填写“MID-IMAGE”(中间视场光阑面)。
(8) 修正 T1，并在第 1 行 Comments 栏填写“EYE RELIEF”(镜目距)。
(9) 打开 Layout(从第 1 面到 IMA 面)，查看系统。
(10) 打开评价函数，输入 MICROSCOPE。评价函数的设计要点如表 2-6-4 所示。只修改物镜，不修改目镜。
(11) 令 R9-R14=V，此外 T11，T14=V，打开“光线瞄准”(ray aiming)，优化得到较好的结果。
(12) 检查以下指标。
A. 查看优化后显微系统结构是否合理，弥散斑大小是否符合要求；
B. 在 Reports 中查看 Image Space NA(0.25)；
C. 在评价函数中查看物镜共轭距(195mm)、物镜倍率(10)、目镜焦距(25mm)和总倍率(100)。

如果设计结果与要求存在差距，可修改参数，玻璃替换，再次优化直至达到指标要求。

(13) 显微系统的结构如图 2-6-4 所示。

表 2-6-3　目镜和显微物镜参考设计的结构参数

总倍率	目镜			显微物镜					
	倍率	ω	f'	倍率	物镜 NA′	共轭距	η	η'	W.D.
100×	10	20°	25mm	10	0.25	195mm	8	0.8	>7mm

表 2-6-4　评价函数的设计要点

					Targ.	Wt.	Val.
EFFL AND MAGNIFICATION							
3	EFFL				0	0	−2.55
4	REAR	8	(0，1，0，0)				9.21
5	REAR	16	(0，1，0，0)				0.78

续表

					Targ.	Wt.	Val.
6	DIVI	4	5		10	0	
7	CONS				250		
8	EFLY	2	7		25		
9	DIVI	7	8		10	0	
10	PROD	6	9		100	0.1	
	SYSTEM TRACK						
12	TTHI	2	15				231
13	TTHI	8	15		195	0.1	193
	IMAGE DISTANCE						
15	CTGT	14			7	0.1	
	DT						
17	DIMX				3	0	4.0
21	MNCT	9	14		0.1	0.02	
22	MNET	9	14		0.1	0.02	
23	MNCG	9	14		0.2	0.02	
24	MNEG	9	14		0.2	0.02	
26	MXCG	9	14		6	0.02	
27	MXEG	9	14		6	0.02	

图 2-6-4 显微系统的结构图

【参考文献】

[1] 宋非君, 陈笑, 刘畅. 近代光学系统设计概论. 北京: 科学出版社, 2019.
[2] 李士贤, 李林. 光学设计手册. 北京: 北京理工大学出版社, 1996.

第三章　光电信息处理类

实验 3.1　阿贝成像原理与空间滤波

光电信息处理是 20 世纪中期发展起来的一门学科。1873 年阿贝首次提出了二次衍射成像理论，创建了空间频谱、空间滤波等概念，并利用空间滤波技术对光学图像进行处理，从而奠定了光信息处理的理论基础。

【实验目的】

1. 掌握阿贝成像原理，并进行实验验证。
2. 理解空间频谱和空间滤波概念。
3. 掌握利用空间滤波技术消除图像噪声。
4. 熟悉透镜的傅里叶变换作用。
5. 掌握光学信息处理基本光学系统的设计及调节方法。

【实验仪器】

半导体激光器(带二维调节架)，光具座导轨(1000mm)，滑块，傅里叶透镜(ϕ=80mm，f'=190mm)，准直透镜(ϕ=55mm，f'=50mm)，扩束镜，放大镜，干板架，正交光栅 2 枚(空间频率分别为 25lp/mm 和 100lp/mm)，“光”字屏(内含振幅型正交光栅)，滤波器组件(含狭缝和孔径不同的两个小孔光阑)，毛玻璃屏，白屏，小孔屏，手电筒。

【实验原理】

1. 阿贝成像理论

阿贝成像理论提出了一个与几何光学传统成像理论完全不同的概念，认为相干照明下透镜成像过程可分为两步：首先，物光波经透镜，在透镜后焦面上形成频谱，该频谱称为第一次衍射像；然后频谱成为新的次波源，由它发出的次波在像平面上干涉而形成物体的像，该像称为第二次衍射像。上述理论即为阿贝成像理论。根据这一理论，像的结构完全依赖于频谱的结构。

图 3-1-1 是上述成像过程的示意图。设单色相干平面波照射复振幅为 $g(x_0, y_0)$

的物平面，由傅里叶光学可知，经透镜 L 的傅里叶变换，在其后焦面(频谱平面)上可得到物的频谱，其数学表述为

$$G\left(f_x,f_y\right)=\iint_{-\infty}^{\infty}g\left(x_0,y_0\right)\exp\left[-\mathrm{j}2\pi\left(f_x x_0+f_y y_0\right)\right]\mathrm{d}x_0\mathrm{d}y_0 \tag{3-1-1}$$

式中，f_x，f_y 为空间频率。透镜 L 则称为傅里叶变换透镜。

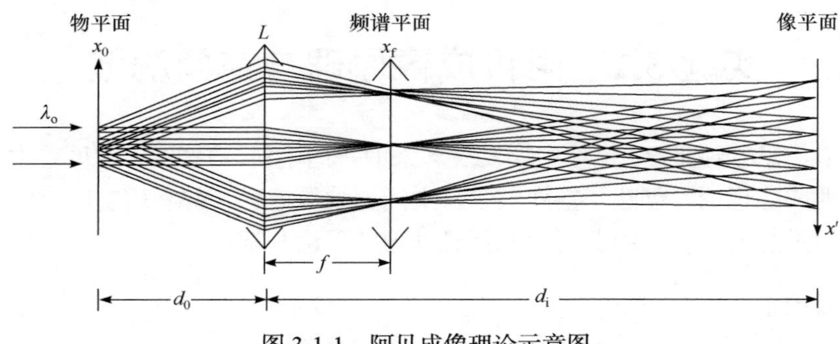

图 3-1-1　阿贝成像理论示意图

由频谱面到像平面，光波完成了一次夫琅禾费衍射过程，相当于频谱又经过一次傅里叶变换，在像平面上综合成物体的像。

$$g'\left(x',y'\right)=\iint_{-\infty}^{\infty}G\left(f_x,f_y\right)\exp\left[\mathrm{j}2\pi\left(f_x x'+f_y y'\right)\right]\mathrm{d}f_x\mathrm{d}f_y \tag{3-1-2}$$

由式(3-1-1)、式(3-1-2)可见，物面与像面的复振幅之比是一个常数，所以像与物几何相似。

2. 阿贝-波特实验

为了验证阿贝成像理论，阿贝于 1873 年、波特于 1906 年分别做了验证实验，这就是著名的阿贝-波特实验。实验装置同图 3-1-1，输入物采用细丝网格状物，在频谱平面上放置滤波器，以各种方式改变频谱结构，像平面上可观察到不同于输入物的像，也就是说像的结构发生了根本性改变(参见教材《傅里叶光学》有关章节)。阿贝-波特实验充分证明了阿贝成像理论的正确性，改变频谱结构，有望完全改变像的结构。阿贝-波特实验也充分证明了傅里叶分析的正确性，即反映物体低频信息的频谱分布在光轴附近，而反映物体精细结构的高频信息的频谱则分布在远离光轴的位置；反映物体横向结构的频谱分布在纵方向，而反映物体纵向结构的频谱分布在横方向；频谱面上的零频仅代表一个“直流分量”，是像的本底；挡住零频分量，在特定条件下有可能使像发生衬度反转。

3. 二维正交光栅的频谱和像

阿贝-波特实验中的“细丝网格状输入物”可视为一个二维正交光栅，其频谱和像的光场分布可根据傅里叶光学原理用数学描述。为讨论方便，先考虑一维线光栅的情况。设光栅的振幅透过率函数为

$$t_{\mathrm{g}}(x_0)=\frac{1}{d}\left[\mathrm{comb}\left(\frac{x_0}{d}\right)*\mathrm{rect}\left(\frac{x_0}{a}\right)\right]\cdot\mathrm{rect}\left(\frac{x_0}{B}\right) \tag{3-1-3}$$

式中，d 为光栅条纹间距；a 为光栅透光条纹的线宽；B 为光栅的宽度。根据傅里叶变换原理可知，光栅的频谱为 $t_{\mathrm{g}}(x_0)$ 的傅里叶变换

$$t_{\mathrm{g}}(f_x)=\frac{aB}{d}\left\{\mathrm{sinc}(Bf_x)+\mathrm{sinc}\left(\frac{a}{d}\right)\mathrm{sinc}\left[B\left(f_x-\frac{1}{d}\right)\right]+\mathrm{sinc}\left(\frac{a}{d}\right)\mathrm{sinc}\left[B\left(f_x+\frac{1}{d}\right)\right]+\cdots\right\} \tag{3-1-4}$$

式中，f_x 为空间频率。

将光栅置于图 3-1-1 中的物平面，用单色相干平面波照明，则在透镜的后焦面(频谱平面)上得到如式(3-1-4)所示的频谱，此处空间频率与空间坐标的相应关系为 $f_x=x_{\mathrm{f}}/\lambda f$ 。由式(3-1-4)可见，在频谱面上呈现一系列间距为 $\lambda f/d$ 的亮点，如图 3-1-2 所示。若将二维正交光栅代替一维光栅置于图 3-1-1 中的物平面上，同理可知，后焦面上得到的频谱为图 3-1-3 所示的亮点阵列。

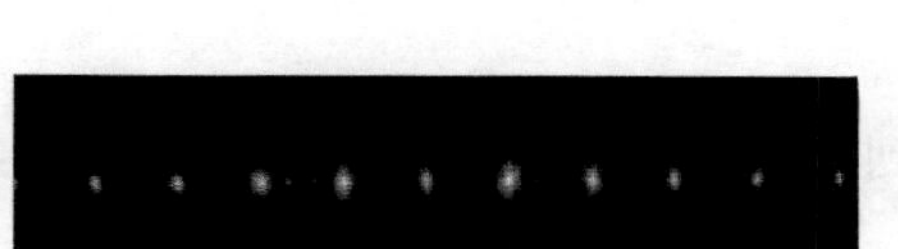

图 3-1-2　一维光栅的频谱照片

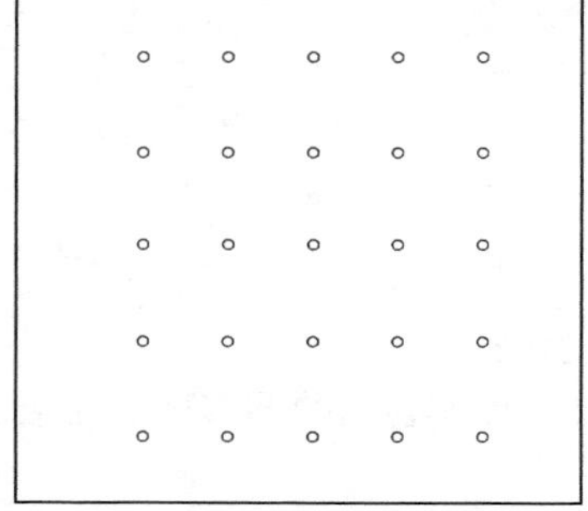

图 3-1-3　二维正交光栅频谱示意图

像平面上的光场分布等于频谱的傅里叶变换，它应与输入物相似。式(3-1-5)是一维情况

$$t(x_0')=\mathcal{F}\left[T_{\mathrm{g}}(f_x)\right]=\frac{1}{d}\left[\mathrm{comb}\left(\frac{x_0'}{d}\right)*\mathrm{rect}\left(\frac{x_0'}{a}\right)\right]\cdot\mathrm{rect}\left(\frac{x_0'}{B}\right) \tag{3-1-5}$$

其中 $x_0'=-Mx_0$ ，M 为放大率。当频谱结构 $T_{\mathrm{g}}(f_x)$ 发生变化时，像的结构也将随之改变。

4. 空间频率滤波

根据以上讨论，成像过程本质上是两次傅里叶变换，第一步起“分频”作用，第二步起“合成”作用。许多有意义的事就发生在频谱一分一合的过程之中。空间频率滤波是相干光学处理中一种较为简单的方式，它把透镜作为一个频谱分析仪，在频谱面上放置一些称为滤波器的光阑，提取或摒弃某些频段的信息，以改变物的频谱结构，达到改善图像质量的目的。

【实验内容】

1. 实验题目

(1) 重现阿贝-波特实验，证明阿贝成像理论的正确性。
(2) 用空间滤波技术消除图像噪声。

2. 具体内容

1) 搭建阿贝-波特实验系统

本实验利用两个透镜搭建如图 3-1-4 所示的系统结构。图中 *SL* 为扩束镜，L_1 为准直镜，L_2 为傅里叶变换透镜。

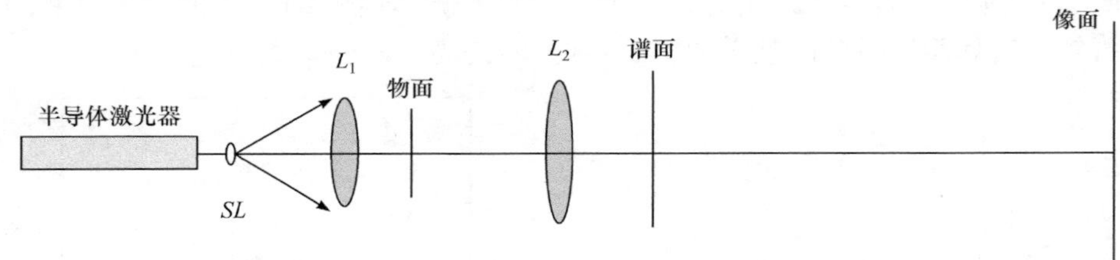

图 3-1-4　空间滤波光学系统示意图

提示：

(1) 系统共轴的调节尤为重要，关系到实验的成败，请自行设计有效的调整方法。

(2) 透镜 L_1 必须出射平行光，请考虑有何简便的判断方法。

(3) 物面与透镜 L_2 的距离要根据不同的物适当选择，以获得合适的放大率，便于用肉眼直接观察像的结构。

2) 重现阿贝-波特实验，证明阿贝成像理论的正确性

利用低密度正交光栅或“光”字屏(25 lp/mm)作为输入物，在滤波器组件上选择各种不同类型的滤波器(光阑)，尽可能重现阿贝-波特实验的内容，观察每一种滤波情况下像的结构，分析其内在含义，继而证明阿贝成像理论的正确性。

提示：由于像的放大率受导轨长度的限制，因此有可能在预设的像平面上用

肉眼看不到光栅的条纹结构，为此，可以用实验室的墙面作为像平面，加长光学系统的有效长度。

3) 用空间滤波技术消除图像噪声

本实验提供的“光”字屏实际上是一幅充满栅状网格噪声的“光”字图像，请选用合适的滤波器消除该图像的噪声，获得无噪声的“光”字字迹。要求“光”字内部具有均匀的光强度。

提示：仔细观察输出图像，判断是否得到了预期的输出结果。记录所观察到的现象，并分析原因，尝试作进一步的理论分析。

【选做内容】

(1) 傅里叶变换的一个重要定理：两个函数乘积的傅里叶变换等于它们各自频谱的卷积。请利用本实验选用的系统和光学元件，实现两个光栅频谱的卷积，记录所观察到的现象，画出光路图，并尝试作理论分析。

(2) 请利用本实验选用的系统和光学元件，实现“多重像”，记录所观察到的现象，画出光路图，并尝试作理论分析。

【注意事项】

1. 激光的亮度很高，操作者应佩戴激光护目镜，严禁未经扩束的细光束照射眼睛，避免造成伤害。

2. 光学元件精密昂贵，拿取时注意按规范操作，避免损坏和污染。

3. 频谱的分布较为集中，滤波时注意利用精密调节旋钮耐心、细心调节。

【思考题】

1. 如果“光”字被周期性斜条纹调制，应采用何种结构的滤波器才能消除噪声？请画出简单的示意图。

2. 由于透镜孔径的限制，能够参与成像的频谱总是有限的，请分析某些高频分量的丢失会给成像质量带来何种影响。

3. 本实验用激光作光源，有何优越性？若用钠灯或白炽灯作光源，将出现哪些困难？应采取哪些措施解决？

【参考文献】

[1] 朱伟利, 盛嘉茂. 信息光学基础. 北京：中央民族大学出版社, 1997.

[2] 吕乃光. 傅里叶光学. 3 版. 北京：机械工业出版社, 2016.

[3] 于美文, 等. 光学全息及信息处理. 北京：国防工业出版社, 1984.

[4] 陈家璧, 苏显渝. 光学信息技术原理及应用. 2 版. 北京：高等教育出版社, 2009.

实验 3.2　θ调制技术用于假彩色编码

白光信息处理技术是近年来发展很快而且备受人们关注的技术，由于白光处理技术在一定程度上吸收了相干处理和非相干处理的优点，在降低噪声上具有明显优势，因而在应用上取得了较大拓展。白光信息处理一般都在空域进行调制，“θ调制假彩色编码技术”是其中最基本且最具代表性的一例。由于通常用字母θ表示角度，用于调制输入图像的光栅采用不同的角度取向，因而形象地称这种调制方式为“θ调制”。所谓“假彩色编码”，是指输出面上呈现的色彩并不是物体本身的真实色彩，而是通过θ调制处理手段将白光中所包含的色彩“提取”出来，再“赋予”图像而形成的，因而称为“假彩色”。“编码”是借助信息论的说法表示处理手段。

【实验目的】

1. 熟悉白光信息处理的基本原理，掌握θ调制假彩色编码技术。
2. 学习白光信息处理系统的设计和组装技巧。
3. 了解θ调制物片的制作原理和方法。

【实验仪器】

白光光源，θ调制片(玫瑰花图样，分 3 个色区，调制光栅的空间频率f_0 = 200lp/mm)，透镜 3 个(ϕ=75mm，f'=150mm；ϕ=50mm，f'=100mm；ϕ=40mm，f'=200mm)，白屏，毛玻璃屏，滤波器(黑纸)及支架，针，数码相机，导轨(1000mm)，滑块。

【实验原理】

θ调制假彩色编码属于空域调制，它是基于阿贝成像原理，利用空域调制和空间滤波技术，使一张原本无色的图像实现彩色化的一种技术。其原理是对输入图像的不同区域分别用取向(θ角)不同的光栅进行调制(图 3-2-1(a))，将该调制片输入白光信息处理系统，频谱面上得到色散方向不同的彩色带状谱，其中每一条带状谱对应被某一个方向光栅调制的图形的信息。频谱面上彩色带状谱的色序是按衍射规律分布的。如在该平面上加一适当的带通滤波器，则可在输出面上得到所需要的彩色图像。滤波器的结构实际上是一个被打了孔的光屏，如图 3-2-1(b)所示，其中的黑色圆点即为打的孔，它分布在彩色带状谱中所需波长的位置，使其通过，而其他波长的光波均被挡住，于是在输出平面上得到了预期的颜色搭配。

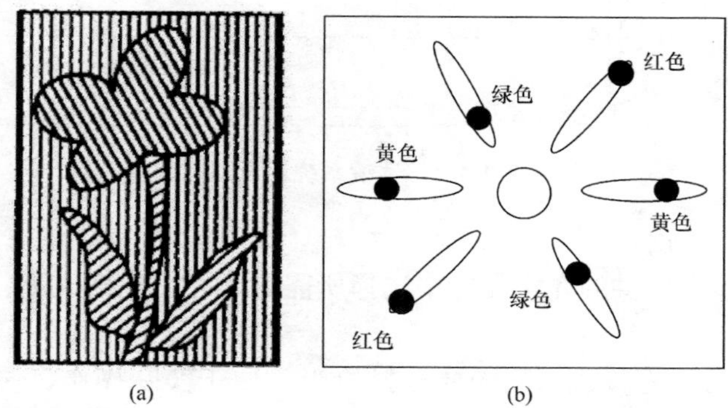

图 3-2-1　光栅调制片的结构示意图(a)和频谱面上的光谱及孔状滤波器示意图(b)

【实验内容】

1. 实验题目

根据θ调制假彩色编码原理，选择一套合适的白光信息处理系统结构，选择适用的光学元器件，自行组装成假彩色编码实验系统，并在该系统上进行θ调制假彩色编码操作。

2. 具体内容

1) 设计实验系统结构

实现θ调制假彩色编码的光学系统一般采用三透镜系统和二透镜系统两类，如图 3-2-2～图 3-2-4 所示。系统结构的选择原则是：实验系统的空间总长度不宜超出实验室提供的导轨长度。

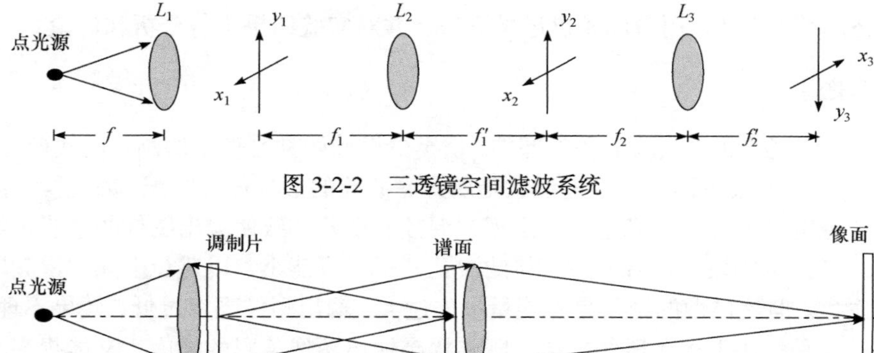

图 3-2-2　三透镜空间滤波系统

图 3-2-3　二透镜系统示意图(一)

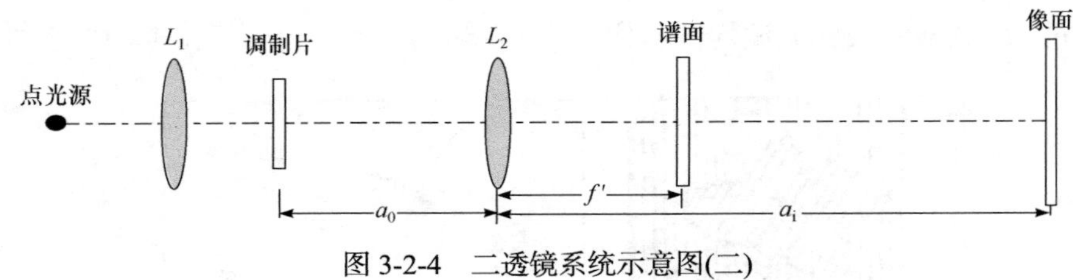

图 3-2-4　二透镜系统示意图(二)

2) 选择光学元件

(1) 在实验室提供的光学元件中选择所需的元件，包括透镜、用具、各种支架等。

(2) 光学元件的参数和间隔要选择恰当，便于实际操作，便于观察到实验结果。

3) 组装实验系统，实现图像的θ调制假彩色编码

(1) 按照所选择的光学系统结构及光学元件，组装好实验系统。

(2) 在组装好的系统上实现“玫瑰花”调制片的空间滤波操作，获得假彩色编码输出图像。

3. 实验要求

(1) 本实验的关键是建立一个实验系统，包括系统结构合理，光学元件参数选择合理，各元件的间隔合理，光谱展宽的线度要便于滤波操作，使得该系统得到的输出图像清晰、完整，大小和亮度适当，单色性好。

(2) 要求采用不同的滤波方案，使输出图像的色彩组合达两种以上。

(3) 注意观察从频谱面到达像平面光的传播行为，记录并分析现象。

(4) 记录实验系统有关参数，如各元件的间隔、光谱的线度、像的放大倍数、假彩色编码彩色输出图像的描述等。

(5) 将实验结果用数码相机记录下来，并对实验结果进行分析和讨论。

【思考题】

1. θ调制片是本实验的关键部件，请至少设计两种制作θ调制片的实验方法。

2. 由于滤波平面上的频谱形状与所开滤波孔的形状很难匹配，因此同一滤波孔中难免有多个波长的光通过而出现“混频”现象，致使输出图像的色彩不纯，影响假彩色编码效果。有人主张将滤波孔开得尽可能小，以避免上述“混频”现象的发生。但这样做的结果是光能量损失过大，输出图像亮度过低，效果不理想。请设计一种解决上述矛盾的方法，既能提高输出图像色彩的纯度，又能提高光能量的利用率，使彩色图像明亮。

3. 调制光栅空间频率的选择依赖于哪些因素？选择过大或过小会带来哪些

弊病？若调制光栅的空间频率改为300lp/mm，则在你选定的实验系统中，傅里叶变换透镜的孔径至少应多大才能使实验得以成功？如小于该值，会出现怎样的后果？

【参考文献】

[1] 朱伟利, 盛嘉茂. 信息光学基础. 北京: 中央民族大学出版社, 1997.

[2] 吕乃光. 傅里叶光学. 3 版. 北京: 机械工业出版社, 2016.

[3] 于美文, 等. 光学全息及信息处理. 北京: 国防工业出版社, 1984.

[4] 陈家璧, 苏显渝. 光学信息技术原理及应用. 2 版. 北京: 高等教育出版社, 2009.

实验 3.3　白光密度假彩色编码

人眼对黑白图像的灰度只能分辨出 15～20 个等级,因而对于灰度相差较小的图像，人眼便不能分辨，这将在实际应用中丢失许多极重要的信息。实验证明，人眼对颜色的分辨能力却大得惊人，达几百种。利用光学信息处理手段，将灰度等级转换为颜色等级，可大大提高人们对图像的识别能力。相位调制假彩色编码的方法有多种，本实验仪采用其中最基本的一种，即“白光密度假彩色编码”。所谓“白光密度”，指与“灰度”相应，所谓“假彩色编码”，是指编码系统输出的彩色图片所显示的各种颜色与原被摄物的真实色彩无必然联系，输出片的色彩仅由输入片的“白光密度”确定。白光密度假彩色编码技术在医学、地形地貌、地质勘探、无损检测等研究领域都具有应用前景。

【实验目的】

1. 掌握白光信息处理的理论基础及相位调制假彩色编码的原理。
2. 掌握白光密度假彩色编码片的制作原理及方法。
3. 熟悉相位调制假彩色编码仪的调节技术和使用方法。

【实验仪器】

LB-1 型假彩色编码仪，含光电控制器、白光光源、小孔、导轨、滑块、透镜、可调狭缝、光学元件调节架等。

曝光暗盒：盒内安装一枚朗奇光栅和待彩色化的黑白负片。

银盐感光板(乳胶偏厚)，暗房用具，电吹风，暗袋，数码相机。

化学处理药液：显影液(D-19)、定影液(F-5)、漂白液(R-10)。

【实验原理】

本实验采用线性相位调制技术实现白光密度假彩色编码，将振幅型的黑白图像变成相位型编码片，即将密度分布转换成相位分布；再通过白光信息处理，将相位分布转换成与彩色对应分布的图像输出。由于输出图像的颜色并非原物体的真实颜色，所以称为假彩色编码。

相位调制假彩色编码分为编码(光栅调制、漂白处理)和解码两个过程，其原理如下。

1. 编码原理

当白光透过有灰度分布的黑白负片投射到银盐感光板上时，在感光板上产生与黑白负片相应的光密度(*D*)分布。将已感光的底片显影、定影便得到与光密度有线性关系的振幅型底片，再经漂白处理，将振幅型底片转换成浮雕型相位底片，原来的光密度分布转换为浮雕厚度的分布。如果在感光板曝光的同时将振幅型高频光栅放置于黑白负片和银盐感光板之间，则曝光后得到的底片便成为被光栅调制的编码片，再经漂白处理后转换成相位型编码片。这种相位型编码片的浮雕厚度将改变入射光波的相位，不同厚度的浮雕改变的相位不同，形成浮雕对入射光波的相位调制。图 3-3-1 是上述处理过程的示意图，其中的低频信号代表黑白负片上图形的灰度分布，而调制光栅可视为一个高频载波。图中的 t 表示振幅透过率函数，而 d 则表示浮雕厚度函数。

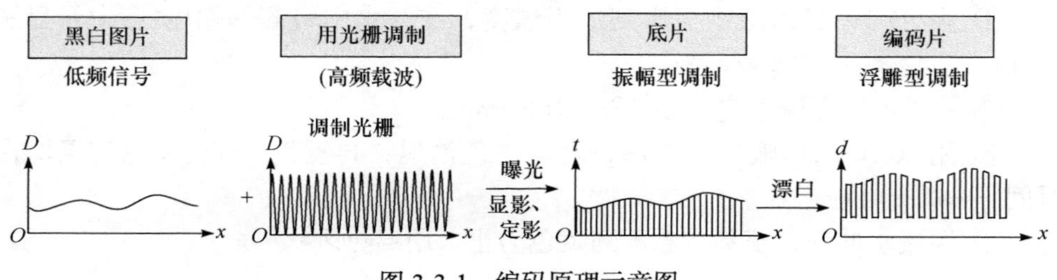

图 3-3-1　编码原理示意图

2. 滤波解码

在白光信息处理系统(4*f* 系统)中，用平行白光照射经光栅调制的相位型编码片，由于光栅的分光作用，在频谱面上形成一条彩色光谱带。这个光谱携带了灰度被“染了色”的图像信息。不同的浮雕厚度对不同波长的光产生不同的光程差，因此频谱面上各色光强不是均匀分布的，混合后的颜色便发生了变化。因此，只要在频谱面上用小孔滤波，经过成像透镜，就可以在输出面上得到与黑白负片密度相对应的假彩色图像，此过程称为“解码”。三透镜滤波解码系统的结构如图 3-3-2 所示，

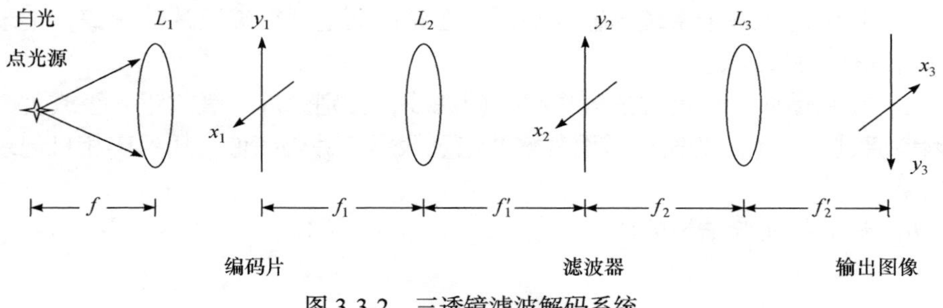

图 3-3-2　三透镜滤波解码系统

其中 L_1、L_2、L_3 分别是准直透镜、变换透镜、成像透镜，(x_1, y_1)、(x_2, y_2)、(x_3, y_3)分别是输入平面、频谱平面和输出平面。

【实验内容】

1. 编码片的制作

(1) 调节光路：在光学暗箱中操作，要求光源出射的光束均匀且明亮，准直透镜出射平行光。

(2) 曝光操作：编码片的曝光是在光学暗箱中利用特制的曝光暗盒进行的，要求安装感光板时必须严格避光，并保证药膜面与朗奇光栅密接触，利用光电控制器设置合适的曝光时间进行曝光操作。

(3) 感光板的化学处理，步骤如下：

① 在 D-19 显影液中显影到适当黑度，在清水中轻涮一遍(注意记录显影时间)；

② 在 F-5 定影液中定影 5min，水洗 2min；

③ 用 R-10 漂白液进行漂白，直至黑色消退，再浸泡 1min(注意记录漂白时间)；

④ 用流水冲洗，至基本看不到黄色为止，用温热风吹干。

说明：

(a) 上述①、②两步应在暗室中进行，暗绿色灯为安全灯；③、④两步可在明亮环境中进行。

(b) R-10 漂白液由事先配置好的 A、B 液各取一份，加 5 份水混合，现用现配。(D-19 显影液、F-5 定影液及 R-10 漂白液的配方请见附录。)

2. 滤波解码

(1) 调节光路：利用三透镜系统进行滤波解码操作，要求调节各光学元件共轴，且在可视距离内获得清晰的输出图像，确定频谱面的位置。

(2) 将编码片置于系统的输入平面，在频谱面上观察编码片的频谱，记录并描述所观察到的现象。

(3) 在频谱面上用可调狭缝进行空间滤波，分别允许零级或正一级或负一级的频谱通过，在预定的输出平面观察并记录假彩色编码图像，用数码相机记录解码结果。

(4) 试分析实验结果的质量。

【注意事项】

1. 光电控制器使用220V交流电源，使用时应注意安全。

2. 安装感光板必须确保感光胶面与光栅密接触。

3. 盛放显影液和定影液的器皿不得混用，如药瓶、塑料盘和夹子等，以免降低药效。

4. 漂白液A液中含有浓硫酸成分，因而在配置漂白液时要注意安全，戴上胶皮手套；在漂白过程中应轻轻晃动药液，使化学反应充分；漂白结束用夹子夹出干板，避免直接用手去拿。

5. 用吹风机吹干板时应用中挡风，且吹风机不能离干板太近。

【思考题】

1. 准直透镜是用来获得平行光的，如何衡量平行光质量的好坏？应该怎样调节才能得到较为精确的平行光？平行光质量差会对实验结果造成什么影响？

2. 感光板的药膜面为什么必须与光栅密接触？否则会对实验有什么影响?怎样用实验来验证?

3. 如果滤波面上形成的彩色光谱展得不够宽，请分析可能是由哪些因素造成的。

【参考文献】

[1] 朱伟利, 盛嘉茂. 信息光学基础. 北京: 中央民族大学出版社, 1997.

[2] 吕乃光. 傅里叶光学. 3版. 北京: 机械工业出版社, 2016.

[3] 陈家璧, 苏显渝. 光学信息技术原理及应用. 2版. 北京: 高等教育出版社, 2009.

[4] Liu D Y, Sun J. Theory of relief technique and color display. SPIE-Optoelectronics Science and Engineering' 94, 1994, 2321: 91-94.

[5] 刘定宇, 鲍宏志, 等. 非线性位相调制假彩色编码实验仪说明书. 大连海事大学数理系光信息实验室印制, 2002.

实验 3.4　光学图像的加减和微分

光学图像相减是相干光学处理中一种最基本的运算，两张相近图像的差异可以通过光学图像的相减运算来获取，在医学上可用于发现病灶的发展变化，在军事上可用于发现敌方军事设施的变动，在农业上可用于预测农作物的长势，在工业上可用于检测工件加工质量，对地形地貌图片的相减运算可以考察草场退化情况、监视森林火情，还可用于地球资源探测、气象预测预报及城市发展研究等。

轮廓是物体的重要特征之一。由于人眼对物体轮廓十分敏感，因此人眼根据轮廓线便可大体分辨出是何种物体。光学图像的微分是在频域中通过对图像频谱的调制，实现图像边缘的增强。如果图片模糊，那么仅需要通过光学微分就可获得物体的轮廓，从而达到识别物体的目的。光学图像的微分技术有着实际的应用价值，例如卫片及隐形军事目标的轮廓化、相位型光学元件内部缺陷或折射率不均匀性的检测、相位物的识别等。

【实验目的】

1. 掌握光学图像加减和微分的实验原理，加深对相干系统光学信息处理理论的理解。

2. 掌握光学图像加减和微分的实验方法，熟悉光学信息处理系统的搭建和调节技巧。

【实验仪器】

半导体激光器(635nm，3mW)，傅里叶透镜 2 个，准直透镜 1 个，扩束镜 1 个，一维余弦光栅 1 枚，一维复合光栅 1 枚，输入图像，毛玻璃屏，白屏，光具座导轨(1000mm)，滑块，干板架，一维调节架，二维调节架。

【实验原理】

1. 图像的相加和相减原理

实现图像加减的方法很多，有用一维光栅进行调制的，也有用复合光栅进行调制的，还有用散斑照相方法进行调制的，本实验只介绍用一维光栅进行调制的方法。

将两个即将进行相减操作的图像 A、B 对称地置于输入面上，设它们的中心

分别在 $x_0=\pm l$ 处；在频谱面上置一正弦型振幅光栅，其线密度 f_0(亦称空间频率)应满足关系式 $f_0 = l/\lambda f$，其中 f 为透镜焦距，λ 为光源的波长。一定条件下在输出面的原点处可得到 A、B 图像相加或相减的结果。这里抛开数学推导，仅从物理图像上对其机制加以研究。已知正弦型光栅的频谱包括三项，即零级、正一级和负一级。对于一个中心在 $x_0=l$ 的输入图像，经光栅在频域调制后，可在输出面上得到三个像。零级像位于 $x_0'=l$ 处，正、负一级对称分布于两侧，由于 f_0 受 $l/\lambda f$ 的限制，因而必有一级像处在输出面的原点处，另一级中心在 $x_0'=2l$ 处。同理，对位于 $x_0=-l$ 的图像，它在输出面的三个像依次分布于 $x_0'=-2l$、$-l$、0 位置，因此有图像 A 的正一级像与图像 B 的负一级像在像面原点重叠。由于照明光是相干的，该处光振幅应是两者光振幅的代数和。根据波的叠加原理，当两者相位相反时，得到相减结果；当两者相位相同时，又将得到相加结果。两者相位关系的控制依赖于调制光栅在频谱面的横向位置。研究表明，当调制光栅的亮条纹(1/4 周期)处于系统原点位置时，可在像平面得到相减结果；而当调制光栅的暗条纹(零点)处于系统原点位置时，可在像平面得到相加结果。

2. 光学微分——像边缘增强原理

利用微分滤波器可对光学图像进行微分操作。当用复合光栅充当微分滤波器时，可将待微分的光学图像置于 4f 系统输入平面的原点位置，复合光栅置于频谱面上，当位置调整适当时可在输出面得到微分图形。

1) 理论分析

设输入图像为 $t_0(x_0, y_0)$，它的傅里叶频谱为 $T(f_x, f_y)$。由傅里叶变换定义可知，当(x', y')坐标反向时，输出图像应是 $T(f_x, f_y)$的逆变换

$$t(x',y')=\iint_{\infty} T(f_x,f_y)\exp\left[\mathrm{j}2\pi\left(f_x x'+f_y y'\right)\right]\mathrm{d}f_x\mathrm{d}f_y\Bigg|_{f_x=\frac{x_f}{\lambda f},f_y=\frac{y_f}{\lambda f}} \tag{3-4-1}$$

若想得到图像的微分输出，则在频谱平面后的光扰动 U_2' 必须满足

$$U_2'=\mathcal{F}\left\{\frac{\partial t(x',y')}{\partial x'}\right\} \tag{3-4-2}$$

根据傅里叶变换的微分定理，由式(3-4-1)可得

$$\mathcal{F}\left\{\frac{\partial t(x',y')}{\partial x'}\right\}=\mathrm{j}2\pi f_x T\left(f_x,f_y\right) \tag{3-4-3}$$

为方便叙述，先讨论一维情况。由式(3-4-3)可见，置于频谱面上的滤波器的振幅透过率应为

$$G(x_f,\ y_f)= \mathrm{j}2\pi f_x \tag{3-4-4}$$

其中 $f_x = x_f/\lambda f$。由此，微分滤波器的振幅透过率只需满足正比于 x_f 即可达到微分目的。用复合光栅充当微分滤波器，可以方便地满足上述要求。

2) 用复合光栅进行微分滤波的原理

本实验采用的复合光栅由两枚空间频率相差很小的余弦光栅复合而成，两者条纹严格平行。设其中一枚光栅的空间频率为 f_0，另一枚为 $f_0+\Delta f$，$\Delta f \ll f_0$。此处不妨抛开数学推导，从纯物理概念入手来分析微分操作的机制：将输入图像置于 $4f$ 系统输入平面的原点，其频谱必然受置于频谱平面上复合光栅的调制。受空间频率为 f_0 的光栅调制的结果是，在输出面得到三个衍射像：零级像在原点，正、负一级像对称分布于两侧，其间距 l 由光栅的空间频率 f_0 确定，$l=f_0\lambda f$（f 为透镜焦距)。受另一枚空间频率为 $f_0+\Delta f$ 的光栅调制的结果是，在输出面得到另三个衍射像。除零级与前面的零级重合外，正、负一级也对称分布于两侧，它们的间距 l' 由这一套光栅的空间频率 $f_0+\Delta f$ 决定。由于 Δf 很小，所以 l 与 l' 相差也很小，使两个同级衍射像几乎重合，沿 x 方向只错开很小的距离 Δl。当复合光栅横向位置调节适当时，可使两个同级衍射像的相位正好相反，相干叠加时重叠部分相消，只剩下错开的部分。由于 Δl 的线度很小，因而转换成强度时形成很细的亮线，构成了光学图形的一维轮廓线，实现了光学图像的一维微分。若用二维的微分滤波器，则可得到光学图像的完整轮廓。(上述分析中涉及的几个物理量，如 f_0、Δf 与输入图像尺度的关系，请查阅本实验参考文献[1]。)

【实验内容】

实验题目：精确搭建用于光学信息处理的三透镜系统，在该系统上实现两个光学图像的相加和相减操作，并实现另一给定图像的微分操作。

具体要求：

(1) 用一维光栅调制，实现给定的两个光学图像的加减操作，记录结果并加以分析。

(2) 用复合光栅调制，实现另一给定图像的微分操作，记录结果并加以分析。

提示：

(1) 本实验要求的精度较高，因此在光学系统的搭建和调节上应尽可能精确、仔细，调节精度在 10^{-1}mm 左右。

(2) 由于光栅条纹密度很高(一般在 100lp/mm 量级)，加之频谱平面的位置精度要求较高，因此滤波用的光栅安装在五维精密调节架上。实验中，光栅位置的调节起着关键作用，因此移动光栅时必须小心、缓慢、耐心。

【思考题】

试找出“数学微分运算”和“光学图像的轮廓显示”之间的内在联系，请从物理图像角度加以解释。

【参考文献】

[1] 朱伟利, 盛嘉茂. 信息光学基础. 北京: 中央民族大学出版社, 1997.
[2] 吕乃光. 傅里叶光学. 3 版. 北京: 机械工业出版社, 2016.
[3] 陈家璧, 苏显渝. 光学信息技术原理及应用. 2 版. 北京: 高等教育出版社, 2009.

实验 3.5 彩色编码摄影综合实验

在现代彩色摄影中，为获得彩色图像，一般用多层不同乳剂构成的彩色感光胶片为中介，而不论是彩色反转片还是彩色负片，它们在曝光后的处理都比黑白感光胶片的处理复杂得多，要求也严格得多，尤其是大量的化学处理造成的环境污染问题不可小视。另外，由化学染料层的不稳定性所引起的褪色问题，也是彩色信息长期保存的一大障碍。美籍华裔科学家杨振寰等在白光图像处理系统中利用黑白感光片完成了存储彩色图像的工作，从而解决了上述难题。母国光院士等研究人员又在此基础上设计并制造了一枚特殊的“三色光栅”，利用它简化了原来需三次曝光才能实现的彩色图像编码过程，将黑白胶片存储光栅编码彩色摄影技术推向了实用化。目前该项技术已经在军事上用于解决远距离搜索目标的彩色增强及彩色图像褪色等问题。

本实验内容不仅包含现代光学中光信息的传递、变换、编码、解码、滤波、记录、恢复、显示、运算，而且涉及几何光学、物理光学、色度学及计算机图像处理等理论和技术，是近代光学信息处理的一个综合实验。

【实验目的】

1. 熟悉傅里叶变换理论、频谱及空间频率滤波概念，掌握θ调制技术。
2. 掌握彩色编码摄影的原理和应用，学会光学编码、光学解码的方法。
3. 掌握彩色编码照相机的使用及光学解码光路的设计和调节技术。
4. 了解黑白感光胶片的光学性能及化学处理流程。

【实验仪器】

1. 135 彩色编码照相机

本实验中最重要的仪器是彩色编码照相机，图 3-5-1 是本实验所用的 135 彩色编码照相机。它是在普通 135 照相机的片门处加装了一枚三色光栅编码器。用彩色编码照相机拍照时，按住照相机后背盖上的活动条，能使三色光栅与黑白胶片紧密接触，照相机所摄到的彩色像与三色光栅重合(片门处)，光栅与黑白胶片紧密接触，白光下曝光便实现了彩色编码过程。

图 3-5-1　135 彩色编码照相机外形和结构示意图

2. 彩色电荷耦合元件(CCD)摄像机

彩色 CCD 摄像机是用于记录解码输出的彩色图像，然后传输到显示器上实现彩色图像显示的记录设备。CCD 镜头上共有三个旋钮，依次是调焦、调亮度和微调旋钮，通过调节，可以在显示器上获得更加清晰的彩色恢复图像。为了保护 CCD 摄像机不受损坏，应避免用强光照射镜头，不用时注意加上镜头盖。

3. 其他设备

航微 1 型感光胶片(黑白胶片，装在专用暗盒中)，光学导轨，白光光源(30W)，聚光镜(f'=70mm)，准直镜(f'=190mm)，场镜(f'=190mm)，傅里叶变换透镜，多孔板(ϕ为 0.1～2mm，见图 3-5-2)，频谱滤波器组件(见图 3-5-3，安装于三维精密微调架上)，白屏，彩色视频监视器，暗房设备等。

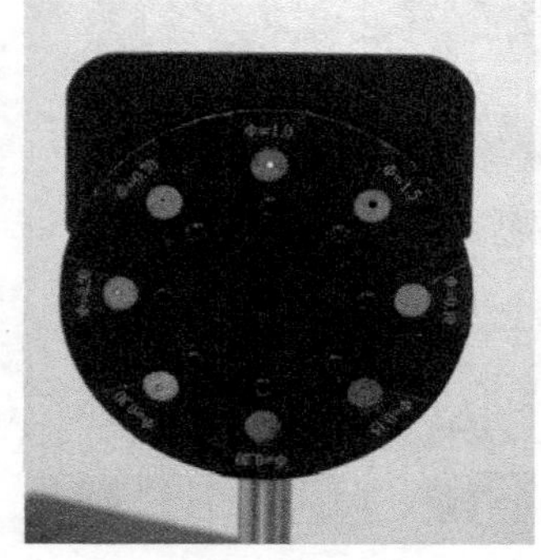

图 3-5-2　多孔板照片

图 3-5-3　频谱滤波器组件

【实验原理】

本实验以阿贝二次成像原理、傅里叶变换理论、光学信息处理的 θ 调制理论和数字图像处理技术为基础，实现"用黑白胶片存储彩色像"(编码)及"彩色图像恢复"(解码)的过程，其中解码又分为光学解码和数字解码两种途径。

1. 彩色编码

利用光栅对物函数作空间调制，即对图像的不同颜色用空间不同取向的光栅进行编码，让景物的不同颜色分量在黑白胶片上记录到不同方向的光栅条纹中的过程。最早的编码操作需要曝光三次，其间要变换三种不同颜色的滤色片，并依次变换光栅的取向。本实验采用三色光栅编码器(图 3-5-4)编码，只需曝光一次即可实现彩色编码。当对彩色景物编码拍摄时，三色光栅与黑白底片紧密接触，通过光栅的彩色信息在底片上被编码，使得景物的红色分量在黑白底片上带有水平方向条纹，绿色分量带有竖直方向条纹，蓝色分量带有斜方向条纹，其他颜色则为三种成分不同比例的叠加编码，图 3-5-5 即为彩色编码示意图。

图 3-5-4 三色光栅示意图

设被拍摄景物在相机焦面上的实像的光强透过率(物函数)为

$$t_{\rm n}(x,y)=\left[t_{\rm r}(x,y)\right]+\left[t_{\rm g}(x',y')\right]+\left[t_{\rm b}(x'',y'')\right] \tag{3-5-1}$$

其中，下角标 r、g、b 分别表示红、绿、蓝三原色分量；(x，y)，(x'，y')，(x''，y'')分别表示红、绿、蓝三种分色编码光栅的取向坐标。

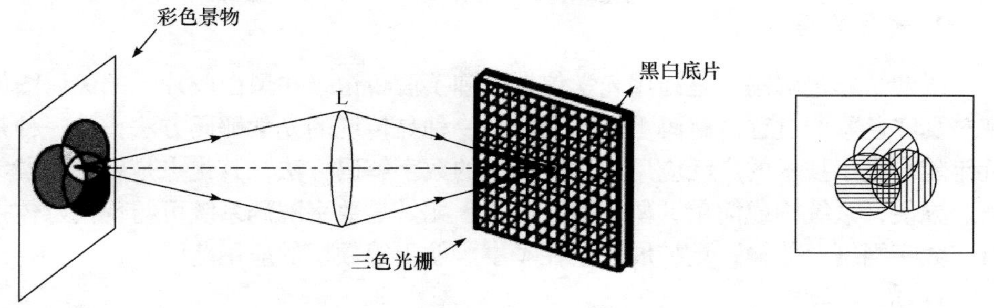

图 3-5-5　彩色编码示意图

由于三色光栅的透过率函数可表达为

$$\begin{aligned} t_0(x,y)=K\Bigg\{&\left[\frac{1}{2}+\frac{1}{2}\mathrm{Sgn}\left(\cos 2\pi P_0 x\right)\right]_{\mathrm{r}} \\ &+\left[\frac{1}{2}+\frac{1}{2}\mathrm{Sgn}\left(\cos 2\pi P_0 x'\right)\right]_{\mathrm{g}} \\ &+\left[\frac{1}{2}+\frac{1}{2}\mathrm{Sgn}\left(\cos 2\pi P_0 x''\right)\right]_{\mathrm{b}}\Bigg\} \end{aligned} \tag{3-5-2}$$

因此，当三色光栅和相机焦面密接触时，紧贴焦面的黑白底片上得到的曝光光强便是式(3-5-1)和式(3-5-2)的乘积，经过冲卷得到的黑白编码底片的光强透过率为

$$\begin{aligned} t_n(x,y)&=\{t(x,y)\cdot t_0(x,y)\}^{-\gamma_{n1}/2} \\ &=K\Bigg\{t_{\mathrm{r}}(x,y)\left[\frac{1}{2}+\frac{1}{2}\mathrm{Sgn}(\cos 2\pi P_0 x)\right] \\ &\quad+t_{\mathrm{g}}(x',y')\left[\frac{1}{2}+\frac{1}{2}\mathrm{Sgn}(\cos 2\pi P_0 x')\right] \\ &\quad+t_{\mathrm{b}}(x'',y'')\left[\frac{1}{2}+\frac{1}{2}\mathrm{Sgn}(\cos 2\pi P_0 x'')\right]\Bigg\}^{-\gamma_{n1}/2} \end{aligned} \tag{3-5-3}$$

其中，γ_{n1}是与感光材料特性有关的参数。如果能在显影等化学处理过程中控制$\gamma_{n1}=-2$，则黑白编码片的振幅透过率可表达为

$$\begin{aligned} t_{\mathrm{n}}=(x,y)=K'\Bigg\{&t_{\mathrm{r}}(x,y)\left[\frac{1}{2}+\frac{1}{2}\mathrm{Sgn}(\cos 2\pi P_0 x)\right] \\ &+t_{\mathrm{g}}(x',y')\left[\frac{1}{2}+\frac{1}{2}\mathrm{Sgn}(\cos 2\pi P_0 x')\right] \\ &+t_{\mathrm{b}}(x'',y'')\left[\frac{1}{2}+\frac{1}{2}\mathrm{Sgn}(\cos 2\pi P_0 x'')\right]\Bigg\} \end{aligned} \tag{3-5-4}$$

2. 彩色解码

所谓“彩色解码”是指用光学信息处理手段将记录在黑白胶片上的编码图像恢复真实色彩的过程。解码手段有两种，一种是传统的光学解码方法；另一种是近年随着数字技术的广泛应用而发展起来的数字解码方法，其优点是处理手段灵活、方便，系统构成简单，便于推广应用，尤其是数字解码系统可与现代媒体接口在数字网络上传输，更扩展了它在军事、航天等领域的应用范围。

1) 光学解码

光学解码是在白光信息处理系统中进行的，将黑白编码片置于如图 3-5-6 所示的 4f 系统的输入平面 P_1 上，在 P_2 平面得到其傅里叶频谱，当对三个衍射方向的一级频谱分别进行红、绿、蓝滤波时，根据θ调制理论，可在输出平面 P_3 上获得三个相应的分色图的叠加，其显示结果是原图像的彩色恢复。

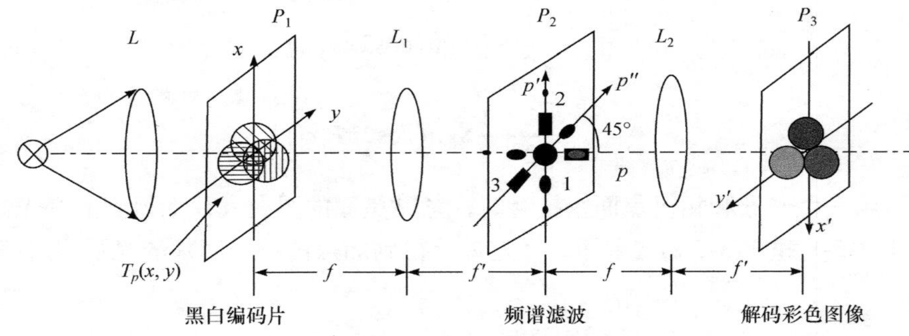

图 3-5-6　4f 光学彩色图像解码系统

设输入编码片的透过率函数为 $t_n(x,y)$，则频谱面的光场复振幅为 $t_n(x,y)$ 的傅里叶变换，记为 $T(f_x, f_y)$(这里略去了不重要的相位因子)

$$T(f_x,f_y)=\iint t_n(x,y)\exp\left[-\mathrm{j}\frac{2\pi}{\lambda f}(f_x x+f_y y)\right]\mathrm{d}x\mathrm{d}y \tag{3-5-5}$$

式中，λ 为波长；f 为透镜焦距；f_x、f_y 为空间频率。

设滤波器的振幅透过率用函数 $F(f_x, f_y)$表示，则透过平面 P_2 的光振幅应是两者之积，即 $F(f_x, f_y)\cdot T(f_x, f_y)$，在输出平面 P_3 得到的输出应是其傅里叶逆变换，由于彩色滤波器仅取了频谱的一级衍射，且每个方向仅允许三原色中的一种颜色通过，因此在输出平面获得了恢复彩色的原图像，其强度表达为

$$I(x,y)=[t_{\mathrm{r}}^2(x,y)]+[t_{\mathrm{g}}^2(x',y')]+[t_{\mathrm{b}}^2(x'',y'')] \tag{3-5-6}$$

光学解码的优点是快速、直观和并行处理。图 3-5-7 是其实验装置照片。

图 3-5-7 解码系统实验装置照片

2) 数字解码

实际应用中的白光解码系统是一个需要经过特殊设计的复杂光学系统，它对于像差等各种指标的要求都很高，而数字解码要简单得多。

数字解码的实验流程：先用扫描仪把编码片数字化输入到计算机，根据光学解码的原理，用计算机对其进行傅里叶变换、彩色滤波、傅里叶逆变换和图像合成，最后给出解码复现的彩色图像，由彩色打印输出彩色图像。

由于傅里叶变换的运算量相当大,因此研究者提出了一种新的快速解码方法，即采用加窗傅里叶变换算法及全部采用整数运算。例如，基于该方法，处理一幅 180mm×180mm 的编码片由原来的 3h 缩短为 3min。

在数字解码中可以较为方便地采取融合衍射零级谱项技术，将较低空间分辨率的彩色图像和高空间分辨率的黑白图像相融合，因而提高了图像的视觉效果。还可以应用数字彩色校正矩阵来调整和修饰在黑白感光胶片编码过程及感光化学处理过程中所产生的非线性误差，从而提高彩色图像的质量。

数字解码部分的详细内容请参阅文献[3]。

【实验内容】

1. 实验题目

在黑白感光胶片上实现彩色图像的编码摄影，并利用光学解码技术恢复目标物的真实色彩，用数码相机记录实验结果，提交一篇论文形式的实验报告，题目自拟。

2. 实验要求

(1) 认真阅读实验讲义，制订初步实验方案，加深了解彩色编码摄影的原理。

(2) 了解彩色编码照相机的特殊结构，提出正确的使用程序和注意事项，经允许后实行外景的彩色编码摄影操作；对黑白感光胶片进行化学处理，完成编码片的制作。

(3) 了解 CCD 摄像机的结构和操作方法，设计光学解码系统，经允许后实行光学解码操作，包括搭建和调节光学解码系统，进行空间滤波操作，在显示器上恢复彩色图像，将解码后恢复的彩色图像用数码相机记录下来。

(4) 将实验结果照片附在小论文中，以电子文档形式上交。

【注意事项】

1. 彩色编码过程中，由于三色光栅会吸收部分光能量，因此与普通彩色摄影相比应适当增加曝光量，所以选择光圈系数和曝光时间(快门速度)时应考虑这一因素，否则会影响底片的对比度和透光性能。为此特提出如下参考意见：

(1) 尽量选择色彩艳丽并且画面整体性较好的彩色物进行拍摄，效果较好，而零碎的彩色画面在解码时容易发生混频，造成画面模糊不清。

(2) 航微 1 型感光胶片的曝光参数参考值：

在阳光充足的环境下，快门用 60，光圈系数用 22 较为适宜；在光线较暗的情况下，快门用 30，光圈用 3.4 较为适宜。

(3) 由于日光灯光谱偏短波段，所以拍摄景物尽量避免用日光灯照明。

2. 感光胶片的化学处理流程及时间参考值如下。

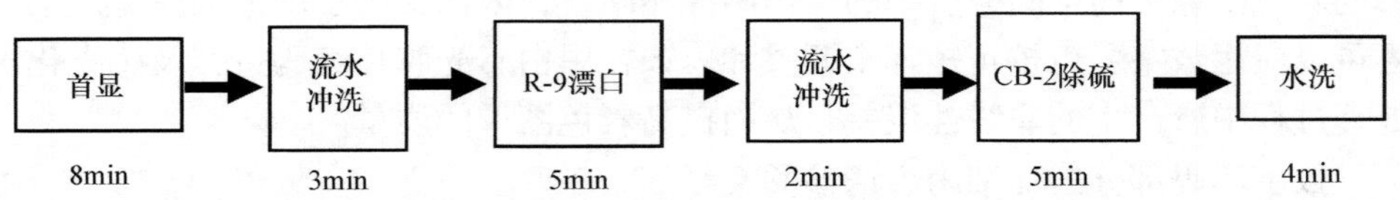

晾干后，进行二次曝光，再进行二次化学处理，流程和时间参数如下：

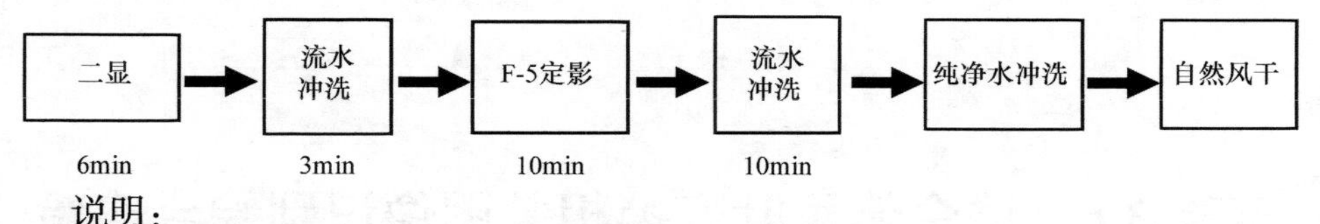

说明：

(1) 因溶液温度和处理时间对底片的质量影响很大，建议在 20℃恒温下进行显影；

(2) 除硫步骤结束前，所有操作均在避光的暗袋和显影罐中进行，除硫后可在日光灯下操作；

(3) 二次曝光要求距 100W 钨丝灯 30cm，正反各曝光 20s。

上述各种药液的配方请见附录。

3. 解码过程中，应特别注意光学元件的共轴调节、平行光的调节、频谱面及滤波器的准确定位，以及 CCD 摄像机的正确调节。

【思考题】

1. 彩色编码拍摄是对彩色图像的哪些信息进行了哪种类型的调制？
2. 系统共轴的调节方法有多种，请设计两种以上的方法。
3. 平行光的检验方法是什么？
4. 用白屏接收频谱，观察频谱分布状态，请思考：频谱分布比较集中的原因有哪些？如何能让频谱扩展开，以方便频谱滤波过程的操作？对频谱滤波器有何改进方案？
5. 解码光路中，最后一个透镜的作用是什么？

【参考文献】

[1] 母国光, 王君庆, 方志良, 等. 用三色光栅和黑白感光胶片拍摄彩色景物. 仪器仪表学报, 1983, 4(2): 125-130.

[2] 罗罡, 刘福来, 林列, 等. 基于白光信息处理的光学/数字彩色摄影术. 中国科学(E 辑), 2000, 30(3): 222-229.

[3] 母国光, 方志良. 用黑白感光片作彩色摄影的技术简介. 大学物理, 1992, 11(4): 36-37.

[4] Mu G G, et al. Physical Method for Color Photography, Ico Book Ⅲ “Treuds in Optics”. New York: Academic Press, 1996: 527-542.

实验 3.6　联合傅里叶变换相关图像识别综合实验

光学信息处理，主要是指在光信号的频域中，应用滤波的方法对输入图像信息进行各种变换或处理。这些输入信息可以是光信息，例如实在的物体、记录在各种记录介质(如感光胶片)上的图像等，采用相干或非相干光照明，均匀的照明光的复振幅或强度就被物体调制，构成系统的输入信号。系统输入也可以是电信号或声信号(如雷达或声呐信号)，但需要通过电光或声光转换器件，把它们变为光信号后输入光学系统进行处理。

光学图像识别作为光学信息处理重要的学科分支，通过光学傅里叶变换，在指定的范围或区域内将预期可能出现或已经存在的某一个或多个目标与已知的参考物体进行比对识别。光学图像识别的发展十分迅速，从较早的匹配滤波器到联合变换相关器，从纯光学系统发展到计算机控制的光电混合系统，既有光学的并行处理、大容量和高速度的优点，又有计算机的灵活性及可编程性。联合傅里叶变换(joint-Fourier transform，JFT)系统是重要的相关图像识别系统，在指纹识别、字符识别、目标识别等领域已逐步进入实用化阶段。联合傅里叶变换作为光学特征识别的一种方法，其识别率高，充分表现了光学信息处理信息容量大、运算速度快的优势。本实验使用空间光调制器实现光电混合处理，其实时性更为凸显，是近代光学信息处理的一项具有实用意义的成果。

【实验目的】

1. 熟悉傅里叶变换理论、频谱及相关的概念，掌握 JFT 系统的运行原理。
2. 掌握马赫-曾德尔干涉系统的搭建和调试技能。
3. 掌握电寻址液晶空间光调制器的原理、光学特性和操作技能。
4. 熟练利用计算机模拟计算实现光学系统图像识别的功能。
5. 了解光学图像识别相对于其他类型图像识别的优越性。

【实验仪器】

He-Ne 内腔激光器(632.8nm，2mW)，空间滤波器，电寻址空间光调制器，傅里叶变换透镜，楔形分光片，反射镜，识别物(带纵向移动平台)，图像采集处理组件。

【实验原理】

1. 联合傅里叶变换相关图像识别

联合傅里叶变换相关图像识别，是将待识别的目标图像与参考图像通过马赫-曾德尔干涉仪并行输入相干光学处理系统，经由第一个傅里叶变换透镜变换为联合图像的傅里叶谱，用 CCD 将联合傅里叶变换的复振幅谱转换成功率谱，输入到电寻址的空间光调制器(SLM)上，再通过第二个傅里叶变换透镜形成相关输出，由 CCD 探测并显示。如果目标图像与参考图像的基本特征一致或部分一致，则在黑白监视器上可以观察到输出图像具有一对相关峰，峰的尖锐程度表征了图像一致性特征所占的比例。图像识别操作分两步进行，其原理如下。

第一步：联合傅里叶变换功率谱的记录。

图 3-6-1 是记录功率谱的原理示意图。图中 L 为傅里叶透镜，两个分别具有实的透过率函数 $f(x,y)$ 和 $g(x,y)$ 的透明片置于输入平面，它们的中心分别位于 $(-a,0)$和$(a,0)$，用准直的激光束照明，经透镜进行傅里叶变换，透镜后焦面的复振幅分布为

$$\begin{aligned}S(f_x,f_y)&=\iint_{-\infty}^{\infty}\left[f(x+a,y)+g(x-a,y)\right]\exp\left[-\mathrm{i}\frac{2\pi}{\lambda f}\left(f_x x+f_y y\right)\right]\mathrm{d}x\mathrm{d}y\\&=\exp\left(\mathrm{i}\frac{2\pi}{\lambda f}f_x a\right)F(f_x,f_y)+\exp\left(-\mathrm{i}\frac{2\pi}{\lambda f}f_x a\right)G(f_x,f_y)\end{aligned}\tag{3-6-1}$$

式中，$S(f_x,f_y)$称为$f(x,y)$和$g(x,y)$的联合傅里叶谱。

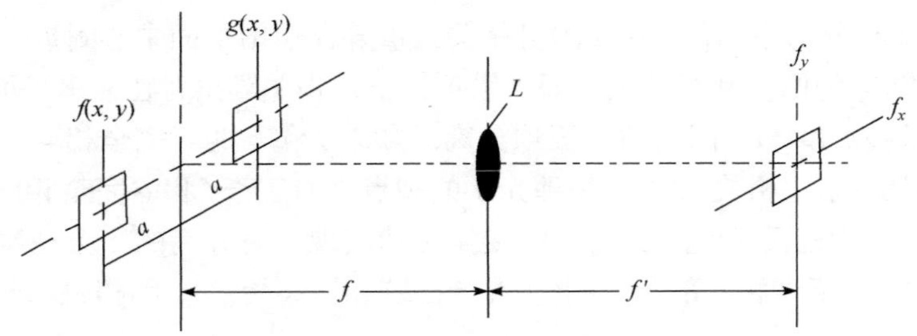

图 3-6-1　联合傅里叶变换功率谱的记录

如果用平方律探测器测量透镜后焦面的图形，得到其光强分布为

$$\begin{aligned}\left|S(f_x,f_y)\right|^2&=\left|F(f_x,f_y)\right|^2+\exp\left(\mathrm{i}\frac{2\pi}{\lambda f}f_x a\right)\cdot F(f_x,f_y)G^*(f_x,f_y)\\&\quad+\exp\left(-\mathrm{i}\frac{2\pi}{\lambda f}f_x a\right)\cdot F^*(f_x,f_y)G(f_x,f_y)+\left|G(f_x,f_y)\right|^2\end{aligned}\tag{3-6-2}$$

即为联合变换的功率谱。当两个图形完全相同时，即$f(x, y)= g(x, y)$，式(3-6-2)化作

$$\left|S(f_x,f_y)\right|^2 = 2\left|F(f_x,f_y)\right|^2\left[1+\cos\left(\frac{2\pi}{\lambda f}f_x a\right)\right] \tag{3-6-3}$$

可见相同图形联合变换的功率谱为杨氏条纹。

第二步：联合傅里叶变换功率谱的相关读出。

第二步的原理参见图 3-6-2。用傅里叶变换透镜对联合变换功率谱进行第二次傅里叶变换，在输出平面(傅里叶透镜的后焦面)ξ、η上得到

$$\begin{aligned} o(\xi,\eta) &= \iint_{-\infty}^{\infty}\left|S(\xi,\eta)\right|^2 \exp\left[-\mathrm{i}\frac{2\pi}{\lambda f}\left(f_x\xi + f_y\eta\right)\right]\mathrm{d}f_x\mathrm{d}f_y \\ &= o_1(\xi,\eta)+o_2(\xi,\eta)+o_3(\xi,\eta)+o_4(\xi,\eta) \end{aligned}$$

其中

$$\begin{cases} o_1(\xi,\eta) = \iint_{-\infty}^{\infty} f(\alpha,\beta) * f(\alpha-\xi,\beta-\eta)\mathrm{d}\alpha\mathrm{d}\beta \\ o_2(\xi,\eta) = \iint_{-\infty}^{\infty} f(\alpha,\beta) * g[\alpha-(\xi+2a),\beta-\eta]\mathrm{d}\alpha\mathrm{d}\beta \\ o_3(\xi,\eta) = \iint_{-\infty}^{\infty} g(\alpha,\beta) * f[\alpha-(\xi-2a),\beta-\eta]\mathrm{d}\alpha\mathrm{d}\beta \\ o_4(\xi,\eta) = \iint_{-\infty}^{\infty} g(\alpha,\beta) * g(\alpha-\xi,\beta-\eta)\mathrm{d}\alpha\mathrm{d}\beta \end{cases} \tag{3-6-4}$$

式中，o_1和o_4分别是图像f和g的自相关，重叠在输出平面中心附近，形成 0 级项，而o_2和o_3为两个互相关项，即 1 级项，正是相关输出，在输出平面上沿ξ轴分别平移了$-2a$和$2a$，因而与 0 级项分离。如果f和g两者完全相同，则相关输出呈现明显的亮斑(相关峰)。从物理光学的观点来看，若f和g完全相同，联合变换的功率谱应为杨氏条纹，其傅里叶变换必然出现一对分离的 1 级亮斑和位于中心的 0 级亮斑；若f和g部分相同(如现场指纹和档案指纹)，则相关峰较暗淡，弥

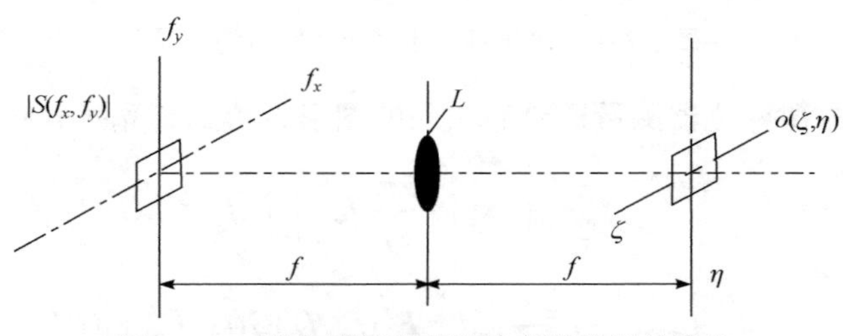

图 3-6-2　联合傅里叶变换功率谱的相关读出

散较大；若 f 和 g 不同，则相关输出不呈现“峰”的结构。因而相关峰及其锐度是 f 和 g 是否相关以及相关程度的评价指标。

2. 光学信号的耦合器件——空间光调制器

光学信号的传递——光学图像处理信道如图 3-6-3 所示。在信息处理中，信号源(信源)和信号处理系统往往是两个独立的系统。信号源产生的信号必须通过某种形式的接口器件才能耦合到处理系统进行处理。该接口器件就是空间光调制器(SLM)。

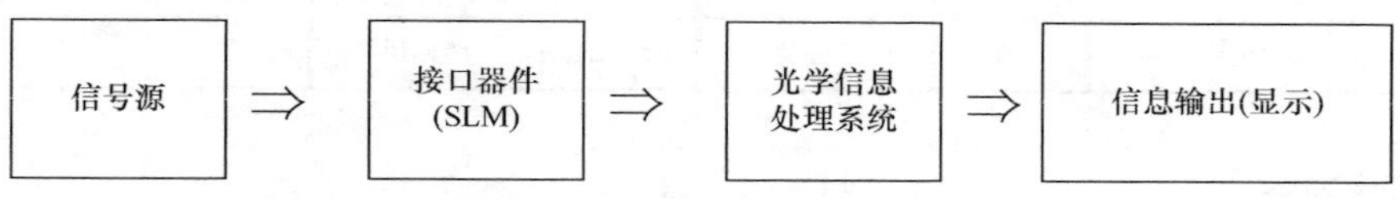

图 3-6-3　光学图像处理信道

实验中采用电寻址空间光调制器，可以同时完成电-光转换和串行-并行转换。串行的图像电信号作为写入信号控制空间光调制器上各个像素的透过率，一束光强均匀的光波照射到空间光调制器上，输出光的复振幅形成一个携带输入信息(即图像)的空间分布，从而可将计算机提供的非相干光图像转换为相干光图像输入光学系统。使用液晶空间光调制器最大的优点是能够实现实时化的图像转换，连续性强，速度快，操作简单方便，缺点是光能损失较大。

3. 实验系统光路

实验系统的光路结构如图 3-6-4 所示，主要由 I 光路和 II 光路两部分组成，I

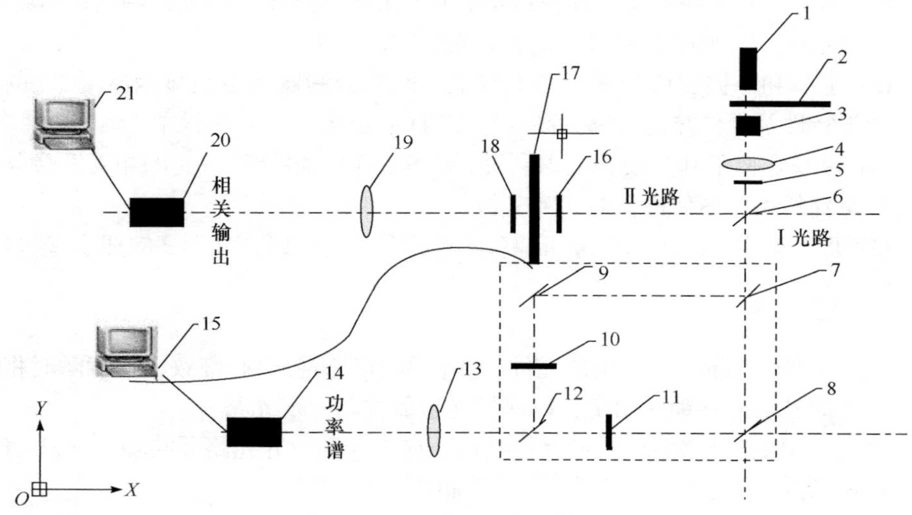

图 3-6-4　实验系统光路示意图

光路的核心部分是马赫-曾德尔干涉仪(见图中虚框内部分)，Ⅱ光路的核心是液晶空间光调制器。光路中各元件的序号如表 3-6-1 所示。

表 3-6-1　图 3-6-4 中光学元件名称与编号对照表

1	激光器	5	可变光阑	11	识别物	16，18	偏振片
2	圆形可调衰减器	6，7，12	分光光楔	13，19	傅里叶变换透镜	17	电寻址空间光调制器
3	扩束镜	8，9	反射镜	14，20	CCD		
4	准直透镜	10	目标物	15，21	计算机		

【实验内容】

1. 实验题目

(1) 搭建并调试联合傅里叶变换相关图像识别系统，采用给定的掩模板作为被识别物体，采集相关峰并实现对目标物的识别。

(2) 设计第二种实时联合傅里叶变换相关图像识别系统，并采用计算机模拟完成对相关峰的计算，实现对目标物的实时识别。

2. 实验要求

(1) 认真学习和复习傅里叶变换理论、频谱及相关的物理概念，掌握联合傅里叶变换相关图像识别的理论原理，初步设计第二种方案。

(2) 掌握光路的基本调节方法和光电混合系统的搭建与调试，特别是马赫-曾德尔干涉系统，了解联合傅里叶变换的光学实现方法。

(3) 了解和掌握实验中采用的电寻址空间光调制器和液晶显示器(LCD)的原理、光学特性及操作技能。掌握高分辨 CCD 的图像采集处理程序。

(4) 对联合傅里叶变换相关识别进行模拟编程，将计算得到的相关图像与光学系统得到的相关图像进行对比和分析。

(5) 将光学实验结果与计算机编程实验结果综合，以论文形式完成实验报告。

3. 重要提示

(1) 本实验光路系统使用的元件较多，调节时需要耐心细致，注意随时将减振平台上的光学元件锁住固定，以保护光学器件和固定光路。

(2) 必须保证光路系统中各元件共轴，如Ⅰ光路与Ⅱ光路要共轴，马赫-曾德尔干涉仪的两路光也需要共轴，注意正确调节分光光楔。

(3) 调节马赫-曾德尔干涉系统中透射光与反射光的重合时，要求在近处和远处光线都能重合，应将干涉条纹调到最少，并注意保持透射光一路的反射镜固定，只需调节光楔和反射光路的反射镜即可。

(4) 必须保证两个识别物板和下面的移动平台与光路垂直，两个识别物板需要一正一反放置。

(5) CCD 接收器的光敏面对光强十分敏感，注意不可将其暴露在强光照射下，要求 CCD 只能接收经过衰减的激光，必要时可以加入衰减板。

(6) 注意准直透镜后面小孔滤波器的调节，小孔孔径的大小对实验结果将有明显影响，实验过程中应注意小孔孔径尺寸的适当选择和调节。

【思考题】

1. 保证光路共轴是实验的关键步骤，本实验中如何调节楔形分光片使得分开的两束光和傅里叶变换透镜是共轴的？

2. 当调节马赫-曾德尔干涉仪的透射光与反射光重合时，为什么最好是反射光路的反射镜不动？为什么要将干涉条纹调到最少？

3. 若用于相关识别的两块识别板不共轴，试分析对相关峰实验结果的影响。

4. 如何判断相关峰的真假？

5. 实验中相关峰经常会出现弥散及模糊的情况，如何提高相关峰的图像质量？

6. 如果目标物体出现了平移、旋转或者放大和缩小，实验结果将会怎样？可在计算机程序中模拟。

【参考文献】

[1] 宋菲君, Jutamulia S. 近代光学信息处理. 北京: 北京大学出版社, 2001.

[2] Yu F T S, Jutamulia S. Optical Pattern Recognition. Cambridge: Cambridge University Press, 1998.

[3] Alam M S. Optical Pattern Recognition Using Joint Transform Correlation. Bellingham, Washington: SPIE Optical Engineering Press, 1999.

[4] Yeh P. Optical Waves in Crystals. New York: John Wiley & Sons, 1984.

[5] Yu F T S, Jutamulia S, Lin T W, Gregory D A. Adaptive real-time pattern recognition using a liquid crystal TV based joint transform correlator. Appl. Opt., 1987, 26(8): 1370-1372.

[6] Efron U. Spatial Light Modulator Technology. New York: Maccel Dekker, 1995.

[7] Warde C, Fisher A D. Spatial light modulators applications and functional capabilities//Optical Signal Processing. New York: Academic Press, 1987: 478-518.

[8] Song F, An X, Song J, et al. Fingerprint identification by using a joint-Fourier correlator and a liquid crystal light valve. Optics and Laser Technology, 1994, 26(1): 29-37.

[9] 宋菲君. 空间光调制器. 北京理工大学博士生班讲稿, 2001.

[10] Liu H K, Davis J A, Lily R A. Optical data processing properties of a liquid crystal television spatial light modulator. Opt. Lett. , 1985, 10: 635.

实验 3.7　光学传递函数的测量与像质评价综合实验

光学传递函数(optical transfer function, OTF)是运用傅里叶光学定量评价光学系统成像质量的综合指标，也是现代光学设计中经常采用的一个像质评价方法，在国际上已经被广泛认可和使用。本实验旨在通过对光学镜头传递函数的测量和成像品质的评价，加深学生对采用频谱分析方法评价光学系统成像质量的理解。

【实验目的】

1. 掌握光学镜头传递函数的测量原理。
2. 熟悉光学传递函数的测量方法。
3. 了解像质评价的基本方法。

【实验仪器】

LED 光源(红光 650nm、绿光 532nm、蓝光 473nm)，双凸透镜(ϕ=25.4mm，f'=100mm)，双胶合透镜(ϕ=25.4mm，f'=100mm)，可变光阑，CCD 图像传感器，图像采集卡及软件，波形发生器(10lp/mm、25lp/mm、50lp/mm、80lp/mm)，稳压电源，导轨及各类支架。

【实验原理】

傅里叶光学是根据线性系统理论，采用傅里叶分析来研究光学问题，它所提供的最重要的方法就是在频域中考察系统的效应，用空间脉冲响应和空间频率响应等来描述光学系统。

对于光学成像系统来说，光波携带输入图像信息(图像的整体布局、灰度分布、结构细节、对比度、色彩等)从物平面传播到像平面，输出图像的质量主要取决于光学成像系统对不同空间频率的传递特性。传统的光学系统像质评价方法采用星点法和分辨率法，但是星点法、分辨率法在评价光学系统成像质量时存在一些不足。光学传递函数把傅里叶分析这种强有力的数学工具引入到光学领域中来，用频谱分析的方法对非相干光系统成像质量作出全面而客观定量的评价。

自然界一切景物的光场分布都可视为空间信号，按照傅里叶分析理论，任何空间信号都可分解为一系列正弦或余弦基元分量。例如黑白相间的分辨率条纹，可用一维空间方波信号来表示，根据傅里叶分析理论它可以分解为一系列正弦或

余弦基元，其空间频谱可看成是该一系列基元分量的振幅分布函数

$$A(f_x, f_y) = \iint_{-\infty}^{\infty} U(x, y) \exp[-\mathrm{j}2\pi(f_x x + f_y y)] \mathrm{d}x\mathrm{d}y \tag{3-7-1}$$

式中，A 表示光波信号的频谱；U 表示光波的复振幅分布；f_x、f_y 表示 x、y 方向的空间频率。

设物体是大量点光源的连续分布，该物体的像为所有点光源的像的叠加。然而，由于照明光为非相干光，从各个点光源辐射的光波彼此是不相干的，输出的像是输入平面上各点的像的强度叠加，因此输出的复振幅分布无法通过计算得到，而运用傅里叶光学的理论[1]可以证明，在频域中，当物体经过非相干光学系统成像时，可得到

$$A_{\mathrm{i}}(f_x, f_y) = H_{\mathrm{I}}(f_x, f_y) \cdot A_{\mathrm{g}}(f_x, f_y) \tag{3-7-2}$$

式中，$A_{\mathrm{i}}(f_x, f_y)$ 是像的强度分布的频谱；$A_{\mathrm{g}}(f_x, f_y)$ 是物的强度分布的频谱；$H_{\mathrm{I}}(f_x, f_y)$ 是非相干光成像的传递函数，它是光强脉冲响应的频谱。显然，当 $H_{\mathrm{I}} = 1$ 时，表示像和物完全一致，即成像过程完全保真，像包含了物的全部信息，光学系统成完善像。由于光波在光学系统孔径光阑上的衍射及像差(包括设计中的余留像差及加工、装调中的公差)，信息在传递过程中不可避免地要出现失真，光学传递函数一般随着空间频率的增高而递减，表明系统传递高频信息(物体或图像的细节、反差急剧地变化)的能力较差。

对 H_{I} 进行归一化处理后得到

$$\mathrm{OTF}(f_x, f_y) = \frac{H_{\mathrm{I}}(f_x, f_y)}{H_{\mathrm{I}}(0,0)} \tag{3-7-3}$$

式中 OTF 称为光学传递函数，它描述非相干成像系统在频域中的传递特性。实际在非相干光照明情况下的光学系统中，光学传递函数是以调制传递函数作为模值、以相位传递函数作为相值组合而成的，它是空间频率域上的复值函数。

$$\mathrm{OTF}(f_x, f_y) = \mathrm{MTF}(f_x, f_y) \cdot \exp[-\mathrm{j}\,\mathrm{PTF}(f_x, f_y)] \tag{3-7-4}$$

式中 MTF(modulation transfer function)称为调制传递函数，不同空间频率的信号在通过光学系统成像后，信号的调制度(或称对比度)会降低。一般来说，空间频率越高，信号在通过光学系统时调制度的衰减就越大。PTF(phase transfer function)称为相位传递函数，不同空间频率的信号在通过光学系统成像后，信号的相位也会发生一定量的改变，且一般情况下相位变化量与空间频率有关，是空间频率的函数。

实际工作中，常采用各种不同频率的正弦光栅在通过光学系统成像后的调

制度、相位的变化情况来分析测量光学传递函数。正弦光栅的成像特性可参见图 3-7-1，其中实线表示正弦光栅透过光的光强分布(系统的输入)，虚线则表示该正弦光栅通过光学系统成像后的像面光强分布(系统的输出)。

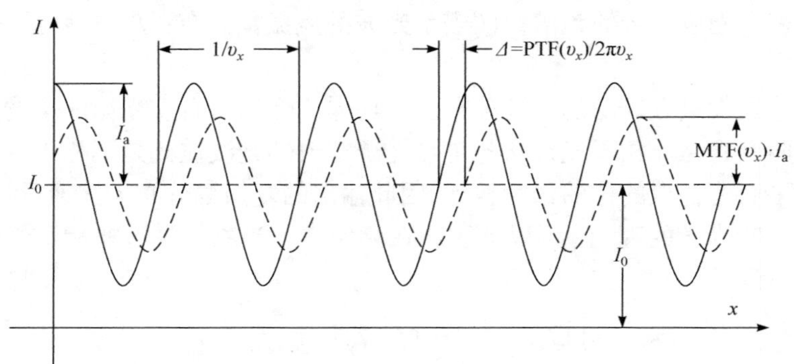

图 3-7-1　正弦光栅成像特性

通过理论分析(见文献[3]和[4])，可以得到如下结论：

(1) 正弦光栅所成的像仍是同频率正弦光栅；

(2) 正弦光栅像的调制度与物光栅的调制度之比，就是该频率下的调制传递函数值；

(3) 正弦光栅成像时将产生相移现象，相位变化量就是该频率下的相位传递函数值。

可见光学系统的调制传递函数可表示为给定空间频率下像和物的调制度之比

$$\mathrm{MTF}(f_x, f_y) = \frac{m_{\mathrm{i}}(f_x, f_y)}{m_{\mathrm{o}}(f_x, f_y)} \tag{3-7-5}$$

调制度 m 定义为

$$m = \frac{I_{\max} - I_{\min}}{I_{\max} + I_{\min}} \tag{3-7-6}$$

式中，$I_{\max}$ 和 $I_{\min}$ 分别表示光强的极大值和极小值。除零频以外，MTF 的值永远小于 1。一般地，光学传递函数是指调制传递函数 MTF，MTF(f_x，f_y)表示在传递过程中调制度的变化，可以绘制出调制传递函数曲线。

图 3-7-2 是 MTF 值随空间频率变化的情况，称为频幅曲线。图中，根据低频时的 MTF 值和 MTF 等于 0.03 时的空间频率,可以得出镜头的反差和目视分辨率。

图 3-7-3 是佳能公司公布的标准镜头 EF50mm/F1.4 USM 的 MTF 曲线。图中共有 8 条曲线，横坐标是测量点到像场中心的距离，单位是毫米；纵坐标是 MTF

值。粗线是空间频率为 10 lp/mm 的结果，细线是 30 lp/mm 的结果；图像下部的两组曲线是最大光圈(对于该镜头是 F1.4)的结果，图像上部的两组曲线是光圈 F8(一般是最佳光圈)的结果；实线是 S 曲线(弧矢曲线)，虚线是 M 曲线(子午曲线)。这种 MTF 的“场幅曲线”是厂家或第三方提供的 MTF 曲线最常见的形式，通过对它的分析，学生可以了解镜头的主要光学特性，对镜头成像质量有全面综合的了解。

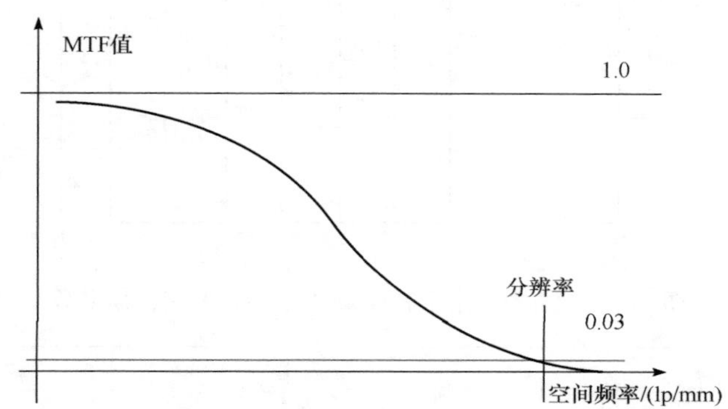

图 3-7-2　随空间频率变化的 MTF 曲线

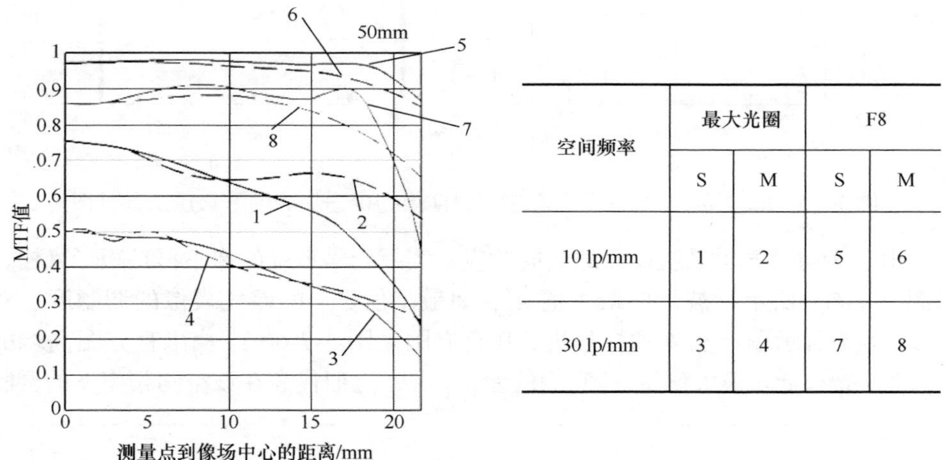

空间频率	最大光圈		F8	
	S	M	S	M
10 lp/mm	1	2	5	6
30 lp/mm	3	4	7	8

图 3-7-3　佳能标准镜头 EF50mm/F1.4 USM 的 MTF 曲线

由于正弦光栅制作困难且精度不高，常用矩形光栅作为目标物代替正弦光栅，即对黑白等间距条纹的矩形波测定对比度。

本实验用 CCD 对矩形光栅的像进行抽样处理，测定像的归一化的调制度，并观察离焦对 MTF 的影响。一个给定空间频率的满幅调制(调制度 $m=1$)的矩形光栅目标函数如图 3-7-4 所示。如果光学系统生成完善像，则抽样的结果只有 0

和 1 两个数据，像仍为矩形光栅。在软件中对光栅像进行抽样统计，其直方图为一对δ函数，位于 0 和 1，见图 3-7-5(a)和(b)。

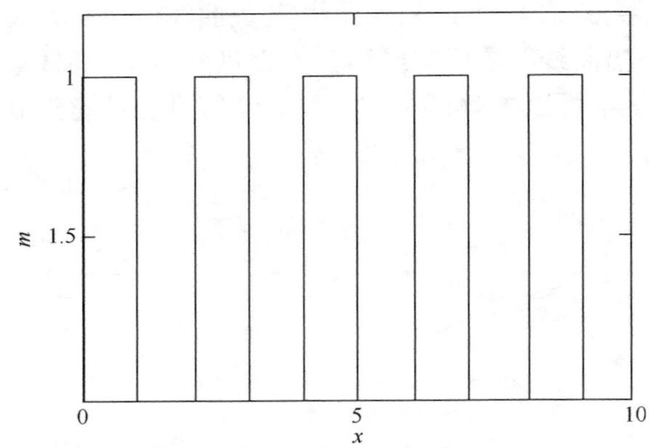

图 3-7-4 满幅调制(调制度 m=1)的矩形光栅目标函数

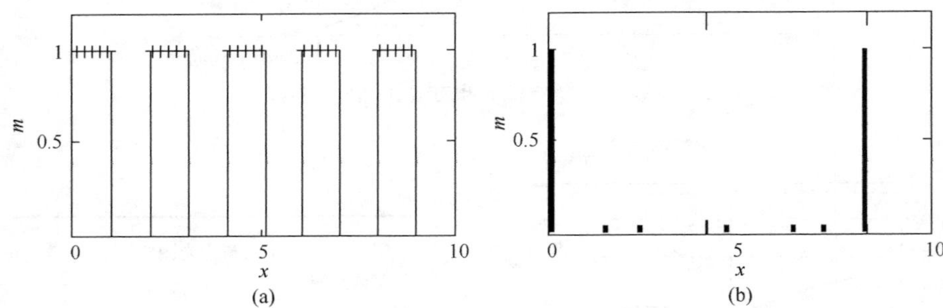

图 3-7-5 (a)对矩形光栅的完善像进行抽样(样点用“+”表示)；(b)直方统计图

由于衍射及光学系统像差的共同效应，实际光学系统的像不再是矩形光栅，如图 3-7-6(a)所示，波形的最大值 $A_{\max}$ 和最小值 $A_{\min}$ 的差代表像的调制度。对图 3-7-6(a)所示图形实施抽样处理，其直方图见图 3-7-6(b)。找出直方图高端的极大值 m_{H} 和低端极大值 m_{L}，它们的差 $m_{\mathrm{H}}-m_{\mathrm{L}}$ 近似代表在该空间频率下的调制

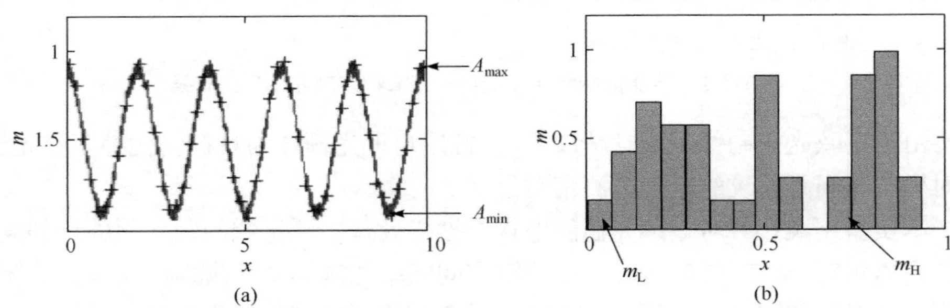

图 3-7-6 (a)对矩形光栅的不完善像进行抽样（样点用“+”表示）；(b)直方统计图

传递函数 MTF 的值。为了比较全面地评价像质，不但要测量出高、中、低不同空间频率下的 MTF，从而大体给出 MTF 曲线，还应测定不同视场下的 MTF 曲线。

【实验内容】

1. 实验题目

(1) 测量并绘出同一透镜对于 4 种不同空间频率的 MTF 曲线。

(2) 分别测量并绘出两个透镜在三种不同波长下对于两种不同空间频率的 MTF 曲线。

(3) 分析比较两个透镜的成像质量，说明其成像质量产生差别的原因。

2. 实验要求

(1) 参照光路示意图 3-7-7，将各部分光学和机械调整部件安装好，固定到导轨上，调节各光学元件的中心高度，使之同轴，CCD 与图像采集卡相连。

(2) 波形发生器(目标板)可使用不同空间频率的条纹单元，每个单元由水平条纹、竖直条纹、全黑(不透光)、全白(全透光)4 部分组成，选择想要测量的空间频率的条纹单元，移动波形发生器使该单元至光路中心。

(3) 自行设计实验数据表格，记录测量值并对数据进行分析。

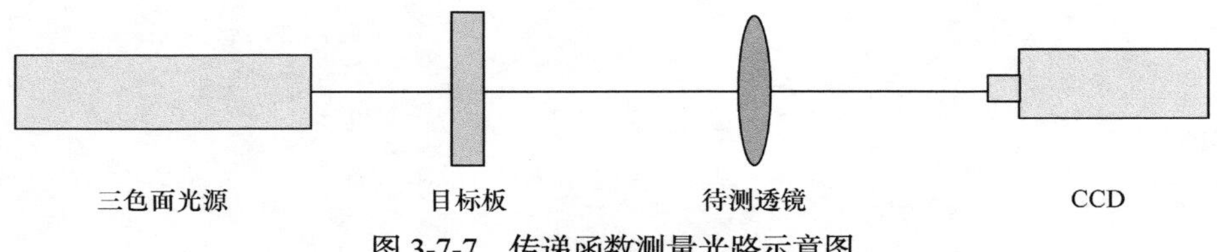

图 3-7-7　传递函数测量光路示意图

3. 重要提示

(1) 本实验在暗室内进行，杂散光对成像质量及测量值有影响，注意遮光。

(2) 软件使用过程中注意将保存图像文件写入程序中时文件名的完整性，否则容易出错。

【思考题】

1. 本实验中波形发生器的光栅图案是矩形光栅，成像后的图像和矩形光栅偏差较大，频率越高，失真越大，请分析其原因。

2. 本实验介绍了最基本的传递函数测量原理及数据处理方法，实际应用中的传递函数仪更为复杂和昂贵。请查阅相关资料，列举至少三种国内外传递函数测量仪器，并简述工作原理。

3. 请查阅相关资料，列举至少两款目前市场上比较流行的照相机镜头(如 Nikon、Canon 品牌等)的 MTF 曲线，并比较镜头成像质量的优缺点。

【参考文献】

[1] Goodman J W. Introduction to Fourier Optics. New York: McGRAW-HILL, 1968.

[2] Boreman G W. Transfer function techniques//in Handbook of Optics, vol. II, Chapter 32. McGRAW-HILL, 1995.

[3] 苏大图, 沈海龙, 陈进榜, 等. 光学测量与像质鉴定. 北京: 北京工业学院出版社, 1988.

[4] 叶春芳. 光学系统 MTF 快速测量仪的研究. 浙江大学硕士学位论文, 2006.

实验 3.8　角度复用的光学信息存储综合实验

随着当代信息技术的飞速发展，信息的大规模存储、传输和处理一直是技术研究的热点。光全息术在激光技术和存储材料研究成果的推动下不断取得进展。用全息方法存储和恢复信息，脱离了传统存储的模式。它利用两个光波之间的耦合和解耦合，可以把信息存储和信息之间的相关和识别等功能结合起来，也就是可以把信息存储和信息处理结合起来。体全息存储技术使得信息呈分布式存储，不易丢失，与大脑的记忆方式相似，而且在一个物理通道中，可以通过信息编码存储多路信息。这类似于在一个通信信道中传输多路信号，可以使信息存储容量和处理信息的速度大幅提高。随着计算机多媒体技术和网络互联技术的快速发展，人们需要存储大量的集图、文、声音于一体的多媒体图像及运动景物信息。全息存储在存储容量、数据传输速度及寻址速度上的优势使得它能满足人们在这方面的需求。

用全息方法在三维材料(如光折变晶体)中存储信息，由于存储容量大、数据传输速率高、可进行并行内容寻址等优点而成为信息存储领域中的科学前沿和技术热点，这些特点使体全息存储器不仅成为最有可能实现的下一代海量信息存储器件，而且在军事目标识别、星载存储器、并行计算、光互联等特殊领域具有很好的应用前景。本实验用空间光调制器作为光信息加载器，用 CCD 进行二维数据采集，用计算机控制实验过程，实现光折变晶体中的全息存储和读出，是全息学与光电信息处理的综合性实验。

【实验目的】

1. 掌握体全息存储的基本原理及方法，了解体全息存储的优越性和实现大容量存储的途径。

2. 了解在光折变晶体中动态光栅的建立及体光栅的角度选择性测量方法。

3. 熟悉角度复用型体全息存储光路的设计及调试。

【实验仪器】

半导体激光器(532nm)，铌酸锂晶体($LiNbO_3$)，全息防震平台(2.0m×1.5m)，电寻址液晶空间光调制器及计算机控制系统，分光镜，反射镜，双凸透镜，振镜及其控制系统，快门，功率计，CCD 光电探测器，图像采集卡及控制软件，各类精密调节架。

【实验原理】

1. 体全息存储的基本原理

晶体的体全息数据存储与读出系统示意图如图 3-8-1 所示。存储时输入数据先经过空间光调制器(SLM)被调制到物光中，形成一个二维信息页，然后与参考光在记录介质中形成干涉体全息图并被记录，不同的数据图像与不同的参考波面一一对应，在两相干光束相交的介质体积中形成干涉条纹。在写入过程中，材料对干涉条纹照明发生响应而产生折射率分布，因而在材料中形成类似光栅结构的全息图。实际系统中常在记录介质与 SLM 之间放置透镜，将信息页变换成傅里叶谱以后再记录。根据体全息图的布拉格选择性，改变波长或者参考光的入射角度可以实现多重存储。读出过程利用了光栅结构的衍射效应，适当的入射角和波长可以精确地复现出写入过程中与此参考光相干涉的数据光束的波面，这就是全息图存储信息的基本原理。采用 CCD 光电探测器可以实时地将二维再现像由光信号转换成电信号，使其具有更广泛的应用前景。

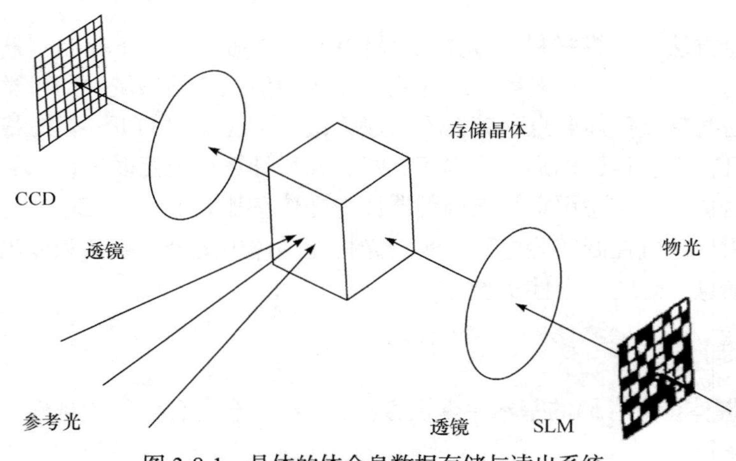

图 3-8-1 晶体的体全息数据存储与读出系统

2. 体存储材料——光折变晶体

作为体全息记录材料，不仅要求其厚度远大于光波长，而且介质的整个体积内部都应该能对光照产生响应。体全息记录介质有很多种，包括重铬酸盐明胶、光致聚合物、光致变色材料和光折变材料等，实验中主要采用光折变晶体材料(有关内容可见文献[1])。在光折变晶体中实现体全息存储是利用了晶体的光折变效应，即光致折射率变化效应，该效应是指电光材料的折射率在空间调制光强或非均匀光强的照射下发生了相应的变化。光折变效应是发生在电光材料内部的一种复杂的光电过程。在光照射下，具有一定杂质或缺陷的电光晶体内部形成了与辐照光强空间分布相对应的空间电荷分布，并且由此产生了相应的空间电荷场。由于线性电光效应，最终在晶体内形成了折射率的空间调制，即在晶体内写入了折射率调制相位光栅结构的全息图。与此同时，入射光受到晶体中写入的相位光栅结构的衍射作用而被实时读出。光折变晶体中的折射率相位光栅结构属于动态型，使光折变晶体材料适合于进行实时全息记录。光折变晶体作为记录材料，可以使记录过程简单，无需任何后处理，并且光折变效应可实时地把干涉图光强分布的变化转化为折射率变化，使得全息图的衍射效率很高。

体全息存储就是在厚的记录介质内部记录下全息干涉图样——三维光栅结构。以最简单的结构——折射率光栅为例，其动态建立过程可表示为

$$\Delta n(t) = \Delta n_{\max}\left(1 - \mathrm{e}^{-t/\tau_{\mathrm{w}}}\right) \tag{3-8-1}$$

式中，τ_{W} 是晶体的写入时间常数，反映了晶体的响应速度；$\Delta n_{\max}$ 是饱和折射率调制度，即在写入时间 t 远大于光栅写入时间常数的情况下晶体折射率变化的幅值(有关晶体动态范围的研究见文献[5])。实验中对晶体的写入时间进行采样，可以得到采样点与功率之间的关系曲线，即为晶体的动态写入曲线。

3. 体全息光栅的衍射效率与角度选择性

以物光波和参考光波都是平面波为例，θ_{r} 和 θ_{s} 分别是参考光 R 和物光 O 在介质内的入射角，见图 3-8-2。根据光的干涉原理，在记录介质内部应形成等间距的平面族结构，即体光栅。条纹面应处于 R 和 O 两光束夹角的角平分线，它与两束光的夹角 θ 有如下关系：$\theta = (\theta_{\mathrm{r}} - \theta_{\mathrm{s}})/2$，体光栅常数 Λ 将满足关系式

$$2\Lambda \sin\theta = \lambda \tag{3-8-2}$$

式中，λ 为光波在介质中传播的波长。

当写入和读出均使体全息图对光的衍射作用与布拉格对晶体的 X 射线衍射现象所作的解释十分相似时，常借用“布拉格定律”来讨论体全息图的波前再现，式(3-8-2)称为布拉格条件，θ 称为布拉格角。具体说来，若把条纹看作反射镜面，则只有当相邻条纹面的反射光的光程差均满足同相相加的条件，即等于光波的一个波长时，才能使衍射光达到极强。因此，只有当再现的光波完全满足该布拉格条件时才能得到最强的衍射光。用相同的波长时，若读出的角度稍有偏移，衍射光强将大幅度下降，并迅速降为零。

考虑到读出光对布拉格条件可能的偏离，根据耦合波理论，对于无吸收的透射型相位光栅，衍射效率为

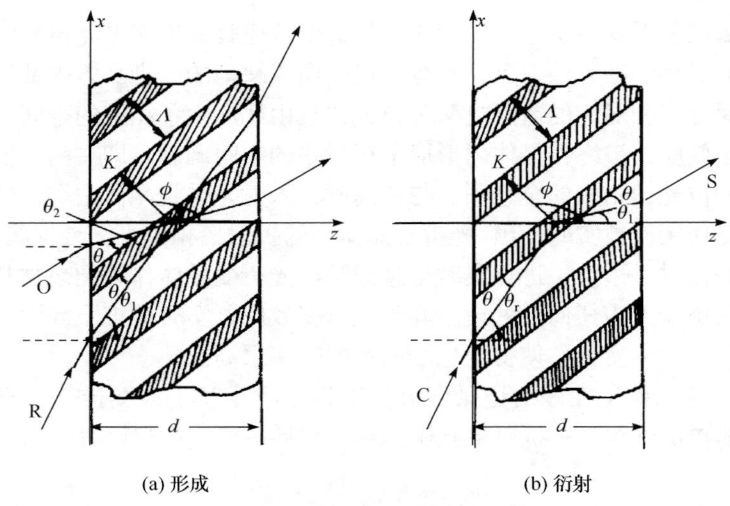

(a) 形成　　(b) 衍射

图 3-8-2　体光栅的形成和衍射

$$\eta = \frac{\sin^2\left(\nu^2+\xi^2\right)^{\frac{1}{2}}}{1+\left(\xi/\nu\right)^2} \tag{3-8-3}$$

其中参数ν、ξ分别由以下两式给出：

$$\nu = \frac{\pi\Delta n d}{\lambda\left(\cos\theta_{\mathrm{r}}\cos\theta_{\mathrm{s}}\right)^{\frac{1}{2}}} \tag{3-8-4}$$

$$\xi = \frac{\delta d}{2\cos\theta_{\mathrm{s}}} \tag{3-8-5}$$

式中，λ是光束在空气中的波长；δ是由于照明光波不满足布拉格条件而引入的相位失配。当读出波的波长不变，入射角对布拉格角的偏离为 $\Delta\theta$时，相位失配因子δ可表示为

$$\delta = 2\pi\Delta\theta\sin(\phi-\theta)/\lambda \tag{3-8-6}$$

ϕ为光栅条纹平面的法线方向与 z 轴的夹角。当读出光满足布拉格条件入射时，$\Delta\theta$=0，可知 ξ=0，此时衍射效率为

$$\eta_0 = \sin^2\nu \tag{3-8-7}$$

结合式(3-8-4)可见，在布拉格角入射时，衍射效率将随介质的厚度 d 及其折射率的空间调制幅度Δn 的增加而增加，当调制参量 $\nu=\pi/2$ 时，$\eta_0=100\%$ 。

根据式(3-8-3)～式(3-8-7)，可以给出无吸收透射相位全息图归一化的衍射效率η/η_0(η_0为满足布拉格条件时的衍射效率)随布拉格失配参量ξ的变化曲线，称为

选择性曲线，见图 3-8-3。它们是典型的 $\sin c^2$ 函数曲线，其主瓣宽度(两个一级零点之间的距离)对应的角度差称为选择角。

由图 3-8-3 看出，当 $\xi=0$ 时，衍射效率最大，随着$|\xi|$值的增大，η 迅速下降，当$|\xi|$值增加到一定程度时，η 下降到零。由于参量 ξ 的改变量与角度的偏移量 $\Delta\theta$ 成正比，因此，入射光只要偏离布拉格角一个很小的角度，衍射效率即降低为 0。体全息图的这一特性称为角度的灵敏性，或者说选择性。

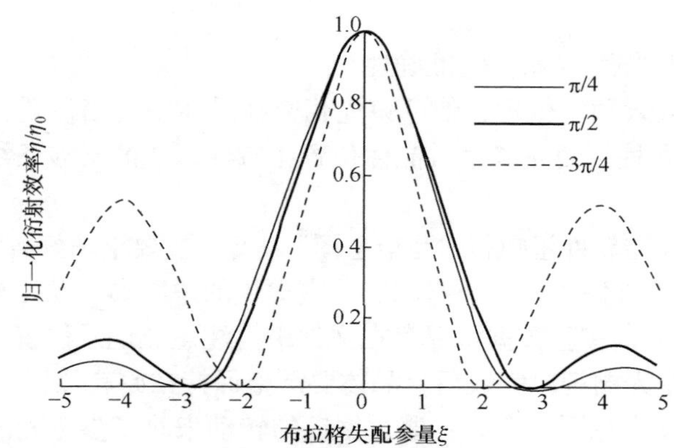

图 3-8-3　无吸收透射光栅的归一化衍射效率 η/η_0 随布拉格失配参量 ξ 的变化曲线

体全息图的角度选择性可被用于进行体全息存储，采用不同的入射角作为参考光，可在记录介质的同一体积中记录多个不同的全息图，这种方法称为角度复用。记录介质越厚，选择角就越小，因而记录的全息图就越多。例如光折变晶体材料，其厚度在厘米量级，这时选择角仅有百分之几甚至千分之几度，因而可在这种厚度的记录介质中存储大量的全息图而无显著的串扰噪声，这就是大容量存储的依据。

【实验内容】

1. 实验题目

(1) 在给定的光折变晶体中记录一个全息光栅，测量晶体的动态写入曲线，并测量该光栅的角度选择性。

(2) 根据全息光栅记录的光路及体全息数据存储原理(图 3-8-1)，设计并搭建体全息图记录光路，并在晶体中记录和读取一幅全息图像。

(3) 在实验题目(2)的基础上，改变振镜方向，依次记录多幅全息图并再现观察每一幅记录的全息图像。

2. 实验要求

针对题目 1：

(1) 调节所有光学器件使它们等高共轴，调整物参两束写入光束偏振状态，使其均为垂直偏振。

(2) 待激光器工作稳定后，在晶体位置处(物参两束光交汇处)分别测出参考光和物光功率，调节激光器出光口后方的半波片 1，使物参两束光功率大致相等并记录。

(3) 检验参考光路 4f 系统的准确性。

(4) 将晶体放入预定位置，使两束光相交在晶体中适当位置，晶体光轴方向为沿 45°指向倒角棱。要正确摆放晶体位置，应使形成的干涉条纹面方向和晶轴方向垂直。

(5) 在全息存储软件里执行“写全息图”命令，按要求填好各种参数，按“开始”按钮曝光。软件使用说明请参阅实验室提供的说明书。动态写入曲线将显示在计算机显示器上，实验数据将保存在文件中。注意“记录位置”的选择。

(6) 在前述单光栅记录完成后，晶体要严格保持在原有位置。

(7) 执行“读全息图”命令：通过振镜的转动来改变参考光的方向，对刚才写入的光栅进行扫描读出。注意各项扫描参数的选择，应使“起始位置+(扫描步数×步长)/2 =记录位置”。读出过程中要确保衍射光全部收入功率计探测窗口。

(8) 光栅的选择性曲线将显示在计算机显示器上，实验数据将保存在文件中。对实验所得的数据按要求进行处理后，估算光栅选择角的大小。

针对题目 2：

(1) 设计体全息记录光路时需添加扩束透镜及准直透镜、SLM、2 个傅里叶变换透镜和 CCD，并调节各元件中心共轴。

(2) 在 SLM 中加载待存储图像。

(3) 测出参考光 2(振镜所在光路)和物光的光功率(物光以第一个傅里叶变换透镜的后焦面频谱面中心亮点的光功率值为准)。调节半波片 1，使物光参考光的功率比约为 1∶2，并记录。

(4) 在激光器出口处加衰减器，关闭实验室照明灯，调节衰减器使出光最弱，调节 CCD，使在监视器上成像清晰。

(5) 放入晶体并固定，注意使两束光在晶体内相交，移开衰减器。

(6) 在全息存储软件里执行“存图像”命令，按要求填好各种参数后，按“开始”钮曝光。

(7) 记录完毕后，关闭物光，开参考光，观察全息重构图像的效果。

针对题目 3：

(1) 根据上述体全息记录的方法，由计算机控制改变光路中的振镜方向，使振镜旋转 5 步以上，记录下一幅全息图。

(2) 按上述方法依次记录多幅全息图。

(3) 记录完毕后用参考光再现，控制振镜依次回到各自相应的位置，观察并体会“角度复用存储多幅全息图”的效果。

3. 重要提示

(1) 在记录全息图前，在计算机上正确安装 A/D 控制卡，并与快门、振镜、功率计等连接，接下来打开计算机并把控制软件安装在计算机中，并调试之前连接的各个电气部件是否工作正常。

(2) 调节垂直偏振的方法：因为偏振分光棱镜的反射光已经是垂直偏振态，将偏振片置于该光束中并旋转至消光状态，以确定偏振片的偏振轴方向，然后将该偏振片放入偏振分光棱镜的透射光路中的半波片之后，旋转该半波片 2 使透过偏振片的光达到消光状态，取下偏振片，此时物参两束光同为垂直偏振状态。

(3) 检验参考光路 4f 系统的准确性的方法：通过控制软件大范围转动振镜，同时观察与物光相交处的参考光光斑是否随振镜的移动而移动，若发现光斑移动，前后微调透镜位置，直到转动振镜时参考光光斑保持不动。

(4) 在记录全息图时，由于位于透镜后焦面上的光强过于集中，物光的高频部分和低频部分的强度与参考光的强度之比差别很大，使再现像的质量下降。因此，为提高再现像的质量，在实际的存储中常采用离焦技术(即让记录介质稍稍偏离频谱面)。

【注意事项】

1. 晶体在记录光栅前不能被强光曝光，否则会影响后面记录光栅的质量，所以调光路的时候要将晶体取下或是在激光器出口处加衰减器，并总是要挡掉物光波、参考光波其中的一束光。

2. 实验过程中注意保护晶体(防止划伤、碎裂)，用正确的方法拿取晶体(注意拿晶体的时候要戴软质材料制作的手套，严禁用手直接接触晶体的四个抛光表面，否则会留下指纹，影响成像质量)。晶体上若有灰尘或其他脏物，可用丙酮擦洗。

3. 注意不要让激光未经衰减直接照射 CCD，经常用强光照射的 CCD 靶面会降低其灵敏度。

4. 全息实验对外界振动很敏感，实验前要将每个磁座及各光学器件固定好，实验中应尽量避免说话、走动，切忌用手碰触实验台。

5. 要定期对晶体进行热擦除。

【思考题】

1. 写入光为什么要用垂直偏振光？为什么光栅存储系统要采用两个半波片，而采用 SLM 的图像存储系统只需要用一个半波片？

2. 请讨论角度复用技术的优缺点，说明角度和信息记录密度的关系以及记录密度对再现信息的影响。

3. 请查阅相关资料列举其他类型大容量体存储的方法及优缺点。

【参考文献】

[1] 陶世荃. 光全息存储. 北京: 北京工业大学出版社, 2001.
[2] 李晓春. 晶体大容量体全息数据存储. 清华大学工学博士学位论文, 1998.
[3] 王继成, 王跃科, 胡莹. 光折变体全息存储技术. 哈尔滨商业大学学报, 2011, 27(1): 76-78.
[4] 王风涛, 何庆声, 王建岗, 等. 大容量高密度体全息数据存储. 光学技术, 2002, 28(1): 6-8.
[5] 李晓春, 邬敏贤, 严瑛白, 等. 体全息存储系统中光折变晶体动态范围的理论研究. 光学学报, 1997, 17(9): 1209-1215.

【附录】全息光栅记录光路

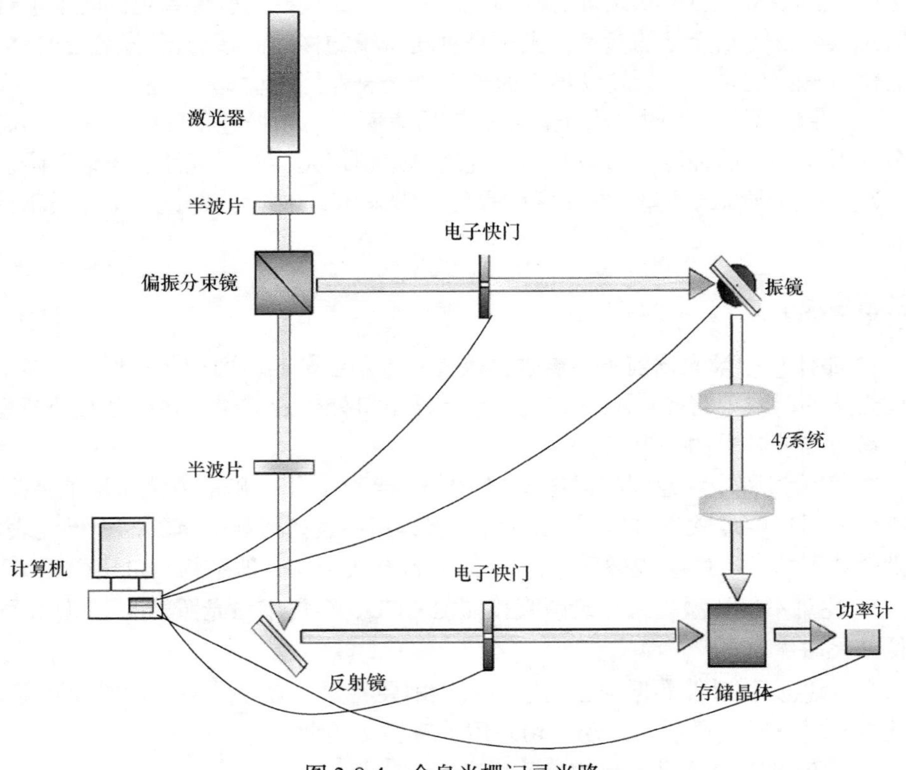

图 3-8-4　全息光栅记录光路

第四章　全息显示技术类

实验 4.1　全息光栅制作技术及特性研究

光栅是重要的分光元件之一，由于它的分辨率优于棱镜，因而许多光学仪器中都采用光栅代替棱镜作为分光的主要元件，如单色仪、光谱仪、摄谱仪等。此外，光栅在现代光学中的应用日趋广泛，如在光通信中用作光耦合器，在光互连中用作互连元件，在激光器中用作选频元件，在光信息处理中用作编码器、调制器、滤波器等。全息光栅制作技术是 20 世纪 60 年代随着全息技术的发展而日趋成熟的一门技术，因具有传统刻划光栅所不具备的一些优点而受到人们的重视。目前，全息光栅在某些方面已经取代刻划光栅，在光栅家族中占有了一席之地。

【实验目的】

1. 了解全息方法制作光栅的基本原理。
2. 掌握全息实验光路的设计和基本调节方法。
3. 掌握一维、二维全息光栅的制作技术。
4. 了解全息光栅的基本特性和测试方法。
5. 了解常用全息记录介质——卤化银乳胶的特性，掌握全息干板的化学处理方法。

【实验仪器】

全息防震平台(2m×1.2m)，氦氖激光器(功率大于 30mW)，各类精密调节架，反射镜(若干)，分束镜，扩束镜，干板架，量角器，全息干板(卤化银全息感光板，对红光敏感)，激光功率计/照度计，电子快门，暗房设备。

【实验原理】

1. 用全息照相法制作光栅

由光的干涉原理可知，两束相干的平行光干涉，其对应干涉场是一组明暗相间的等间隔的平面，对应周期由两束平行光的夹角和光波波长所确定。若将全息记录干板置于该干涉场中，则干板上记录到的干涉条纹将呈等间隔的平行直线条

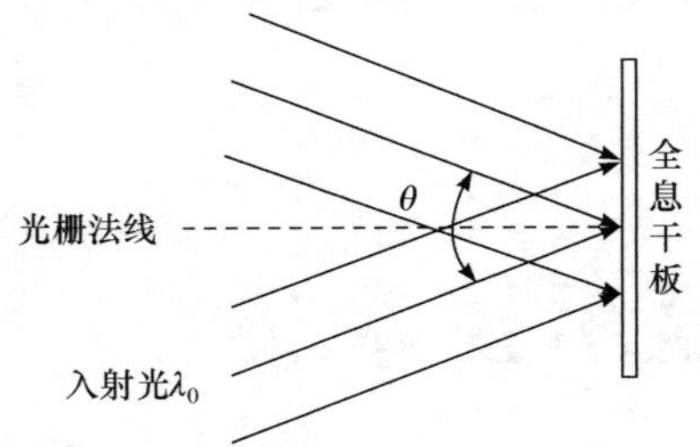

图 4-1-1　相干平行光对称入射干板示意图

纹，这就是全息光栅。

设两束平行光的夹角为θ，光波波长为λ_0，且两束平行光对于全息干板呈对称入射状态(图 4-1-1)，显然，干板记录的全息光栅的透射率应该呈余弦函数分布，称为余弦光栅。由干涉原理可知，全息光栅周期 d 由式(4-1-1)确定

$$2d\sin(\theta/2)=\lambda_0 \tag{4-1-1}$$

通常还用光栅空间频率f_0表征光栅线密度特性，因而式(4-1-1)还可表示为

$$2\sin(\theta/2)=f_0\lambda_0 \tag{4-1-2}$$

其中

$$f_0=\frac{1}{d} \tag{4-1-3}$$

其单位通常为“lp/mm”(lp 表示“线对”，指一条亮纹和一条暗纹构成的一个“线对”，对应光栅的一个周期)。由式(4-1-2)可见，要提高全息光栅的线密度，只需增大两束平行光的夹角，做到这一点并不困难，只要记录介质的分辨率允许。全息光栅的极限空间频率可达$f_{0\max}=2/\lambda_0$(对应于$\theta=180°$)，这是刻划工艺无法实现的。

2. 全息光栅的特性

全息光栅的特性主要包括分辨率和衍射效率。

1) 光栅的分辨率和空间频率

在光栅有效使用宽度确定的情况下，光栅的分辨率主要取决于光栅的空间频率 f_0，因而通常把光栅的空间频率(也称光栅的线密度)作为表征全息光栅分辨率特性的一个重要指标。光栅空间频率的测量是利用测角仪器测量光栅的一级衍射角θ_1，然后由光栅方程计算而得

$$d\sin\theta_1=k\lambda \tag{4-1-4}$$

其中 $k=1$，入射光应垂直照射到光栅上，$d=1/f_0$。

2) 光栅的衍射效率

衍射效率具体指光栅分光的效率，定义为某一级衍射光能量与入射光总能量之比。

$$\eta=\frac{\text{衍射光能量}}{\text{入射光总能量}}=\frac{I_i}{I_0} \tag{4-1-5}$$

其中，I_i表示光栅第 i 级衍射光能量。应用中通常关心的是光栅+1 级衍射的能量，

因此光栅的衍射效率一般特指其+1级衍射效率。实际上，衍射效率的测量是先测量入射光功率 P_0，以及入射光以$\theta/2$ 角入射到光栅上时其+1 级衍射光的光功率 P_1，然后将二者相比而得

$$\eta=\frac{P_1}{P_0}\times 100\% \tag{4-1-6}$$

全息光栅的衍射效率比较低，即使经漂白处理将振幅型光栅转化为相位型光栅，其理论衍射效率最大只能达到 33.9 %，这也是全息光栅还不能完全代替刻划光栅的原因之一。

3. 一维光栅和二维光栅

通常所指的光栅都是一维光栅，它仅由一组平行线构成，其透射率仅在 X 方向上有变化。如果由两组相互正交的平行线构成光栅，则称为正交光栅，也称二维光栅，其透射率在 X 和 Y 两个方向上都发生变化。二维光栅在实际中的应用也是不可低估的，它相当于两个正交的一维光栅的乘积，在光信息处理中可用作特殊的滤波器或调制器。全息二维光栅的制作是通过两次曝光的方法，即第一次对全息干板曝光，记录一维光栅，然后将干板绕其法线旋转 90°，再曝光一次，完成二维光栅的记录。

【实验内容】

1. 光路的设计与排布

1) 光路的设计

根据全息光栅的制作原理，自行设计记录一枚空间频率 f_0 在 200 lp/mm 左右的全息光栅的实验光路。要求将光路图画在预习报告上，并说明设计思路。

光路设计的原则是：

(1) 所有光束必须出自同一台激光器；

(2) 充分利用全息防震平台的面积 2.0m×1.2m，光路的排布应以方便操作为宜。

(3) 尽可能少用光学元件，以免引入能量损失和波面畸变，因此可利用发散球面波代替平面波干涉，光路中省去了 2 个准直透镜。

(4) 选取合适的路径，使相干光束达到等光程。

2) 光路的排布

根据所设计的光路图，在防震台上排布光路。(要求把光路排布中遇到的问题、解决的思路和方法写在实验报告中。)

光路排布的原则是：

(1) 各光学元件必须调到共轴，光束走向应相对于台面保持平行，以获得一致的偏振态，避免相干不完全。

(2) 根据要求的光栅线密度计算两束相干光的夹角，并按照计算值排布光路。

(3) 应保证全息干板与两光束对称放置。

(4) 选取合适的分束镜分束比和合适的扩束镜倍数，以获得合适的光强比(光强比通常取 1∶1，以便获得较高的衍射效率)。

(5) 所有夹持光学元件的支架必须保持稳定，不得有丝毫振动。

2. 记录一维全息光栅

利用排布好的光路制作一枚一维全息光栅。

注意：

(1) 本实验使用天津 I 型银盐干板。

(2) 选取合适的曝光时间 t_E，可根据如下公式计算：

$$t_E = H_v / I \tag{4-1-7}$$

其中，H_v=35μJ/cm^2，为天津 I 型银盐干板的最佳曝光量；I 为干板上的总光照度，可用照度计测量。

(3) 将银盐干板安装在干板架上，要求稳固不摇晃。

(4) 学会电子快门的正确使用方法。

(5) 曝光前需静台 0.5min，曝光过程中应保证全息防震台稳定，室内空气平稳，无大的气流运动。

(6) 天津 I 型全息干板的安全灯为绿色灯，定影结束前应严格避开白光操作。

3. 记录二维全息光栅

利用上述光路制作一枚二维全息光栅。基本要求同上，区别仅在于：

(1) 全息干板需经两次曝光，两次曝光之间应将干板绕其法线旋转 90°。

(2) 为避免曝光过度，每次曝光时间取 0.6～0.7t_E，其中 t_E 由式(4-1-7)求出。

4. 银盐干板的后处理

对曝光后的干板进行化学处理，应严格按常规的暗室操作规则进行，具体处理步骤如下：

(1) 在 D-19 显影液中显影，温度 20℃，时间 2min 左右。

(2) 在清水中轻涮一遍。

(3) 在 F-5 定影液中定影，时间 5～10min。

(4) 用流水冲洗 5～10min。

(5) 自然晾干或吹干。

(6) 为了提高全息光栅的衍射效率，后处理过程可增加“漂白”过程，使全息光栅由振幅型转化为相位型，此过程可在(3)、(4)两步之间进行，干板漂白前用流水冲洗 2min。实验室提供的漂白液为铁氰化钾溶液。

【选做内容】

(1) 测量一维全息光栅的线密度 f_0。

用分光计测量本实验制作的光栅样品的线密度。可用汞灯作光源，利用绿色谱线测量。已知其波长为λ=546.1nm。请自行设计测量方法。

(2) 测量一维全息光栅的衍射效率η。

按照衍射效率的定义，借助功率计测量全息光栅样品+1 级衍射效率。请自行设计测量方法。**提示：**注意式(4-1-6)的适用条件，请在设计测量光路时尽可能满足此条件。

【思考题】

1. 为什么本实验允许用两束发散球面波代替平面波记录全息光栅？这种“代替”是无条件的还是有条件的？如是后者，请说明该条件是什么？

2. 如果全息干板对于两束相干光不对称，会造成什么影响？若角度偏离量为$\Delta\theta = 1°$，请根据自己的实验数据计算结果的误差量。

3. 若实验中所用的分束镜的分束比不是连续可调的，而全息干板位置上两束光的强度比不满足 1:1 的要求，利用哪些手段进行调节才能达到要求？至少说出两种方法。

【参考文献】

[1] 于美文. 光全息学及其应用. 北京：北京理工大学出版社, 1996.
[2] 朱伟利, 盛嘉茂. 信息光学基础. 北京：中央民族大学出版社, 1997.
[3] 陈家璧, 苏显渝. 光学信息技术原理及应用. 2 版. 北京：高等教育出版社, 2009.
[4] 吕乃光. 傅里叶光学. 3 版. 北京：机械工业出版社, 2016.

实验 4.2　菲涅耳全息图的记录与再现

菲涅耳全息图是最基础的一种平面全息图，因其上记录的是物体的菲涅耳衍射光波而得名。它由于记录方法简单，再现时可以直接观察到栩栩如生的三维立体影像，而成为初涉全息领域者最推崇的全息图类型。但由于菲涅耳全息图只能用激光照射才能观察到再现像，因而极难推广到民用市场。然而，由于菲涅耳全息图能在共轭光照射下形成三维光学实像，而成为白光再现全息技术的基础，在二步像面、二步彩虹等全息图的记录过程中往往将其作为“母全息图”使用，使菲涅耳全息图成为全息技术家族中不可或缺的角色。

【实验目的】

1. 掌握菲涅耳全息图的记录原理和方法。
2. 掌握菲涅耳全息图的再现特点。
3. 了解菲涅耳全息图在二步彩虹全息记录中的作用。

【实验仪器】

全息防震平台(2m×1.2m)，氦氖激光器，各类精密调节架，反射镜(若干)，分束镜，扩束镜，针孔滤波器，准直透镜($\phi = 100$mm，$f' = 400$mm)，毛玻璃，载物台，目标物体，干板架，量角器，全息干板(卤化银全息感光板)，功率计/照度计，电子快门，暗房设备。

【实验原理】

1. 菲涅耳全息图的记录

全息照片之所以在记录光波的振幅信息的同时还能将相位信息记录下来，是因为当物光波到达感光板的同时，另一束称为“参考光”的相干光波也照射感光板，如图 4-2-1 所示。图中 O 和 R 分别表示物光波和参考光波，H 是全息干板，其上涂有一层感光材料。这样，干板上记录的实际上是物光和参考光相干而成的干涉条纹，并不是物体的几何像。物光波的振幅和相位信息便以干涉条纹的形式“冻结”在感光的全息干板上。根据光的干涉原理可知，干涉条纹的分布规律，包括条纹的形状、疏密及明暗分布完全取决于物光和参考光的相位分布，也就是说干涉场的分布与波面相位可以认为是一一对应的。因此，可以说物光波的相位是被参考光波“锁定”的。原本只能记录振幅(光强)信息的记录介质，之所以能把相位信息记录下来，完全依赖于参考光波与物光波的干涉，使得物光波的相位信息转换为干涉条纹的光强信息被记录而实现的。曝光后的全息干板经显影、定影处理，成为全息照片。如果拍摄时物体离干板的距离满足菲涅耳衍射条件，则按图 4-2-1 所示拍摄的全息图就是菲涅耳全息图。

2. 菲涅耳全息图的再现

全息再现是使记录时被“冻结”在全息干板上的物光波在特定条件下“复活”的过程。当用照明光波照射全息图时，分布在全息图上的细密条纹将使其发生衍射，部分衍射光波将会构成与原物光波完全相同的新的波前继续向前传播，形成三维立体像，如图 4-2-2 所示。图中 C 是照明光，O′是再现像，E 是观察者的眼睛。需要说明的是，不是任意的照明光都能使物光波获得再现，只有当该照明光波与记录时参考光波相接近时，即照明光的波长、波面形状和照射方向都相近时，才能再现出与原物相像的三维立体虚像。而当用参考光波的共轭光照明全息图时，将获得景深反演的实赝像。

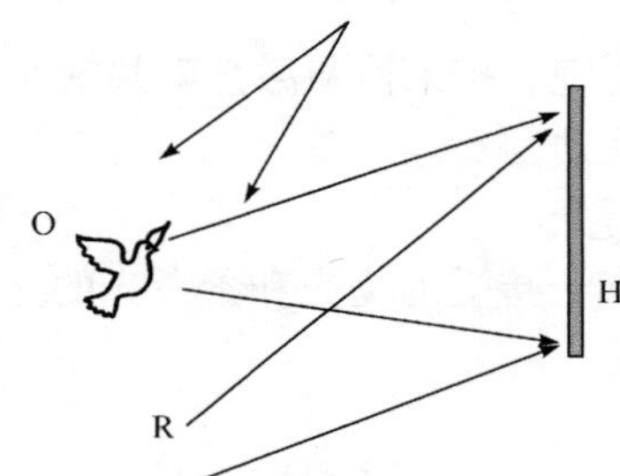

图 4-2-1　全息记录示意图
O、R 分别为物光与参考光，H 为全息干板

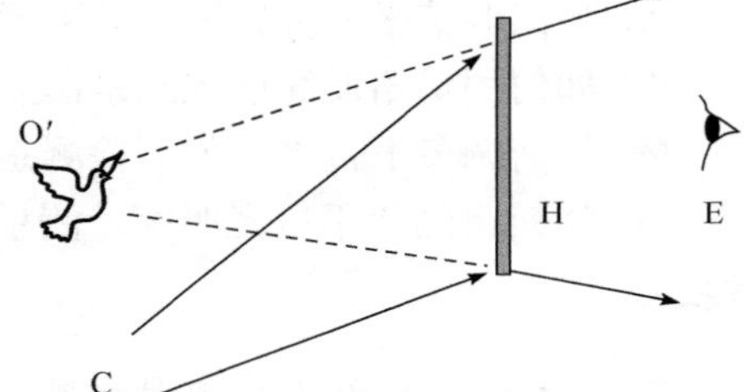

图 4-2-2　全息再现示意图
C 为照明光，O′为再现光，E 为眼睛，H 为全息干板

3. 菲涅耳全息图在二步彩虹全息记录中的作用

在用二步法记录彩虹全息图的过程中，第一步便是记录目标物体的菲涅耳全息图，因此亦称该全息图为彩虹全息图的“母全息图”，记为 H_1。为了兼顾到第二步彩虹全息图记录光路的排布方便，在记录该母全息图 H_1 时，通常采用平面波作为参考光，因此在光路中还必须增加一个准直透镜。

【实验内容】

实验题目：记录一幅给定目标物体的菲涅耳全息图，或根据需要记录一幅“母全息图”。

1. 光路的设计和排布

(1) 设计(预习时完成)：请根据菲涅耳全息原理和实验台具体情况，设计记录全息图的光路。要求：在光路中对物体采用双光束照明，以获得较好的照明效果。

(2) 排布：根据所设计的光路图，在防震台上排布光路。要求把光路排布中遇到的问题、解决的思路和方法写在实验报告中。

光路排布的原则是：

① 全息干板应与物光束大致垂直。

② 选取合适的物参光强比，以便获得较高的衍射效率。通常的光强比取为

物光强：参考光强=1：4～1：8

提示：改变光强的几种方法：(a)调整分束镜的分束比；(b)改变扩束镜放大倍数；(c)改变扩束镜的距离。

③ 选取合适的物参夹角：$\theta = 40° \sim 45°$。

④ 对物体的照明应尽可能均匀，对于表面光亮的物体最好用散射光照明。

(3) 排布光路需考虑的操作技能：

① 如何检测激光束是否和台面平行?

② 如何调节平面反射镜、分束镜、准直透镜、扩束镜与激光束共轴?

③ 如何用量角器简便地测量两束激光的夹角?

④ 如何调节平行光? 如何检测是否是平行光?

⑤ 如何正确使用激光照度计测量干板平面上接受的物光和参考光的光强(光照度)?

2. 记录菲涅耳全息图(或母全息图 H_1)

要求：利用自行设计和排布的光路，记录菲涅耳全息图(或母全息图 H_1)。

注意：

(1) 本实验使用天津 I 型银盐干板。

(2) 选取合适的曝光时间 t_E,(曝光量直接影响到全息图的衍射效率)曝光时间计算方法如下：

$$t_E = \frac{H_v}{I_O + I_R \cdot \cos\theta} \tag{4-2-1}$$

其中，H_v 为天津 I 型银盐干板的最佳曝光量(H_v=35μJ/cm^2)；I_O、I_R 分别为干板上的物光和参考光的光强，可用照度计分别测量；θ 为物光和参考光的夹角。

(3) 系统的稳定性是成败的关键，曝光前应检查所有支架下的磁块是否处于开启状态，所有固定螺丝是否拧紧，尤其注意扩束镜架支杆上的固定螺丝是

否拧紧。

(4) 曝光前需静台 0.5min。

(5) 曝光过程中应保证全息防震台稳定，保证室内空气平稳，无大的气流运动，应严禁人员走动，严禁大声说话，严禁触动全息台及激光器平台。

3. 银盐干板的后处理

对曝光后的干板进行化学处理，应严格按常规的暗室操作规则进行，具体处理步骤同实验 4.1。

4. 观察和分析实验结果

(1) 用记录时的参考光照明全息图，观察再现像具有哪些特点？写入实验报告，并提出可行的改进方案。

(2) 用激光器出射的细光束从共轭方向照射全息图，用白屏在透射区域可接收到一个清晰的实像，仔细观察该像的特点，试说明成像原理。

(3) 如记录的是“母全息图 H_1”，则除了上述步骤外，可用参考光的共轭平行光照明全息图，观察再现像具有哪些特点？写入实验报告。

【思考题】

1. 如何在不打碎全息干板的前提下实现“全息图碎片也能再现物体全貌”的观察目的？

2. 比较从全息图“碎片”观察再现像和从整片全息图观察有何不同。请从原理上加以解释。

3. 用白光从原参考光方向照明全息图，能否看到再现像，为什么？

【参考文献】

[1] 于美文. 光全息学及其应用. 北京: 北京理工大学出版社, 1996.
[2] 朱伟利, 盛嘉茂. 信息光学基础. 北京: 中央民族大学出版社, 1997.
[3] 陈家璧, 苏显渝. 光学信息技术原理及应用. 2 版. 北京: 高等教育出版社, 2009.
[4] 吕乃光. 傅里叶光学. 3 版. 北京: 机械工业出版社, 2016.

实验 4.3　白光反射全息图的记录与再现

白光反射全息图是 1962 年由苏联科学家 Y. 丹尼苏克发明的，因而也称为“丹尼苏克全息图”，它是一类可用白光再现的全息图，应用较为广泛。白光反射全息图制作方法简单，用白光照射可在反射方向观察到三维立体再现像，因而常用于制作可挂在墙上欣赏的作品。但由于布拉格条件的限制，其再现像只能显示出单色，因而近年随着全息技术的发展，在全息显示领域往往被彩色全息所替代。然而白光反射全息原理已经渗透到反射型彩色全息的各个领域，仍不失其重要的基础性意义。

【实验目的】

1. 掌握白光反射全息图的记录原理和方法。
2. 了解光致聚合物全息记录介质的特性和处理方法。

【实验仪器】

全息防震平台(2m×1.2m)，波长为 533.2nm 的半导体激光器，光致聚合物全息干板，电子快门，扩束镜(提供 10×、16×、25×三种显微物镜型号，任选一种)，针孔滤波器，紫光灯，烤箱。

【实验原理】

1. 白光反射全息图

白光反射全息图属于体全息图，当记录介质厚度 h 满足如下公式时，

$$h > \frac{10 \cdot 2nd}{\pi\lambda} \tag{4-3-1}$$

其中，n 为折射率，d 为干涉条纹间距，λ为记录光波波长，可记录到干涉场，其衍射规律遵循布拉格条件，可用白光再现。若记录时物光和参考光从干板两侧入射，可获得反射式体全息图。它对波长极其敏感，当用白光再现时，能再现出单色像。按照布拉格条件，再现像的波长理论上与记录波长相同。然而，由于化学处理过程中胶的收缩，干涉条纹间距 d 发生变化，再现波长向短波长方向偏移，俗称“蓝移”。

2. 光致聚合物全息记录介质

光致聚合是一种光化学过程，在曝光过程中小分子或单体被组合成大分子或聚合物。光致聚合物可用来制作相位型全息图。其优点是干显影和快速处理，可得到高分辨率、高衍射效率的全息图，因而适合于制作高质量的反射式体全息图。

【实验内容】

1. 根据反射型全息图原理设计并调节光路

要求根据光路设计四个原则画出光路结构图，要求将光路图画在预习报告上，并说明设计思路。完成光束平行、共轴、等光程等的调节；扩束镜和针孔滤波器的调节应以得到最大光强为标准。利用照度计测量干板所在位置的光照度 I。

2. 记录白光反射全息图

要求：

(1) 全息干板的安装要紧靠物体放置，感光胶面朝向物体；夹持应保证稳固、无微小振动。(注意：可采用实验室提供的物体作为拍摄目标，也可自带反射率较高的目标物体。)

(2) 曝光前须静台 0.5min。

(3) 曝光：曝光时间由下式计算：$t_E = H_v / I$ (t_E的单位为秒)。其中，I 为干板的单侧光照度，单位为 mW/cm^2；H_v 为曝光量，其最佳取值根据实验采用的记录介质型号而定。本实验采用光致聚合物全息干板，其曝光量取 $H_v = 30mJ/cm^2$。

注意：在暗室静台和曝光过程中，实验人员不得随意走动，不得大声说话，以免引起振动和空气扰动。

3. 光致聚合物全息干板的后处理方法

与银盐干板不同，光致聚合物干板后处理方法采用干显影，只需用紫外光照射固化 60～90s，然后在 100℃烤箱中烘烤 5min，增强其衍射效率即可。

4. 实验结果分析

认真观察全息再现像，分析其特点，对再现像质量作出适当评价，写在实验报告上。

【思考题】

1. 已知半导体激光的波长为λ_0=533.2nm，请估算本次实验记录的白光反射全息图上条纹的空间频率；如果改用波长为 632.8nm 的氦氖激光作为光源记录白光反射全息图，则全息图上条纹的空间频率将变为多少？

2. 为什么记录白光反射全息图特别强调光路系统的稳定性？在排光路的过程中是如何保证的？

3. 为什么记录白光反射全息图时全息干板的感光胶面必须朝向物体一侧？

4. 为什么乳胶收缩会造成再现像的“蓝移”现象？

【参考文献】

[1] 于美文. 光全息学及其应用. 北京：北京理工大学出版社, 1996.
[2] 朱伟利, 盛嘉茂. 信息光学基础. 北京：中央民族大学出版社, 1997.
[3] 陈家璧, 苏显渝. 光学信息技术原理及应用. 2 版. 北京：高等教育出版社, 2009.
[4] 吕乃光. 傅里叶光学. 3 版. 北京：机械工业出版社, 2016.

实验 4.4　一步像面全息图的记录与再现

像面全息图是一种可用白光再现的全息图，它记录的是物体的几何像，换言之是把成像光束作为物光波，相当于“物”与全息干板可实现“零距离”。白光再现时，各波长所对应的再现象在空间几乎重叠，把像模糊和色模糊抑制在最低水平。像面全息图再现时可得到立体感很强的像。

【实验目的】

1. 掌握一步像面全息图的记录原理和方法。
2. 掌握一步像面全息图记录光路的调节方法。
3. 了解像面全息图的再现条件。

【实验仪器】

全息防震平台(2m×1.2m)，氦氖激光器，各类精密调节架，反射镜(若干)，分束镜，扩束镜，成像透镜，毛玻璃，载物台，目标物体，干板架，量角器，全息干板(卤化银全息感光板)，功率计/照度计，电子快门，暗房设备。

【实验原理】

“一步像面全息”是指被记录物体的几何像是用透镜成像法直接得到的，因而只需一步即可完成。其记录原理如图 4-4-1 所示，图中物体 O 经透镜 L 成像在全息干板上，R 为参考光。当 O 和 R 在干板同侧时记录透射像全息图，在异侧时记录反射像全息图。此外，干板的位置可以稍有离焦，可以在像面之后，也可以在

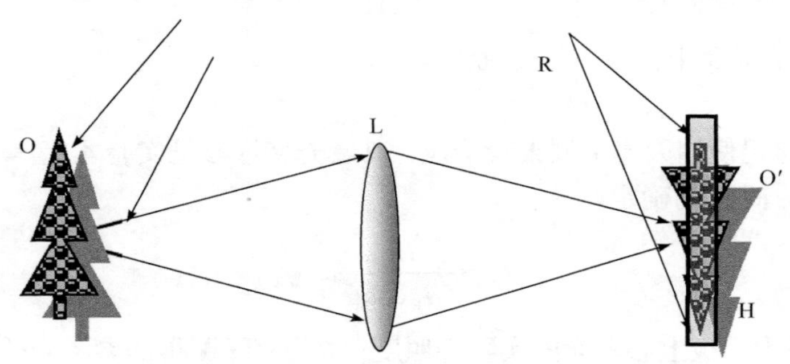

图 4-4-1　用透镜成像方式记录像面全息图

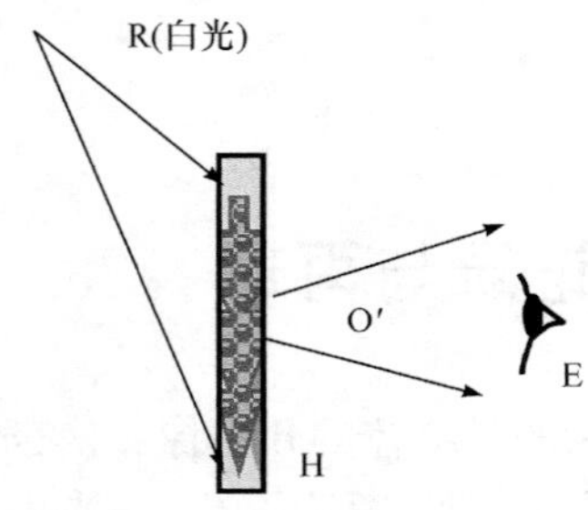

图 4-4-2　透射像面全息图的再现示意图

像面之前，再现时可观察到不同的深度效果。一步法记录的像面全息图可用白光再现，条件是白光的入射方向必须与记录该全息图的参考光方向一致。图 4-4-2 是透射像面全息图的再现示意图,观察者在入射光的另一侧可看到再现的图像。

【实验内容】

1. 光路的设计与排布

(1) 设计：根据一步像面全息图的制作原理，请自行设计记录透射型像面全息图的实验光路，将光路图画在纸上，并说明设计思路。

光路设计的原则是：

① 充分利用全息防震平台的面积，光路的设计应以方便操作为宜。

② 尽可能少用光学元件，以免引入能量损失和波面畸变。

③ 从照明效果出发,照明物体的光束入射方向与由物体漫射进入透镜的光束之间的夹角应尽可能小，以获得较明亮的“物光”。

④ 选取合适的物光和参考光夹角，一般取 30°～45°为宜。

(2) 排布：根据所设计的光路图，在防震台上排布光路。请把光路排布中遇到的问题、解决问题的思路和方法写在实验报告中。

光路排布的原则是：

① 选择反射率较高且表面具有漫射特点的物件作为被记录物体。

② 物体的几何像可根据需要选取不同的放大率。

③ 选取合适的分束镜分束比和合适的扩束镜倍数,以获取合适的物光强和参考光强比，其比例由教师给出经验值。

2. 记录透射型像面全息图

在排布好的光路上记录一幅像面全息图。

注意：

(1) 本实验仍使用天津Ⅰ型银盐干板，其曝光特性参见实验 4.1。

(2) 曝光时间 t_E 的确定

$$t_E = \frac{H_v}{2I_R \cos\theta} \tag{4-4-1}$$

式中，$I_R \cos\theta$ 为干板上参考光的实际光照度；θ 为实际测得的参考光的入射角；I_R 的值可用照度计在干板处垂直参考光束测得；H_v 为天津Ⅰ型银盐干板的最佳曝光量，H_v=35μJ/cm^2。

(3) 将银盐干板安装在干板架上，应保持稳固不振动。

(4) 每次曝光前须静台 0.5s，曝光过程中应保证全息防震台稳定，室内空气平稳，无大的气流运动。

(5) 银盐干板应严格避光操作，待定影结束后方可见白光。

3. 银盐干板的后处理

对曝光后的干板进行化学处理，应严格按常规的暗室操作规则进行，具体处理步骤同实验 4.1。

4. 像面全息图的白光再现及实验结果分析

(1) 用白光按设计的原参考光方向照射全息图，观察再现像，记录分析所观察到的结果。

(2) 用白光按设计的原参考光的共轭光方向照射全息图，观察再现像，记录分析所观察到的结果。

【思考题】

1. 透镜的共轴应如何精确调节？

2. 观察经化学处理后的干板，可见干板边缘竖直方向上有一条条波状条纹，试解释原因。怎样消除？

3. 物光与参考光夹角选取 30°～45°，主要出于哪几方面的考虑？据你所知，至少回答两条。

4. 如要求记录反射型像面全息图，你设计的光路应如何调整？请画出光路图并加以说明。

5. 若想使再现像“浮”在干板之前，应对记录光路做哪些调整？请画出光路示意图，并在实验中证明。

【参考文献】

[1] 于美文. 光全息学及其应用. 北京：北京理工大学出版社, 1996.
[2] 朱伟利, 盛嘉茂. 信息光学基础. 北京：中央民族大学出版社, 1997.
[3] 陈家璧, 苏显渝. 光学信息技术原理及应用. 2 版. 北京：高等教育出版社, 2009.
[4] 吕乃光. 傅里叶光学. 3 版. 北京：机械工业出版社, 2016.

实验 4.5　二步彩虹全息图的记录与再现

彩虹全息图是一种可以用白光再现的全息图，因其在白光照射下能呈现出彩虹色彩的图像而得名。1969 年本顿首次用二步法成功制作了第一幅彩虹全息图，1978 年美籍华人陈选和杨振寰发明了一步彩虹全息技术。在显示全息领域，彩虹全息技术占有重要地位，且具有广阔的应用前景，无论是在全息防伪标识、全息广告业，还是在动态合成全息技术等领域都有其用武之地。

【实验目的】

1. 掌握二步彩虹全息图的原理和记录方法。
2. 学习针孔滤波器的调节技巧。
3. 学会分析全息再现像的质量。

【实验仪器】

全息防震平台(2m×1.2m)，氦氖激光器，各类精密调节架，反射镜(若干)，分束镜，扩束镜，针孔滤波器，准直透镜(ϕ= 100mm，f' =400mm)，柱透镜，毛玻璃，干板架，量角器，全息干板(卤化银全息感光板，对红光敏感)，功率计/照度计，电子快门，暗房设备。

【实验原理】

彩虹全息图的拍摄基于像面全息图的原理，所不同的是在其光路的适当位置放置一个狭缝，以限制“物光”(实际是成像光束)的空间宽度。这样，在采用白光再现时，不同波长的再现光束就能在空间分离开，当眼睛处于某特定位置时，只能看到一种颜色的像，而若移动观察位置，则可以依次看到不同颜色的像，呈现“彩虹”的色序，而不会出现“色混淆”。因此，彩虹全息图记录光路的关键元件是狭缝。

1. 彩虹全息图的记录

彩虹全息图的记录方法有两种，一种称为“一步法”，即借助透镜获得作为全息图“物光”的几何像；另一种称为“二步法”，即“物光”由菲涅耳母全息图 H_1 再现的共轭像提供，因此二步彩虹全息图的记录包括两个步骤，先拍摄一张菲涅耳全息图(称为“母全息图 H_1”)，然后再依靠它再现的共轭像拍摄彩虹全息图 H_2，请见图 4-5-1 所示。

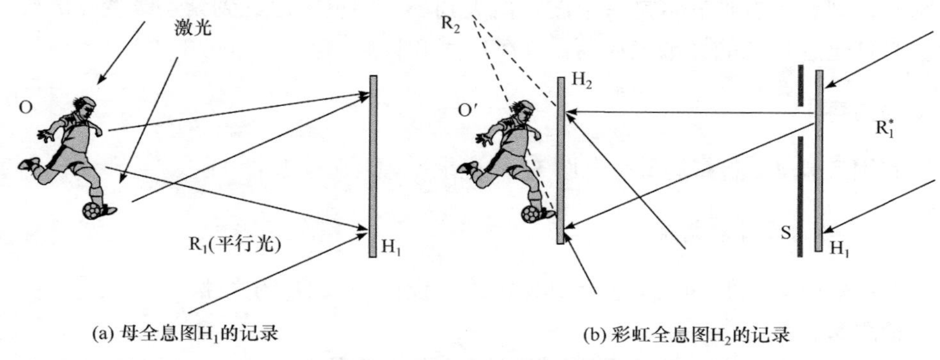

图 4-5-1 彩虹全息图记录原理示意图

本实验采用“二步法”记录彩虹全息图，具体过程如下。

第一步：拍摄菲涅耳母全息图 H_1。

(H$_1$ 在实验 4.2 中已经拍摄成功，这里不再赘述。

第二步：拍摄彩虹全息图 H_2。

用记录 H_1 的参考光 R_1 的共轭光 R_1^* 照射母全息图 H_1，对其进行共轭再现，根据全息原理，光束衍射后将形成一个赝实像，把全息干板 H_2 放在该赝实像附近，借助狭缝 S 和参考光 R_2，拍摄得到的全息图即是彩虹全息图。其中狭缝 S 与干板 H_1 密接触，或在前方采用柱透镜实现狭缝作用。

2. 彩虹全息图的再现

用白光沿参考光 R_2 的共轭方向照明全息图，根据衍射原理，透过全息图的光波将按照波长的顺序由小到大依次分离开，波长越长的光波其衍射角越大。由于记录时启用了狭缝，根据全息共轭再现原理，透过全息图的衍射光波将会聚到狭缝像的位置，如图 4-5-2 所示。而由于不同波长光束衍射角不同，因而对应的狭

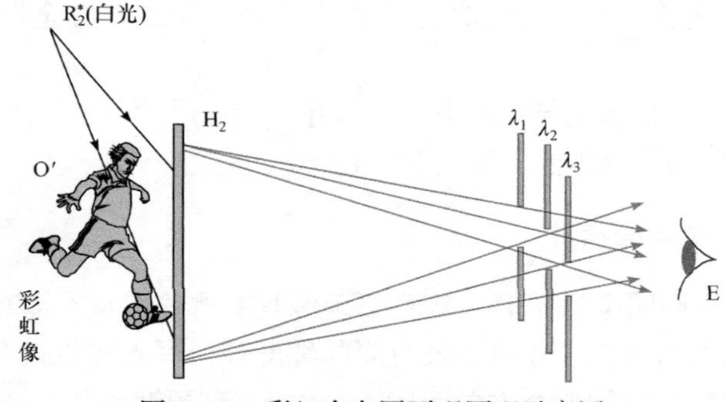

图 4-5-2 彩虹全息图再现原理示意图

缝像位置也按照波长的大小依次分离开(图中$\lambda_1>\lambda_2>\lambda_3$)。显然，用白光再现这类全息图时，观察者看到的将是一个波长由大到小，即色序由红到紫连续变化的彩虹像。彩虹全息再现的详细描述请见文献[1]和[2]。

【实验内容】

利用实验 4.2 制作的母全息图 H_1，记录一幅彩虹全息图 H_2。

1. 光路的设计和排布

根据彩虹全息原理和实验台具体情况，设计记录 H_2 的光路。

请思考：

(1) 用平行光对 H_1 实现共轭再现时，入射角度的偏差会引起哪些不良后果？怎样能精确地确定共轭入射的角度？

(2) 记录 H_2 的干板位置如何确定？

(3) 记录 H_2 的参考光原则上应该用会聚球面波，本实验可否用发散球面波作为参考光？是否会对再现造成不良后果？

提示：

(1) 选取合适的物参夹角θ：$35°<\theta<45°$(为什么？)。

(2) 为保证彩虹全息图优良的表面质量，建议在参考光路中使用针孔滤波器，用以消除参考光斑中的噪声。(请在教师指导下学习调节针孔滤波器的方法，防止眼睛受激光直射。)

(3) 为充分利用光能量，可利用柱透镜将准直透镜形成的宽平行光束压缩成窄条形，将光能量集中于 H_1 处狭缝所限定的区域内。

(4) 选取合适的狭缝宽度，应根据光路的结构和参数值确定，选择范围为 4～5mm。

2. 制作彩虹全息图

要求：利用实验 4.2 记录成功的母全息图 H_1，完成彩虹全息图 H_2 的记录。

附加说明：

(1) 选取合适的物参光强比：由教师指导，给出经验值；

(2) 全息干板的后处理步骤同实验 4.1。

3. 观察和分析实验结果

要求：用白光照明全息图 H_2，观察再现像具有哪些特点？请对图像质量进行评价，包括图像的清晰度、立体感及色彩的纯度等，写入实验报告。

思考：照明白光应从哪个方向照射 H_2 才能得到预期的彩虹全息像？(和记录

时的参考光 R_2 方向相同还是相反？)

【思考题】

1. 若想获得较大的视场角，在光路设计上应采取哪些措施？

2. 光路中狭缝的宽窄对实验结果有何影响？狭缝过宽或过窄将会造成怎样的后果？

3. 若想使再现的彩虹像“浮”出干板，记录时应对光路做哪些调整？请画出光路示意图，并在实验中证明。

【参考文献】

[1] 于美文. 光全息学及其应用. 北京: 北京理工大学出版社, 1996.
[2] 朱伟利, 盛嘉茂. 信息光学基础. 北京: 中央民族大学出版社, 1997.
[3] 陈家璧, 苏显渝. 光学信息技术原理及应用. 2 版. 北京: 高等教育出版社, 2009.
[4] 吕乃光. 傅里叶光学. 3 版. 北京: 机械工业出版社, 2016.

实验 4.6　采用数字化自动控制系统合成动态全息综合实验

全息学是信息光学的重要分支。全息显示技术主要包括假彩色显示、真彩色显示及合成全息术等若干方向，其中图及虚拟物体全息图能够获得大视场、全视差、真彩色等更为丰富的视觉，合成全息技术由于具有能够制作大面积全息图、动态全息艺术效果等诸多优点，成为现代全息显示技术发展的一个趋势。传统的全息技术是一种模拟的非实时性的纯光学技术。随着现代科技的不断发展，数字信息处理技术及其光电子器件(如计算机、CCD 器件、新型液晶显示屏、空间光调制器等)和自动化控制技术不断冲击着传统的全息术，促使全息术向数字化和自动化方向发展。

【实验目的】

1. 熟悉菲涅耳全息、像面全息、彩虹全息及合成全息的基本原理及特点。
2. 掌握两种以上二维连续图片的采集方法。
3. 掌握电寻址液晶空间光调制器的原理与光学特性。
4. 掌握全息合成的自动化系统的设计和搭建。
5. 了解数字化自动化合成全息图的优越性和局限性。

【实验仪器】

He-Ne 激光器(632.8nm，50mW)，全息防震平台，二维图像采集器件(数码相机)，电寻址空间光调制器，可移动光阑，各类精密调节架，分光镜，反射镜，扩束镜，自动曝光控制软件。

【实验原理】

合成全息术也叫多路全息或者全息立体显示技术，它是将一系列由普通摄影得到的物体带有视差及动态信息的二维图片通过全息方法记录在一张全息软片(或者干板)上，然后再现出原物体的准三维动态显示技术。实验采用面积分割的方法合成全息图，方法是：将每一幅二维图片拍照成一个单元全息图，在全息照片上占有一个位置，如果将一套二维图片连续记录下来，再现时人眼与全息图之间若有相对运动，由于人眼的体视效应和视觉暂留现象，感觉到的是一种活动的三维影像。将这些单元窄条制作在平面全息干板上的就是面积分割法合成全息。面积分割全息图的记录原理如图 4-6-1 所示，在全息干板 H_1 前放置一个可以移动的狭缝光阑，狭缝的移动方向与二维图片存在视差的方向一致。每更换一帧二维图片，狭缝移动一个缝宽的距离，并曝光一次，得到一个单元全息图。依次完整地记录下物体活动的整套全息图后，再现时如果用原参考光 R_1 照明，人眼在全息图后方沿狭缝移动方向扫描观察，就可看到物体准三维的动态影像。然而，这样得到的全息图 H_1 只能在单色激光下再现，为了能在白光下再现展示，可将 H_1 作为母全息图，运用二步像面全息技术或二步彩虹全息技术制作像面全息图或彩虹全息图。

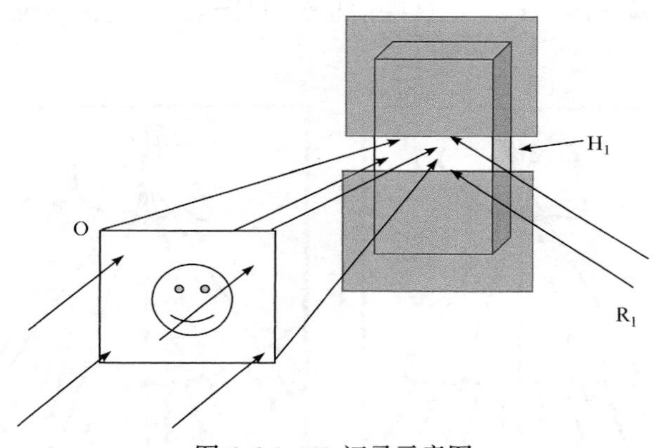

图 4-6-1　H_1 记录示意图

1. 二维连续图片的拍摄

要获取一系列物体具有不同角度的连续照片，可以采用照相机直接拍照的方法，见图 4-6-2。相对物体的中轴每转动一个角度拍摄一张照片，根据设计需要的角度及间隔，拍摄若干张连续照片。角度间隔越小，图像的连续性越强，拍摄过程中要注意保持物体中轴位置不变，否则图像会出现跳跃的感觉。如果需要具有连续动态效果的二维图片，也可以采用摄像机直接拍摄动态视频，利用专业视频处理软件从中直接截取连续图像获得，这种情况下通常对摄像机的质量要求比较高才能保证每帧图像的成像清晰。此外，利用现在已经比较成熟的 3D 软件可以模拟制作出虚拟的物体，得到虚拟物体的具有连续转角或动态效果的图片。

2. 图像输入的重要器件——空间光调制器

空间光调制器(spatial light modulator)是一种能对光波的空间分布进行调制的器件。它的输出光信号是随控制信号(电的或光的)变化的时间和空间的函数。空间光调制器结构的基本特点是：它是由许多基本的独立单元组成的一维线阵或二维列阵，这些独立单元可以是物理上分割的小单元，也可以是无物理边界的、连续的整体，只是由于器件材料的分辨率和输入图像或信号的空间分辨率有限而形成的一个一个小单元。这些小单元可以独立地接收光学或电学的输入信号，并利用各种物理效应改变自身的光学特性(如相位、振幅、强度、频率或偏振态等)，从而实现对输入光波的空间调制或变换。习惯上，把这些独立的小单元称为空间光调制器的像素，把控制像素的光电信号称为“写入光”或“写入电信号”，把照明整个器件并被调制的输入光波称为读出光，经过空间光调制器后出射的光波称为输出光。读出光应该能照明空间光调制器的所有像素，并能接收写入光或写入电信号传递给它的信息，经调制和变换转换成输出光。写入光和写入电信号应含有控制调制器各个像素的信息，把这些信息分别传送到相应像素位置上去的过程称为“寻址”。

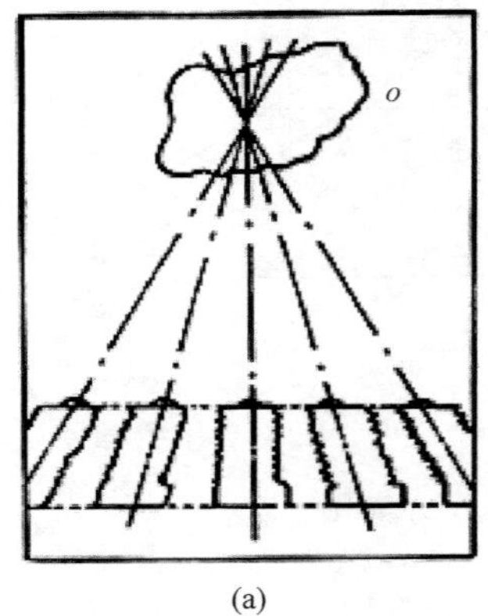

(a)

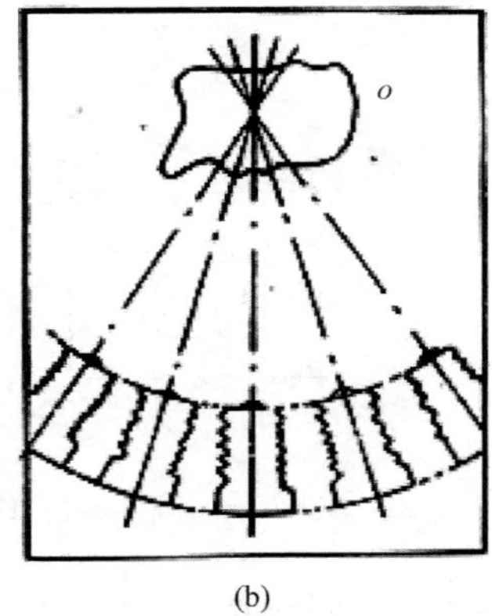

(b)

图 4-6-2　二维连续图片的拍摄

空间光调制器是光学信息处理和光互连系统中的一种重要的接口器件，在用于全息记录实验时，它主要是作为一种输入器件，将待处理的信息转化为光学处理系统所要求的输入形式。电寻址空间光调制器可以同时完成电-光转换和串行-并行转换。实验中，用一束光强均匀的光波作为写入光，串行的图像电信号作为写入信号，并用它控制空间光调制器上相应的各个像素的透过率或反射率，这样输出光的复振幅就形成了一个携带输入信息(即图像)的空间分布，从而可以将计算机提供的非相干光图像转换为相干光图像输入到光学记录系统中去，与参考光发生干涉。实验中所选用的空间光调制器是电寻址透射式的液晶空间光调制器，液晶对角线长度为 3.3cm，有效显示部分长、宽分别为 26.62mm 和 20mm，是 1024×768 的像素点阵，液晶显示的内容由计算机控制，它与计算机的显卡 VGA 输出相连，相当于一个微型的显示器，但只能显示灰度图像。实验中使用分配器将显卡输出的 VGA 信号分为两路，一路送显示器，一路送空间光调制器。这样，计算机屏幕与液晶就显示同样的内容。

液晶空间光调制器能十分方便地实现非相干信号-相干光图像之间的转换，因此，可以广泛地应用在全息记录特别是需要图片复位操作的合成全息记录过程中，这将大大提高合成全息记录过程的自动化水平。但是液晶空间光调制器存在光能利用率比较低的缺点，读出光通过起偏和检偏器时，其能量要损失 50%以上。液晶屏的开口率一般在 40%左右，因此只有不到 20%的光能量能到达记录平面。因此，如果采用感光不是特别灵敏的光聚合物材料来记录就会比较困难。即使采用银盐干板记录，光路的设计也很重要，容易出现光束强度太弱的情况。

3. 自动曝光系统的控制程序

图 4-6-3 是自动曝光系统控制程序的流程图，自动曝光系统的软件可以实现以下功能：

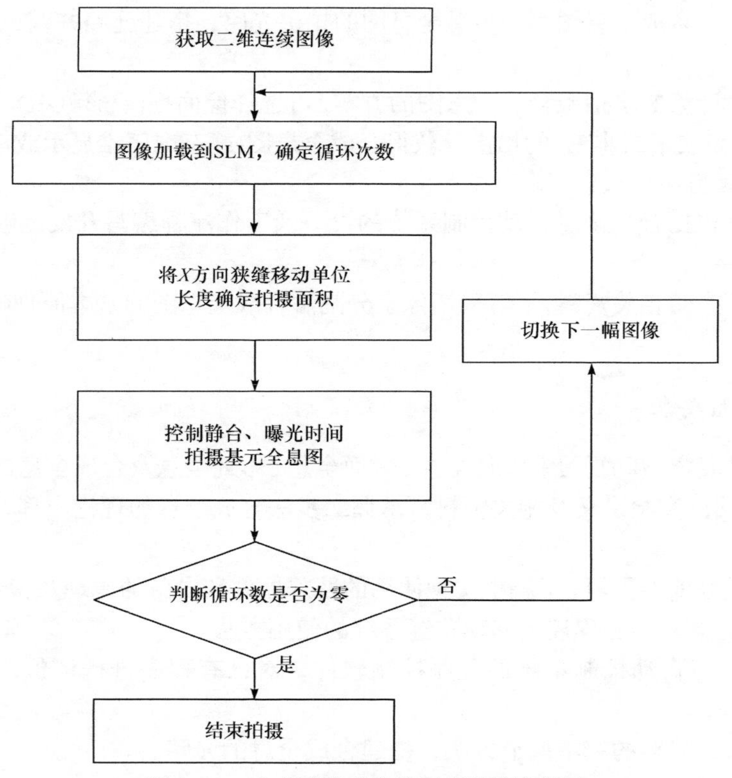

图 4-6-3 自动曝光系统控制程序的流程图

(1) 将处理后的二维连续图像按顺序输出到液晶空间光调制器；

(2) 控制每幅图像的曝光时间、静台时间；

(3) 控制自动分区伺服系统的初始位置、移动步长、停留时间；

(4) 在曝光过程中，对系统状态进行监控并输出监控信息，包括已经曝光的图像个数、伺服系统的狭缝位置、工作进度等信息；

(5) 随时暂停、恢复、复位，动态调整整个系统。

利用自动曝光系统，通过对 SLM 图像的自动载入、对电控可移动狭缝的自动平移、对电子快门的开关控制能够自动完成对若干张图像的连续记录，采用这样的系统真正实现了全息记录过程的数字化和自动化。

【实验内容】

1. 实验题目

利用液晶空间光调制器图像自动输入系统，制作一幅不少于 20 个分幅图像合成的动态全息图，要求再现视场角超过 40°。建议采用“二步法”，即：

(1) 设计合成全息图第一步母全息图的拍摄光路，搭建光路并调试，完成 H_1 的拍摄。

(2) 设计第二步拍摄合成全息图的方案，可选择像面型(或彩虹型)、反射型(或透射型)，完成第二步 H_2 的拍摄，获得合成全息图(静态准三维显示或动态显示)。

选做题目：

(1) 试根据合成全息自动控制系统的设备及工作流程编写开发能够应用的自动控制程序。

(2) 请查阅相关资料，了解采用像素分割法合成全息图的基本原理(美国 Zebra 公司)。

2. 实验要求

(1) 认真学习和复习菲涅耳全息、像面全息、彩虹全息及合成全息的基本原理及特点，阅读实验讲义及相关资料，掌握二步法合成全息的理论原理，完成光路设计。

(2) 做好前期预习，了解本实验使用的特殊器件和设备的原理及特点，重点在液晶空间光调制器和程控可移动狭缝系统的使用方法。

(3) 学习自动控制系统的程序控制软件，对已有程序进行评价，写出评价报告。

(4) 掌握光路的基本调节方法，搭建合成全息的光路。

(5) 完成合成全息图的制作(包括两步)。

(6) 以论文形式完成实验报告。

3. 重要提示

(1) 本实验采用的元件较多，调节时需要耐心细致，注意随时将减振平台上的光学元件锁住固定以保护光学器件和固定光路。

(2) 必须满足光路中各元件的共轴等基本要素。

(3) 二维图像应存入计算机同一个文件夹中，需按照图片连续的顺序进行编号命名。

(4) 注意程控曝光系统软件的参数设定，特别是弄清四个分区时间设定的原因及区别，拍摄前应预先使系统试运行至少一次。

(5) 可移动狭缝与干板之间要尽量靠近，但不能够接触；狭缝的宽度要精确测量控制，要与移动的步长相匹配。

(6) 全息合成过程时间较长，全息干板的感光灵敏度较高，应保持室内的避光状态，计算机屏幕需要关闭，注意防震。

【思考题】

1. 采用液晶空间光调制器合成全息图，对于物体图像的选择有什么要求？为什么计算机上的图像在输入光路时要旋转 90°成卧姿？

2. 为什么要在没有液晶空间光调制器的另一路光路中嵌入 1/2 波片？

3. 采用液晶空间光调制器合成全息图具有哪些优点和缺点？

4. 狭缝的宽度应如何选择？如何增大合成全息图的视场角？

5. 根据实验结果讨论此类合成全息图的应用价值及潜力，并说明存在的不足和困难。

【参考文献】

[1] 于美文. 光学全息及信息处理. 北京: 国防工业出版社, 1984.

[2] 陈家璧, 苏显渝. 光学信息技术原理及应用. 2 版. 北京: 高等教育出版社, 2007.

[3] 张颖, 谢敬辉, 朱伟利, 等. 计算机辅助合成全息图. 北京理工大学学报, 2003, 23(4): 436-439.

[4] 张颖, 朱伟利, 张可如. 数字化合成全息图自动记录系统研究. 光学技术, 2007, 33(1): 124-126.

实验 4.7　多通道彩色合成全息综合实验

全息显示技术在全息应用中占有重要地位，尤其是假彩色合成全息术。该技术在 20 世纪末开始活跃于市场，五光十色的防伪标识、五彩缤纷的商品吊牌、光怪陆离的激光包装薄膜等全息制品随处可见，尤其是一些高质量的多彩色、多层次全息制品，以及真彩色全息制品，更能引起人们广泛的兴趣和关注。本实验旨在介绍一种基于多狭缝彩色编码原理制作多通道全息制品的合成技术，使学生在亲手实践的过程中体验全息合成技术的科学内涵，以及与艺术创作相结合的快乐。

【实验目的】

1. 了解狭缝在彩虹全息记录中的编码作用。
2. 掌握多通道全息合成技术的基本原理和方法。
3. 初步掌握多彩色、多层次、2D/3D 全息防伪标识的设计和制作方法。

【实验仪器】

He-Ne 激光器(632.8nm，50mW)，全息防震平台(3.0m×1.5m)，电寻址液晶空间光调制器及计算机控制系统，自动控制软件，各类精密调节架，分束镜，反射镜，扩束镜，准直镜，黑纸若干，卤化银全息感光板。

【实验原理】

多彩色、多层次全息合成技术是基于彩虹全息技术、多狭缝信息处理技术和准三维全息合成技术的一种综合性技术，其效果是在白光照明条件下，全息制品显现出多种色彩、多个层次、二维图形和三维图像并存于一体的景象。

1. 狭缝在彩虹全息记录中的编码作用

实验 4.5 中已经提到，在彩虹全息的记录光路中，一个关键元件是狭缝，其作用是使记录全息图的“物光束”在空间宽度上被压缩，以至于再现时的成像光束也被衍射至一个有限的缝状区域内，只有当观察者的眼睛处于该区域内时，方能看到再现的图像，因此也可将此“缝状区域”视为狭缝的“菲涅耳再现实像”(以下简称狭缝像)。根据衍射理论，狭缝实像的空间位置与再现时照明光束的波长有关。当用白光照明时，由于不同波长的衍射角度不同，对应于不同波长的狭缝像便在空间分离开来(色散效应)，眼睛处于某一波长对应的狭缝像位置，只能看到一种颜色的图像再现。当移动眼睛的观察位置时，可依次看到图像按波长顺序排列的色序，这就是“彩虹全息”的原理。由此可见，记录时狭缝的空间位置在极大程度上决定了再现像色序的空间分布。

进一步研究不难发现，彩虹全息像的空间色序分布是遵循一定规律的，它与记录光路参数及再现条件有着密切的关系。以二步彩虹全息记录为例，图 4-7-1 是第二步记录彩虹全息图 H_2 的原理图，其中 H_1 是第一步记录的菲涅耳全息图，R_1^* 是用于照明 H_1 的原参考光 R_1 的共轭光，R_2 是参考光，S 是狭缝板。设光路排布满足下列近似条件：H_1 与 H_2 的中心连线与干板 H_2 的法线重合，两片干板的距离为 d，以 H_1 的中心为坐标原点，狭缝的横向坐标为 x_s，参考光 R_2 的入射角为 φ，由几何关系可见，通过狭缝 S 射出的物光和参考光 R_2 的夹角 α 应是两者入射角之和：

$$\alpha=\varphi+\arctan\frac{x_s}{d} \tag{4-7-1}$$

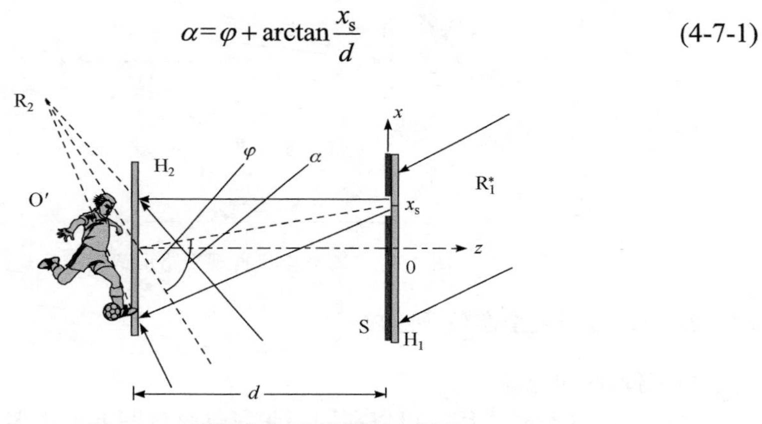

图 4-7-1　彩虹全息记录参数示意图

干板 H_2 上记录到的干涉条纹平均密度 f_0 近似为

$$f_0=2\sin(\alpha/2)/\lambda_0 \tag{4-7-2}$$

当用白光从 R_2 的共轭方向照明 H_2 令其再现时(图 4-7-2)，根据衍射原理可推导出全息图后方一级衍射光波按波长顺序分布的规律为

$$\lambda_i f_0=\sin(\theta_i\pm\varphi) \tag{4-7-3}$$

式中，φ 是照明光的入射角；θ_i 是波长为 $\lambda_i\,(i=0，1，2，\cdots)$的衍射光的衍射角；±号表示入射光束与衍射光束在法线同侧和异侧的差别。当 $\theta_i=0$ 时，式(4-7-3)简化为

$$\lambda_n = \sin\varphi / f_0 \tag{4-7-4}$$

式(4-7-4)表示沿 H_2 法线方向接收到的衍射光的波长(颜色)。将式(4-7-2)和式(4-7-4)稍加整理，可得到

$$\lambda_n = \frac{\lambda_0 \sin\varphi}{2\sin(\alpha/2)} \tag{4-7-5}$$

由以上分析可见，当记录光路的参数 λ_0、φ 和 d 确定后，在指定方向上观察到的再现像的波长(颜色)仅取决于狭缝在记录光路中的横向位置 x_s，因此认为再现像的波长(颜色)可用狭缝来“编码”，只需在记录光路中改变狭缝的横向位置，便可获取不同颜色分布的像。

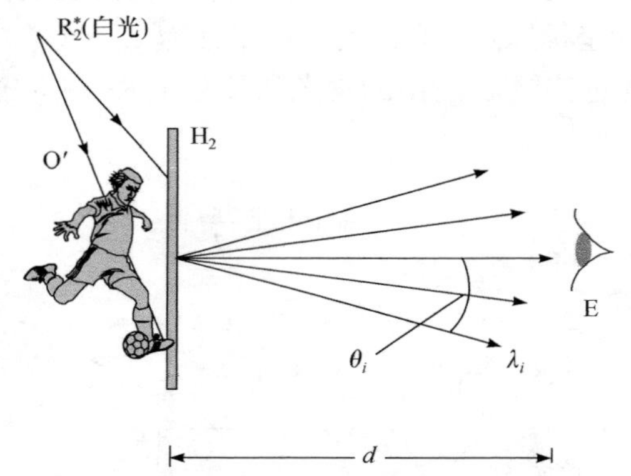

图 4-7-2　彩虹全息再现光路示意图

2. 多通道彩色全息编码原理

1) 编码片的记录

利用狭缝的编码作用，可以在同一张彩虹全息图上利用多个狭缝编码，构成多通道彩虹全息编码片。当用白光再现时，图像上不同区域会呈现出不同的颜色。为了使问题简化，这里仅讨论 $\theta_i = 0$ 的情况，即只关心沿 H_2 法线方向观察到的再现结果。

由式(4-7-1)和式(4-7-5)可计算出记录光路中狭缝位置坐标与再现图像波长的关系。实际上人们往往是根据再现图像颜色分布的需要来设计狭缝在记录光路中的位置。以图 4-7-3 所示的图形为例，若要求(a)中的花、树、背景在白光下分别呈现红色(r)、绿色(g)、蓝色(b)，则必须用三个狭缝 S_r、S_g、S_b 对三个分区图形 O_r、O_g、O_b(图 4-7-3(b)、(c)、(d))分别进行编码。

根据国际照明委员会的规定，红、绿、蓝三原色的波长分别为 $\lambda_r = 645.2\text{nm}$，$\lambda_g = 526.3\text{nm}$，$\lambda_b = 444.4\text{nm}$。根据事先确定的记录光路参数 λ_0、φ 和 d，可由

式(4-7-1)和式(4-7-5)计算得到与三原色 $\lambda_n=\lambda_r$，λ_g，λ_b 对应的三个编码狭缝的坐标 $x_s=x_r$，x_g，x_b，继而以此为依据设计多通道彩色全息编码片的记录光路。

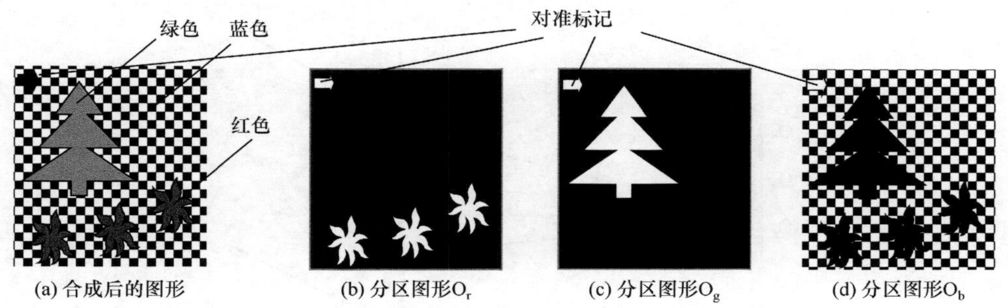

(a) 合成后的图形　(b) 分区图形O_r　(c) 分区图形O_g　(d) 分区图形O_b

图 4-7-3　彩色全息编码原理示意图

仍以二步彩虹全息为例说明编码的具体步骤。

第一步：记录三通道菲涅耳全息母版 H_1。

在设计和排布菲涅耳全息图的记录光路时，首先确定光路参数 λ_0 和 d，同时还需确定记录 H_2 时参考光的入射角度 φ，然后将干板 H_1 横向分割为三部分 H_{1r}，H_{1g}，H_{1b}，构成三个“通道”(条形区域)，每个通道依次以 x_r、x_g、x_b 为中心，宽度不限，以相互不重叠为原则。通过三次曝光操作，把图 4-7-3 所示的三个分区图形 O_r、O_g、O_b 的菲涅耳全息图分别记录在 H_{1r}、H_{1g}、H_{1b} 三个条形区域上，形成在同一张底片上记录三个目标的三通道菲涅耳全息母版 H_1。

第二步：记录多彩色合成全息编码片 H_2。

与彩虹全息第二步记录 H_2 的光路相似，用 R_1^* 对母版 H_1 实现共轭再现，干板 H_2 置于再现实像位置，参考光 R_2 以 φ 角入射 H_2。所不同的是必须将单狭缝板更换为多狭缝板，见图 4-7-4 所示，三个狭缝的中心位置分别在坐标 x_r、x_g、x_b 处，采用一次曝光在同一张底片上同时记录三幅彩虹全息图，合成一枚三色全息编码片。

2) 编码片的再现

当白光以 φ 角由共轭方向照射 H_2 时，其上的三幅彩虹全息图后方的衍射光场相互重叠，由于狭缝的编码作用，它们各自的衍射光场色散程度略有差别，但沿编码片后方法线方向($\theta_i=0$ 处)观察，可看到预期的再现像，即绿树、红花、蓝背景，如图 4-7-5 所示。该编码片就是一幅多色彩合成全息样品。

3. 多层次、多色彩、2D/3D 全息防伪标识的制作原理

前面介绍的被拍摄“目标物体”均是二维图像，即平面体。所谓“多层次”是指再现图像中含有多个深度不同的平面体，例如上文中，蓝色背景可以离开绿

树和红花的平面居其后方若干毫米处，甚至绿树和红花也可分布在不同的平面里。“2D/3D”是指再现图像中不仅有二维平面图形，同时还显现出三维立体分布。

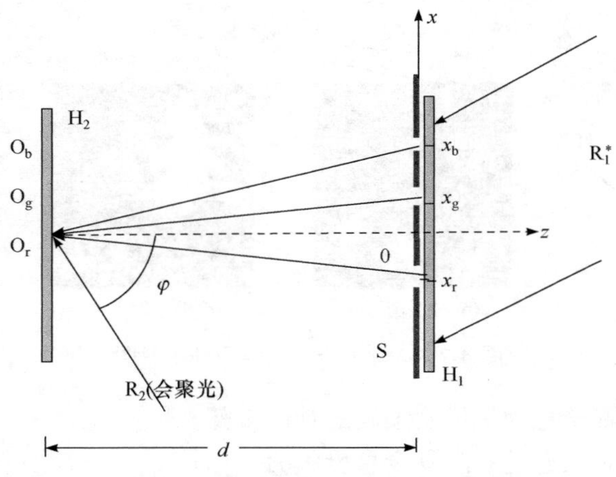

图 4-7-4　多狭缝编码光路示意图

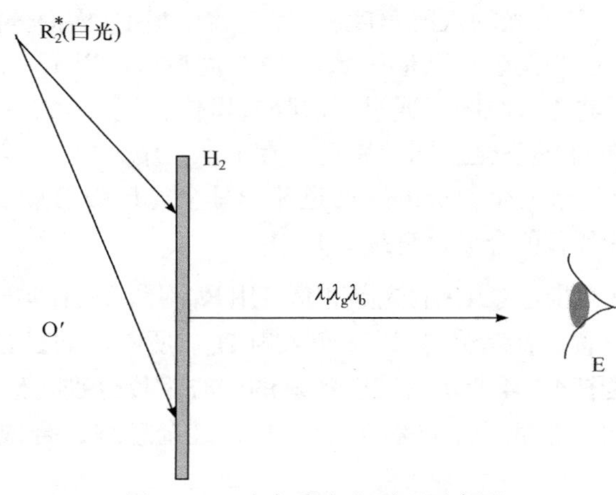

图 4-7-5　多色彩全息再现示意图

(1)“多层次”是怎样实现的？

若想使再现的图像分出层次，只需在第一步逐次记录 H_1 时改变“目标物体”的 d 值即可。

(2)“2D/3D”是怎样实现的？

若在 H_1 的某一个(或多个)通道中记录一个(或多个)三维物体的菲涅耳全息图，即可实现“2D/3D”效果。

【实验内容】

1. 实验题目

(1) 初级：制作一幅能呈现两种色彩的 2D 彩虹全息图。

(2) 中级：制作一幅能呈现两种色彩、两个层次的 2D 彩虹全息图。

(3) 高级：制作一幅能呈现三种色彩、两个层次的 2D 彩虹全息图；或制作一幅能呈现两种色彩的 2D/3D 彩虹全息图。

(4) 选做：制作一幅能呈现三种色彩、两个层次的 2D/3D 彩虹全息图。

以上题目任选一项，“高级”满分 100 分，“中级”满分 90 分，“初级”满分 85 分，选做题适当另加分。

2. 实验要求

(1) 根据所选题目，给出光路设计方案，包括目标物体的图形设计、实验光路图的设计，以及光路参数的设计和计算等(建议采用二步法)。

(2) 按照设计的光路图排布光路，各元件达到共轴，较为准确地确定与设计参数有关的位置，并使之便于实验操作。

(3) 在制作多通道母版 H_1 时，必须采取妥善措施保证在干板的某一通道曝光时，其余通道一律避光。

(4) 将制作成功的样品放在白光照明条件下，观察再现像，评估其质量，并和预期的结果作比较，分析产生误差的原因，并提出改进措施。

3. 重要提示

(1) 二维图形的设计可借助计算机，注意每个分图形必须设有对准标记(见图 4-7-3 中左上角的标记)，以防合成时发生图形错位。

(2) 二维图形的输入可借助液晶空间光调制器，请参见实验 4.6。

(3) 记录多通道菲涅耳全息图 H_1 时，平行参考光 R_1 的入射角取 45°为宜，物参光强比的设定请参见实验 4.2。

(4) 记录合成彩虹全息图 H_2 时的物参光强比，仍采用实验 4.4 或实验 4.5 中介绍的经验值。

(5) 对于各层次间距总量不超过 1cm 的样品，记录 H_2 所用的参考光可不必采用会聚球面波，而可用平面波或曲率半径足够大的发散球面波代替，所造成的误差对结果影响不大。

(6) 用实验室备有的黑纸制作编码所需的“狭缝”，可把狭缝按照设计图指定的位置直接粘贴在干板上；狭缝的宽度应选择适当，若太宽，将使再现像出现“混频”现象，降低像的色饱和度；若过窄，会损失光能量。(参考数据：当 d 值不超过 30cm 时，缝宽不得超过 5mm。）

(7) 在制作 2D/3D 样品时，由于适合记录三维漫射物体的光路必须重新调整，因而在两次曝光之间必须将“半成品” H_1 从夹具上取下放入暗盒保存，待光路调整结束后再在暗房环境下将其复位，此时应特别注意复位的精确性，以防合成图形错位。

(8) 本实验采用天津 I 型干板作为记录介质，其性能和后期化学处理方法参见实验 4.1。

【注意事项】

1. 本实验是全息多种技术的综合，因此，必须在选做了前期相关的全息实验后才能顺利完成本实验的设计和制作。

2. 本实验操作过程比较复杂，事先应对每一个实验步骤做好具体、充分的设计和准备。

3. 天津 I 型干板是灵敏度极高的银盐感光材料，因此在操作过程中必须时时注意避光的问题，合作者之间应配合默契，相互提醒，不得有丝毫疏忽。

4. 操作过程多半在暗房环境下进行，因此必须保持头脑清醒，以防出现因操作程序混乱而前功尽弃。

5. 注意激光的安全使用，保证人员和激光器的安全。

【思考题】

1. 计算多狭缝编码对波长的再现效应时，如果出现 $\alpha<\varphi$ 情况，表示什么意思？对应光路的什么情况？

2. 若要求多层次合成彩虹全息再现像中的最上一层“浮”出干板平面，应对光路作怎样设计和调整？

3. 利用多狭缝编码法可否实现真彩色物体的全息记录？怎样实现？

【参考文献】

[1] 朱伟利, 衣景增, 张可如, 等. 彩虹全息图的物像关系及其参数设计. 电子科技大学学报, 1998, (7): 102-105.

[2] 朱伟利, 盛嘉茂. 信息光学基础. 北京: 中央民族大学出版社, 1997.

[3] 张颖, 谢敬辉, 朱伟利, 等. 计算机辅助合成全息图. 北京理工大学学报, 2003, 23(4): 436-439.

[4] 张颖, 朱伟利, 张可如. 数字化合成全息图自动记录系统研究. 光学技术, 2007, 33(1): 124-126.

实验 4.8　真彩色全息摄影综合实验

全息显示技术在全息应用中占有重要地位，尤其是能够显示原物体真实色彩的全息制品更能引起人们的广泛兴趣，三维立体的、栩栩如生的全息人物肖像或全息艺术精品，其以假乱真的视觉效果足以产生巨大的冲击力和神秘感。真彩色全息术在电影电视、人像摄影、珍品展示、广告业等领域都有着诱人的应用前景。本实验旨在介绍两种真彩色全息图的制作技术，使学生通过实验体验全息技术的科学内涵和艺术享受。

【实验目的】

1. 掌握真彩色全息技术的原理与制作方法。
2. 了解半导体泵浦的 YAG 激光器的安全使用方法。
3. 掌握多波长光路的排布技巧。

【实验仪器】

He-Ne 激光器(632.8nm，50mW)，半导体泵浦的 YAG 倍频激光器(532.0nm，50mW)，防震平台(3.0m×1.5m)，电寻址液晶空间光调制器及计算机控制系统，全息记录材料(红敏、全色两种)，反射镜(双波长)，分束镜(双波长)，准直镜，扩束镜，精密调节支架。

【实验原理】

真彩色全息技术是指把彩色物体的色彩信息记录到全色感光材料上，然后在白光下重现彩色物体像的技术，用传统的纯光学方法可通过三种途径实现：①利用白光反射全息技术；②利用多狭缝编码彩虹全息技术；③利用夹层全息合成技术。本实验仅涉及前两种技术。

1. 反射型真彩色全息原理

由反射全息原理可知，当波长为λ_0的激光束按图 4-8-1 所示光路入射到干板 H 上时，便记录到物体 O 的白光反射全息图。由于布拉格条件的限制，该全息图在白光照明条件下只能再现出单一颜色的像。如果在干板的后处理过程中不发生乳胶的收缩或膨胀，再现像的波长必定是λ_0，而物体上其他颜色的信息便全部丢失。根据这一特点可以断定，若利用三原色激光共同记录这种反射全息图，有望记录物体的完整颜色信息，以获得真实彩色的再现。该方法由于可以对三维物体实现全息三维显示，因而一直以来受到人们的普遍重视。反射型真彩色全息图可以在白光照射下于反射方向的任何角度观察到真彩色全息再现图像。

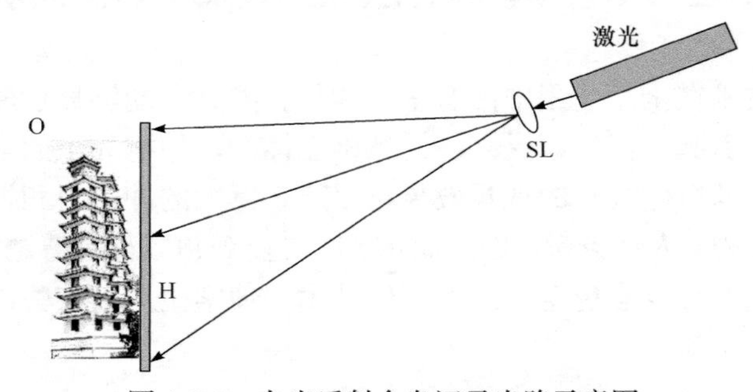

图 4-8-1　白光反射全息记录光路示意图

据国际照明委员会的规定，红、绿、蓝三原色的波长分别为：$\lambda_r = 645.2\text{nm}$，$\lambda_g = 526.3\text{nm}$，$\lambda_b = 444.4\text{nm}$。然而具有三原色波长输出的激光器还未见面世，目前可选择的激光器的峰值波长见表 4-8-1。可见，两种或三种激光器的组合可以实现三原色的同时记录。例如用 He-Ne 激光器与氩离子激光器组合，或用氪离子激光器和氦镉激光器组合，均可实现三原色的记录。但无论哪种组合，实验设备的价格都十分昂贵。另外，记录用的全息感光材料必须是全色感光的，目前国际国内生产厂家极少。限于条件，本实验仅用红、绿两色激光器制作反射型全息图，可获得近似真彩色的再现效果。

表 4-8-1　各种激光器的峰值波长　(单位：nm)

激光器名称	红 (λ_r)	绿 (λ_g)	蓝 (λ_b)
He-Ne 激光器	632.8		
氩离子激光器		514.5	457.9
氪离子激光器	647.1	520.8	
氦镉激光器			441.6
半导体泵浦的 YAG 倍频激光器		532.0	

2. 利用多狭缝编码彩虹全息技术实现真彩色全息原理

利用实验 4.7 所述的多狭缝编码彩虹全息技术，可用单一波长的激光记录，实现有限范围的真彩色再现，极大降低了实验成本。将实验 4.7 举例中的三狭缝对图像分区域编码改为对三原色分色编码，采用同样的记录过程，便能实现真彩色的复原。该方法的缺点是对二维彩色物体比较容易实现，而对三维物体比较困难。具体过程分为三步。

第一步：提取彩色物体的三原色分色片。

方法 1：用红、绿、蓝三种滤光片分别对彩色物体拍摄数码照片，而后转换成三幅含有三原色信息的黑白数码底片 O_r、O_g、O_b。

方法 2：利用计算机 Photoshop 或 ACDSee 等图像编辑软件对平面彩色图像进行分色处理，提取出三幅含有三原色信息的黑白数码图片 O_r、O_g、O_b。

第二步：记录三通道菲涅耳全息母版 H_1。

与实验 4.7 相似，通过电寻址液晶空间光调制器依次将三原色分色片(黑白片)O_r、O_g、O_b 输入全息记录光路，分别将它们的菲涅耳全息图记录到母版 H_1 的三个条形“通道”中。所有光路参数的计算均同实验 4.7。需要注意的是计算精度要求更高。

第三步：记录真彩色合成全息编码片 H_2。

与实验 4.7 的第二步相似，用 R_1^* 对母版 H_1 实现共轭再现，干板 H_2 置于再现实像位置，参考光 R_2 以 φ 角入射 H_2。如图 4-7-4 所示，三个狭缝的中心位置分别在坐标 x_r、x_g、x_b 处，采用一次曝光在同一张底片上同时记录三幅彩虹全息图，合成一张三色全息编码片。该编码片即为本实验所要求制作的全息图。

3. 真彩色全息图的再现

当白光以 φ 角由共轭方向照射 H_2 时，其上的三幅彩虹全息图将再现出三幅彩虹像 O_r'、O_g'、O_b'，在全息图后方有三个衍射光场相互重叠。由于多狭缝的编码作用，三者各自的衍射光场的色散程度略有差别，因此 H_2 后沿法线方向($\theta_i = 0$ 处)传播的光束分别由再现像 O_r' 的红色、O_g' 的绿色和 O_b' 的蓝色三部分叠加而成，当人眼处于法线方向同时接收到三种颜色的再现像时，便可看到预期的真彩色图像(请参照实验 4.7 中的图 4-7-5)。

需要说明的是，采用多狭缝编码记录的真彩色全息图，不能在任何观察角度都看到准确的真彩色再现，只有当照明的白光入射角度合适、观察者相对位置适当时才能看到真彩色的恢复。若偏离观察角度，则再现像的色彩将发生色偏移，得不到“目标物体”真实色彩的恢复。

【实验内容】

1. 实验题目(二选一)

(1) 制作一幅三维反射式真彩色全息图(用全色全息记录材料)。

(2) 制作一幅二维多狭缝编码真彩色全息图(用红敏全息记录材料)。

2. 实验要求

(1) 根据所选题目，给出光路设计方案，包括目标物体的图形设计、实验光路图的设计，以及光路参数的设计和计算等(题目 2 建议采用二步法)。

(2) 按照设计的光路图排布光路，各元件达到共轴，较为准确地确定与设计参数有关的位置，并使之便于实验操作。

(3) 在制作多通道母版 H_1 时，必须采取妥善措施保证在干板的某一通道曝光时其余通道一律避光。

(4) 将制作成功的样品放在白光照明条件下，观察再现像，评估其质量，并和预期结果作比较，分析产生误差的原因，并提出改进措施。

3. 重要提示

针对题目 1：

(1) 反射型全息光路看似简单，但由于本实验启用红、绿两色双波长记录，因此某些光学元件，如反射镜、分束镜等必须同时使用短波长和长波长两套元件，如何合理地设计这类双波长光路，便成为本题目的难点之一，应引起足够重视。

(2) 因两个不同波长的激光器输出功率不同，且不同型号的全色感光材料对不同波长的感光灵敏度也存在差异，因此必须谨慎调节红、绿两色激光的光强配比，以获得相匹配的曝光量，进而获得相匹配的衍射效率，以免引起再现像的色偏移。

(3) 也可以采用红、绿两色单独曝光的方法。为获得相匹配的曝光量，针对不同波长可以采用不同的曝光时间，避免了光强匹配的调节困难。但全色记录材料的感光灵敏区存在一定带宽，如对红光曝光时，材料中的绿敏成分也会有所反应，而对绿光曝光时，红敏成分也会曝光，其后果是增加了“噪声”，影响全息图再现像的质量。

(4) 本实验采用全彩色全息记录干板，其化学处理过程不同于天津 I 型干板，以国产(天津)Hodo-R 型全彩色银盐干板为例，其化学处理步骤请见附录。

针对题目 2：

(1) 二维图形的设计可借助计算机，注意每个分图形必须设有对准标记(见图 4-7-3 中左上角的标记)，以防合成时发生图形错位。

(2) 二维图形的输入可借助液晶空间光调制器，请参见实验 4.6。

(3) 记录多通道菲涅耳全息图 H_1 时，平行参考光 R_1 的入射角取 45°为宜，物参光强比的设定请参见实验 4.2。

(4) 记录合成彩虹全息图 H_2 时的物参光强比，仍采用实验 4.4 或实验 4.5 中介绍的经验值。

(5) 用本方法记录 H_2 时，可用平面波或曲率半径足够大的发散球面波代替会聚球面波作为参考光，所造成的误差对结果影响不大。

(6) 用实验室备有的黑纸制作编码所需的“狭缝”，可把狭缝按照设计图指定的位置直接粘贴在干板上；狭缝的宽度应选择适当，若太宽，将使再现像出现“混频”现象，降低像的色饱和度；若过窄，会损失光能量(参考数据：d 值不超过 30cm 时，缝宽不超过 5mm)。

(7) 本实验采用天津 I 型干板作为记录介质，其性能和化学后处理方法请见实验 4.1。

【注意事项】

1. 本实验是全息多种技术的综合，因此，必须在选做了前期相关的全息实验后才能顺利完成本实验的设计和制作。

2. 本实验操作过程比较复杂，事先应对每一个实验步骤做好具体、充分的设计和准备。

3. 天津 I 型干板是灵敏度极高的银盐感光材料，因此在操作过程中必须时时注意避光问题，合作者之间应配合默契，相互提醒，不得有丝毫疏忽。

4. 操作过程多半在暗房环境下进行，因此必须保持头脑清醒，以防出现因操作程序混乱而前功尽弃。

5. 注意激光的安全使用，保证人员和激光器的安全，尤其是绿色激光功率较大，实验时尤其应注意对眼睛的防护，避免长时间注视绿激光照射到元件或物体上的漫射光斑，应佩戴激光护目镜。

【思考题】

1. 反射型真彩色全息图用白光再现时，在观察角度比较大的情况下图像会发生微小变色(色偏移)，请从理论上分析原因。

2. 若用二步法制作反射型真彩色全息图，试想会遇到哪些困难？如何克服？

3. 实验题目(2)中，记录 H_2 时，参考光可用平面波或曲率半径足够大的发散球面波代替会聚球面波，而所造成的误差对结果影响不大，这是为什么？

4. 用实验题目(2)能否实现三维物体的真彩色记录？为什么？

【参考文献】

[1] 于美文. 光全息学及其应用. 北京: 北京理工大学出版社, 1996.

[2] 朱伟利, 盛嘉茂. 信息光学基础. 北京: 中央民族大学出版社, 1997.

[3] 朱伟利, 衣景增, 张可如, 等. 彩虹全息图的物像关系及其参数设计. 电子科技大学学报, 1998, (7): 102-105.

[4] 张颖, 朱伟利, 张可如. 数字化合成全息图自动记录系统研究. 光学技术, 2007, 33(1): 124-126.

实验 4.9　数字全息及实时光学再现实验

全息干涉测量是一种非常有用的无损检测技术。用传统全息干板记录全息图时必须做显影等湿处理，但在实际应用中有许多不便。1967 年，古德曼(Goodman)等开始用 CCD 摄像机记录干涉图。1971 年，黄煦涛(Thomas S. Huang)在介绍计算机在光波场分析中的进展时，首次提出数字全息的概念。进入 21 世纪，数字全息已经成为一个十分活跃的研究领域。

【实验目的】

1. 了解和掌握数字记录、光学记录、数字再现及光学实时再现的原理。
2. 理解计算模拟全息原理，实现数字记录与数字再现。
3. 理解可视数字全息原理，在空间光调制器上加载全息图，实现数字记录与光学再现。
4. 理解数字全息实验原理，设计透射、反射干涉光路采集全息图，通过软件再现物信息，实现光学记录与数字再现。
5. 理解实时传统全息实验原理，了解与传统全息之间的异同，通过空间光调制器再现全息图，完成光学记录与光学再现。
6. 探究数字全息在测量方面的应用。

【实验仪器】

激光器及组件，可调光阑，摄像机，空间光调制器，分束镜及组件，空间滤波器，可调衰减片，反射镜及组件，干板架，待测物。

【实验原理】

全息技术是基于光的干涉原理，将物体发射的光波波前以干涉的形式记录光波的相位和振幅信息，利用光的衍射理论再现所记录物光波的波前，从而获得物体振幅和相位信息，此类技术在光学检测和成像方面有着广泛的应用。传统光学全息实验是通过银盐、重铬盐材料或光致聚合物等记录全息图，拍摄过程对环境要求较高，冲洗过程繁琐，重复性差。

本实验在传统全息术基础上开发了数字全息、计算模拟全息和光学实时再现等全息技术。数字全息技术于 1967 年由古德曼提出，其基本原理是用高分辨率摄像机代替干板或者光致聚合物记录全息图，然后由计算机模拟光场对全息图进行数字再现。计算模拟全息是利用计算机模拟物光和参考光，通过计算获得模拟全息图，通过计算机模拟光场实现数字再现。光学实现再现是将模拟全息图或数字全息图加载到空间光调制器，同时用参考光照射，在空间光调制器后面即可用白屏或 CCD 接收再现图像。

1. 数字全息图的记录和再现基本原理

在全息技术发展过程中，很长时间人们都是通过全息干板来记录全息干涉图样，需要经过曝光、显影、定影等化学处理，过程费时复杂，而且记录干板不能重复使用。数字全息技术的发展弥补了实验缺憾。数字全息记录和再现的基本理论与普通全息是相同的，其区别在于数字全息采用数字摄像机代替干板存储全息图，通过计算机软件模拟记录光场实现图像衍射再现，简化了再现过程，实现了全息图实时记录与存储，展现了全息的数字化过程。

1) 数字全息的全息图记录

物光波的信息包括光波的振幅和相位，然而现有的记录介质均只能记录光强，因此必须把相位信息转换为强度信息才能记录下物光的所有信息。全息术就是利用干涉法将空间相位调制转化为空间强度调制从而记录下物光波全部信息的方法。

图 4-9-1 为数字全息图记录和再现的坐标系统变换示意图。物体位于物平面 $x_o y_o$ 面上，与全息平面 xy 面相距 d_o，即全息图的记录距离。摄像机位于 xy 面上，记录物光和参考光在全息平面上的干涉光强分布。$x_I y_I$ 面是数值再现的成像平面，与全息平面相距 d，也称为再现距离。

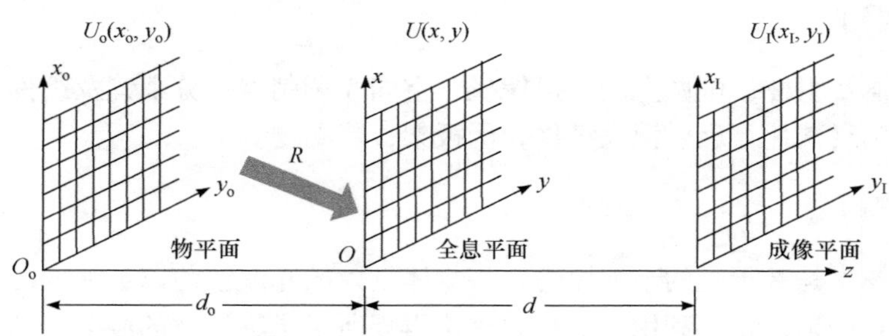

图 4-9-1 数字全息图记录和再现的坐标系统变换示意图

设位于 $x_o y_o$ 平面的物光场分布为 $U_o(x_o, y_o)$，传播到全息平面 xy 面记为

$$O(x,y) = A_o(x,y)\exp\left[\mathrm{j}\varphi_o(x,y)\right] \tag{4-9-1}$$

其中，$A_o(x,y)$ 和 $\varphi_o(x,y)$ 分别为物光波的振幅和相位分布。将到达全息平面上的

参考光波记为

$$R(x,y)=A_{\mathrm{r}}(x,y)\exp\left[\mathrm{j}\varphi_{\mathrm{r}}(x,y)\right] \tag{4-9-2}$$

其中，$A_{\mathrm{r}}(x,y)$ 和 $\varphi_{\mathrm{r}}(x,y)$ 分别为参考光的振幅和相位分布。则 xy 面上全息图的强度分布为

$$I_{\mathrm{H}}(x,y)=\left|U(x,y)\right|^2=\left|O(x,y)+R(x,y)\right|^2$$

将(4-9-1)式和式(4-9-2)代入上式可得

$$\begin{aligned}I_{\mathrm{H}}(x,y)&=\left|A_0(x,y)\right|^2+\left|A_{\mathrm{r}}(x,y)\right|^2+O(x,y)R^*(x,y)+O^*(x,y)R(x,y)\\&=\left|A_0(x,y)\right|^2+\left|A_0(x,y)\right|^2+2A_{\mathrm{o}}(x,y)A_{\mathrm{r}}(x,y)\cos\left[\varphi_0(x,y)-\varphi_{\mathrm{r}}(x,y)\right]\end{aligned} \tag{4-9-3}$$

式(4-9-3)的前两项分别是物光和参考光的强度分布，仅与振幅有关，与相位无关；第三项是干涉项，包含了物光波的振幅和相位信息。参考光波作为载波，其振幅和相位都受到物光波的调制，干涉条纹则是参考光波的振幅和相位受到物光波调制的结果。

假设全息图经数字化后离散为 $N_x\times N_y$ 个点，记录全息图的 CCD 光敏面尺寸为 $L_x\times L_y$，则通过空间采样后所记录的数字全息图可表示为

$$I(u,v)=I_{\mathrm{H}}(x,y)\mathrm{rect}\left(\frac{x}{L_x}+\frac{y}{L_y}\right)\sum_u\sum_v\delta(x-u\Delta x,y-v\Delta y) \tag{4-9-4}$$

其中，$u,v=-N/2,-N/2+1,\cdots,N/2-1$；$\Delta x$ 和 Δy 分别是 x 和 y 方向的采样间隔，且 $\Delta x=L_x/N_x$，$\Delta y=L_y/N_y$；δ 表示二维脉冲函数；矩形函数 $\mathrm{rect}\left(x/L_x+y/L_y\right)$ 表示 CCD 靶面的有效面积。

由于数字全息是使用 CCD 代替全息干板记录全息图，因此想获得高质量的数字全息图，并完好重现物光光波，必须保证全息图表面上的光波的空间频率与记录介质的空间频率之间满足奈奎斯特采样定理，即记录介质的空间频率必须是全息图表面上光波的空间频率的两倍以上。但是由于摄像机分辨率(约 100lp/mm)比全息干板等传统记录介质的分辨(约 5000lp/mm)低得多，而且 CCD 靶面较小，因此数字全息的记录条件不容易满足，记录结构的考虑也有别于传统全息。目前数字全息技术仅限于记录和再现较小物体低频信息，且对记录条件有其自身要求，因此想成功记录数字全息图，就必须合理地设计实验光路。

设物光和参考光在全息图表面上的最大夹角为 $\theta_{\max}$，则摄像机平面上形成最小的条纹间距 $\Delta e_{\min}$ 为

$$\Delta e_{\min} = \frac{\lambda}{2\sin\left(\frac{\theta_{\max}}{2}\right)} \tag{4-9-5}$$

所以全息图表面上光波的最大空间频率为

$$f_{\min} = \frac{2\sin\left(\frac{\theta_{\max}}{2}\right)}{\lambda} \tag{4-9-6}$$

一个给定的 CCD 像素大小设为 Δx，根据采样定理，一个条纹周期 Δe 至少要大于等于 2 倍像素周期，即 $\Delta e \geqslant 2\Delta x$，记录信息才不会失真。由于数字全息光路中所允许的物光和参考光夹角 θ 很小，因此 $\sin\theta \approx \tan\theta \approx \theta$，有

$$\theta \leqslant \frac{\lambda}{2\Delta x} \tag{4-9-7}$$

所以

$$\theta_{\max} = \frac{\lambda}{2\Delta x} \tag{4-9-8}$$

在数字全息图的记录光路中，参考光与物光的夹角范围受到摄像机分辨率的限制。由于现有摄像机分辨率较低，因此只有尽可能减小参考光和物光夹角才能保证携带物体信息的物光中的振幅和相位被全息图完整地记录下来。摄像机的像素尺寸一般在 5～10μm 范围内，故参考光和物光夹角最大值在 2°～4°范围内。

2) 数字全息图的再现

随着数字全息技术的发展，出现了多种类型的数字全息图。从物光和参考光的位置是否同轴考虑，可以分为同轴数字全息图和离轴数字全息图；从记录时物体与全息图的相对位置考虑，可以分为菲涅耳数字全息图、夫琅禾费数字全息图和数字像面全息图。数字全息图的数值再现方式主要有两种：第一种是由计算机程序完成数字全息图的衍射及成像等过程，获得重构的物光光波场，再通过数字显示设备显示光波场的强度图像；第二种是由计算机程序对数字全息图进行简单处理，再借助液晶空间光调制器(LC-SLM)、数字微镜(DMD)等衍射成像设备来获得重构的物光光波场。

从摄像机记录的光波场，到以数字形式存储全息图，再到数值再现全息图，数字全息技术的这一过程可以看作是一个数字化的相干光学成像系统，它能产生一个复波场，而这个复波场是经原始物体折射或衍射的像。对于这个成像系统，只要在物场给定一个输入函数，就能在像场得到一个输出函数。

根据数字全息图成像方式的不同，也需要选择不同的再现系统。下面对目前应用广泛的菲涅耳数字全息图和数字像面全息图的再现系统原理进行简要介绍。

如图 4-9-1 所示，$x_{\mathrm{I}}y_{\mathrm{I}}$ 面是数值再现的成像平面，与全息平面相距 d，也称为再现距离。$U_{\mathrm{I}}(x_{\mathrm{I}},y_{\mathrm{I}})$ 是再现像的复振幅分布，因为它是一个二维复数矩阵，所以可以同时得到再现像的强度和相位分布。

菲涅耳数字全息图再现过程就是一个菲涅耳衍射过程，根据衍射原理和再现距离可得再现平面上的光场分布，即

$$U_{\mathrm{I}}(x_{\mathrm{I}},y_{\mathrm{I}})=\frac{\exp(\mathrm{j}kd)}{\mathrm{j}\lambda d}\iint_{-\infty}^{\infty}I(u,v)C(u,v)\exp\left\{\frac{\mathrm{j}k}{2d}\left[(x_{\mathrm{I}}-u)^{2}+(y_{\mathrm{I}}-v)^{2}\right]\right\}\mathrm{d}u\mathrm{d}v \tag{4-9-9}$$

式中，$C(u,v)$ 为计算机模拟的再现光复振幅分布。

将式(4-9-9)中二次相位因子 $(x_{\mathrm{I}}-u)^{2}-(y_{\mathrm{I}}-v)^{2}$ 展开

$$\begin{aligned}&U_{\mathrm{I}}(x_{\mathrm{I}},y_{\mathrm{I}})\\&=\frac{\exp(\mathrm{j}kd)}{\mathrm{j}\lambda d}\iint_{-\infty}^{\infty}I(u,v)C(u,v)\exp\left[\frac{\mathrm{j}k}{2d}(u^{2}+v^{2})\right]\exp\left[-\mathrm{j}2\pi\frac{1}{\lambda d}(ux_{\mathrm{I}}+vy_{\mathrm{I}})\right]\mathrm{d}u\mathrm{d}v\end{aligned} \tag{4-9-10}$$

在满足菲涅耳衍射的条件下，为了获得清晰的再现像，$|d|$ 必须等于 d_0 (记录距离)。当 $d=-d_0<0$ 时，原始像聚焦清晰，再现像 $U_{\mathrm{I}}(x_{\mathrm{I}},y_{\mathrm{I}})$ 包含物光波原始像的复振幅分布。其中

$$\begin{aligned}U_{\mathrm{I}}(x_{\mathrm{I}},y_{\mathrm{I}})=&\frac{\exp(\mathrm{j}kd)}{\mathrm{j}\lambda d}\exp\left[-\mathrm{j}2\pi\frac{1}{\lambda d}(x_{\mathrm{I}}^{2}+y_{\mathrm{I}}^{2})\right]\\&\times F^{-1}\left\{I(u,v)C(u,v)\exp\left[-\frac{\mathrm{j}k}{\lambda d}(u^{2}+v^{2})\right]\right\}\end{aligned} \tag{4-9-11}$$

当 $d=-d_0>0$ 时，共轭像聚焦清晰，再现像 $U_{\mathrm{I}}(x_{\mathrm{I}},y_{\mathrm{I}})$ 包含物光波共轭像的复振幅分布。其中

$$U_{\mathrm{I}}(x_{\mathrm{I}},y_{\mathrm{I}})=\frac{\exp(\mathrm{j}kd)}{\mathrm{j}\lambda d}\exp\left[\frac{\mathrm{j}\pi}{\lambda d}(x_{\mathrm{I}}^{2}+y_{\mathrm{I}}^{2})\right]\times F^{-1}\left\{I(u,v)C(u,v)\exp\left[\frac{\mathrm{j}k}{\lambda d}(u^{2}+v^{2})\right]\right\} \tag{4-9-12}$$

在菲涅耳数字全息图的数值再现过程中，同样可以根据衍射距离的不同选择 S-FFT 或 D-FFT 方法进行再现计算。

数字像面全息图是物光场的像与参考光在全息平面干涉的强度分布 $I_{\mathrm{H}}(x,y)$，因此 $I(u,v)$ 的傅里叶变换频谱 $I(f_u,f_v)$ 将包含原始物光波的频谱，同时存在物光共轭像的频谱及零级衍射光。如果利用频谱滤波或在参考光中引入相移等方法消

除共轭像的频谱及零级衍射光，这样将得到物光场在全息平面 xy 面上的像的频谱 $I_o(f_u, f_v)$，再通过傅里叶反变换，就可以获得物光场的像的复振幅分布 $U_I(x_I, y_I)$。

容易看出，再现像的强度分布 $I_I(x_I, y_I)$ 和相位分布 $\Phi_I(x_I, y_I)$ 都可以由复振幅分布 $U_I(x_I, y_I)$ 计算得到（* 表示共轭）：

$$I_I(x_I, y_I) = U_I(x_I, y_I) U_I^*(x_I, y_I) \tag{4-9-13}$$

$$\Phi_I(x_I, y_I) = \arctan \frac{\mathrm{Im}\left[U_I(x_I, y_I)\right]}{\mathrm{Re}\left[U_I(x_I, y_I)\right]} \tag{4-9-14}$$

其中，$\mathrm{Im}\left[U_I(x_I, y_I)\right]$ 和 $\mathrm{Re}\left[U_I(x_I, y_I)\right]$ 分别表示 $U_I(x_I, y_I)$ 的虚部和实部。

3) 优化数字全息再现像质量的若干方法

当采用离轴方式记录全息图时，只要在全息图记录过程中满足再现像的分离条件，在重现过程中就可以使再现像、共轭像和直投光分开。但数字再现时，除能得到想要的物信息，直投光和共轭像也能同时在屏幕上以杂乱的散射光出现，二者对于实验影响较大，特别是直射光，由于占据大部分能量而在屏幕的当中形成一个亮斑，致使再现像由于亮度较低，在屏上不易显示出来。如果能将直射光和共轭光的影响去除，那么数字全息的再现像质量将会有较大提高。

A. 空域滤波及频域滤波

传统全息也会通过滤波来达到消除直透光和共轭像的目的，通常是在光路当中的适当位置放入滤光装置，只允许形成再现像那部分空间频率的光通过，控制其他空间频率的光不通过，从而达到滤波的目的，这种空域滤波的方法对实验光路的设计要求很高。而数字全息出现以后，就可以直接对 CCD 上采集到的全息图进行频域滤波，即对采集到的全息图进行傅里叶变换，得到其空间频谱分布，在空间频谱上直接进行滤波处理。对参物光干涉后的全息图光强进行傅里叶变换得到的空间频谱分布，可采用频域滤波将直透光和共轭像的频谱去除掉干扰项，而只剩下再现像的频谱项，然后再单独对它进行傅里叶逆变换，得到一幅只剩下物信息项的全息图，最后用一般的数字再现方法对它进行再现。由于此全息图中去除了直透光和共轭像频谱，所以再现结果中也只有物体再现像出现。这种方法与传统全息空域滤波去除直透光和共轭像的思路一致，只不过数字全息频域滤波的傅里叶变换和滤波过程是在计算机上处理，因此该方法的实验光路简单，实用性强。但经两次傅里叶正反变换和滤波处理后很容易造成部分有用信息丢失，最终引起再现像的模糊甚至扭曲变形，这在对物体进行形貌测量时尤为明显。

B. 相移技术

相移技术是通过给记录光路的参考光引入特定的相位变化，得到几幅有固定相位差的全息图，再把它们进行叠加，特定相位差的全息图在叠加过程中可能使得直透光和共轭像相互抵消而去除。其中最为常用的是四步相移，它是分时记录下参考光进行 0、π/2、π、3π/2 相移后的 4 幅全息图进行叠加的，如采用同轴四步相移的方法，得到的四幅全息图进行叠加。可见四幅全息图的叠加已经完全去除了直透光和共轭像，并且使物光振幅变为原来的 4 倍，强度信息则变为原来的 16 倍，因此再现像的信噪比也得到很大的改善。

现在已经有人在尝试使用更多步的相移技术，而且进行相移的方法也多种多样，有采用压电陶瓷进行相移的；有采用液晶光阀和计算机产生计算相移的；有用步进电机进行相移的；有用一块平面镜旋转不同的角度来得到不同相移的。即使这样，要彻底去除零级衍射光和共轭像，至少需要分时采集四幅全息图，因此对实验设备和环境稳定性有较高要求，且只能用于静止不动的物体的记录，对于要进行实时记录就难于实现了。

C. 全息图相减法去除直透光

数字全息图相减法去除直透光的实质也是一种引入相移的方法。由于引入相移过程对于直透光是没有影响的，因此任意相位相移后的两幅全息图相减都可以彻底去除直透光。但要同时使得再现像和共轭像得到增强，就可采用 p 步相移，用未引入相移前的全息图和引入相移的全息图相减去除了直透光，并使物体再现像和共轭像的振幅变为原来的 2 倍，光强变为原来的 4 倍。上述全息图相减的方法，可以采用任意相位的相移，甚至不需要相移，对实验设备和环境要求更低，易于操作和实现，但共轭像的影响没有去除，所以仍然需要进行进一步的滤波处理。

D. 基于拉普拉斯算子和梯度算子的图像预处理

拉普拉斯算子和梯度算子都是数字图像处理中用于图像锐化、增强的工具，常用来提取图像的边界。拉普拉斯算子比较适用于改善因为光线的漫反射造成的图像模糊。当图像的模糊是由光的漫反射造成时，不模糊图像等于模糊图像减去它的拉普拉斯变换的常数倍。另外，即使模糊不是由于光的漫反射造成的，对图像进行拉普拉斯变换也可以使图像更加清晰。用 CCD 采集的数字全息图是以像素形式离散化存储在计算机里的，对其中任意一个像素的光强值作二维拉普拉斯处理，使图像边界凸显出来，而光强分布相对均匀的直透光就能得到抑制。在相关文献中梯度算子也可用来提取图像边界、抑制图像低频信息。经过预处理后的全息图可以再结合频域滤波或在频域用窗函数选择所需频谱进行再现。

2. 计算模拟全息的记录与再现

1) 物面和全息图面的抽样及计算

数字计算机通常只能对离散的数字信号进行处理，并以离散的形式输出。因此，制作计算全息图的第一步是对物波函数进行抽样。设待记录的物波函数为

$$f(x,y)=a(x,y)\exp\left[\mathrm{i}\varphi(x,y)\right] \tag{4-9-15}$$

其傅里叶变换(空间频谱)为

$$F(u,v)=A(u,v)\exp\left[\mathrm{i}\varphi(x,y)\right] \tag{4-9-16}$$

为满足抽样定理的要求，物波函数及其空间频谱函数必须是带限函数，即

$$\begin{aligned} f(x,y)=0,\quad |x|\geqslant\frac{\Delta x}{2},|y|\geqslant\frac{\Delta y}{2} \\ F(u,v)=0,\quad |u|\geqslant\frac{\Delta u}{2},|v|\geqslant\frac{\Delta v}{2} \end{aligned} \tag{4-9-17}$$

在此条件下，根据抽样定理，对物函数及其频谱函数的抽样间隔应为

$$\begin{aligned} \delta x\leqslant\frac{1}{\Delta u},\quad \delta y\leqslant\frac{1}{\Delta v} \\ \delta u\leqslant\frac{1}{\Delta x},\quad \delta v\leqslant\frac{1}{\Delta y} \end{aligned} \tag{4-9-18}$$

取式(4-9-18)中的等号，抽样单元总数 $M\times N=\Delta x\Delta y\Delta u\Delta v$ 是相同的。

对于傅里叶变换全息图，全息图上记录的是物波的空间频谱 $F(u,v)$，因此必须对物波函数进行离散傅里叶变换。离散傅里叶变换的公式如下：

$$F(j,k)=\sum_{m-\frac{N}{2}}^{\frac{N}{2}-1}\sum_{n-\frac{N}{2}}^{\frac{M}{2}-1}f(m,n)\exp\left[-\mathrm{i}2\pi\left(\frac{\mathrm{j}m}{M}+\frac{kn}{N}\right)\right] \tag{4-9-19}$$

为了减少运算时间，通常采用快速傅里叶变换(FFT)算法。计算结果一般为复数

$$f(m,n)\xrightarrow{\text{FFT}}F(j,k)=F_{\mathrm{r}}(j,k)+\mathrm{i}F_{\mathrm{i}}(j,k) \tag{4-9-20}$$

其振幅和相位可分别表示为

$$A(j,k)=\sqrt{F_{\mathrm{r}}^2(j,k)+F_{\mathrm{i}}^2(j,k)},\phi(j,k)=\arctan\left(\frac{F_{\mathrm{i}}(j,k)}{F_{\mathrm{r}}(j,k)}\right) \tag{4-9-21}$$

2) 编码及绘制全息图

编码的目的就是将计算出的全息图面上的复振幅函数转化成实值函数(全息图透过率函数)。下面简要介绍勒曼(Lohmann)等提出的迂回相位型计算全息图的编码方法。

一般说来，对光波的振幅进行编码比较容易，例如可以通过控制全息图上抽样单元的透过率或开孔大小来实现。但是，对于光场的相位信息进行编码则相对比较困难。虽然从原理上可以通过改变抽样单元的厚度或折射率来实现相位调制，

但实际制作非常困难。美国科学家勒曼巧妙地利用不规则光栅的衍射效应，提出了迂回相位编码方法。

如图 4-9-2 所示，当用一束平面波垂直照明一栅距 d 恒定的平面光栅时，产生的各级衍射光仍为平面波，等相位面为垂直于相应衍射方向的平面。根据光栅方程，光栅的任意两条相邻狭缝在第 K 级衍射方向的光程差为

$$\Delta\phi = \frac{2\pi}{\lambda} d \sin\theta_K = 2\pi K \tag{4-9-22}$$

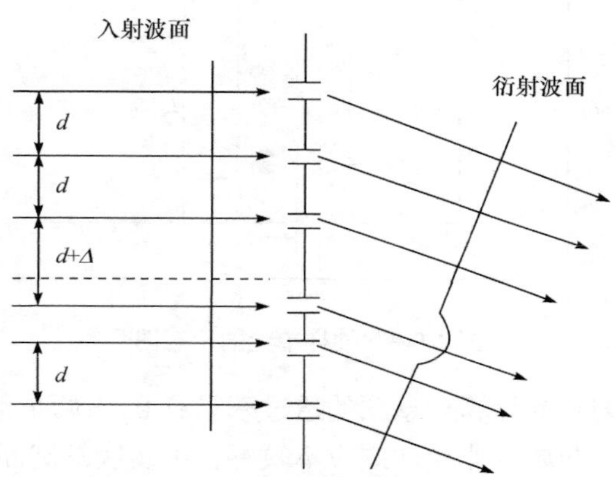

图 4-9-2　各级衍射光的等相位图

如果某一点的狭缝位置有偏差，如栅距增大了 $\varDelta$，则该处在第 K 级衍射方向的衍射光的光程差变为 $L' = (d + \varDelta)\sin\theta_K$，从而导致一附加相移

$$\phi_K = \frac{2\pi}{\lambda} \Delta \sin\theta_K = 2\pi K \frac{\varDelta}{d} \tag{4-9-23}$$

勒曼称这种相位为迂回相位。迂回相位的值与相对偏移量 $\varDelta/d$ 和衍射级次 K 成正比，与入射光波的波长无关。迂回相位效应表明，通过局部改变狭缝或开孔位置，可以在某个衍射方向得到所需要的相位调制。勒曼正是基于这一原理提出了迂回相位编码方法。其基本思想是，在全息图的每个抽样单元中放置一个通光孔径，通过改变通光孔径的面积来实现光波场的振幅调制，而通过改变通光孔径中心距抽样单元中心的位置来实现光场相位的编码。通光孔径的形状可以是多种多样的，可根据实际情况来选取。

图 4-9-3 所示是采用矩形通光孔径编码的计算全息图的一个抽样单元的示意图。图中，δx 和δy 为抽样单元的抽样间隔，$W\delta x$ 为开孔的宽度，$L_{mn}\delta y$ 为开孔的高度，$P_{mn}\delta x$ 为开孔中心到抽样单元中心的距离。我们可以选取矩形孔的宽度参数 W 为定值，用高度参数 L_{mn} 和位置参数 P_{mn} 来分别编码光波场的振幅和相位。设待记录光波场的归一化复振幅分布函数为

$$f_{mn} = A_{mn}\exp\left(\mathrm{j}\phi_{mn}\right) \tag{4-9-24}$$

则孔径参数和复振幅函数的编码关系为

$$L_{mn} = A_{mn}\,,\quad P_{mn} = \frac{\phi_{mn}}{2\pi K} \tag{4-9-25}$$

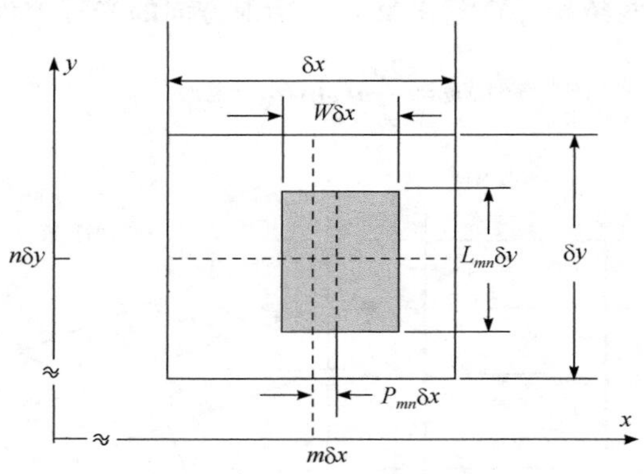

图 4-9-3　抽样单元的示意图

利用这种方法编码的计算全息图的透过率只有 0、1 两个值，故制作简单，抗干扰能力强，对记录介质的非线性效应不敏感，可多次复制而不失真，因而应用较为广泛。

当计算机完成了计算全息图的编码后，按计算得到的全息图的几何参数来控制成图设备以输出计算全息图。

3) 全息图再现

计算全息图的再现与光学全息类似，不同的是实验过程中通过软件模拟平面波光场，模拟物信息记录的实验条件，所以模拟仅在特定的衍射级次上才能再现我们希望的波前。

3. 空间光调制器实时再现

随着计算机和采集技术的发展，在传统全息实验基础上，人们逐渐用高分辨率的 CCD 摄像机替代全息记录干板来采集全息图。由于摄像机记录了含有物光信息的全息图，如果能将此全息图加载到再现光路上，那么就能完成光学再现。空间光调制器恰好可对光进行振幅调制和相位调制，能完成全息图加载光路的工作。下面对空间光调制做简单介绍。

1) 空间光调制器

空间光调制器是一类能将信息加载于一维或二维的光学数据场上，以便有效地利用光的固有速度、并行性和互连能力的器件。这类器件可在随时间变化的电驱动信号或其他信号的控制下，改变空间上光分布的振幅或强度、相位、偏振态及波长，或者把非相干光转化成相干光。它由于具有这种性质，可作为实时光学信息处理、光计算等系统中构造单元或关键的器件。空间光调制器是实时光学信息处理，自适应光学和光计算等现代光学领域的关键器件，在很大程度上空间光调制器的性能决定了这些领域的实用价值和发展前景。

2) 空间光调制器实时再现

利用空间光调制器代替传统全息干板，可以实现传统全息实验中无法实现的实时全息功能。但由于液晶空间光调制器的分辨率比干板的低，当有参考光照射空间光调制器时，衍射过程中物的振幅信息和相位信息都会有丢失，所以在记录全息图时一定要尽可能获得较完备信息。同时为提高再现信息质量，物体尺寸、记录距离、参物光干涉夹角及共轭像的分离都可以作为实验中的优化参数。

【实验内容】

本实验系统对全息技术做出了全面展示，具有一定前沿性和综合性。如果从全息角度区分，实验内容包括计算机模拟全息、数字全息、可视数字全息、实时传统全息。如果从记录方式和光学再现方式的角度区分，实验内容可分为数字记录，数字再现；光学记录，数字再现；数字记录，光学再现；光学记录、光学再现。

1. 计算机模拟全息(数字记录，数字再现)

计算模拟全息分为两个过程，第一个过程是通过计算机计算出一幅图片的全息图，第二个过程仍然是通过计算机将全息图重建，重建之后就能得到初始的图片。

2. 可视数字全息(数字记录，光学再现)

可视数字全息分为两个过程，一是将一幅图片通过计算软件得到其全息图，二是将得到的全息图加载到空间光调制器上，在光路中将物信息再现出来。

(1) 参考实验 4.1 中获得全息图的方法，可得到图片的计算全息图。

(2) 搭建图 4-9-4 所示光路，依次调整激光器、扩束镜、准直镜、空间光调制器和白屏，保证各器件同轴等高。

(3) 调整计算机分辨率为 1280×720，使其与空间光调制器匹配，将采集的全息图加载到空间光调制器上，同时调整图片缩放比例，优化再现距离。

3. 数字全息(光学记录，数字再现)

数字全息也分为两个过程，第一个过程是通过光路获得全息图光路，第二个过程是数字再现。

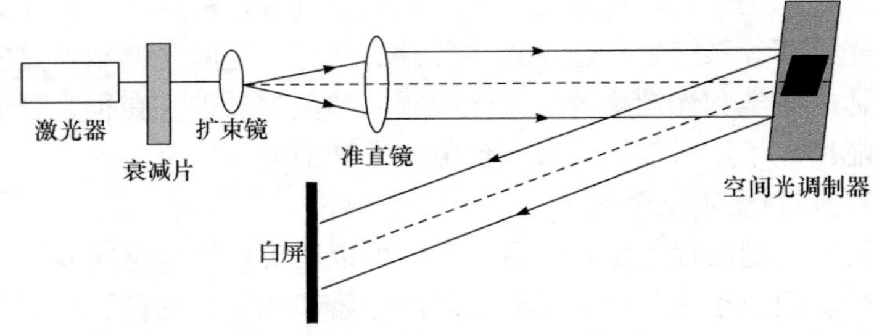

图 4-9-4　光学再现光路示意图

(1) 透射数字全息可以通过搭建马赫-曾德尔干涉光路获得全息图。调节光路，根据图 4-9-5 透射全息光路示意图调整激光器、扩束准直系统、分束镜、反射镜及合束镜，使各元件等高同轴。

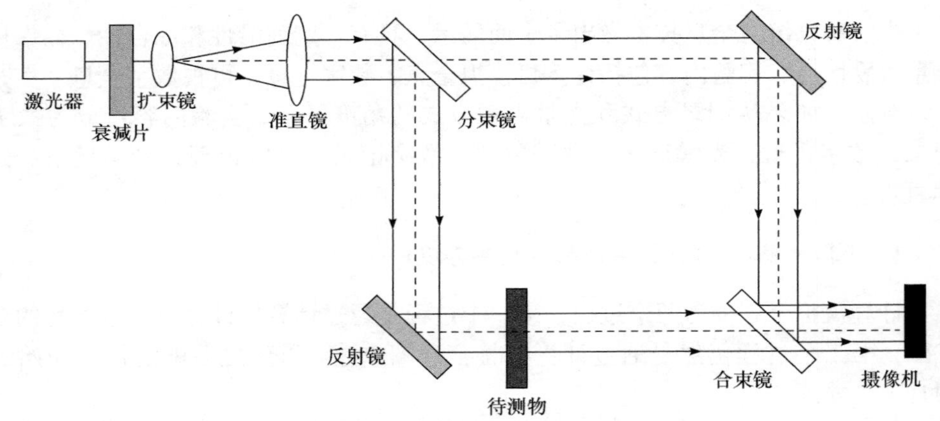

图 4-9-5　透射全息光路示意图

(2) 通过调整合束镜，可以改变条纹疏密，待条纹较密且人眼仍可分辨时即可。

(3) 摄像机与待测物的距离可由公式$\Delta L_0 = \lambda d / p$确定，式中$\Delta L_0$为物体尺寸的 4 倍，$\lambda$为光波长，$d$为记录距离，$p$为 CCD 的像元尺寸。其中再现距离长短一方面影响再现物的大小，另一方面影响±1 级像与 0 级分开程度；条纹疏密主要影响±1 级像与 0 级分开程度，条纹越密分开角度越大，条纹越疏分开角度越小。例如，物体尺寸选 27mm，CCD 像素选 5.2μm，光波长用 632.8nm，则记录距离应该大于 854mm。由于实验过程中使用的激光波长是 532nm，所以记录距离可选择 150～450mm。

(4) 经摄像机采集后可获得大小为 1024×1024 的全息图，将全息图通过数字全息软件便可恢复原物信息。

4. 实时传统全息(光学记录，光学再现)

实时传统全息虽然是通过光路记录全息图和通过光路再现物信息，但是整个实验系统已经彻底放弃了干板这种记录介质，实验中利用高分辨 CMOS 摄像机和空间光调制器实时采集，实时再现，简单方便。实时传统全息也同样分为两个过程，一是搭建干涉光路，用 CMOS 摄像机采集全息图；二是将全息图加载到空间光调制器上，让再现光入射，在空间光调制器后方放置 CCD 或 CMOS 采集再现图像。

(1) 第一个过程可以参考实验 4.3 透射数字全息中采集部分。

(2) 第二个过程的再现光路可参考实验 4.2 中光学再现部分。将获得的全息图加载到空间光调制器上，再现光路如图 4-9-6 所示。

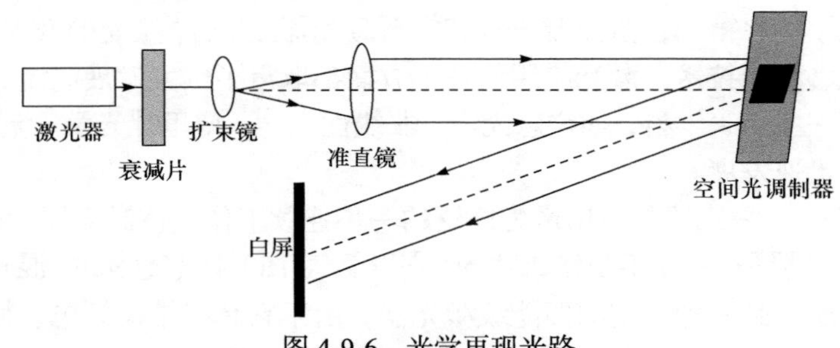

图 4-9-6　光学再现光路

调整计算机分辨率为 1280×720，使其与空间光调制器匹配，将采集的全息图通过计算机加载到空间光调制器上，根据情况调整空间光调制器的缩放。

选作内容：数字全息在信息加密中的应用(多平面菲涅耳全息数字模拟)。

在研究数字全息技术中，波长和记录距离都可作为密钥应用到信息加密中，本实验根据数字全息特点选择两个待测物体使其携带不同物信息，将不同待测物放到同一光路中，单纯改变记录距离获得复合信息的菲涅耳全息图，当数字再现时选择对应的记录距离便可将不同的物信息再现出来。

【参考文献】

[1] 宋菲君, 羊国光, 余金中. 信息光子学物理. 北京: 北京大学出版社, 2006.

[2] 李俊昌, 熊秉衡. 信息光学教程. 北京: 科学出版社, 2011.

[3] 苏显渝, 李继陶, 曹益平, 等. 信息光学. 2 版. 北京: 科学出版社, 2011.

[4] 聂志红, 宫爱玲. 数字全息中直透光和共轭像的去除方法. 云南民族大学学报, 2007, 16(2):139-142 .

第五章　激光原理与技术类

实验 5.1　氦氖激光器与激光谐振腔

激光即 Laser(light amplification by stimulated emission of radiation)，原意是受激辐射光放大所产生的光，它是从微波激射器(maser)发展而来的。1954 年初，美国的汤斯(C. H. Towns)等制成了世界上第一个微波激射器。1958 年，汤斯和肖洛(A. L. Schawlow)将激射器原理推广到光学波段。1960 年 7 月，梅曼(T. H. Maiman)成功地做出了世界第一台激光器——红宝石激光器。此后，激光的发展突飞猛进，在激光理论、激光技术、激光应用等各个方面都取得了巨大发展。激光技术的发展还带动了一些新兴学科，如全息光学、非线性光学、傅里叶光学、激光光谱学、光化学等的迅速发展。

氦氖(He-Ne)激光器是应用最为广泛的一种连续工作气体激光器。世界上第一台 He-Ne 激光器是 1960 年制作成功的，它以氦气(He)和氖气(Ne)的混合气体作为激光工作物质，是一种典型的四能级激光器。由于它具有结构简单、使用方便、光束质量好、工作可靠和制造容易等优点，因此在实际应用中最为普遍。

【实验目的】

1. 掌握半内腔式 He-Ne 激光器的基本结构，及其调试技巧。
2. 了解工作电流、腔长等因素对激光输出特性的影响，并掌握其测试方法。
3. 掌握用腔内损耗法测量激光增益系数的原理和方法。

【实验仪器】

1000mm 光学实验导轨，二维可调半导体激光器，小孔光阑屏，激光管调整架、半内腔氦氖激光管(波长 633nm，最大输出功率≥2mW)，激光电源，共焦球面扫描干涉仪，二维反射镜架，二维可调扩束镜，激光功率指示计，显示屏和增益测量组件等。

【实验原理】

一台激光器主要由泵浦源、增益介质和谐振腔三个部分组成。对 He-Ne 激光器而言，其通过激励电流进行泵浦，增益介质就是在毛细管内按一定的气压充入适当比例的氦氖气体，谐振腔则由在布儒斯特窗外的两面反射镜构成。根据激光器放电管和谐振腔反射镜放置方式的不同，He-Ne 激光器可以分为内腔式、外腔式和半内腔式三种，本实验采用半内腔式 He-Ne 激光管。

1. 半内腔式 He-Ne 激光器简介

半内腔式 He-Ne 激光管的结构如图 5-1-1 所示。一个全反射镜(M_1)固定于工作物质，另一个部分反射镜(M_2)独立于工作物质，并可做适当的调整；放电管中央的细管为毛细管，管内充满 He 和 Ne 按照一定比例混合的气体；套在毛细管外面较粗的管子为储气管，A 为阳极，K 为阴极。其功能分别如下。

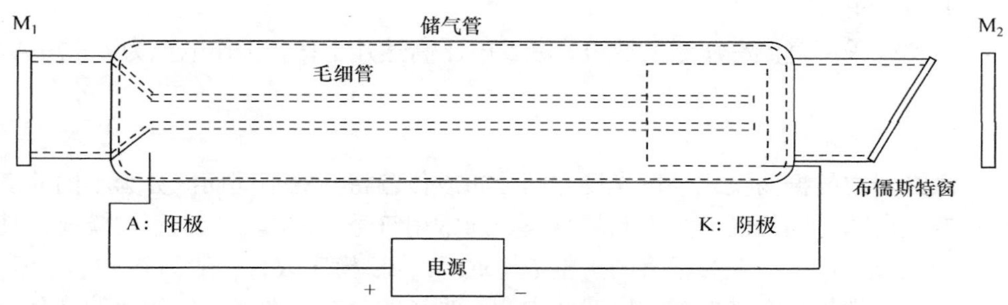

图 5-1-1　半内腔式 He-Ne 激光管结构示意图

1) 毛细管

毛细管是产生激光增益的区域，它的几何尺寸决定了激光的最大增益，光在激光器中传播单程的增益 $G(\nu)\cdot l$ 正比于毛细管的长度 l。同时，增益系数 $G(\nu)$ 与毛细管直径成反比。因为毛细管越细，Ne 的 1S 态通过器壁碰撞回到基态的概率越大，这有利于激光下能级 $2P_4$ 的抽空，因而使增益增加。但是毛细管的直径也不能太细，太细会给输出谐振腔带来不便，使衍射损失增大，而且影响激光器总的输出功率(它与毛细管的直径平方成正比)。吹制毛细管时应尽量保持毛细管的直线度，以免挡住光路。

2) 电极

电极质量的好坏对激光器的寿命影响很大。He-Ne 激光器工作于辉光放电区，放电电流并不高，但是气体放电时，被电场加速的正离子轰击阴极引起阴极的溅射与蒸发，这些飞离阴极的金属原子可能沉积在附近玻璃壁上，导致对部分工作气体的吸收与吸附，使放电管内工作气体的压强不断降低，还有可能污染谐振腔的反射镜，大大降低镜子的反射率。一般选溅射较弱的铝作阴极，铝表面的氧化层能有效防止离子轰击造成的侵蚀。用铝做成的电极在使用前通常先进行“阴极氧化”处理，即在放电管中充入几个托的氧气或空气进行一定时间的溅射，放电使阴极表面完全生成氧化膜。阴极一般做成空心圆柱体，以减小溅射效应。功率较小的 He-Ne 激光管一般用钨杆作阳极，由于电子质量比正离子小得多，所以由阳极造成的危害比阴极小得多。

3) 储气管

储气管直径一般为 2～5cm，视具体毛细管尺寸而定。储气管与毛细管的气体是通过一端开放的毛细管连通在一起的。储气管的主要用途是稳定工作气压、稳定输出功率和延长激光器寿命。电极溅射、管壁吸收与吸附、气体扩散等效应使管中气压不断降低，放电时带电粒子对管壁的轰击也会使气压在一定范围内波动，储气管的存在可使上述影响减弱。此外，储气管起着支撑毛细管的作用，使之不易弯曲。

4) 激光电源

本实验采用直流高压激发放电，激发电压高达几千伏，工作电流为 4～7mA。

2. 谐振腔的输出模式

激光器内的振荡模式，按光场空间分布或传输特性的不同而区分为不同的横模；按频谱的不同而区分为不同的纵模。通常用符号 TEM_{mnq} 标志不同模式，其中 q 为纵模序数，一般为很大的正整数；m，n 为横模序数，一般为 0，1，2 等。所谓横模，就是指在谐振腔的横截面内激光光场的分布。图 5-1-2 所示的是几个低阶横模的光场分布照片。可见，横模阶数越高，光强分布就越复杂且分布范围越大，因而其光束发散角越大。反之，基横模(TEM_{00})的光强分布图案呈圆形且分

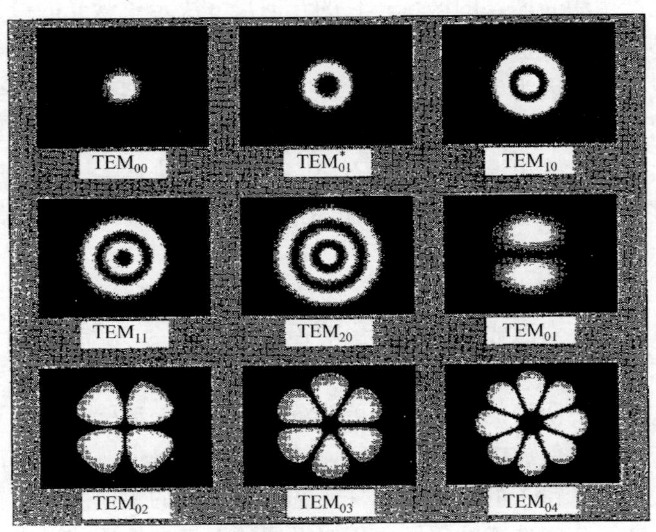

图 5-1-2　不同横模的光场分布

布范围很小，其光束发散角最小，功率密度最大，因此亮度也最高，在一定范围内径向强度分布是均匀的。

所谓纵模，就是指沿谐振腔轴线方向上的激光光场分布。对于同一阶横模，相邻两纵模间距为

$$\Delta\nu_q = \nu_{mn(q+1)} - \nu_{mnq} = \frac{c}{2\eta L} \tag{5-1-1}$$

其中，η 为腔中介质的折射率；L 为谐振腔的长度。从式(5-1-1)中看出，腔长越长，纵模间距越小；相反，腔长越短，纵模间距越大。对于一般腔长的激光器，往往同时产生几个甚至几百个纵模振荡，缩短腔长是获得单纵模运行激光器的方法之一。

3. 增益系数

激光器的增益系数测量对分析激光器振荡条件、优化结构设计及提高其输出特性均具有十分重要的理论和实际意义。本实验采用可变输出镜法测量激光增益系数，如图 5-1-3 所示。在半内腔 He-Ne 激光器内放一玻璃平板分光片，该分光片与谐振腔轴线成某夹角ϕ。在满足振荡条件时，分光片两边有一定功率的激光输出(或损耗)。不考虑分光片本身的吸收和散射，激光来回振荡一次，在分光片两表面所反射的光强与入射光强之比视为增益附件的输出率 $T=R_1+R_2$。旋转分光片，使激光器的输出率 T 随旋转角度变化。

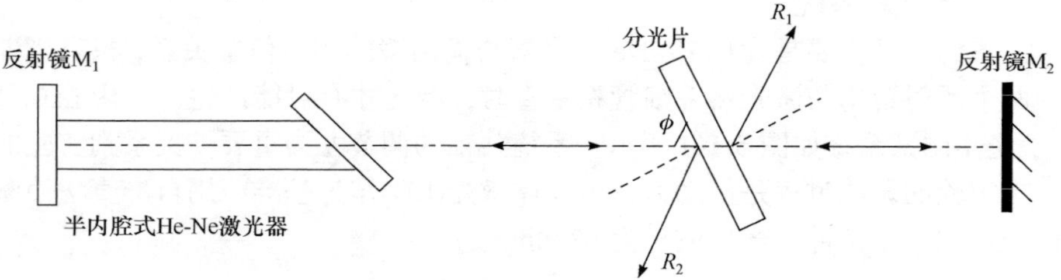

图 5-1-3 腔内损耗法测量激光增益系数的原理图

定义α为激光腔除输出率之外往返一次的光学损耗，称为内损耗，t 为反射镜 M_2 的透过率，L 为激活介质的长度，G^0 为小信号增益系数，P_{out} 为耦合输出功率，P_s 为饱和功率。理论分析表明：当 He-Ne 激光管较长时，其纵模间隔的宽度会小于碰撞加宽等因素引起的均匀加宽宽度，此时其增益饱和可以用均匀加宽方法近似处理，其输出功率由下式描述：

$$P_{out} = P_s\left(\frac{2G^0L}{\alpha - \ln(1-2T) + t} - 1\right) \tag{5-1-2}$$

旋转分光片，增加其输出率 T，使腔内总损耗 $\alpha - \ln(1-2T) + t$ 增加。当激光刚熄灭时，由式(5-1-2)得

$$P_s\left(\frac{2G^0L}{\alpha - \ln(1-2T_g) + t} - 1\right) = 0 \tag{5-1-3}$$

即

$$G^0 = \frac{\alpha - \ln(1-2T_g) + t}{2L} \tag{5-1-4}$$

式中，T_g 为阈值输出率。因此，只需测量计算出使激光恰好熄灭的阈值输出率 T_g，代入公式(5-1-4)中，即可求得小信号增益系数 G^0。

【实验内容】

1. 实验题目

(1) 调试系统，使激光器满足激光起振条件，产生激光。
(2) 改变工作电流，观测放电条件对激光输出功率的影响。
(3) 观察腔长与纵模、横模和输出功率的关系。
(4) 测量增益系数。

2. 具体内容

1) 调整实验系统

设备的调试主要是优化 He-Ne 激光器与输出镜的相对位置关系，只有当谐振腔的两个反射镜均与激光器毛细管相垂直时，激光才有可能产生。半内腔式 He-Ne 激光器调试系统如图 5-1-4 所示。系统共轴的调节尤为重要，关系到实验的成败。本实验的调试过程是借助另一半导体激光(LD)作为基准，用自准直法使激光谐振腔达到谐振条件，产生波长为 633nm 激光。

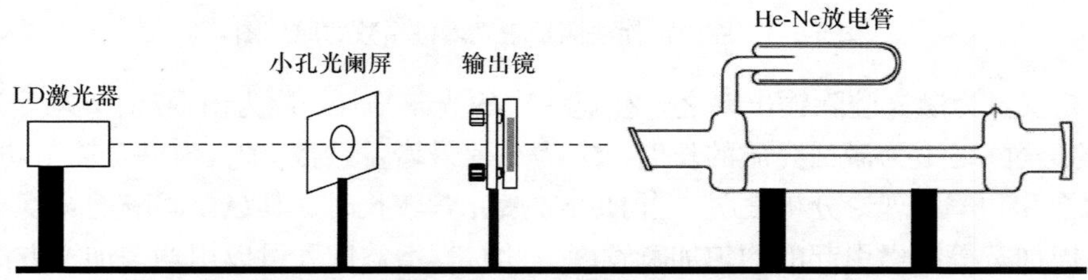

图 5-1-4　半内腔式 He-Ne 激光器调试系统示意图

提示：

(1) 调整 LD 的高度和方向，同时调整小孔屏的高度和位置，使通过小孔的激

光打在 He-Ne 激光管的布儒斯特窗的中心区域，并进入毛细管。

(2) 把输出镜放置到导轨上的另一个滑块上，仔细调整输出镜架，使该输出镜与激光器毛细管相垂直。

(3) 打开 He-Ne 激光电源，激光管亮；调整电流，观察有无激光输出，如没有，请仔细调整半反射镜上的两个精密调整螺钉，直到有 He-Ne 激光输出为止。

(4) 将功率计探头放入光路，探测 He-Ne 激光的输出功率，反复仔细调整半反射镜上的两个精密调整螺钉，使功率达到最大。

2) 观察放电电流与输出功率的关系

激光调出之后，改变放电电流的大小，得到不同的输出功率，获得最佳工作电流。

注意：工作电流一般不大于 6mA。当工作电流大于 6mA 时，应注意不要持续太长时间，以免烧坏激光电源。

3) 腔长与激光功率的关系

通过改变输出镜的位置来改变腔长，观察腔长的改变对输出功率、纵模、横模、束腰、光斑、发散角等的影响。

提示：

(1) 用共焦球面扫描干涉仪测量激光器的相邻纵横模间隔，判别高阶横模的阶次。

(2) 观察激光器的频率漂移、跳模现象，了解其影响因素。

(3) 观察激光器输出的横向光场分布花样，了解谐振腔的调整对它的影响等。

4) 激光增益系数的测量

在半内腔式 He-Ne 激光器内放一玻璃平板分光片，该分光片与谐振腔轴线成某夹角。在满足振荡条件时，分光片两边有一定功率的激光输出，旋转分光片，使激光器的输出功率随旋转角变化。当激光刚好熄灭时，测量此时的阈值输出率 T_g，代入公式(5-1-4)中，即可求得小信号增益系数。

提示：

(1) 将部分反射镜放在布儒斯特窗前 10cm 处，根据实验内容 1 调出激光，使得激光功率输出达最大，记录此时光功率值 P_1。

(2) 将增益测量组件(分光片)插入腔内光路，仔细调整旋转台，使激光正好消失(呈忽明忽暗)，此时损耗与激光增益相等。

(3) 连同滑块一起(即保持分光片相对滑块角度位置不变)取下增益测量组件，放置在腔外光路中，测出此时透过分光片的激光功率 P_2。

(4) 根据关系式 $T_g = (P_1 - P_2)/P_1$，计算阈值输出率 T_g。

(5) 已知 $\alpha = 0.03$，$t = 0.03$，由式(5-1-4)计算增益系数 G^0。

【注意事项】

1. He-Ne 激光器的阳极带有几千伏的高压，请注意安全。

2. 激光管为易碎玻璃结构，特别是由多种玻璃构成的布儒斯特窗结构，应避免受力和碰撞。

3. 激光膜片是非常易损的光学元件，应绝对避免人手触摸和剐蹭，必要的清洁必须由专业技术人员使用专用长丝棉或脱脂棉结合乙醚或丙酮轻轻擦拭。

【思考题】

1. He-Ne 激光管中的布儒斯特窗有什么作用？

2. 激光器的横模和纵模与哪些因素有关系？

3. 测量激光输出功率随放电电流大小变化时，请同时目测毛细管的亮度，并对所观测到的现象做出解释。

4. 实验中，当 He、Ne 气体压强和放电电流保持不变时，激光器输出光功率存在小的起伏，原因何在？

5. 根据激光原理可知，均匀增宽增益介质，激光的输出功率可以表示为：$P=\frac{1}{2}t_1I_sA\left(\frac{2LG^0}{a_1+t_1}-1\right)$，其中 t_1 是反射镜的透过率，a_1 是镜面损耗，I_s 是饱和光强，A 是镜面上的光斑面积，G^0 是小信号增益系数，L 是腔长。请根据实验结果体会输出功率和腔长的关系：(1)实验结果与理论是否一致？(2)如果不一致，请找出原因所在。

【参考文献】

[1] 周炳琨, 高以智, 陈倜嵘, 等. 激光原理. 北京: 国防工业出版社, 2000.
[2] 冯升同, 张奕林, 郭立群. 半内腔 He-Ne 激光器的调整技巧. 物理实验, 2009, 3: 36-38.
[3] 程琳, 余学才, 黄宇红, 等. 非均匀加宽激光器的增益系数测量. 实验科学与技术, 2007, 5: 9-10.

实验 5.2　多谱线氦氖激光器综合实验

多谱线氦氖激光器是在增益管长为 1m 的外腔式氦氖激光器中，用腔内插入色散棱镜选择谱线的方法,在可见光区可分别使氖原子的九条谱线产生激光振荡，从而产生 632.8nm、611.8nm 和 593.9nm 等不同波长的激光出射，因此称为多谱线氦氖激光器。

多谱线氦氖激光器在科研、教学、计量和生产中有广泛的应用。比如，国际米定义咨询委员会在 1973 年和 1979 年就推荐稳定在 633nm 和 612nm 的多谱线氦氖激光器的稳频激光波长作为长度副基准。

【实验目的】

1. 掌握多谱线氦氖激光器的结构和工作原理。

2. 掌握多谱线氦氖激光器的调整方法，测量多谱线激光器输出的各条激光谱线的波长。

【实验仪器】

He-Ne 激光管及电源，色散分光棱镜，棱镜转台，谐振腔反射镜，输出镜，辅助 He-Ne 激光器，激光功率计，偏振片等。

【实验原理】

He-Ne 激光器是以氦氖混合气体为工作物质的激光器。当放电管中的氦氖混合气体被电流激励时，与某些谱线对应的上下能级的粒子数发生反转，使介质具有增益。介质增益与毛细管长度、内径粗细、两种气体的比例、总气压及放电电流等因素有关。总之，腔的损耗必须小于介质的增益，才能建立激光振荡。由于介质的增益具有饱和特性，增益随激光强度增加而减小。稳定振荡时的增益叫阈值增益，初始的增益叫小信号增益。

1. He-Ne 工作物质在可见光区激光谱线的小信号增益系数

He-Ne 原子与激光作用有关的能级图如图 5-2-1 所示。氦的激发态 2^3S_1 和 2^1S_0 与氖的 2S 和 3S 态能量接近，而且 2^3S_1 和 2^1S_0 能级的氖原子与基态氖原子发生第二类弹性碰撞的有效截面很大，所以氦的 2^3S_1 和 2^1S_0 与氖的 2S 和 3S 能级间存在较强的共振交换激发作用。由于氦的 2^1S_0 能级把能量转移给氖的 $3S_2$ 能级的碰撞有效截面要比 $3S_3$、$3S_4$、$3S_5$ 的碰撞有效截面大 1～2 个量级，所以在适当的条件下能使 $3S_2$ 与 2P 态之间、$3S_2$ 与 3P 态之间形成粒子数反转。本实验中仅研究 $3S_2$ 能级对 $2P_i$ ($2P_i$ 是 $2P_1$，$2P_2$，…，$2P_8$，$2P_{10}$ 九个能级的简称，$3S_2$-$2P_9$ 的跃迁是违禁的)九个能级之间能够产生粒子数反转，使介质具有增益的现象。九条谱线对应的波长和小信号增益系数(G_0)如表 5-2-1 所示。表中相对增益系数是与 0.633μm 跃迁的小信号增益系数的比值，即 $G_{0,\lambda_x}/G_{0.633}$。

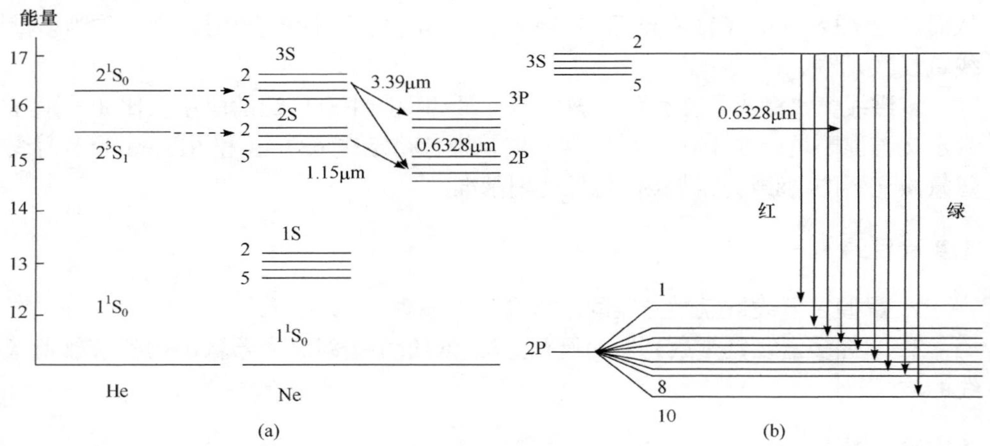

图 5-2-1　He-Ne 激光器能级结构

表 5-2-1　He-Ne $3S_2$-$2P_i$ 谱线的小信号增益系数

跃迁能级	激光波长λ/Å	小信号增益系数 G_0/cm^{-1}	相对增益系数 $G_{0,\lambda_x}/G_{0.633}$
$3S_2$-$2P_1$	7304.83	7.1×10^{-5}	0.11
$3S_2$-$2P_2$	6401.07	2.7×10^{-4}	0.41
$3S_2$-$2P_3$	6351.85	7.1×10^{-5}	0.11
$3S_2$-$2P_4$	6328.17	6.5×10^{-4}	1.00
$3S_2$-$2P_5$	6293.74	1.2×10^{-4}	0.18
$3S_2$-$2P_6$	6118.01	1.0×10^{-4}	0.16
$3S_2$-$2P_7$	6046.13	3.5×10^{-5}	0.06
$3S_2$-$2P_8$	5939.31	3.0×10^{-5}	0.05
$3S_2$-$2P_{10}$	5433.65	1.5×10^{-5}	0.03

2. 谐振腔结构的选择

由于其他波长激光的增益远低于波长为 633nm 激光的增益，因此需要精细调节系统的损耗，否则就不可能产生激光振荡，其中腔结构的选取尤为重要。激光器的谐振腔是由两块相距为 L，球面曲率半径分别为 R_1、R_2 的反射镜组成。要使腔内近轴传播的光线多次来回反射不会逸出腔外，腔镜的曲率半径及腔长必须满足

$$0<\left(1-\frac{L}{R_1}\right)\left(1-\frac{L}{R_2}\right)<1 \tag{5-2-1}$$

对平凹腔来说，若 $R_2=\infty$，稳定条件为 $0<(1-L/R_1)<1$，则凹面镜的曲率半径必须大于腔长。对于对称腔，$R_1=R_2=R$，稳定条件为$(1-L/R_1)^2<1$，则反射镜的曲率半径必须大于腔长的一半。由于相对小的曲率半径对应相对大的发射角，通常反射镜的曲率半径选择 2～5 倍腔长。此外，由于在实验调节中可能引起竖直方向的角度失调，因此希望选择的腔结构校准容限大些，即对角度失调灵敏度较低。本实验中，633nm 谱线的调节用到了平凹腔(即直腔激光器，如图 5-2-4 所示)，而其他谱线的调节用到了近共焦结构的对称腔(即带色散棱镜的激光腔，如图 5-2-2 所示)。另外，本实验采用外腔式的 He-Ne 激光谐振腔进行调节，即两个腔镜都独立于工作物质，放电管的两端通过布儒斯特窗片实现真空密封，以减小损耗，并且保证了激光输出的偏振性。

3. 腔内棱镜的选频作用

在谐振腔中插入色散棱镜 P，如图 5-2-2 所示。由于棱镜的分光作用，对不同波长其偏向角不同，因此谐振腔只能对其中一条谱线满足振荡条件，而其他波长由于偏离谐振腔光轴，损耗大于增益便不能起振。若要改变振荡谱线，需把棱镜和谐振腔调准到使该谱线满足振荡条件的位置。棱镜调谐波长的方式基本上有两种：一种是保持棱镜的入射角不变，不同波长对应不同出射角，调谐波长时，棱镜保持不动，只改变谐振腔反射镜 M_2 的方位，使相应波长的光束沿原路返回实现振荡；另一种是保持棱镜出射角不变，反射镜 M_2 相对棱镜不动，调谐波长时，使棱镜和反射镜相对入射光做整体转动。后一种也可采用半棱镜结构，在半棱镜的出射面上镀有全反射介质膜，取代谐振腔反射镜。用半棱镜的优点是调节元件损耗小，缺点是棱镜的角色散和角分辨减小了一半。本实验采用第二种方式的全棱镜结构。

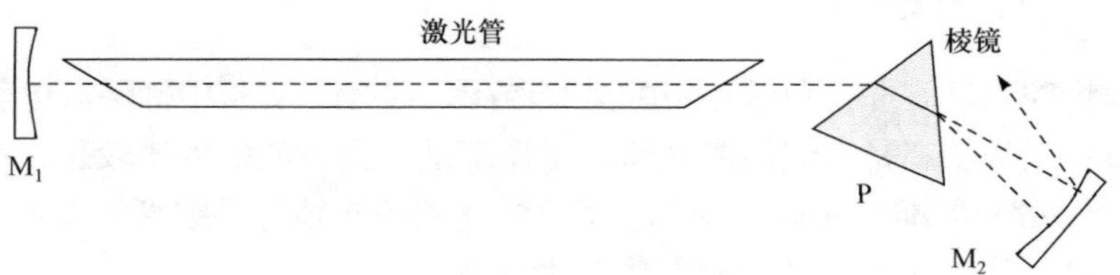

图 5-2-2 色散棱镜的选频作用

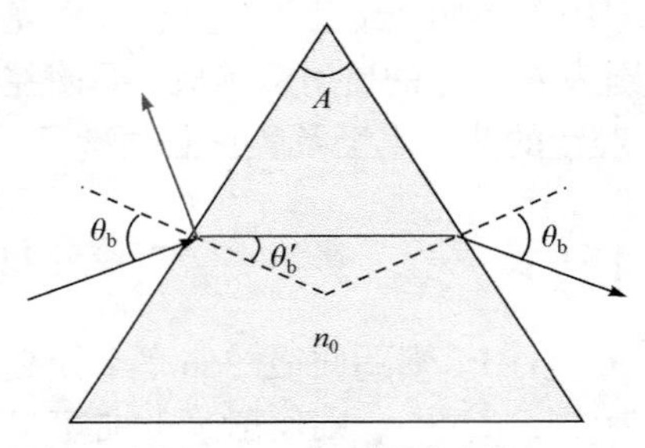

图 5-2-3　分光棱镜光路

在谐振腔内插入色散棱镜必然会增加腔内损耗，因此在选择棱镜材料和加工时要尽可能采用色散较大、吸收系数小的玻璃；为减少内部吸收，一般只用棱镜顶部，缩短光束穿过棱镜的光程。另外，为减小光束在棱镜界面的反射损耗，光束在棱镜界面上的入射角应是布儒斯特角；同样，从棱镜出射的光束也应是布儒斯特角，如图 5-2-3 所示。从图中光线的几何关系可知分光棱镜顶角 A 应满足

$$A = 2\theta_b' = 2\arctan(1/n_0) \tag{5-2-2}$$

式中，θ_b' 为分光镜材料内的布儒斯特角；n_0 为分光棱镜所用波段中心波长的折射率。

4. 放电电流的选取

从物理机制上讲，放电条件的变化影响着粒子的激发与退激发过程，因而影响粒子数反转值的大小。在最佳放电电流条件下，增益介质内形成了最大的粒子数密度反转，因而有最大的小信号增益系数。偏离最佳放电电流将使小信号增益系数下降，从而引起输出功率降低以至于停振。在实验过程中会发现，放电电流过大时，即使光路调节再好，除 633nm 外的其他谱线也不一定调整出来，原因是不同波长的激光有着不同的最佳放电电流。表 5-2-1 的小信号增益系数是在各谱线的最佳放电电流值下测量的，而相对增益系数是用光谱相对强度研究氦氖放电管的增益特性的装置测得的，各谱线的放电电流相同。

【实验内容】

(1) 直腔式单谱线(633nm)氦氖激光器的搭建。
(2) 带色散棱镜的多谱线氦氖激光器的调节。
(3) 多谱线激光器输出特性的研究。

1. 直腔激光器的调节

直腔指腔内没有插入色散棱镜的激光腔(图 5-2-4)，实验中确保放电管在直腔下处于最佳工作状态是多谱线激光器的工作基础。由于放电管比较长，因此采用辅助 He-Ne 激光器准直法进行调节。调整激光腔的光轴与毛细管的管轴，使其重合并达到最佳状态，此时激光输出功率达最高。

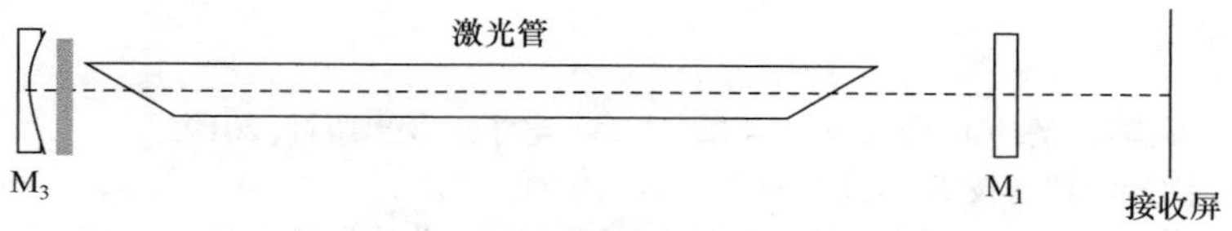

图 5-2-4　直谐振腔调节示意图

2. 带色散棱镜的激光腔调节

腔内插入色散棱镜，激光在腔内振荡路线被偏折，如图 5-2-5 所示。图中，W 为激光功率计，M_2 和 M_3 为凹面反射镜，构成带棱镜的可调谐波长的谐振腔。

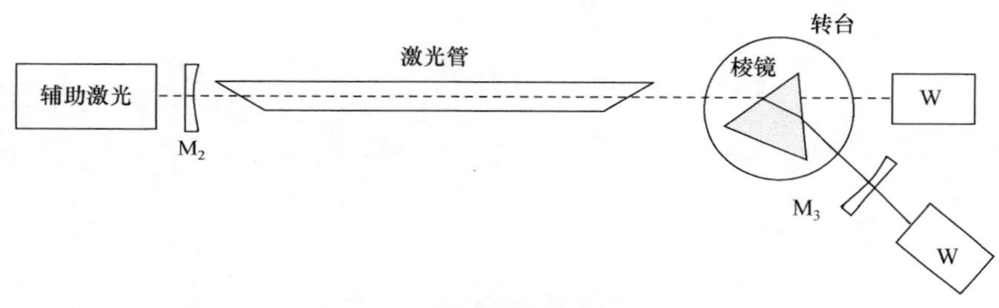

图 5-2-5　带色散棱镜的激光腔示意图

3. 多谱线出光

调节转台的微转旋钮，另外几条谱线的激光会依次亮起。分别观察多谱线激光器输出的各条激光谱线的颜色，找出各条激光谱线输出功率与放电电流的关系，分别记下各谱线的波长、最佳工作电流和最大激光功率。

要求：棱镜和反射镜合理搭配，用玻璃棱镜至少调出三条激光谱线。

【思考题】

1. 简述如何调整激光腔的光轴与毛细管的管轴，使其重合并达到最佳状态。

2. 每改变一次 M_3 镜的角度，对谐振腔进行仔细调整是否是必须的？为什么？

3. 辅助激光器一定要用 He-Ne 激光器吗？请解释在调节过程中使用偏振片调节的原理。

4. 在布儒斯特角附近测量时，若存在 s 分量输出，且其强度与 p 分量比较不能忽略，在实验过程中将采取什么措施？

5. 利用实验装置能测量谐振腔内反射镜的透射率和反射率吗？若能，请拟出实验方案，最好实测出结果来。

【参考文献】

[1] 陈家璧, 彭润玲. 激光原理及应用. 4 版. 北京: 电子工业出版社, 2019.
[2] 阎吉祥. 激光原理与技术. 北京: 高等教育出版社, 2004.
[3] 北京大学物理系光学教研室. 激光原理. 北京: 北京大学出版社, 1981.
[4] 游大江, 李桦, 郑乐民, 等. 多谱线 He-Ne 激光器的研制及其特性分析. 北京大学学报(自然科学版), 1983, 2: 75-88.

实验 5.3　基于灯泵 YAG 激光器的电光调 Q 技术综合实验

调 Q 技术是获得短脉冲高峰值功率激光输出的重要方法。它是将连续或脉冲激光能量压缩到宽度极窄的脉冲中发射，从而使光源的峰值功率提高几个数量级的一种技术。目前实现调 Q 的方法有电光调 Q、声光调 Q、可饱和吸收调 Q 等。调 Q 技术的出现，在两个方面极大地推动了激光的应用：一方面，Q 开关激光脉冲非常强的相干光与物质相互作用，会产生一系列具有重大意义的新现象和新技术，直接推动了非线性光学的发展；另一方面，Q 开关激光脉冲非常短的脉冲宽度推动了诸如脉冲激光测距、激光雷达、高速全息照相等应用技术的发展。因此，调 Q 技术的出现和发展是激光发展史上一个重要突破。

【实验目的】

1. 掌握灯泵固体 YAG 激光器与电光调 Q 的基本原理。

2. 掌握激光器的静态输出特性，了解谐振腔参数对激光器性能的影响，并熟悉调试方法。

3. 掌握电光调 Q 固体激光器的动态输出特性，以及主要输出参数的测试方法。

【实验仪器】

灯泵 YAG 实验系统主要包括三部分：光路部分、电水箱部分和测量系统。光路部分产生脉冲激光，包括 LD 准直激光、前后腔镜(包括不同透射率的前腔镜若干)、YAG 晶体棒、布儒斯特窗、调 Q 晶体；电水箱部分包括对氙灯和工作物质供电和散热的电箱和水箱；测量系统是用来测量激光能量和脉宽的，包括能量计、光电探测器、示波器等。

【实验原理】

1. 激光器调 Q 的定义

激光器的 Q 值又称品质因数，是表征激光谐振腔腔内损耗的一个重要参数，其定义为

$$Q = 2\pi\nu_0 \frac{\text{腔内贮存的激光能量}}{\text{每秒损耗的激光能量}} \tag{5-3-1}$$

式中，ν_0为激光的中心频率。

设定腔内贮存的激光能量为E，光在腔内传播一个单程的能量损耗率为γ，则光在一个单程中对应的损耗能量为γE。如果谐振腔长度为L，则光在腔内走一个单程所需时间为nL/c，其中n为折射率，c为光速。因此光在腔内每秒钟损耗的能量为$\dfrac{\gamma E}{nL/c}$。Q值可表示为

$$Q = 2\pi\nu_0 \frac{E}{\gamma Ec/nL} = \frac{2\pi nL}{\gamma\lambda_0} \tag{5-3-2}$$

式中，$\lambda_0 = c/\nu_0$为真空中激光波长。由式(5-3-2)可知，Q值与损耗率成反比变化，若损耗大，Q值低，阈值高，不易起振；若损耗小，Q值高，阈值低，易于起振。由此可见，要改变激光器的阈值，通过突变谐振腔的Q值(或损耗γ)来实现，是有效而简便的方法。

一般结构的固体激光器为静态激光器。大量实验结果表明，由于静态下存在弛豫振荡现象，因此产生了功率在阈值附近起伏(kW数量级)的尖峰脉冲序列，每一个脉冲的脉宽为几百μs～几ms，因此阻碍了激光脉冲峰值功率的提高。如果在泵浦开始阶段增大谐振腔内的损耗，即提高振荡阈值，使振荡不能形成，激光工作物质在不断泵浦抽运过程中上能级粒子数大量积累，当积累到最大值(饱和值)时，腔内损耗突然变小，Q值突增。这时腔内会像雪崩一样以极快的速度建立起极强振荡，在短时间内反转粒子数被大量消耗，转变为腔内的光能量，在腔的输出端以单一脉冲形式将能量释放出来。通常这样的光脉冲具有脉宽窄(10^{-6}～10^{-9}s量级)、峰值功率高(大于MW)的特点，称为巨脉冲。由于调节腔内的损耗实际上是调节Q值，因此这种技术被称为调Q技术。

谐振腔的损耗一般包括反射损耗、吸收损耗、衍射损耗、散射损耗和输出损耗等。用不同的方法控制不同的损耗就形成了不同的调Q技术，如控制反射损耗的有转镜调Q技术和电光调Q技术，控制吸收损耗的可饱和吸收调Q技术，控制衍射损耗的声光调Q技术，控制输出损耗的透射式调Q技术等。

本实验以灯泵固体YAG激光器的电光调Q技术和特性测试为主要内容。实验所用的Q开关是利用晶体的电光效应制成的，具有开关速度快、脉冲峰值功率高、脉冲宽度窄、器件输出功率稳定性好等优点，是一种已获广泛应用的调Q技术。

2. 电光调 Q 的基本原理

1) 磷酸钛氧钾($KTiOPO_4$，简写为 KTP)晶体的纵向电光效应

本实验所用的电光晶体为 KTP 晶体，属于四方晶系 $\bar{4}2m$ 晶类，光轴与主轴 z 重合，未加电场时，在主轴坐标系中 KTP 晶体的折射率椭球方程为

$$\frac{x^2+y^2}{n_{\mathrm{o}}^2}+\frac{z^2}{n_{\mathrm{e}}^2}=1 \tag{5-3-3}$$

其中，n_{o}、n_{e} 分别为寻常光和异常光的折射率。加电场后，由于晶体对称性的影响，$\bar{4}2m$ 晶类只有 γ_{63} 和 γ_{41} 两个独立的线性电光系数。γ_{63} 是电场方向平行于光轴的电光系数，γ_{41} 是电场方向垂直于光轴的电光系数。KTP 晶体外加电场后的折射率椭球方程是

$$\frac{x^2+y^2}{n_{\mathrm{o}}^2}+\frac{z^2}{n_{\mathrm{e}}^2}+2\gamma_{41}(E_x yz+E_y xz)+2\gamma_{63}E_z xy=1 \tag{5-3-4}$$

当只在 KTP 晶体光轴 z 方向加电场时，式(5-3-4)变为

$$\frac{x^2+y^2}{n_{\mathrm{o}}^2}+\frac{z^2}{n_{\mathrm{e}}^2}+2\gamma_{63}E_z xy=1 \tag{5-3-5}$$

寻找新的坐标轴，使得上述方程在该坐标系下主轴化，即有

$$\frac{x'^2}{n_{x'}^2}+\frac{y'^2}{n_{y'}^2}+\frac{z'^2}{n_{z'}^2}=1 \tag{5-3-6}$$

其中，x',y',z'为加电场后的感应主轴方向；$n_{x'},n_{y'},n_{z'}$是(x',y',z')坐标系中的主折射率，具体表示为

$$\begin{cases} n_{x'}=n_{\mathrm{o}}-\dfrac{1}{2}n_{\mathrm{o}}^3\gamma_{63}E_z \\ n_{y'}=n_{\mathrm{o}}+\dfrac{1}{2}n_{\mathrm{o}}^3\gamma_{63}E_z \\ n_{z'}=n_{\mathrm{e}} \end{cases} \tag{5-3-7}$$

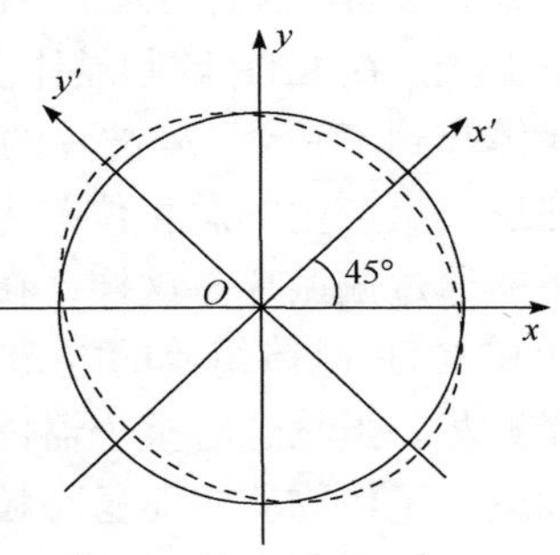

图 5-3-1　加电场后 KTP 晶体折射率椭球的形变

KTP 晶体沿 z 轴加电场，由单轴晶体变成了双轴晶体，折射率椭球的主轴绕 z 轴旋转 45°，如图 5-3-1 所示。转角与外加电场大小无关，但折射率变化与电场成正比。由于晶体在感应主轴 x'、y' 两个方向上的折射率不同，因而在这两个方向偏振的光波分量经过长度为 l 的晶体后产生相位差：

$$\delta=\frac{2\pi}{\lambda}(n_{y'}-n_{x'})l=\frac{2\pi}{\lambda}n_o^3\gamma_{63}V_z \tag{5-3-8}$$

式中，$V_z=E_z l$ 为加在晶体 z 向两端的直流电压。

使光波两个分量产生相位差 $\pi/2$ (光程差 $\lambda/4$)所需要施加的电压为

$$V_{\pi/2}=\frac{\lambda}{4n_o^3\gamma_{63}} \tag{5-3-9}$$

KTP 晶体的电光系数 $\gamma_{63}=23.6\times10^{-12}\text{m/V}$ 。对于 $\lambda=1.06\mu\text{m}$ ，KTP 晶体的 $V_{\pi/2}=4000\text{V}$ 。这个电压是表征电光晶体性能的一个重要参数。这个电压越小越好，特别是在宽频带高频率的情况下。

2) 带起偏器的电光调 Q 原理

带起偏器的 KTP 电光 Q 开关是一种应用较广泛的电光晶体调 Q 装置，实验装置如图 5-3-2 虚框所示。KTP 晶体具有纵向电光系数大、抗损伤阈值高的特点，但易潮解，故需要放在密封盒子内使用。通常采用纵向方式，即 z 向加压，z 向通光。

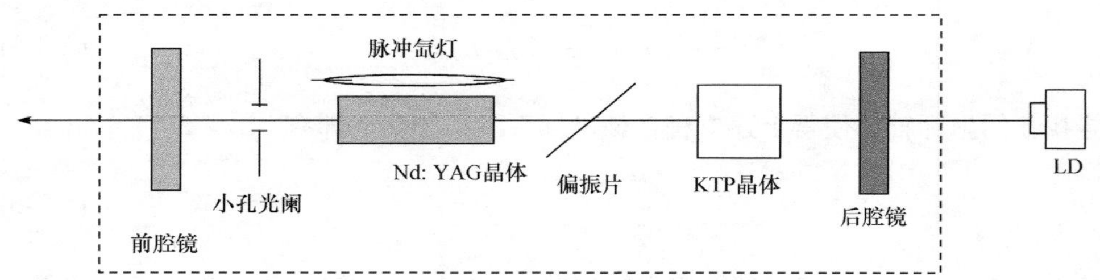

图 5-3-2　KTP 电光调 Q 的实验原理图

带起偏器的 Q 开关可分为退压和加压两种工作方式，我们以退压式为例说明 Q 开光过程：Nd：YAG 棒在氙灯的激励下，通过偏振片(布儒斯特窗片)后形成线偏振光。在 KTP 调制晶体上施加一个 $V_{\lambda/4}$ 的外加电场，由于电光效应，这时调制晶体起到了一个 1/4 波片的作用，显然，线偏振光通过晶体后产生了相位差π/2，往返一次产生的总相位差为 π ，线偏振光经这一次往返后偏振方向旋转了 90°，不能通过偏振片。这样，在电光晶体上加有 1/4 波长电压的情况下，由介质偏振片和 KTP 晶体组成的电光开关处于关闭状态，谐振腔的 Q 值很低，不能形成激光振荡。虽然这时整个器件处在低 Q 值状态，但由于氙灯一直在对 YAG 棒进行抽运，工作物质中亚稳态粒子数便得到足够的积累，当粒子反转数达到最大时，突然去掉调制晶体上的 1/4 波长电压，使电光开关控制的通光光路被开通，沿谐振腔轴线方向传播的激光便可自由通过调制晶体，而其偏振状态不发生任何变化，这时谐振腔处于高 Q 值状态，形成了雪崩式激光发射。

【实验内容】

1. 掌握固体激光器的基本原理，组装调试一台用于调 Q 的 YAG 激光器

(1) 调节 LD 激光器的准直性，使其与光学导轨平行。

(2) 在导轨上分别安装 Nd: YAG 晶体棒、前腔镜(透射率 T_1=60%)和后腔镜，利用已准直的 LD 激光为基准，调节各部件位置和方向，使工作物质和谐振腔共轴(各部件调完后，切记遮挡 LD 激光口)。

(3) 打开激光电源和预燃键，检查水冷系统工作是否正常。确定无误后启动激光 work 键，工作频率为 1Hz，在激光电源工作电压为 600V 时仔细微调前后腔镜，使激光输出达到最强(>400mJ)，此时输出的激光称为静态激光。

(4) 测量激光器的静态输出特性，填表 5-3-1。

(5) 将备用的透射率 T=40%和 80%的输出镜替换原前腔镜，研究不同透射率腔镜对激光静态输出的影响，并结合理论分析找到最佳透射率。

2. 掌握电光调 Q 技术，对上述 YAG 固体激光进行调 Q

(1) 退电压，关闭泵灯开关。在光路上插入介质偏振片(布儒斯特窗片)，调节窗片使激光在静态下输出最大(>150mJ，即窗片引入的损耗最小)；再将电光 Q 晶体放入光路中，利用准直 LD 激光粗调晶体位置和方向，使其共轴(此步要求关闭泵灯，调完后切记遮挡 LD 激光口)；随后重新启动 work 键，细调晶体使静态出光能量最大(>100mJ)。

(2) 在电光 Q 晶体上施加高压(HV～3800V)进行“关门”实验。绕光轴转动电光晶体，并细调位置，使激光能量输出最小(<1/10 静态能量)，此时电光 Q 开关处于“关门”状态(低 Q 值状态)。

(3) 将激光电源改到调 Q 状态，测量激光器的动态输出，此时输出的激光为调 Q 巨脉冲激光。通过调节各部件，使激光器的输出达到最强。

(4) 测量激光器的动态输出特性，填表 5-3-1。分析造成能量动静比小于 1 的原因。

表 5-3-1　静态和动态激光输出特性

输入电压/V	静态输出/mJ	动态输出/mJ	动静比=动态输出/静态输出
500			
600			
700			
800			

续表

输入电压/V	静态输出/mJ	动态输出/mJ	动静比=动态输出/静态输出
900			
990			

(5) 利用光电探测器接收调 Q 激光作用于纸屏上的散射光，并用示波器监测调 Q 脉冲的波形和脉宽，计算调 Q 激光的峰值功率。比较动静态激光信号的差别并分析原因。

【注意事项】

1. 由于本实验输出的激光为高峰值功率脉冲激光，因此实验前必须佩戴对 1064nm 激光的防护眼镜。

2. 调 Q 晶体和电源带有几千伏的高压，请注意安全。

3. 应防止水及其他液体进入设备，如发生这种情况应立即停机处理，以防发生安全事故。

4. 请不要打开电源机盖，谨防发生电击事故。

5. 激光储能电容是有使用寿命的元件，使用寿命大约 10^8 次。根据使用情况，特别是高重复频率工作时，如果发现激光的输出下降而又非激光器的故障，应考虑是否是激光储能电容容值下降，如是，则需由实验技术人员更换。

6. 激光膜片是易损的光学元件，应绝对避免人手触摸和剐蹭，必要的清洁请使用专用长丝绵或脱脂棉结合乙醚或丙酮轻轻擦拭(应由实验技术人员操作)。

【思考题】

1. 分析不同退压延迟时间和改变 Q 晶体上的电压值 $V_{\lambda/4}$ 对调 Q 激光器输出的影响。

2. 如果起偏器(布儒斯特窗片)的起偏方向与调 Q 晶体的 x 轴(或 y 轴)方向不一致，会出现什么结果？

3. 为什么加压式电光调 Q 优于退压式电光调 Q 技术？

4. He-Ne 激光是否可以通过调 Q 技术实现脉冲输出？

5. 试分析调 Q 激光能量动静比小于 1 的可能原因，以及提高动静比的途径。

【参考文献】

[1] 陈家璧, 彭润玲. 激光原理及应用. 4 版. 北京: 电子工业出版社, 2019.

[2] 北京大学物理系教研室. 激光原理. 北京: 北京大学出版社, 1981.

[3] 周炳琨. 激光原理. 北京: 国防工业出版社, 2009.
[4] 蓝信钜. 激光技术. 3 版. 北京: 科学出版社, 2021.

【附录】激光电源使用技术参数及注意事项

1. 激光电源的前面板示意图(图 5-3-3)

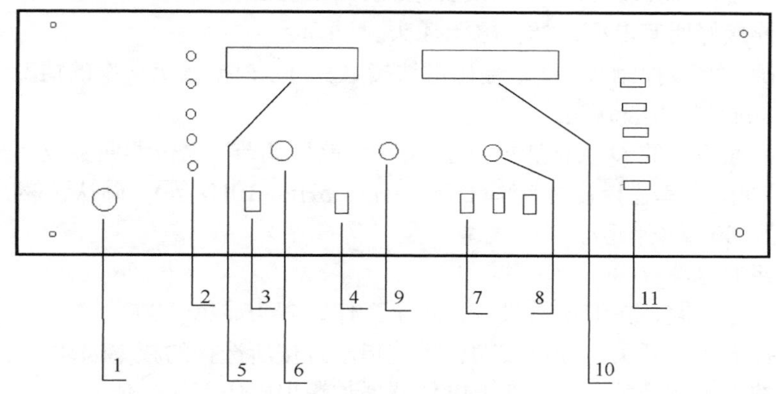

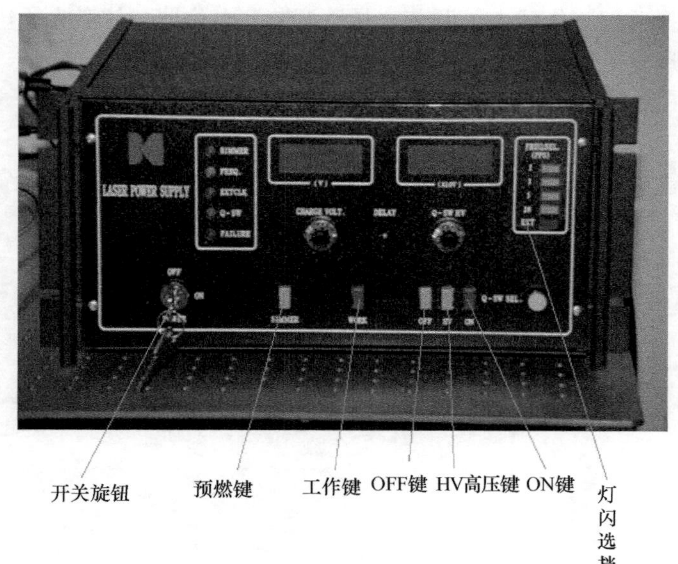

图 5-3-3 激光电源前面板示意图

1. 电钥匙开关；2. 状态指示(预燃、系统、外系统、调 Q 动态、故障)；3. 预燃开关；4. 工作开关；5. 充电电压表；6. 充电调节电位器；7. 调 Q 状态选择(静态、关门、动态)；8. 晶体高压调节电位器；9. 退高压延时调节电位器；10. 晶体高压数字表头(静态电源，该位置可放置计数器)；11. 系统选择开关(灯闪选挡)

2. 实际操作

(1) 设备应按正常使用方向放于通风良好的场所，电源两侧及后部应留有足够的散热风道或空间。

(2) 连接的电源插座或断路器应能满足设备输入电流的要求。小功率的设备可采用活动插头连接，大功率的设备建议采取固定式连接。

(3) 连接好所有电缆，插上电源插头。

(4) 确认水泵控制线接好，输出灯线接触良好。根据输出功率的情况，灯线应使用 4～8mm^2 的多股软铜线。

(5) 将面板上的 Q 状态选择位于静态，“晶压调节”电位器回零位，充电调节电位器回零位频率选择置内频率(1Hz、3Hz、5Hz、10Hz 等)，确认预燃开关和工作开关置 OFF 态(弹起)。

(6) 接通电源。

(7) 开电钥匙，主继电器吸合，水泵工作，表头显示“000”。

(8) 按下预燃开关，预燃成功，系统指示灯按所选择的频率闪动。

(9) 按下工作开关，调节充电电位器增加输出电压至所需值。

(10) 选择关门工作状态，调节“晶压调节”电位器，使激光输出为零，然后改为动态，调节延时，使输出最强(延时预调 180μs)。

(11) 关机顺序为 7、6、5，可将所需的电位器数值锁定。

(12) 第二次开机顺序为 4、5、6、7。

※在紧急情况下：直接关闭预燃开关，即可停机(水泵继续工作一段时间再关闭)。

实验 5.4　半导体泵浦被动调 Q 固体激光器综合实验

半导体泵浦固体激光器(diode-pumped solid-state laser, DPSL)，是以激光二极管(LD)代替闪光灯泵浦固体激光介质的固体激光器，具有效率高、体积小、寿命长等优点，尤其是调 Q 方式运转，具有脉冲宽度窄、峰值功率高、重复频率大等优点，在光通信、激光雷达、激光医学、激光加工等方面有巨大应用前景，是未来固体激光器的发展方向。

【实验目的】

1. 理解半导体激光器、半导体泵浦固体激光器和被动调 Q 的工作原理。
2. 掌握固体激光器的调试方法和调 Q 脉冲的测量。
3. 了解固体激光倍频的基本原理，分析影响倍频转换效率的原因，认识相位匹配的重要性。

【实验仪器】

半导体激光器(808nm，2W)及其驱动电源，耦合系统(组合透镜)，Nd：YAG 晶体棒(一端镀 808nm 增透膜和 1064nm 全反膜，另一端镀 1064nm 增透膜)，Cr^{4+}：YAG 被动调 Q 晶体，KTP 倍频晶体，输出镜(透射率 T=3%和 8%)，LD 准直激光器(650nm，1mW)，光电探测器，激光功率计，示波器，红外显示卡各一个。

【实验原理】

1. 半导体激光泵浦固体激光器工作原理

20 世纪 80 年代起，半导体激光器(LD)技术得到了蓬勃发展，使得 LD 的功率和效率有了极大的提高，也极大地促进了半导体泵浦固体激光器(DPSL)技术的发展。与氙灯泵浦的固体激光器相比，DPSL 的光光转换效率高，工作时产生的热量小，寿命长，结构紧凑，易于制成全固化器件。在使用中，由于泵浦源 LD 的光束发散角较大，为使其聚焦在增益介质上，必须对泵浦光束进行光束变换(耦合)。泵浦耦合方式主要有端面泵浦和侧面泵浦两种，其中端面泵浦方式适用于中小功率固体激光器，具有体积小、结构简单、空间模式匹配好等优点。侧面泵浦方式主要应用于大功率激光器。本实验采用端面泵浦方式。端面泵浦耦合通常有直接耦合和间接耦合两种方式，见图 5-4-1。

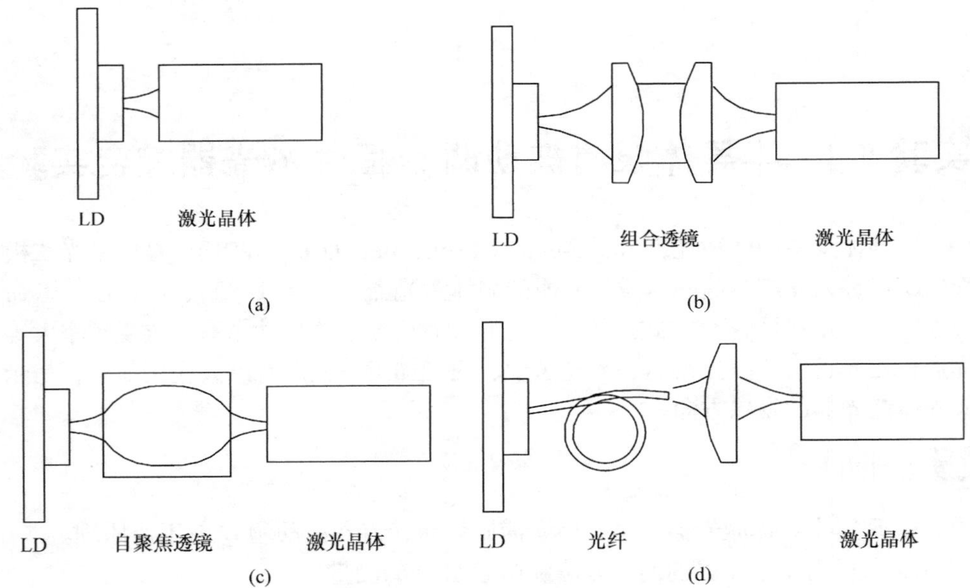

图 5-4-1　半导体激光泵浦固体激光器的常用耦合方式

(a) 直接耦合；(b) 组合透镜耦合；(c) 自聚焦透镜耦合；(d) 光纤耦合

1) 直接耦合

见图 5-4-1(a), 将半导体激光器的发光面紧贴增益介质，使泵浦光束在尚未发散开之前便被增益介质吸收，泵浦源和增益介质之间无光学系统。这种直接耦合方式结构紧凑，但在实际应用中较难实现，并且容易对 LD 造成损伤。

2) 间接耦合

先将 LD 输出的光束进行准直、整形，再进行端面泵浦。常见的方法如下。

(1) 组合透镜耦合(图 5-4-1(b)): 用球面透镜组合或者柱面透镜组合进行耦合。

(2) 自聚焦透镜耦合(图 5-4-1(c)): 由自聚焦透镜取代组合透镜进行耦合，优点是结构简单，准直光斑的大小取决于自聚焦透镜的数值孔径。

(3) 光纤耦合(图 5-4-1(d)): 用带尾纤输出的 LD 对晶体进行泵浦耦合，具有结构灵活的优点。

本实验先用光纤柱透镜对半导体激光器进行快轴准直，压缩发散角，然后采用组合透镜对泵浦光束进行整形变换，各透镜表面均镀有对泵浦光的增透膜，耦合效率高。

本实验 LD 光束快轴的压缩和耦合如图 5-4-2 所示。

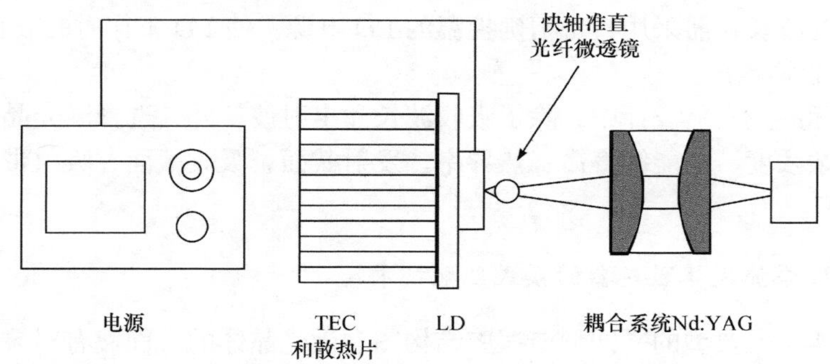

图 5-4-2 本实验 LD 光束快轴压缩和耦合泵浦简图

2. 激光晶体

激光晶体是影响 DPSL 激光器性能的重要器件。为了获得高效率的激光输出，在一定运转方式下选择合适的激光晶体是非常重要的。目前已经有上百种晶体作为增益介质实现了连续和脉冲激光运转，以钕离子(Nd^{3+})作为激活粒子的钕激光器是使用最广泛的激光器。其中，以 Nd^{3+}部分取代 $Y_3Al_5O_{12}$ 晶体中 Y^{3+}的掺钕钇铝石榴石(Nd：YAG)，由于具有量子效率高、受激辐射截面大、光学质量好、热导率高、容易生长等优点，成为目前应用最广泛的 LD 泵浦的理想激光晶体之一。图 5-4-3 为 Nd：YAG 晶体中 Nd^{3+}吸收光谱，它表明该晶体在 807.5nm 处有一强吸收峰。如果我们选择波长与之匹配的 LD 作为泵浦源，就可获得较高的输出功率和泵浦效率，从而实现光谱匹配。但是，LD 的输出激光波长受温度的影响较大，当温度变化时，输出激光波长会产生漂移，输出功率随之变化。因此，为了

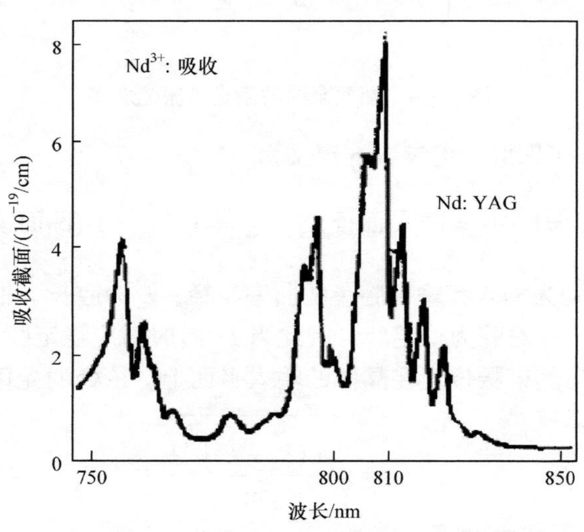

图 5-4-3 Nd：YAG 晶体中 Nd^{3+}吸收光谱图

获得稳定的波长，需采用具备精确控温的 LD 电源，使 LD 工作时的波长与 Nd:YAG 的吸收峰匹配。

在实际的激光器设计中，除了吸收波长和出射波长外，选择激光晶体时还需要考虑掺杂浓度、上能级寿命、热导率、发射截面、吸收截面、吸收带宽等多种因素。

3. 端面泵浦固体激光器的模式匹配技术

图 5-4-4 是典型的平凹型谐振腔结构图。激光晶体的一面镀有对泵浦光增透和输出激光全反的薄膜，并作为输入镜；输出镜为具有一定透过率的凹面镜。这种平凹腔容易形成稳定的输出模，同时具有高的光光转换效率，但在设计时必须考虑到模式匹配问题。

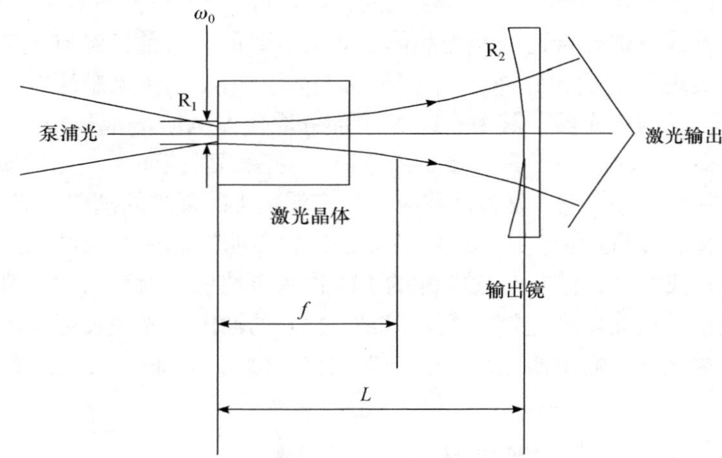

图 5-4-4　端面泵浦的激光谐振腔形式

图 5-4-4 中，平凹腔中的参数 g 定义为

$$g_1 = 1 - \frac{L}{R_1} = 1 \text{ (平面镜)}, \qquad g_2 = 1 - \frac{L}{R_2} < 1 \text{ (凹面镜)} \tag{5-4-1}$$

式中，R_1，R_2 分别为输入和输出腔镜的曲率半径；L 为腔长。根据谐振腔的稳定性条件，$0 < g_1 g_2 < 1$ 时腔为稳定腔，因此当 $L<R_2$ 时对应稳定腔。

同时容易算出其束腰位置在晶体的输入平面上，该处的光斑尺寸为

$$\omega_0 = \sqrt{\frac{\left[L(R_2 - L)\right]^{\frac{1}{2}} \lambda}{\pi}} \tag{5-4-2}$$

本实验中，$R_1 \to \infty$，为平面，$R_2 = 200\text{mm}$，$L = 80\text{mm}$，$\lambda = 1064\text{nm}$，由此可以算出

$\omega_0 \approx 0.16$mm。所以，泵浦光在激光晶体输入面上的光斑半径应该$\leqslant \omega_0$，这样可使泵浦光被充分利用，获得基模输出。

4. 半导体激光泵浦固体激光器的被动调 Q 技术

目前常用的调 Q 方法有电光调 Q、声光调 Q 和被动式可饱和吸收调 Q。本实验采用 Cr^{4+}：YAG 作为可饱和吸收调 Q 晶体。相比较于主动调 Q，被动调 Q 激光器不需要任何外部驱动装置，无电磁干扰，结构简单紧凑，成本低且易于使用，可获得峰值功率大、脉宽小的巨脉冲。

Cr^{4+}：YAG 被动调 Q 的工作原理是：当 Cr^{4+}：YAG 被放置在激光谐振腔内时，它的吸收系数会随着腔内的光强而改变，表示为

$$\alpha = \frac{\alpha_0}{1 + I / I_s} \tag{5-4-3}$$

式中，α_0 为光强很小时($I \to 0$)的吸收系数；I_s 为晶体饱和吸收光强。在激光振荡的初始阶段，腔内自发荧光很弱，Cr^{4+}：YAG 的吸收系数很大，光的透过率很低，腔处于低 Q 值(高损耗)状态，故不能形成激光振荡。随着泵浦的继续和反转粒子数的积累，腔内荧光逐步变强，当腔内光强达到与 I_s 相比拟时，晶体的吸收系数变小，透过率逐步增大。当腔内光强到一定数值时，调 Q 晶体吸收达到饱和值，突然被“漂白”而变透明，此时腔内 Q 激增，产生激光振荡输出调 Q 激光脉冲。随后，由于反转粒子数减少，光子数密度也开始降低，可饱和吸收体的透过率随之降低。当光子数密度降到初始值时，Cr^{4+}：YAG 的透过率也恢复到初始值，调 Q 脉冲结束。

5. 半导体激光泵浦固体激光器的倍频技术

强激光与介质相互作用时，介质极化场不再与场强呈简单线性关系，而是呈现明显的非线性效应。在种类繁多的非线性光学效应中，倍频现象是最基本、应用最广泛的一种。本实验就是利用倍频晶体实现对基频光(1064nm)的倍频输出(532nm)。

目前常用的倍频晶体有磷酸钛氧钾(KTP)、磷酸二氢钾(KDP)、三硼酸锂(LBO)、偏硼酸钡(BBO)和铌酸锂(LN)等。其中，KTP 晶体在 1064nm 光附近具有较高的有效非线性系数，导热性良好，非常适合于 YAG 激光的倍频。KTP 晶体属于负双轴晶体，对它的相位匹配及有效非线性系数已有大量的理论研究。通过 KTP 的色散方程计算得到最佳相位匹配角为 90°(正入射，晶体切割方向)，对应的有效非线性系数 $d_{eff} = 7.36 \times 10^{-12}$V/m。

倍频技术通常有腔内倍频和腔外倍频两种。腔内倍频是指将倍频晶体放置在激光谐振腔之内，由于腔内具有较高的功率密度，因此较适合于连续运转的固体

激光器。腔外倍频方式是指将倍频晶体放置在激光谐振腔之外的倍频技术，较适合于脉冲运转的固体激光器。

【实验内容】

1. 半导体泵浦固体激光器搭建和测试实验

实验装置如图 5-4-5 所示。

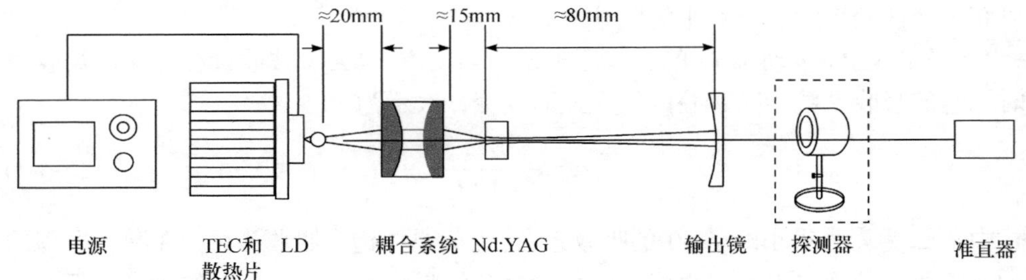

图 5-4-5　半导体泵浦固体激光器实验装置图

1) 搭建和调试半导体泵浦固体激光器

(1) 观察 LD 出射光近场和远场的模式分布。测量 LD 经微柱透镜快轴压缩后的电流-功率特性曲线，并得到阈值电流。

(2) 在 LD 近场处放置耦合系统，微调耦合系统，使准直激光经耦合系统的反射光与入射光位置重合。

(3) 观察 LD 经过耦合系统聚焦后的光腰位置，并在该处放置 Nd：YAG 晶体。利用准直激光微调晶体，使其与之共轴。

(4) 安装透射率 T_1=3%的输出镜，粗调位置和方向。打开 LD 电源，缓慢调节工作电流到 1.3A，细调输出镜倾斜和俯仰使系统出光，然后微调激光晶体、耦合系统，使激光输出达到最大(此步骤要求激光谐振腔腔长小于 150mm，思考原因)。

2) 测试和计算

(1) 将 LD 电流从 0 逐步增大 2.4A，每隔 0.2A 测量一组固体激光器系统输出功率，绘出激光 I-P 输出特性曲线，得到阈值电流，并利用红外显示卡观察输出激光的横模花样。

(2) 更换为 T_2 = 8%的输出镜，重复上述步骤。计算两种耦合输出下的激光效率和电光转换效率，并作简要分析。

2. 半导体泵浦固体激光器调 Q 实验

实验装置如图 5-4-6 所示。

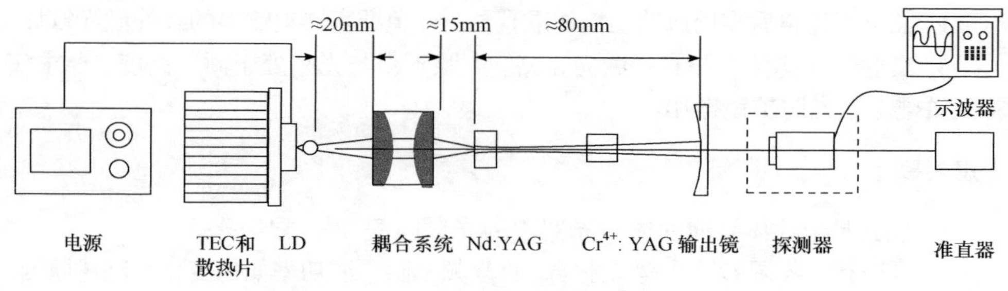

图 5-4-6　调 Q 实验装置图

(1) 将 Cr^{4+}：YAG 晶体放入谐振腔内，并利用准直器准直。

(2) 将 LD 电流分别调到 1.7A、2.0A、2.3A，测量激光输出平均功率、激光脉宽和重频，计算对应峰值功率，并分析不同泵浦电流对激光输出特性的影响。

3. 半导体泵浦固体激光器倍频实验

本实验采用腔内倍频法，实验装置如图 5-4-7 所示。

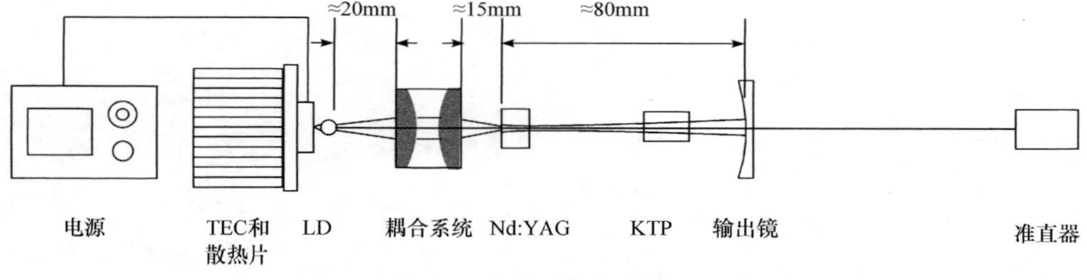

图 5-4-7　倍频实验装置图

(1) 安装 KTP 晶体，经准直后放入谐振腔内，倍频晶体尽量靠近激光晶体。调节调整架，使得输出绿光功率达最大。

(2) 旋转 KTP 晶体，观察旋转过程中绿光输出有何变化。

(3) 比较有调 Q 和无调 Q 作用时倍频输出明显的差别，并作简要分析。

【注意事项】

1. 半导体激光器(LD)对环境有较高要求，因此实验完成后，应及时盖上仪器罩，以免 LD 沾染灰尘。

2. LD 对静电非常敏感，所以严禁随意拆装 LD 和用手直接触摸 LD 外壳。如果确实需要拆装，请带上静电环操作，并将拆下的 LD 两个电极立即短接。

3. 切勿自行拆装 LD 电源。注意：LD 电源的控制温度已经设定，对应于 LD 的最佳泵浦波长，请不要自行更改。

4. 准直好光路后需用遮挡物挡住准直器，避免准直器被输出的红外激光打坏。

5. 实验过程避免双眼直视激光光路。人眼不得与光路处于同一高度，要求实验人员戴上激光防护镜操作。

【思考题】

1. 什么是半导体泵浦固体激光器中的光谱匹配和模式匹配？
2. 可饱和吸收调 Q 中的激光脉宽、重复频率随泵浦功率如何变化？阐述原因。
3. 把倍频晶体放在激光谐振腔内对提高倍频效率有何好处？简述原因。

【参考文献】

[1] 蓝信钜. 激光技术. 3 版. 北京：科学出版社, 2021.
[2] 陈家璧, 彭润玲. 激光原理及应用. 4 版. 北京：电子工业出版社, 2019.
[3] 周炳琨. 激光原理. 北京：国防工业出版社, 2009.

实验 5.5　声光锁模与腔内选频综合实验

超短激光脉冲技术是物理学、化学、生物学、光电子学及激光光谱学等学科对微观世界进行研究和揭示新的超快过程的重要手段。超短脉冲的获得可通过锁模技术实现。锁模技术是对激光进行特殊调制，强迫激光器中振荡的各个纵模的相位固定，使各模式相干叠加得到超短脉冲的技术。锁模最早是在 He-Ne 激光器内用声光调制器实现的，后来在氩离子、二氧化碳、红宝石等激光器中都用声光调制方法实现。目前利用锁模技术可得到持续时间短到皮秒(10^{-12}s)，甚至飞秒(10^{-15}s)量级的强短脉冲激光。极强的超短脉冲光源大大促进了非线性光学、时间分辨激光光谱学、等离子体物理等学科的发展。

【实验目的】

1. 学习和掌握声光调制和激光锁模原理。
2. 掌握锁模激光器结构特点及调试方法。

【实验仪器】

He-Ne 激光器(大功率)，准直 He-Ne 激光器(小功率)，共焦球面扫描干涉仪，共焦球面扫描干涉仪控制器，声光锁模调制器，声光锁模驱动源，法布里-珀罗(F-P)标准具，示波器，激光功率计，光电二极管，腔镜(2 个)，辅助腔镜(1 个)。

【实验原理】

1. 锁模原理

本实验是在 He-Ne 激光器的谐振腔内插入声光损耗调制器来实现对波长为 632.8nm 的激光锁模。根据激光原理，若激光器的腔长不太短，将在多光束干涉作用下腔内出现多个激光纵模振荡，如图 5-5-1 所示。相邻纵模的圆频率差为

$$\omega_{q+1}-\omega_q=\Delta\omega=2\pi\Delta\upsilon=\frac{\pi c}{L} \tag{5-5-1}$$

其中，c 为光速；L 为腔长。

由于在自由振荡的激光器中，这些模的振幅及相位都不固定，彼此是随机变化，因此激光输出的合光场是各个不同频率光场无规则叠加的结果，其光场强度随机涨落，无规则起伏，如图 5-5-2 所示。

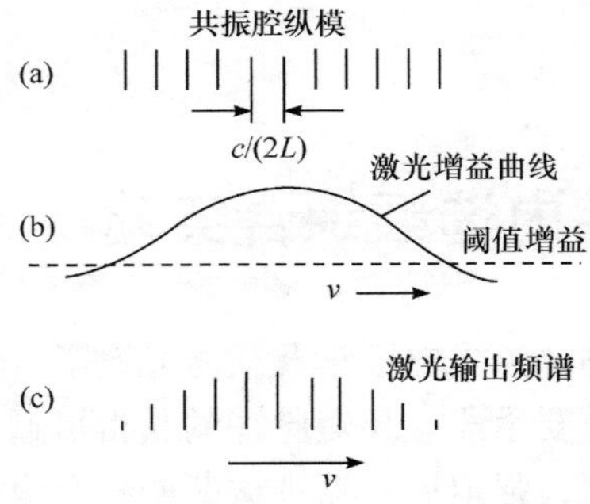

图 5-5-1　频域内谐振腔纵模与激光增益曲线的关系

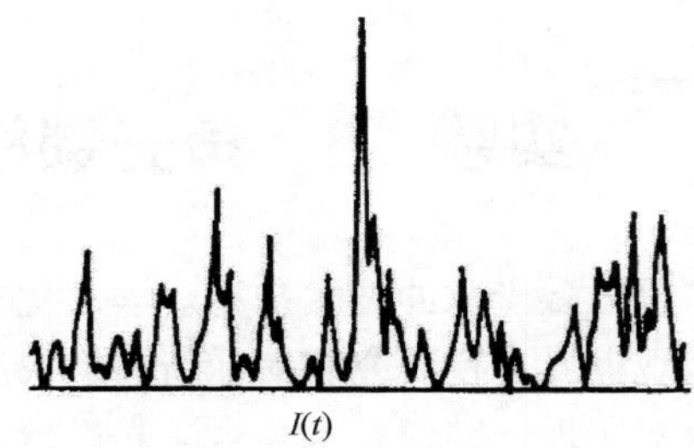

图 5-5-2　非锁模下的光强时域分布

如果我们用某种方法使激光器中各自独立的纵模在时间上同步振荡，即相位差$\Delta\varphi=\varphi_{q+1}-\varphi_q$=常数，此时激光腔内各纵模发生相干叠加，将出现一种与上述情况有质的区别而有趣的现象：激光器将输出脉宽极窄、峰值功率很高的光脉冲，这就是锁模现象。根据激光输出与相位锁定的关系，当相位差为 0 时，N 个纵模对应的合光强为

$$I(z,t)\propto\left|E(z,t)\right|^2=E_0^2\frac{\left[\frac{1}{2}N\Delta\omega\left(t-\frac{z}{c}\right)\right]}{\sin^2\left[\frac{1}{2}\Delta\omega\left(t-\frac{z}{c}\right)\right]} \tag{5-5-2}$$

当各纵模的相位同步后，原来是连续输出的光强变成了随时间和空间变化的光强。现在分别在固定空间或固定时间上来观察光强的变化特点。

若固定空间位置(令 z=0)，观察式(5-5-2)随时间的变化关系有

$$I(t)\propto=E_0^2\frac{\sin^2\left(\frac{1}{2}N\Delta\omega t\right)}{\sin^2\left(\frac{1}{2}\Delta\omega t\right)} \tag{5-5-3}$$

根据式(5-5-3)，N 个纵模的输出光强随时间的变化，如图 5-5-3 所示。

锁模后的光强分布具有如下特点：

(1) 激光光强由原来时域上的连续输出，变成随时间变化的脉冲序列。

(2) 锁模后的主脉冲峰值光强 $I_{\max}=N^2E_0^2$，相比自由运转的激光平均功率$\propto NE_0^2$，锁模后的光强峰值大了 N 倍。

(3) 主脉冲的宽度 $\tau=\dfrac{2\pi}{N\Delta\omega}$，锁住的纵模个数越多，锁模脉宽就越窄。一般

激光器的增益线宽越宽，参与相干叠加的纵模个数越多，因此锁模脉宽越窄。另外，两个主脉冲的间隔恰好是一个光脉冲在腔内往返一次所用时间，所以锁模振荡也可以看作是一个光脉冲在腔内来回传播。

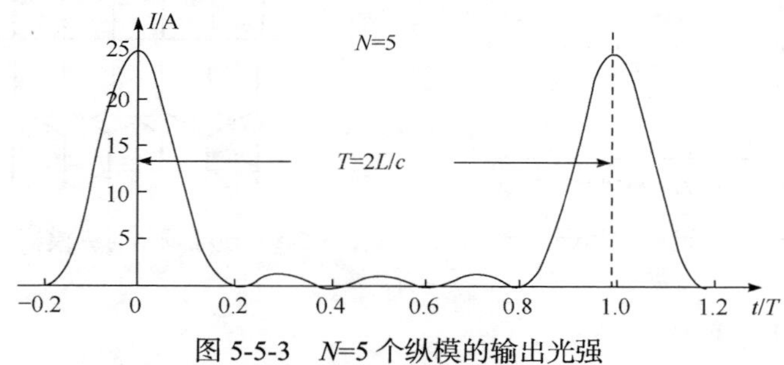

图 5-5-3　N=5 个纵模的输出光强

以上描述的是锁模激光的特性。要使腔内同时存在的 N 个纵模有相同的相位，就要靠锁模技术。本实验采用主动锁模的调幅技术，在激光腔内插入损耗调制器，使激光纵模强度在腔内受到周期性的损耗调制。假设损耗调制的函数形式为

$$\delta=\delta_0\cos(\Delta\omega t) \tag{5-5-4}$$

$\Delta\omega$为调制频率，振幅受到损耗调制的第 q 个纵模振动可表示为

$$\begin{aligned}E_q(t)&=E_{0q}\left[1+\delta_0\cos(\Delta\omega t)\right]\cos\left(\omega_q t+\varphi_q\right)\\&=E_{0q}\cos\left(\omega_q t+\varphi_q\right)+\frac{1}{2}E_{0q}\delta_0\cos\left[\left(\omega_q+\Delta\omega\right)t+\varphi_q\right]\\&\quad+\frac{1}{2}E_{0q}\delta_0\cos\left[\left(\omega_q-\Delta\omega\right)t+\varphi_q\right]\end{aligned} \tag{5-5-5}$$

从式(5-5-5)可知，除了频率 ω_q 的振动外还产生了两个边频振动，频率为 $\omega_q\pm\Delta\omega$，如图 5-5-4 所示。当$\Delta\omega$等于纵模频率间隔($\pi c/L$)时，边频频率正好与 $\omega_{q\pm1}$ 的纵模频率一致。它们之间产生了耦合，迫使$\omega_{q\pm1}$与$\omega_q\pm\Delta\omega$同步。同样，在增益线宽内所有的纵模都会受到相邻纵模产生的边频耦合，迫使所有的纵模都以相同的相位振动，因此实现了同步振荡，达到了锁模的目的，如图 5-5-5 所示。从时域的角度看，因损耗调制的周期与光在腔内往返一次的时间$\left(T=\dfrac{2L}{c},\text{对应频率}\dfrac{\pi c}{L}\right)$相同，当调制器损耗为零时，通过调制器的光波在腔内往返一周回到调制器时仍是损耗为零。当光波从介质中得到的增益大于腔内的损耗时，这部分光波就会不断增强直到饱和稳定。当调制器损耗较大时，通过的光波每次回到调制器时都受到较大的损耗，若损耗大于往返一次从介质中得到的增益，这部分光波不能形成

激光振荡，所以激光形成了周期为 $2L/c$ 的光脉冲序列。

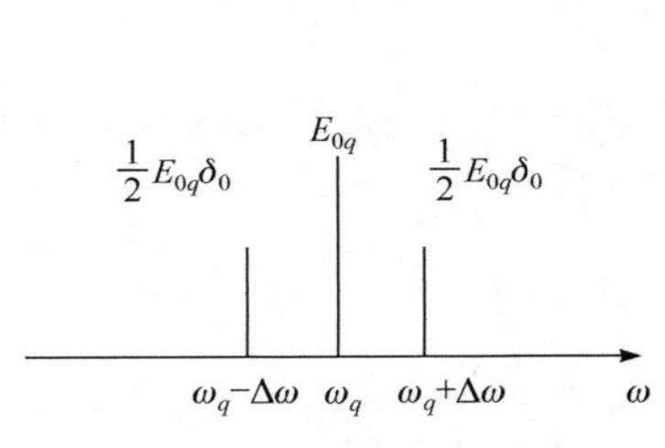

图 5-5-4　调幅波频谱

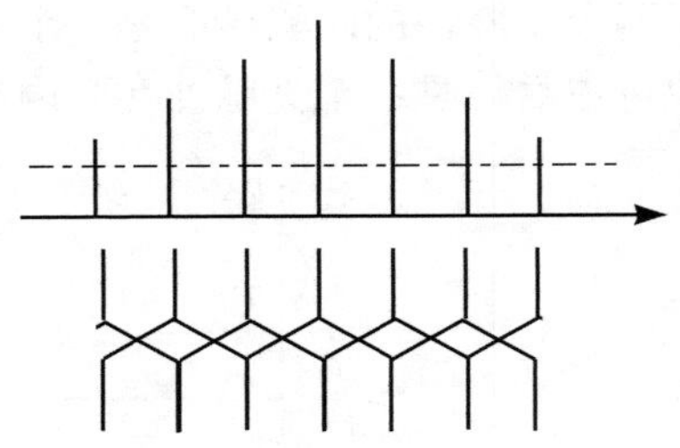

图 5-5-5　损耗调制时纵模耦合过程示意图

2. 声光调制原理

当介质中有超声波传播时，超声波使介质产生弹性应力或应变，因而使介质的折射率发生变化，光束通过这种介质就会发生衍射，使光束产生偏转、频移或强度变化，这种现象称为声光效应。根据入射角的不同和声光相互作用的长短不同，声光衍射可分作两类，一类叫拉曼-纳斯衍射，另一类叫布拉格衍射。本实验主要利用拉曼-纳斯声光衍射效应进行锁模。

当声波频率较低时，入射光垂直于声波传播方向，且沿通光方向的声光作用区 l 较短，并有 $l < l_0/2$($l_0 = \Lambda^2/\lambda$ 称为特征长度)，产生拉曼-纳斯衍射。当光波平行通过介质时，通过光学稠密(折射率大)部分的光波波振面将推迟，而通过光学稀松部分的波振面将超前，于是通过声光介质的平面波波振面出现凹凸现象，变成褶皱曲面，如图 5-5-6 所示。由出射波振面上各子波源发出的次波将发生相干作用，形成与入射方向对称分布的多级衍射光，各级衍射光对称分布于零级衍射光两侧，且同级次的衍射光的强度相等，这是拉曼-纳斯衍射的主要特征。

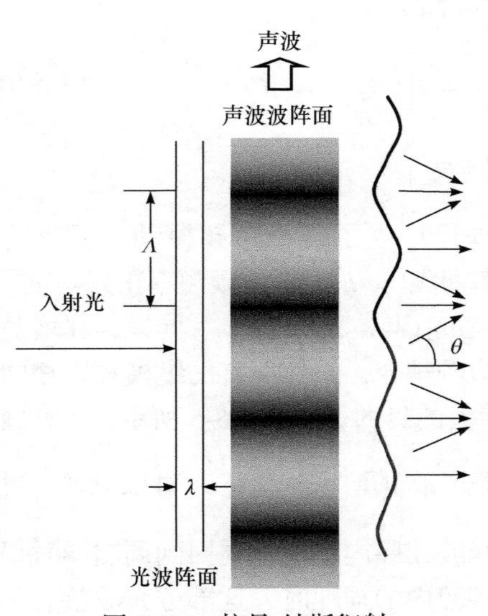

图 5-5-6　拉曼-纳斯衍射

高级次的衍射光偏离入射光的传播方向，在传播中溢出谐振腔外，因此周期性地给声光晶体施加声场，实际就是周期性地在谐振腔中引入损耗，进而达到锁模的目的。

【实验装置】

实验装置如图 5-5-7 所示。在 He-Ne 激光器谐振腔中，M_0 是布儒斯特窗片，M_1(凹面镜)、M_3(平面镜)是腔镜，M_2 是辅助平面腔镜。通过共焦球面扫描干涉仪，光电二极管，通过示波器观察激光器输出纵模频谱。

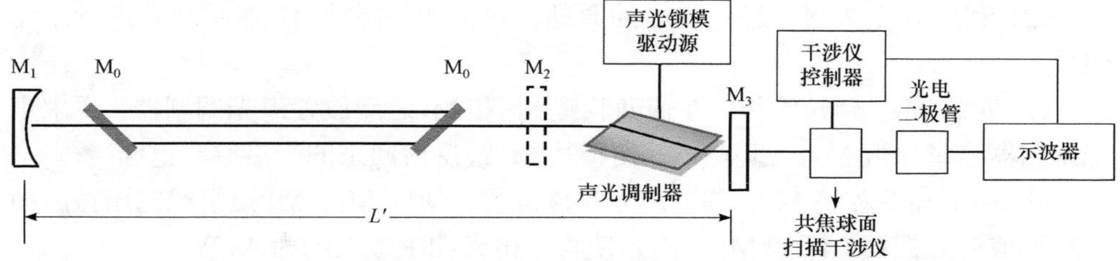

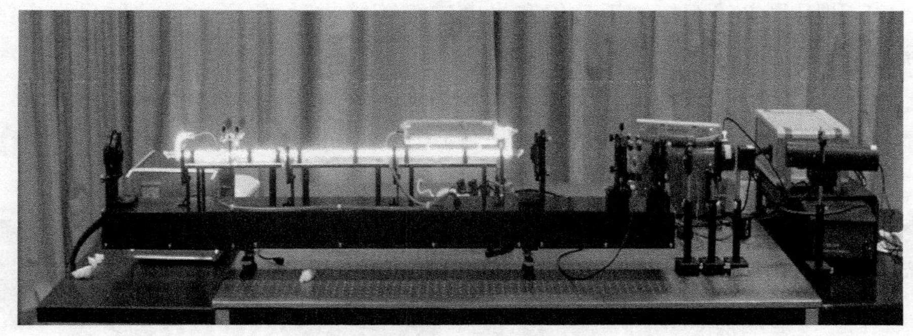

图 5-5-7　实验装置示意图

声光调制器数据：声光介质材料用熔石英，折射率 n=1.457，声速 v=5960m/s，长度 l=17mm。为了减小调制器在腔内的插入损耗，声光介质的入射和出射界面加工成布儒斯特角的形状，如图 5-5-8 所示，θ_b 为布儒斯特角。

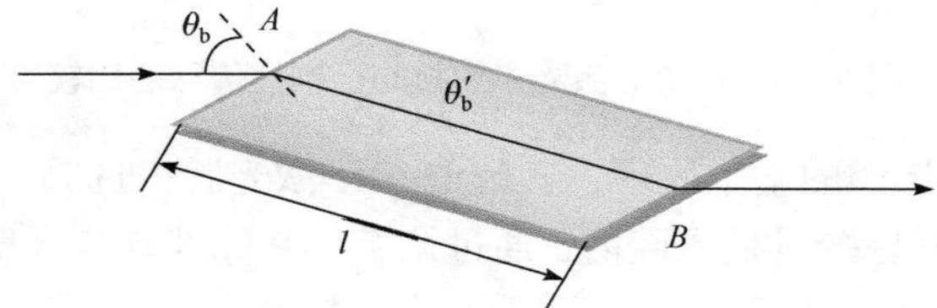

图 5-5-8　声光晶体的光路截面图

【实验内容】

(1) 掌握激光器的基本原理及其特点，自行组装调试一台用于锁模的外腔式 He-Ne 激光器。

① 调节小功率 He-Ne 激光器的水平度。

② 利用上述已准直的小功率 He-Ne 激光调节本实验中待准直的外腔式 He-Ne 激光器放电毛细管的水平度。

③ 分别安装后腔镜 M_1 和辅助腔镜 M_2，构成 He-Ne 激光谐振腔。调节 M_1、M_2 位置，使之与放电毛细管共轴，打开 He-Ne 激光器电源(～15W)，获得激光输出。通过调节使得出光功率达到 30～40mW。

(2) 利用声光调制和激光锁模的原理，对上述外腔式 He-Ne 激光进行声光锁模。

① 安装 M_3，延长腔长。在辅助腔镜 M_2 和 M_3 之间放置声光调制器，要求声光调制器尽量靠近 M_3。调节 M_3，使得从 M_3 镜反射回来的光沿原路返回。

② 取下辅助腔镜 M_2。调节声光晶体位置，使以 M_1、M_3 镜组成的谐振腔中重新形成激光振荡。细调 M_1、M_3，使得输出光功率最大约为 4mW。

③ 利用共焦球面扫描干涉仪和光电二极管接收激光，通过示波器显示未锁模的激光脉冲序列。

④ 通过在声光晶体上施加声场进行锁模，调节锁模频率和输入驱动功率，找到最佳锁模频率和功率，比较锁模前后频谱的变化(纵模个数、强度及稳定性)。

图 5-5-9 为 He-Ne 激光锁模前后的信号。

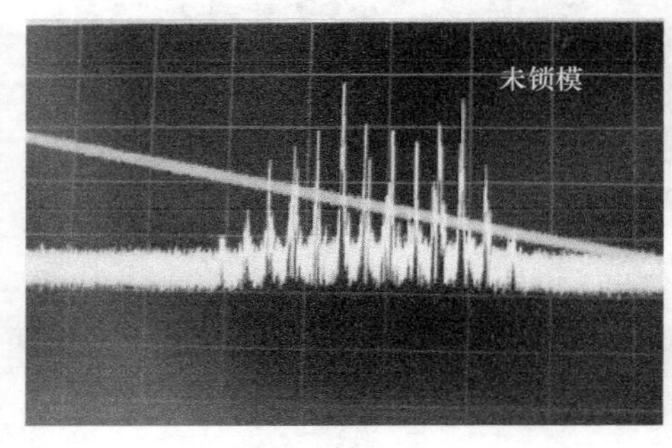

(a)

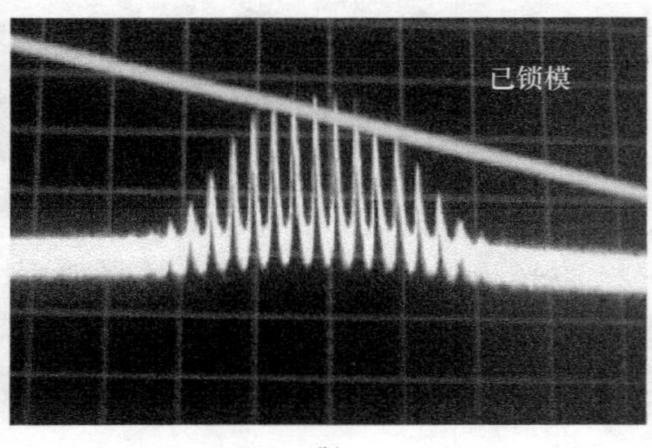

(b)

图 5-5-9 He-Ne 激光未锁模与已锁模信号的比较

(3) 掌握激光选频的基本原理，实现 He-Ne 激光腔内选频。

将法布里-珀罗标准具插入腔内，通过调节 F-P 标准具与入射光束的夹角，达到选频的目的，观察脉宽。

具体要求：

① 认真学习和复习“激光原理与技术”课程，阅读实验教材及相关资料中有关激光器的工作原理、激光锁模技术及 He-Ne 激光器结构与特点。

② 预习本实验使用的特殊器件和设备的原理及特点，包括声光调制器、共焦球面扫描干涉仪、法布里-珀罗标准具等。

③ 掌握光路的基本调节方法，包括水平度的调节、共轴等，要求每一环节均达到上述实验要求的出光功率。

④ 完成实验报告(以论文形式)和思考题。

【注意事项】

1. 在实验中满足光路中各元件的共轴等基本条件。
2. 在锁模过程中，要求声光调制器尽量靠近某一腔镜，否则锁不住纵模。
3. He-Ne 激光器的阳极带有几千伏的高压，请注意安全。
4. 激光管为玻璃结构，易碎，特别是布儒斯特窗结构由多种玻璃构成，应避免受力和碰撞。
5. 激光膜片是非常易损的光学元件，应绝对避免人手触摸和剐蹭，必要的清洁请使用专用长丝绵或脱脂棉结合乙醚或丙酮轻轻擦拭(此处应由实验技术人员操作)。

【思考题】

1. 阐述 He-Ne 激光器中毛细管窗片及声光晶体均切成布儒斯特角的原因。
2. 从谱线竞争角度论述在 He-Ne 激光器毛细管边放置磁块的目的。
3. 在实验中，声光调制器为什么要靠着前腔镜 M_3 放置？
4. 思考辅助腔镜 M_2 的作用，如果在实验中不用 M_2，是否可直接利用 M_1 与 M_3 构成的谐振腔出光？
5. 在实验中，锁模频率和输入驱动功率对锁模信号的影响如何？

【参考文献】

[1] 陈家璧, 彭润玲. 激光原理及应用. 4 版. 北京: 电子工业出版社, 2019.
[2] 北京大学物理系教研室. 激光原理. 北京: 北京大学出版社, 1981.
[3] 周炳琨. 激光原理. 北京: 国防工业出版社, 2009.
[4] 蓝信钜. 激光技术. 3 版. 北京: 科学出版社, 2021.

【附录】重要实验仪器原理介绍

1. 声光调制器

在锁模激光器中驻波型的声光器件结构如图 5-5-10 所示，除电极以外主要由四部分组成。①压电换能器，它把一定频率的外加电场转换成机械波，其厚度为声波的半波长。②键合层，作用是把压电层的机械振动耦合到声光介质中去形成超声波。③声光介质，即声光作用区，其厚度是声波半波长的整倍数。④反射层，使声波在声光介质中形成驻波。光束通过声驻波介质的衍射，其 0 级衍射光强将获

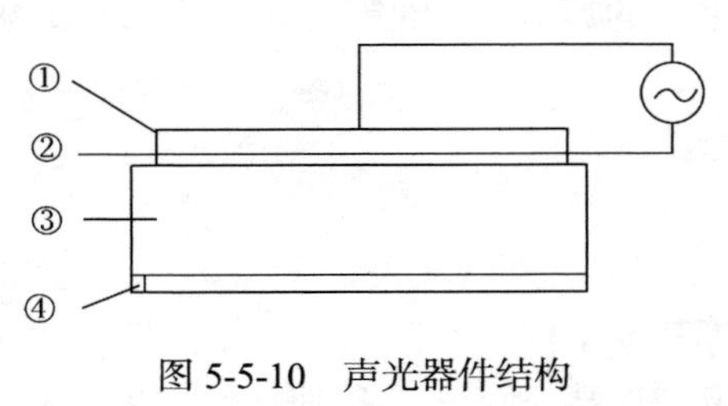

图 5-5-10　声光器件结构

得 2 倍于外加电源驱动频率的调制。当此调制频率正好等于激光纵模频率时，声光调制器就能实现损耗调制。对于输出波长为 632.8nm 的 He-Ne 激光器，其增益系数不大，每米约为 10%，若腔内损耗大于增益，激光将不能产生振荡。若声光调制器的衍射损耗能在 0 和 10%之间调制变化，就能对 632.8nm 激光进行锁模控制，拉曼-奈斯型 0 级衍射性能即可达到上述要求，而且入射光束与 0 级衍射光束方向一致，给实验调节带来很大方便。

2. 共焦球面扫描干涉仪结构与工作原理

共焦球面扫描干涉仪是一种分辨率很高的分光仪器，已成为激光技术中一种重要的测量设备。实验中使用它，将使彼此频率差异甚小(几十至几百 MHz)，用眼睛和一般光谱仪器不能分辨，所有纵模、横模展现成频谱图来进行观测。它在本实验中起着不可替代的重要作用。

共焦球面扫描干涉仪是一个无源谐振腔，由两块球形凹面反射镜构成共焦腔，即两块反射镜的曲率半径和腔长相等，$R_1=R_2=L$。反射镜镀有高反射膜。两块反射镜中的一块是固定不变的，另一块固定在可随外加电压而变化的压电陶瓷上。如图 5-5-11 所示，①为由低膨胀系数制成的间隔圈，用以保持两球形凹面反射镜 R_1 和 R_2 总是处在共焦状态；②为压电陶瓷环，其特性是若在环的内外壁上加一定数值的电压，环的长度将随之发生变化，而且长度的变化量与外加电压的幅度呈线性关系，这正是扫描干涉仪被用来扫描的基本条件。由于长度的变化量很小，仅为波长数量级，它不足以改变腔的共焦状态。但是当线性关系不好时，会给测量带来一定的误差。

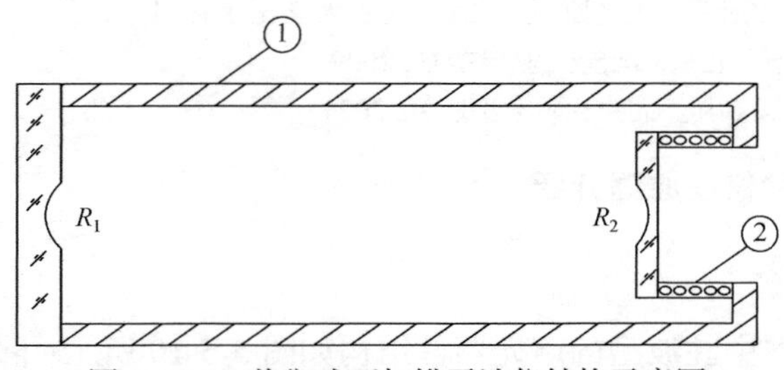

图 5-5-11　共焦球面扫描干涉仪结构示意图

当一束激光以近光轴方向射入干涉仪后，在共焦腔中经四次反射呈 X 形路径，光程近似为 $4l$，如图 5-5-12 所示，光在腔内每走一个周期都会有部分光从镜面透射出去。如在 A、B 两点形成一束束透射光 1，2，3，…和 1′，2′，3′，…，这时若在压电陶瓷上加一线性电压，当外加电压使腔长变化到某一长度 l_a，正好使相邻两次透射光束的光程差是入射光中模的波长为λ_a的谱线的整数倍时，即

$$4l_a=k\lambda_a \tag{5-5-6}$$

此时模λ_a将产生相干极大透射，而其他波长的模则相互抵消(k 为扫描干涉仪的干涉序数，是一个整数)。同理，若外加电压使腔长变化到 l_b，此时模λ_b符合谐振条件，获得极大透射，而λ_a等其他模又相互抵消。因此，透射极大的波长值和腔长值有一一对应关系。只要有一定幅度的电压来改变腔长，就可以使激光器全部不同波长(或频率)的模依次产生相干极大透过，形成扫描干涉。

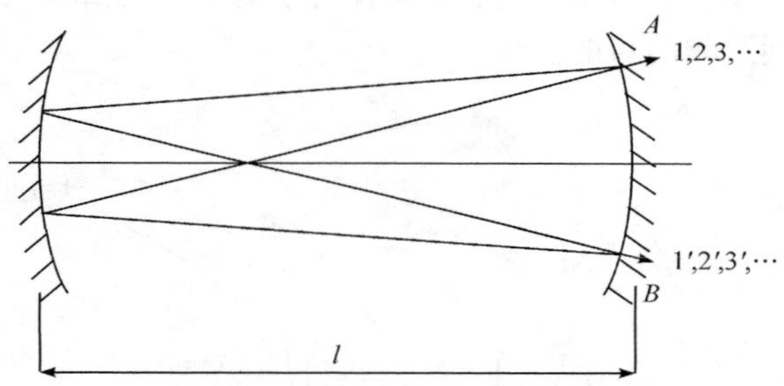

图 5-5-12　共焦球面谐振腔结构示意图

3. 法布里-珀罗标准具选频原理

图 5-5-13 为内插法布里-珀罗标准具的谐振腔结构。设法布里-珀罗标准具厚度为 d，折射为μ'，其法线与光路夹角为φ。根据法布里-珀罗标准具的工作原理，多光束干涉的结果使得只有满足下述频率 v_m 的光具有极高透射率。

$$v_m=\frac{mc}{2d\sqrt{\mu'^2-\mu^2\sin^2\varphi}} \tag{5-5-7}$$

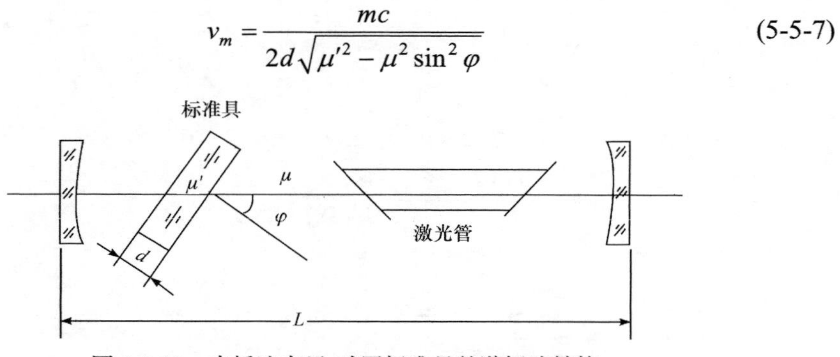

图 5-5-13　内插法布里-珀罗标准具的谐振腔结构

能够透射的相邻频率间的间隔为

$$\Delta\nu_m = \frac{c}{2d\sqrt{\mu'^2 - \mu^2 \sin^2\varphi}} \tag{5-5-8}$$

式(5-5-7)中的 m 是正整数。

图 5-5-14 为内插法布里-珀罗标准具的谐振腔输出光谱分布。

(1) 选择 $d \ll L$，一方面便于调整法布里-珀罗腔使 ν_m 落到增益曲线中心频率附近，并与腔内纵模频率 ν_q 符合；另一方面使当 ν_m 处在增益曲线内时 ν_{m+1}、ν_{m-1} 都处在增益线型之外，使得在整个谱带范围只有一个 ν_m 具有最大透射率。

(2) 若 d 保持不变，调节 φ，亦可调节法布里-珀罗腔最大透射谱的位置和相邻光谱间隔，达到选频的目的。

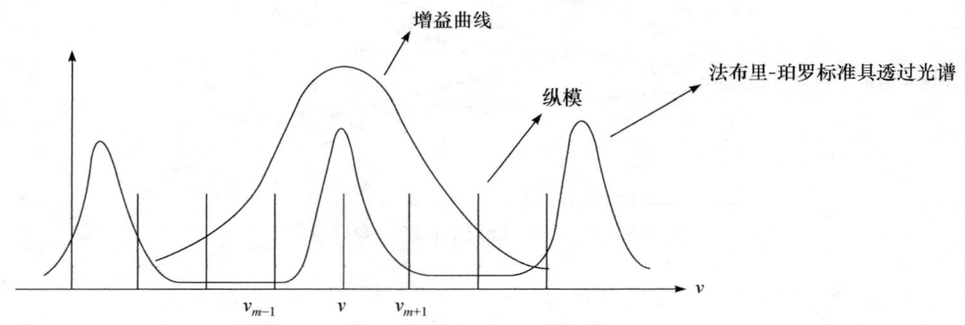

图 5-5-14　内插法布里-珀罗标准具的谐振腔输出光谱分布

实验 5.6　固体激光倍频与和频

非线性光学是现代光学的一个重要分支，它是研究强光与物质相互作用的一门学科。通过研究可以获得有关物质的组成、结构、状态、能量耦合及转移、各种内部变化动力学过程的信息。自从 1961 年 P. A. Frank 等首次发现激光倍频以来，人们通过各类激光频率转换技术，可以获得近红外、可见光到紫外，甚至超连续的各种相干光源，填补了激光器件发射波长的空白光谱区，并在其他学科和实际工程技术中得到较成熟的应用。在种类繁多的非线性光学效应中，倍频与和频现象是最基本、应用最广泛的一种。

【实验目的】

1. 掌握倍频与和频的产生原理及实现方法。
2. 了解影响倍频与和频能量转换效率的主要原因。
3. 认识相位匹配在非线性光学过程中的重要作用。

【实验仪器】

YAG 激光器及其激光电源与冷却系统，KDP 晶体(两块)，全反镜(三片)，分光镜(两片)，能量计，光栅单色仪，光电探测器，示波器，白纸屏，烧蚀相纸。

【实验原理】

1. 非线性光学基础

光与物质相互作用的过程可以分为物质在光波作用下的极化过程及极化场作为新的辐射源向外辐射光波两个过程。

原子是由原子核和核外电子构成的。当频率为ω的光波入射介质后，引起介质中原子极化，即负电中心相对于正电中心发生位移 $\boldsymbol{r}$，形成感应电偶极矩矢量

$$\boldsymbol{p} = e\boldsymbol{r} \tag{5-6-1}$$

其中，e 是负电中心的电量。定义单位体积内原子偶极矩的总和为介质的电极化强度矢量

$$\boldsymbol{P} = \lim_{\Delta V \to 0} \frac{\sum \boldsymbol{p}}{\Delta V} \tag{5-6-2}$$

而电极化强度矢量与入射场的关系为

$$\boldsymbol{P} = \varepsilon_0 \boldsymbol{\chi}^{(1)} \cdot \boldsymbol{E} + \varepsilon_0 \boldsymbol{\chi}^{(2)} : \boldsymbol{EE} + \varepsilon_0 \boldsymbol{\chi}^{(3)} \vdots \boldsymbol{EEE} + \cdots = \boldsymbol{P}^{(1)} + \boldsymbol{P}^{(2)} + \boldsymbol{P}^{(3)} + \cdots \tag{5-6-3}$$

其中，$\boldsymbol{\chi}^{(1)}$，$\boldsymbol{\chi}^{(2)}$，$\boldsymbol{\chi}^{(3)}$，…分别为线性极化率、二阶非线性极化率、三阶非线性极化率、…，并且相邻阶次电极化率的相对比值为

$$\frac{\left|\chi^{(n)}\right|}{\left|\chi^{(n-1)}\right|} \approx \frac{1}{\left|E_{\text{at}}\right|} \tag{5-6-4}$$

其中，E_{at}为原子内的平均电场强度的大小(～10^{11}V/m)。

由于入射光是变化的，其振幅为$E = E_0 \sin \omega t$，所以极化强度也随之变化。根据电磁理论，变化的极化场可作为辐射源产生新光波。在入射场比较小的时候(远小于原子内的场强)，$\chi^{(2)}$，$\chi^{(3)}$很小，$\boldsymbol{P}$ 与 $\boldsymbol{E}$ 呈线性关系，为$\boldsymbol{P} = \varepsilon_0 \boldsymbol{\chi}^{(1)} \cdot \boldsymbol{E}$。新光波与原入射光波具有相同的频率，即是线性光学现象。当入射光的场强较强时，新光波中不仅含有入射的基频光，还有二次谐波、三次谐波等频率产生，形成能量转移和频率变换，这就是非线性现象。这也正是高强度的激光出现之后，非线性光学才得到迅速发展的原因。

2. 二阶非线性光学效应

虽然许多介质都可以产生非线性效应，但是具有中心对称结构的某些晶体和各向同性介质(如气体)，由于偶阶次的极化率为零，只含有奇阶次(最低为三阶)，因此要观察二阶非线性效应，只能在具有非中心对称结构的晶体中进行，如KDP(或 KD*P)、$LiNbO_3$ 晶体等。现从波的耦合分析二阶非线性的产生原理，设有下列两波作用于介质：

$$\begin{aligned} E_1 &= A_1 \cos(\omega_1 t + k_1 z) \\ E_2 &= A_2 \cos(\omega_2 t + k_2 z) \end{aligned} \tag{5-6-5}$$

介质产生的极化强度应为两列光波的叠加，有

$$\begin{aligned} P^{(2)} &= \varepsilon_0 \chi^{(2)} [A_1 \cos(\omega_1 t + k_1 z) + A_2 \cos(\omega_2 t + k_2 z)]^2 \\ &= \varepsilon_0 \chi^{(2)} [A_1{}^2 \cos^2(\omega_1 t + k_1 z) + A_2{}^2 \cos^2(\omega_2 t + k_2 z) \\ &\quad + 2 A_1 A_2 \cos(\omega_1 t + k_1 z) \cos(\omega_2 t + k_2 z)] \end{aligned} \tag{5-6-6}$$

经过推导，二阶非线性极化波包括下面几种不同频率成分：

$$\begin{cases} P_{2\omega_1} = \dfrac{1}{2}\varepsilon_0\chi^{(2)}A_1^2\cos\left[2(\omega_1 t + k_1 z)\right] \\ P_{2\omega_2} = \dfrac{1}{2}\varepsilon_0\chi^{(2)}A_2^2\cos\left[2(\omega_2 t + k_2 z)\right] \\ P_{\omega_1+\omega_2} = \varepsilon_0\chi^{(2)}A_1A_2\cos\left[(\omega_1+\omega_2)t + (k_1+k_2)z\right] \\ P_{\omega_1-\omega_2} = \varepsilon_0\chi^{(2)}A_1A_2\cos\left[(\omega_1-\omega_2)t + (k_1-k_2)z\right] \\ P_{直流} = \dfrac{1}{2}\varepsilon_0\chi^{(2)}\left(A_1^2+A_2^2\right) \end{cases} \tag{5-6-7}$$

从式(5-6-7)可见，二阶效应中含有基频波的倍频分量$(2\omega_1)$、$(2\omega_2)$，和频分量$(\omega_1+\omega_2)$，差频分量$(\omega_1-\omega_2)$和直流分量，故二阶效应可用于实现倍频、和频、差频及参量振荡等过程。当单一频率的光波入射介质时，二阶非线性效应就只有二倍频效应。在二阶非线性效应中二倍频是最基本、应用最广泛的一种技术。历史上第一个非线性效应实验就是在第一台红宝石激光器诞生不久，利用 0.6943μm 红宝石激光在石英晶体中观察到紫外倍频光，后来人们又用此技术把 1.064μm 红外激光转换为 0.53μm 的绿光，从而满足水下通信和探测等对波段的要求。当$\omega_1\neq\omega_2$时，产生$\omega_3=\omega_1+\omega_2$的光波为和频光。如果入射光波分别为$\omega$与 2ω，和频之后产生 $3\omega=\omega+2\omega$(注意，它数值上等于三倍频，但不是三阶非线性效应)。

3. 相位匹配技术

极化强度与入射光强和晶体非线性极化系数有关。但是实际上入射光足够强，在使用非线性系数尽量大的晶体时，也未必能获得较好的倍频效果，这里还有一个重要因素即相位匹配。

根据倍频转换效率η的定义及非线性光学理论可以得到

$$\eta \propto \left[\frac{\sin(\Delta kL/2)}{\Delta kL/2}\right]^2 \cdot L^2 d_{\text{eff}}^2 I_\omega^2 \tag{5-6-8}$$

式中，I_ω为基波的光强；d_{eff}为晶体有效非线性系数；L 为晶体长度；$\Delta k = k_{2\omega} - 2k_\omega = \dfrac{4\pi}{\lambda_1}(n_{2\omega}-n_\omega)$，为相位失配因子，$k$ 为波矢，n 为折射率，λ_1 为基频光波长。

图 5-6-1 给出二次谐波光强随相位失配因子 Δk 的变化。由图可见，在$\Delta k=0$时，谐波光强最大，这就是相位匹配条件，它在非线性光学混频和参量过程中具有重要意义。

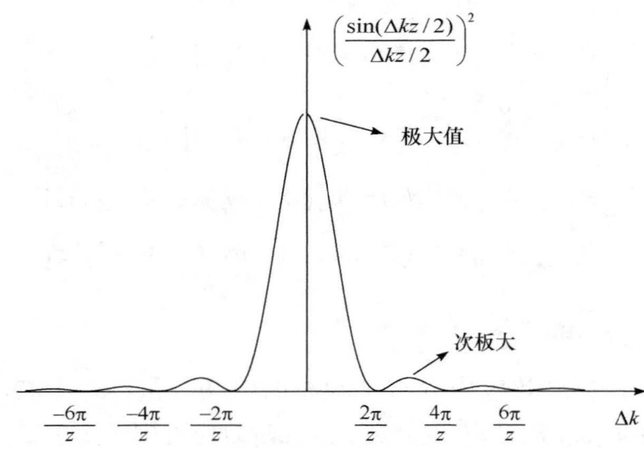

图 5-6-1　二次谐波光强随相位失配因子Δk的变化

相位匹配条件的方法：由于一般介质存在正常色散效应，倍频光的折射率 $n_{2\omega}$ 总是大于基频光的折射率 n_{ω}，所以相位失配因子 $\Delta k \neq 0$。要满足相位匹配，我们可以通过各向异性晶体的双折射效应产生的 o 光和 e 光之间的折射率差来补偿介质对不同波长光的正常色散实现，这是提高倍频效率的必要条件，也称为角度相位匹配。以负单轴晶体为例说明，图 5-6-2 为负单轴晶体中基频光和倍频光的两种不同偏振态折射率面间的关系。图中实线为基频光(o 光)折射率面，虚线为倍频光(e 光)折射率面，z 轴为光轴。当光波沿着与光轴成 $\theta_{\rm m}$ 方向传播时，满足 $n_{2\omega}^{\rm e}(\theta_{\rm m}) = n_{\omega}^{\rm o}$，即实现相位匹配。$\theta_{\rm m}$ 为相位匹配角，它可从下式中计算得到

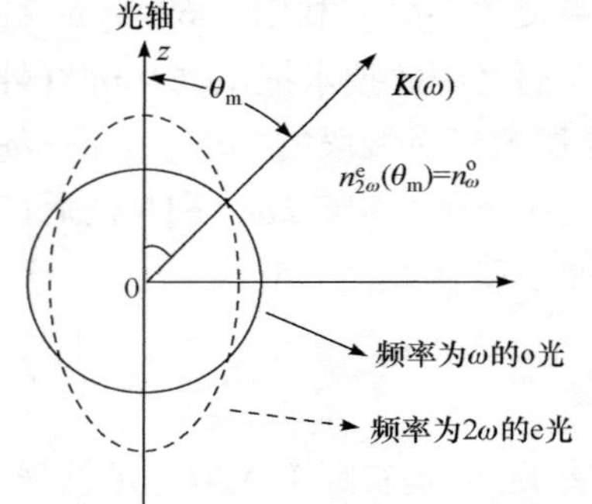

图 5-6-2　负单轴晶体的折射率球面

$$\sin^2\theta_{\rm m} = \frac{(n_{\omega}^{\rm o})^{-2} - (n_{2\omega}^{\rm o})^{-2}}{(n_{2\omega}^{\rm e})^{-2} - (n_{2\omega}^{\rm o})^{-2}} \tag{5-6-9}$$

式中，$n_{\omega}^{\rm o}$，$n_{2\omega}^{\rm o}$，$n_{2\omega}^{\rm e}$ 为基频光和倍频光的主折射率，可以查表得到。

角度相位匹配可以分为两类：第一类是入射为同一种线偏振光，负单轴晶体将两个基频 o 光光子转变为一个倍频 e 光光子，正单轴晶体将两个基频 e 光光子转变为一个倍频 o 光光子；第二类是入射光中同时含有 o 光和 e 光两种线偏振光，负单轴晶体将两个不同的光子变成一个倍频的 e 光光子，而正单轴晶体将它们变为一个倍频的 o 光光子。本实验中无论是倍频还是和频，用的都是 KD^*P 晶体的第二类相位匹配。

在影响倍频效率的诸多因素中，除了上述比较重要的三个因素(光强、非线性系数、相位匹配)外，还需要考虑到晶体的有效长度 L_s 和光波模式。图 5-6-3 为倍频光和基频光光振幅随传输距离的变化。如果晶体过长($L>2L_s$)，就会造成倍频效率饱和；如果晶体过短($L<L_s$)，则转化效率过低。因此 L_s 的大小给出了倍频技术中应该使用的晶体长度。模式的不同也会影响转换效率，如高阶横模，方向性差，偏离光传播方向的光会偏离相位匹配角。因此，在不降低入射光功率的情况下，以选择基横模或低阶横模为宜。

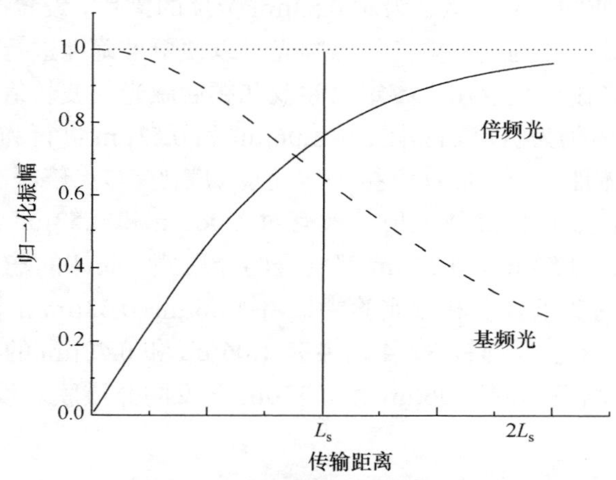

图 5-6-3 倍频光和基频光光振幅随传输距离的变化

【实验装置】

实验装置见图 5-6-4 所示。调 Q 的 YAG 固体激光输出波长为 1.06μm，能量

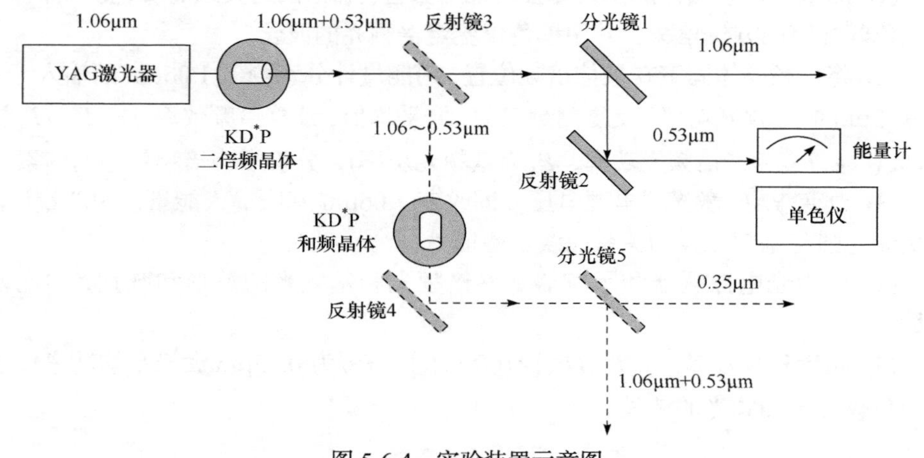

图 5-6-4 实验装置示意图

为 200mJ，脉宽为 10ns 的红外激光。由于一般调 Q 脉冲激光器输出能量比较高，通常采用腔外倍频。这种方法虽不如腔内倍频效率高，但是装置简单，便于调整和测量。本实验就是采用腔外倍频的装置结构。

KDP 二倍频晶体为负单轴晶体，用来产生 0.53μm 绿光。晶体加工时已按一定角度切割好，可使得入射激光垂直入射晶体表面。晶体输入端镀有对 1.06μm 的增透膜，输出端镀有对 1.06μm 和 0.53μm 的增透膜。本实验需要测量晶体的最佳相位匹配位置，故把它放在带有刻度的转盘上。分光镜 1 镀有对 1.06μm 增透和 0.53μm 全反的介质膜。反射镜 2 为对 0.53μm 全反的镜片。设置两块镜片 1、2 是为了增加反射次数，得到纯度更高的倍频光，以便更准确地进行能量测量和波长鉴定。实验中的光栅单色仪用来鉴定倍频及和频后激光的波长值。

KDP 和频晶体仍为负单轴晶体，对 1.06μm 和 0.53μm 进行和频，产生 0.35μm 的紫外激光。晶体加工时，同样已按一定角度切割好(与二倍频晶体不同)，入射激光垂直入射晶体表面。晶体入射端镀有对 1.06μm 和 0.53μm 的增透膜，输出端镀有对 1.06μm、0.53μm、0.35μm 都增透的介质膜。晶体的输入窗口上注有对两束光偏振方向的要求。在和频实验中，将 1.06μm+0.53μm 的激光通过反射镜 3 引到另一条光路中。反射镜 3、4 均镀有 1.06μm 和 0.53μm 的全反膜。分光镜 5 镀有对 0.35μm 增透、对 1.06μm 和 0.53μm 全反的介质膜。设置镜片 4、5 的道理同上。

【实验内容】

根据下述实验内容，设计实验光路，本着测量方法合理，操作方法正确，程序简便的原则，学会独立编排实验步骤。

(1) 测量二倍频晶体的出射光强与晶体方位(转盘角)的关系曲线，得到晶体实现相位匹配时的方位角 θ_m，并用单色仪鉴定倍频光的波长。

(2) 将倍频晶体固定在最佳倍频位置，用能量计分别测出 1.06μm 的输入光强及 0.53μm 的倍频光功率，反复测量三遍，取平均值，计算倍频效率 $\eta=\left(P_{2\omega}/P_{\omega}\right)\times 100\%$ (注：$P_{2\omega}$为二倍频光功率，P_{ω}为基频光功率)，分析影响倍频效率的因素。

(3) 改变 YAG 激光器电源电压，即改变 1.06μm 基频输入能量，用能量计测出倍频光强与基频光强的关系曲线，验证 $I_{2\omega}\propto I_{\omega}^2$。

(4) 利用光电探测器和示波器观察倍频光和基频光的波形和脉宽，并分析原因。

(5) 测量和频效率 $\eta=\left(P_{3\omega}/P_{\omega}\right)\times 100\,\%$ (注：$P_{3\omega}$为 0.35μm 激光平均功率)，并用单色仪鉴定和频光的波长。

【注意事项】

1. 在实验中应满足光路中各元件共轴等基本条件。

2. 本实验采用大功率、高能量、多脉冲的固体激光器，有不可见的红外光、紫外光，又有高压电，因此操作者在实验中一定要小心谨慎，且必须戴激光护目镜，坚持站立操作。

3. 激光电源和水冷系统的开启、关闭方法及操作顺序说明，请详见实验 5.3 附录：激光电源使用技术参数及注意事项。

4. 在使用 1.06μm 激光时，若仅是用于调整光路和鉴定波长，则应使用弱激光。若为测量功率所用，需改用强激光。每挪动一次光学元件，均需要将光强减弱，以防止强光把元件边框打坏。

【思考题】

1. 要获得 0.35μm 的紫外光，为何采用 1.06μm 红外光和 0.53μm 绿光和频产生，而不直接采用 1.06μm 基频光三倍频产生呢？

2. 如何知道本实验的倍频为第二类相位匹配？是否可以将其改为第一类相位匹配？

3. 白纸板接收 0.35μm 紫外激光时，会看到紫光和弱绿光，该紫光是否就是紫外激光？紫光和绿光的产生原因各是什么？

【参考文献】

[1] 吴思诚, 王祖铨. 近代物理实验. 3 版. 北京: 高等教育出版社, 2005.
[2] 叶佩弦. 非线性光学物理. 北京: 北京大学出版社, 2007.

实验 5.7　紫外激光加工设计与应用

大功率激光器与各种激光技术的发展推动了激光与材料相互作用研究的不断深入。激光加工已成为激光系统最常见的应用之一，尤其是精度要求较高的微加工领域，如电子元器件、集成电路、电工电器、手机通信、五金制品、精密器械、首饰饰品等。作为一种非接触、无污染、低噪声、省材料的绿色加工技术，激光加工还具备信息时代的特点，可实现智能控制，高度柔性化和模块化，以及各种先进加工技术的集成。

【实验目的】

1. 掌握激光雕刻加工的原理。
2. 掌握激光打标机操作及 Ezcad 软件的使用方法。
3. 利用激光打标机独立设计与制备图案和文字，完成作品。

【实验仪器】

Enpon-Nano-L03-355 型激光打标机主要由五部分组成：激光电源、激光器、冷却系统、二维运动系统、计算机(打标软件)，如图 5-7-1 所示。

(1) 激光电源：为整个设备提供能量，控制激光。

(2) 激光器：发射激光，激光束通过一系列光学器件聚焦于工件表面，使加工材料表面瞬间汽化形成凹痕。

(3) 激光冷水器：冷却系统将由大部分电能所转化的热量带走，保证激光器正常工作。

(4) 水冷机的报警信号与激光设备后面板连接，当激光器温度过高时报警，起到保护 LD 的作用。

(5) 二维运动系统在打标软件控制下带动高能光束运动，从而使工件表面烧蚀出用户所设计的图形或字符。

(6) 计算机：控制系统采用 Ezcad 软件实时控制。

【实验原理】

1. 激光加工原理

激光加工指的是激光束作用于物体表面而引起的物体成形或改性的加工过

程。根据激光束与材料相互作用的机制，大体可将激光加工分为激光热加工和光化学反应加工两类。激光热加工是指利用激光束投射到材料表面产生的热效应来完成加工过程，包括激光焊接、激光切割、表面改性、激光打标、激光钻孔和微加工等；光化学反应加工是指激光束照射到物体，借助高密度激光高能光子引发或控制光化学反应的加工过程，包括光化学沉积、立体光刻、激光雕刻刻蚀等。

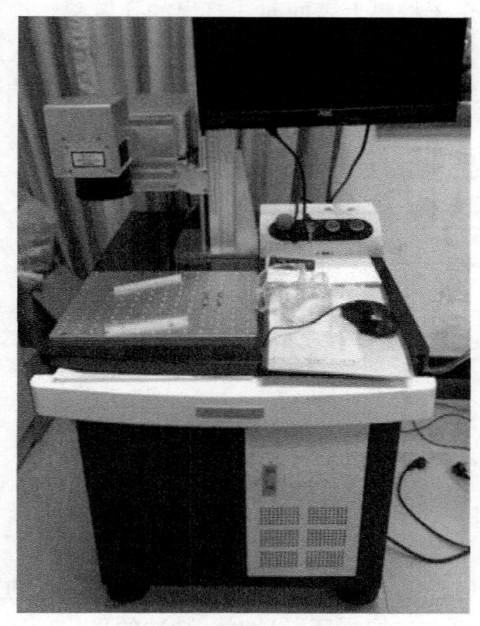

图 5-7-1 激光打标机

紫外激光加工技术是利用高能量密度的激光对工件进行局部照射，以激光的高能量来切除材料及改变物体表面性能，从而留下永久性标记的一种加工方法。加工原理是通过表面物质的蒸发或者直接破坏物质表面材料的化学键露出深层物质，不会对物质表面产生破坏。相对于红外激光加工技术，紫外激光能量更高，加工更精细，加工过程无外部热量产生，完全是“冷加工”，并且加工部位无毛刺光滑平整，大大提高了产品的精美度。由于激光加工是无接触式加工，工具不会与工件的表面直接摩擦产生阻力，所以激光加工的速度极快，加工对象受热影响的范围较小，而且不会产生噪声。由于激光束的能量和光束的移动速度均可调节，因此激光加工可应用到不同层面和范围上。

2. 激光参数对加工精度的影响

1) 脉冲宽度

脉冲宽度对打孔深度、孔径、孔形的影响较大。窄脉冲能够得到较深、孔径较大的孔，宽脉冲不仅使孔深度、孔径变小，而且使孔的表面粗糙度变大，尺寸精度下降。对于导热性较好的材料，应使用较窄脉冲以增加孔深；而对于导热性较差的材料，则可以用较宽的脉冲以提高激光脉冲能量的利用率。

2) 离焦量

激光打孔去除材料的机制主要是材料的蒸发，因此激光的功率密度对打孔影响也很大。当激光聚焦于材料上表面时，打出的孔较深，锥度较小。在焦点处于表面下某一位置时，相同条件下打出的孔最深；而过分的入焦和离焦都会使得激光功率大大降低，以致打成盲孔。离焦量对打孔质量的影响如图 5-7-2 所示。

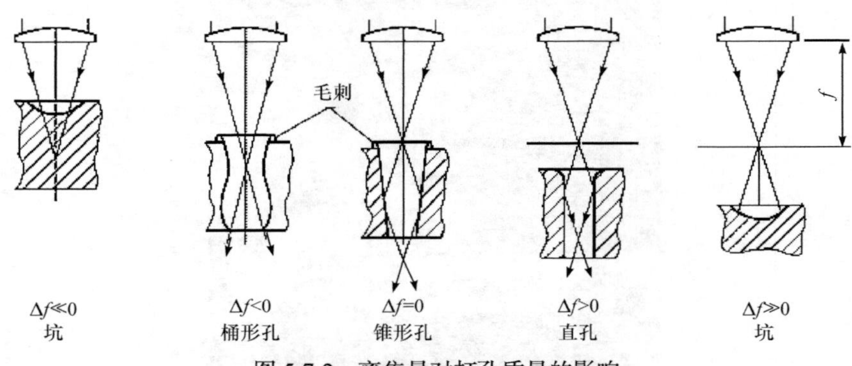

图 5-7-2　离焦量对打孔质量的影响

3) 重复频率

一般地说，单个脉冲的宽度和能量不变时，脉冲激光的重复频率对孔径的影响不大。如果在用调 Q 方法取得巨脉冲时，脉冲的平均功率基本不变，脉宽也不变，则重复频率越高，脉冲的峰值功率越小，单脉冲的能量也越小。这样打孔的深度要减小。

3. 紫外激光直写系统工作原理

实验采用的 Enpon-Nano-L03-355 型激光打标机主要由五部分组成：激光电源、激光器、冷却系统、二维运动系统、计算机(打标软件)，如图 5-7-1 所示。主要工作模块有：刻写激光调制模块、激光运动模块、平场透镜和工作平台，如图 5-7-3 所示。其中激光调制模块主要用来提供光源并调制得到加工样品所需的激光束；从激光器中输出的光束，由安装在高速精密电机(M1 和 M2)上的两个反射镜控制，以实现光束的运动打标，每个反射镜都沿着单一的轴线运动，电机的运动速度非常快，并且惯性非常小；平场扫描振镜将激光束在整个打标平面内形成均匀大小的聚焦光斑。实验采用的是 Enpon 系列固态纳秒激光器，平均功率在 0～50W 连续可调，一般不低于 5W，激光波长为 355nm。激光强度和刻蚀速度可以由计算机中的打标软件进行设置。

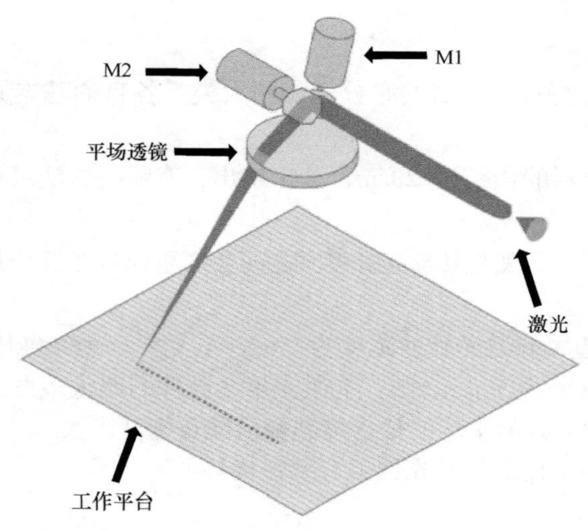

图 5-7-3 紫外激光直写加工系统示意图

【实验内容】

实验准备：实验前请自备一些材料，如木制梳子、不锈钢勺、手机外壳、优盘等。根据在何种材料上加工修改相关参数。

本实验中激光加工最佳工作频率为 30kHz，升高或降低都会略降低功率。在强度较大的材料上加工，电流和频率可取大些；在强度较小的材料上加工，电流可取小些。不同频率和电流下加工的效果可能不同，实验时应多摸索，在不确定时均应从最小值开始实验。

(1) 绘制二维码。

(2) 绘制文字。

(3) 绘制矢量图片。

(4) 绘制阵列。

(5) 自行完成个性化设计，进行组内评选。

(6) 加工一组黑硅器件，比较其吸收率的变化。

【注意事项】

1. 激光亮度高，严禁光束照射眼睛，避免造成伤害。实验时应佩戴激光安全防护眼镜。

2. 在材料上进行实验时，会有气味产生，应避免吸入。

3. 在不同材料上进行激光加工时，应从最小值开始慢慢改变参数，直至找到最佳参数。

【思考题】

1. 激光加工的特点是什么？它分为哪两大类？各自的基本原理和主要应用领域是什么？

2. 已知此激光器的焦距为 20cm，若未给出，有哪些方法可以测得激光器的焦距？

3. 激光热加工中，激光束与金属表面之间会产生何种相互作用过程？产生哪些物理现象？

4. 若实验中选用的激光脉冲宽度为 5ns，重复频率为 30kHz，平均功率为 3W，聚焦光斑的直径为 30μm，则：(1)激光单个脉冲的能量多大？(2)激光峰值功率多大？(3)加工表面处的平均能量密度和峰值能量密度多大？

5. 紫外激光加工比红外激光加工有哪些优势？

【附录】

激光器性能指标如下：

波长：355nm。

输出功率：3W；对应电流：10A。

工作频率范围：10～100kHz。

脉冲宽度：⩽6ns @ 30kHz。

光束质量：M^2⩽1.3。

偏振度：>100∶1，偏振方向：垂直。

启动时间：⩽2min。

冷却方式：水冷。

功耗：小于 500W。

第六章　光纤技术类

实验 6.1　光纤参数测量与应用综合实验

光纤是一种光波导，具有损耗低、频带宽、重量轻等特点。目前，光纤的应用从长距离光纤通信到光纤传感，遍布医疗、军事、能源等诸多领域。本实验旨在通过测量光纤的基本参数，包括光纤的耦合、数值孔径、衰减以及几何参数等，使学生了解光纤的基本特性。在此基础上，学生通过设计光纤激光音频通信实验系统，掌握光纤在通信中的应用。

【实验目的】

1. 了解光纤及光纤器件，掌握单模光纤与多模光纤的鉴别方法，以及光纤与光源的耦合方法。

2. 掌握光纤的数值孔径、损耗、几何参数的含义及对应的测量方法。

3. 了解光纤激光通信的原理，并设计光纤激光通信实验系统。

【实验仪器】

650nm 空间输出激光器系统，激光功率计，侧推平移台，可变光阑，显微物镜，光纤跳线(单模/多模)，法兰盘，滤光孔，钢尺，裸光纤，光纤端面观察仪，LED 照明光源(白光)，光纤几何参数测量软件，像素尺寸标定件，绕模器，光纤准直镜，发射模块，接收模块，MP3 播放器，音箱，直流电源。

【实验原理】

1. 光纤的耦合效率

光耦合是光纤应用的重要组成部分。光耦合是指光信号的耦合，包括光纤之间、光纤与光源之间、光纤与探测器之间，以及其他不同光学器件之间的耦合。它是构建光通信系统的重要技术之一。

光纤与光纤的耦合一般用到光纤耦合器。光纤耦合器又称分歧器、连接器、适配器、法兰盘，是用于实现光信号分路/合路，或用于延长光纤链路的元件，在电信网络、有线电视网络、用户回路系统、区域网络中都会用到。常见的光纤耦合器的工作原理是把光纤的两个端面精密对接起来，以使发射光纤输出的光能量能最大限度地耦合到接收光纤中。

光纤与光源的耦合方式有直接耦合和经聚光器件耦合两种。直接耦合是使光纤直接对准光源输出的光进行“对接”耦合。这种方法的操作过程是：将用专用设备使切制好并经清洁处理的光纤端面靠近光源的发光面，并将其调整到最佳位置(光纤输出端的输出光强最大)，然后固定其相对位置。这种方法简单、可靠，但必须有专用设备。如果光源输出光束的横截面积大于纤芯的横截面积，将引起较大的耦合损耗。

经聚光器件耦合是指光源发出的光先通过聚光器件，然后聚焦于光纤端面上，并调整到最佳位置(光纤输出端的输出光强最大)。这种耦合方法能提高耦合效率。

2. 光纤的数值孔径

光纤在空间中输出的光束具有一定的发散角。根据光路的可逆性原理，入射在光纤端面上的光线只有在该圆锥角范围内才能够折射进入光纤，并在光纤中传导。数值孔径(NA)是衡量系统能够收集的光的角度范围，表征光纤接收入射光线的能力，是反映光纤与光源、光探测器及其他光纤相互耦合器件的重要参数。NA的基本定义式为

$$\mathrm{NA} = n_0 \sin\theta = n_0\sqrt{n_1^2 - n_2^2} \tag{6-1-1}$$

其中，n_0为光纤周边介质的折射率，一般为空气($n_0 = 1$)；n_1和n_2分别为光纤纤芯和包层的折射率。光纤在朗伯光源的照射下，其远场功率角分布与光纤数值孔径有如下关系：

$$\sin\theta = \sqrt{1-\left(\frac{P(\theta)}{P(0)}\right)^{\frac{1}{2}}} = \mathrm{NA} \tag{6-1-2}$$

其中，θ为远场辐射角；$P(\theta)$和$P(0)$分别为θ和0处的远场辐射功率。当$P(\theta)/P(0)=10\%$时，$\sin\theta \approx \mathrm{NA}$，因此可将对应于$P(\theta)$角度曲线上光功率下降到中心值的10%处的角度$\theta_0$的正弦值定义为光纤的数值孔径，称之为有效数值孔径：$\mathrm{NA}_{\mathrm{eff}} = \sin\theta_0$。

本实验中通过测量光纤出射光斑尺寸来计算光线出射角度，从而确定光纤的数值孔径。这种方法在测量光纤数值孔径时较为常用。具体测量方法如图6-1-1所示。用650nm激光器作为光源，测量出射光斑尺寸D和光斑距离出射端的距离

L，则光纤数值孔径为

$$\mathrm{NA} = \sin\left[\arctan\left(\frac{D}{2L}\right)\right] \tag{6-1-3}$$

测量直径的方法是功率计沿着圆斑的直径由中心向外围移动，记录中心最大功率为 P_1，此时平移台刻度为 R_1；功率计向外围移动时，当两个边缘的功率 P_2、P_3 分别降为 P_1 的 10%时，记录平移台刻度 R_2、R_3。根据上述公式，数值孔径为

$$\mathrm{NA} = \sin\left[\arctan\left(\frac{|R_3 - R_2|}{2L}\right)\right] \tag{6-1-4}$$

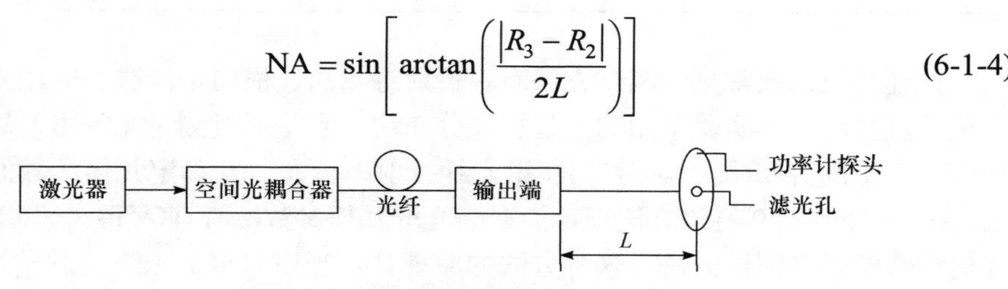

图 6-1-1　光纤数值孔径测量示意图

3. 光纤的损耗

衰减是光纤传输特性的重要参量，直接影响光纤的传输效率。对于通信应用的光纤，低衰减特性尤为重要。光纤传输损耗是指光强在光纤内随着距离的衰减情况，测量方法主要为插入法。在稳态注入条件下，首先测量长度为 1m 的多模光纤输出光功率 P_1，然后保持注入条件不变，将 1m 长光纤通过法兰对接到 1.1km 光纤，测量 1.1km 光纤输出的光功率 P_2，因对接法兰衰减可忽略，故 P_1 可认为是被测光纤的注入光功率。因此，按照插入损耗的定义就可计算出被测光纤的衰减系数。

4. 光纤的几何参数

光纤的几何参数关系到光通信中光的耦合传输、接续等多个方面，是光纤研制与生产中的重要参数。因此，精确地测量光纤的几何参数成为光纤测试的必需项目之一。本实验采用近场光分布法(灰度法)实现对光纤折射率分布曲线和光纤几何参数(纤芯\模场直径、包层直径、纤芯不圆度、包层不圆度、纤芯\包层同心度误差)的测量。

光纤的几何参数包括：纤芯直径、包层直径、纤芯不圆度、包层不圆度和纤芯\包层同心度误差等。表 6-1-1 给出了常见光纤的几何参数实例。

表 6-1-1　常见光纤的几何参数实例

名称	G.652 单模光纤	50/125 多模光纤	62.5/125 多模光纤
纤芯(模场)直径	8.6～9.5μm	(50±2.5)μm	(62.5±2.5)μm
包层直径	(125±2)μm		
纤芯不圆度	—	≤6%	
包层不圆度	≤6%		
纤芯\包层同心度误差	≤1.5μm		

光纤几何参数常见的测试方法有：折射近场法、横向干涉法、近场光分布法和机械直径法。本实验采用的是近场光分布法，它是通过测量光纤出射端面上的导模功率空间分布(即近场分布)获得光纤折射率分布，并确定几何参数的典型方法。GB/T 15972.20 将该方法规定为多模光纤几何参数(纤芯直径除外)和单模光纤几何参数的基准测试方法。这种方法的原理是：当用非相干光源照射光纤入射端时，假设所有模式都被均匀激励，那么从端面径向各位置进入光纤的传导功率取决于各点的局部数值孔径，通常数值孔径大，接收角大，功率大。

如果每个模式在传输过程中具有等量的衰减，而且没有模式耦合，就可以通过测量光纤出射端的近场光强分布来求解折射率分布，折射率的变化规律与光强的变化规律相似。

对于单模光纤，测量的折射率分布曲线中可能会出现中心凹陷的情况，这是由光纤的制造工艺引起的，早期用化学气相沉积法(CVD)和改进的 CVD 制作的预制棒和光纤的中心都存在着折射率凹陷。这种凹陷是由于在制作预制棒的烧缩收实阶段所使用的高温使掺杂材料(通常是锗)发生蒸汽而引起的。其他方法制作的光纤不会有这种中心凹陷。

近场光分布法的测试采用灰度法和近场扫描法。近场扫描法只对光纤端面进行一维近场扫描，灰度法则利用视频系统实现两维(x-y)近场扫描。本实验采用的是灰度法，测试系统如图 6-1-2 所示。

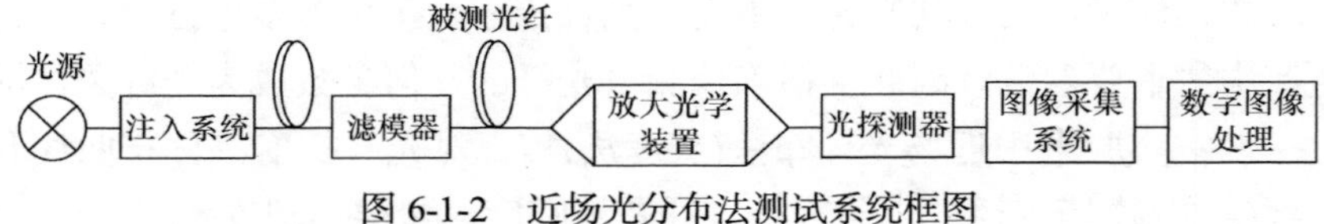

图 6-1-2　近场光分布法测试系统框图

在注入端，应采用合适的光源照明纤芯和包层，实现在空间上和角度上对光纤均匀满注入。在测量过程中光源强度是稳定且可调的。本实验采用的是可被视为朗伯光源的白光 LED，可以满足“满注入”条件，使用中在 LED 前端加入毛玻璃匀化光强空间分布。在测量多模光纤纤芯直径时，需要将包层模滤除掉，这样在光纤另一端观察到的近场图像才能准确地反映多模光纤的纤芯参数。由模场直径的定义和物理意义可知，测量单模光纤模场直径不应滤去包层模。

放大光学装置用于输出光纤端面的近场图像。光纤端面通过显微光学系统成像(由于显微镜的焦距一般都较短，因此可以将此时的像认为是光纤出射光的近场分布情况)，由探测器(CCD 相机)接收，并利用图像采集系统进行模数转换，传输到计算机中，再进一步通过数字图像处理技术实现光纤几何参数的测量。由于光纤的包层不能传光，因此在视场中看不到包层，所以需要采用同轴光来实现对光纤包层的均匀照明。照明光源为蓝色匀光 LED，其光轴与显微物镜光轴垂直，经45°半透半反镜后可垂直照射在被测光纤端面上，并返回相机。

系统放大率是放大光学装置的重要参数。本实验中的系统放大率定义为像的尺寸与物的尺寸之比，测量像显示在计算机上。有效放大率的单位为微米/像素。

本实验提供“光纤几何参数测量软件”，该软件中椭圆参数与光纤参数的对应关系如表 6-1-2 所示。

表 6-1-2 椭圆参数与光纤参数的对应关系

光纤部分	椭圆参数	光纤参数/μm
纤芯	长轴长	最大纤芯直径 D_{comax}
	短轴长	最小纤芯直径 D_{comin}
	中心坐标	纤芯中心位置 (x_{co}, y_{co})
包层	长轴长	最大包层直径 D_{clmax}
	短轴长	最小包层直径 D_{clmin}
	中心坐标	包层中心位置 (x_{cl}, y_{cl})

根据式(6-1-5)～式(6-1-9)计算出如下参数：

$$\text{纤芯直径}\ D_{co} = \left(D_{comax} + D_{comin}\right)/2\ \ (\mu m) \tag{6-1-5}$$

$$\text{纤芯不圆度}\ \varepsilon_{co} = 100\left(D_{comax} - D_{comin}\right)/D_{co}\ \ (\%) \tag{6-1-6}$$

对于单模光纤，国标上不建议测量纤芯不圆度。包层不圆度的定义同纤芯不圆度。

$$\text{包层直径}\ D_{cl} = \left(D_{clmax} + D_{clmin}\right)/2\ \ (\mu m) \tag{6-1-7}$$

$$\text{包层不圆度}\ \varepsilon_{cl} = 100\left(D_{clmax} - D_{clmin}\right)/D_{cl}\ \ (\%) \tag{6-1-8}$$

纤芯中心与包层中心之间的距离就是纤芯\包层同心度误差，单位为μm，也可以用相对值来表示同心度误差。

$$\text{纤芯\textbackslash 包层同心度误差}=\sqrt{\left(x_{co}-x_{cl}\right)^2+\left(y_{co}-y_{cl}\right)^2}\ (\mu m) \tag{6-1-9}$$

5. 光纤激光音频通信

光纤激光音频通信是指将音频信号加载到激光束中，激光通过光纤传输至接收端，由接收模块还原出激光束中所加载的音频信号。

本实验系统由信号源、激光发射模块、通信光纤、接收模块和音频播放器构成。发射模块向光纤耦合器发射模拟光信号，模拟光信号经光耦合器耦合进入多模光纤，光纤末端输出的光束通过准直镜准直后照射在接收模块的探测器靶面上，接收模块将接收到的模拟光信号还原出模拟电信号，接收模块用阈值探测法检出有用信号，再经过调解电路滤去基频和高频分量，还原出语音信号，最后通过功放经音箱接收，完成语音通信。

【实验内容】

1. 测量光源与光纤的耦合效率

(1) 搭建光源与光纤耦合效率测试系统。

(2) 测量激光器的输出功率 P_1，调节空间光耦合器，使得光纤的输出功率最大，记录此时光纤输出功率 P_2。

(3) 重复上述操作，测量 3 组数据，计算单模光纤耦合效率。

(4) 将单模光纤换成多模光纤，重复步骤(1)～(3)，并记录测量数据，计算多模光纤耦合效率。

2. 测量光纤的数值孔径

(1) 搭建光纤数值孔径测试系统。

(2) 调整光路使激光器的输出光正好通过探测器的滤光孔中心，并记录功率计滤光孔与光纤输出端的距离 L。

(3) 微调侧推平移台千分丝杆至功率计示数最大，测量此时功率为 P_1，记录此时平移台千分丝杆的刻度 R_1；旋动千分丝杆使滤光孔沿着径向移动，测量光斑边缘功率，当两个边缘的功率 P_2、P_3 分别降为 P_1 的 10% 时，记录此时对应的千分丝杆的刻度 R_2、R_3。重复测量 3 次，计算数值孔径 NA。

3. “插入法”测量光纤的损耗

(1) 搭建光纤损耗测试系统，调整空间光耦合器，使得光纤的输出功率最大，记录此时光纤输出功率 P_1。

(2) 将 1.1km 光纤接入系统，记录此时 1.1km 光纤输出功率 P_2。

(3) 重复测量 3 次，计算光纤衰减系数 α。

4. 测量光纤的几何参数

1) 标定像素尺寸

(1) 连接光纤端面观察仪和图像采集卡，将图像采集卡连接到计算机上。

(2) 利用图像采集软件捕捉不同方向的光纤插针画面 5～10 张，存入指定的目录中。

(3) 打开“光纤几何参数测量软件”，进入“像素尺寸标定”界面，加载测微尺图像，点击“标定”，软件将会对刻度进行提取，并计算出标定系数，单位为μm/pixel，记录此值。多次测量得到全部标定系数后取平均值，将测试数据记录在表 6-1-3 中。

表 6-1-3　像素尺寸标定数据记录表

	1	2	3	4	5	6	7	8	9	10
标定系数 μm/pixel										
平均值										

2) 多模光纤的几何参数测试

(1) 根据所给器件搭建测试系统。注意需要将光纤的中段在小工字轮上进行绕模，缠绕 5 圈左右，两端固定。

(2) 使用图像采集软件观察光纤端面，将图像调焦至最清晰，将光纤接口(FC)法兰尽可能贴近 LED 光源，调节 LED 光源的亮度，可以先让纤芯中央出现饱和(灰度大于 255)，调节 FC 法兰的高度和角度，使饱和部分的光斑接近圆形且位于中央，然后再降低 LED 光源的亮度，使饱和消失，亮度灰度在 240 左右为佳。

(3) 采集通光时的光纤端面图，保持测试状态不变，关闭 LED 光源，采集无光时的光纤端面图(即背景)。注意：两次采集光纤端面不能有任何移动，测试条件也不能有任何变化，否则测试结果不准确。

(4) 打开“光纤几何参数测量软件”，进入“光纤端面图像”界面，分别加载通光时和无光时的光纤端面图像，点击图像下方的“三维图”，可查看通光时和无光时光纤端面光强的三维分布图，点击“去除背景”，可查看扣除背景后光纤端面光强的三维分布图。

(5) 进入“光强分布”界面，输入标定时得到的平均标定系数，点击“计算”，得到光强分布曲线。注意曲线峰值的光强在 90 左右为宜，否则出现饱和，需要重新采集。

(6) 进入“折射率分布”界面，输入光纤数值孔径(多模光纤为 0.275)和包层折射率(1.466)，点击“计算”，得到折射率曲线。

(7) 进入“光纤纤芯测量”界面，点击“边缘提取”，提取出纤芯边界上的点，点击“椭圆拟合”，将数据点拟合成椭圆，得到纤芯的光纤参数。

(8) 进入“光纤包层测量”界面，点击“中值滤波”，可查看经过滤波处理后的光纤端面图像与原始图像的区别，点击“边缘提取”，提取出包层边界上的点，点击“椭圆拟合”，将数据点拟合成椭圆。注意，此时会拟合出两个椭圆，是由于包层和光纤插针之间有一层注胶，光纤参数取位于内部的椭圆进行计算。

(9) 得到光纤参数后，求解出多模光纤的几何参数：纤芯直径、包层直径、纤芯不圆度、包层不圆度、纤芯\包层同心度误差。

(10) 测量多个光纤端面，将数据记录在表 6-1-4 中，并与表 6-1-1 中提供的参数实例进行比较，分析测量误差的来源。

表 6-1-4　多模光纤几何参数

编号	纤芯直径/μm	包层直径/μm	纤芯不圆度/%	包层不圆度/%	同心度误差/μm
1					
2					
3					

3) 单模光纤的几何参数测试

(1) 单模光纤的测试实验系统与多模光纤相同，单模光纤测试时不需要绕模。

(2) 采集单模光纤的端面图像时，纤芯中央会出现暗斑，这是折射率中心凹陷引起的，调节 FC 法兰的高度和角度，使暗斑尽可能小。

(3) 得到光纤参数后，求解出单模光纤的几何参数：模场直径、包层直径、包层不圆度、纤芯\包层同心度误差；

(4) 测量多个光纤端面，将数据记录在表 6-1-5 中，并与表 6-1-1 中提供的参数实例进行比较，分析测量误差的来源。

表 6-1-5　单模光纤几何参数

编号	模场直径/μm	包层直径/μm	包层不圆度/%	同心度误差/μm
1				
2				
3				

5. 搭建光纤激光音频通信实验

(1) 根据实验原理和所给器件搭建光纤激光音频通信实验系统，记录发射模块输出功率值 P_1。

(2) 将 1m 长多模光纤(橙色光纤)连接功率计和空间光耦合器，使光纤的输出功率最大，记录此时光纤输出功率 P_2，要求 $P_1/P_2>0.85$。

(3) 连接 1m 长多模光纤和 1.1km 通信光纤。1.1km 通信光纤输出光束用 1mm 准直镜准直。

(4) 准直后的激光束照射在接收模块的探测器靶面上，适当调节接收模块位置和输入音频信号强度使音响噪声最小。

(5) 记录实验现象并分析。

【注意事项】

1. 本实验所用光源为 650nm 激光器，切记不可将激光直接射入人眼或长时间接触身体，防止激光灼伤。

2. 10 倍物镜的焦距为 1mm 左右，移动时注意勿将光纤陶瓷插芯与物镜前端相撞，造成两者的损坏。

3. 切勿用手直接接触光纤的陶瓷插芯，避免污染。如污染，应用酒精清洁棉片进行擦洗。

4. 实验时不可将光纤输出端对准自己或别人的眼睛，以免损伤眼睛。

5. 不要用力拉扯光纤，光纤弯曲半径一般不小于 30mm，否则可能导致光纤折断。

【思考题】

1. 利用近场法测量光纤的几何参数时，为什么要标定系统放大率？

2. 在近场法测量光纤的几何参数实验中，同轴光起到什么作用？

3. 纤芯/包层同心度误差对光纤连接有什么影响。

【参考文献】

[1] 杨远. 基于机器视觉的光纤几何参数检测研究. 哈尔滨工程大学硕士学位论文, 2011.

实验 6.2　光纤无源器件的特性测试

光纤无源器件是光纤通信系统的重要组成部分，也是光纤应用领域不可缺少的元器件，包括光衰减器、耦合器、环形器、隔离器及波分复用器等。学生通过本实验，可掌握光纤无源器件的基本原理和工作特性。

【实验目的】

1. 理解光衰减器、光耦合器、光隔离器、光环形器和光波分复用器的工作原理及物理特性。

2. 掌握测量上述光纤无源器件的主要性能指标参数。

【实验仪器】

光源，光功率计，固定光衰减器，可变光衰减器，Y 形光耦合器，光隔离器，光环形器，偏振控制器，光波分复用器。

【实验原理】

1. 无源器件的主要技术指标

下面以图 6-2-1 所示的 $N\times N$ 的器件为例介绍光无源器件的各项技术指标。设输入功率为 P_{in}，输出功率为 P_{out}。

图 6-2-1　$N\times N$ 器件示意图

1) 插入损耗(IL)

插入损耗(简称插损)指输出功率和对应输入功率的比值。插损包括两部分，一部分是器件非理想造成的附加损耗(通常是不期望存在)，另一部分是器件本身特性造成的，例如分路器或耦合器的分光比。

$$\text{IL} = -10\log\frac{P_{\text{out}}}{P_{\text{in}}}\ (\text{dB}) \tag{6-2-1}$$

2) 附加损耗(EL)

附加损耗也称为额外损耗。一般对于一个 $N\times M$ 的器件，输入功率为 P_{in}，某一个或某几个端口输出功率为 $P_i,\cdots,P_j$。附加损耗的定义是

$$\mathrm{EL} = -10\log\frac{\sum_{i}^{j} P_{\mathrm{m}}}{P_{\mathrm{in}}}\ (\mathrm{dB}) \tag{6-2-2}$$

3) 均匀性(uniformity)

均匀性也常称为分光比容差，一般是针对光纤耦合器。对于均匀分光的多端口耦合器，各输出端口的光功率的最大相对变化量为

$$\Delta L = \max\left|10\log(P_{ij} / \overline{P_{ij}})\right| \tag{6-2-3}$$

4) 方向性(directivity)

方向性是衡量器件定向传输特性的参数，也称为近端串扰或者近端隔离度。对于一个有多个输入端的器件，其中某个端口 i 输入功率为 P_i，在其他输入端口中反射回来的光功率为 P_j，则方向性的定义是

$$D = -10\log(P_j / P_i)\ (\mathrm{dB}) \tag{6-2-4}$$

5) 回波损耗(return loss)

回波损耗简称回损。它是衡量器件定向传输特性的参数，是指回到入射端口的光功率大小的相对值。入射光功率为 P_i，反射回入射端口的光功率为 P_r，则回损的定义是

$$R = -10\log(P_r / P_i) \tag{6-2-5}$$

6) 偏振相关损耗(polarization-dependent loss，PDL)

偏振相关损耗常称为偏振相关灵敏度。它表征输入信号在所有偏振状态下某输出端口插损的最大相对变化量，用 dB 表示。

7) 温度相关损耗(temperature-dependent loss，TDL)

温度相关损耗也常称为温度相关灵敏度。它表征输入信号在不同温度下某输出端口的插入损耗的最大变化量。

8) 隔离度(isolation)

对于波分复用器而言，隔离度又叫远端串扰。它表征某一个光信号通过分束器后在不期望的波长端口输出的光功率量，用 dB 表示。

对隔离器而言，隔离度是正向和反向输入相同光功率情况下输出功率的比值。

9) 工作带宽(optical bandpass)

它是表征器件工作时的波长范围，常用 nm@0.1dB、nm@3dB、nm@20dB 等表示，即表示工作波长的峰值功率的 0.1dB、3dB、20dB 处的带宽。

10) 偏振模色散(polarization mode dispersion，PMD)

它表征当两个相互垂直的偏振入射光信号通过器件后的最大延迟量，常用 ps 表示。

2. 光衰减器

光衰减器是用来稳定、准确地减小信号光功率的无源器件。它是调节光功率的重要器件，主要用于光纤系统的指标测量、短距离通信系统的信号衰减及系统试验等场合。光衰减器的种类多种多样，大体分为固定光衰减器和可变光衰减器。根据工作原理不同，固定光衰减器又分为位移型、薄膜型和熔融拉锥型等；可变光衰减器可分为挡光型、衰减片型和液晶型等。由于光衰减器实现方式的多样性，无法尽述，这里仅介绍位移型光衰减器和挡光型光衰减器的工作原理。

1) 位移型光衰减器

当两段光纤进行连接时，必须达到相当高的对准精度，才能使光信号以较小的损耗传输过去。反之，如果将光纤的对准精度做适当调整，就可以控制其衰减量。位移型光衰减器就是根据这个原理，有意让光纤在对接时发生一定错位，使能量部分损失，从而达到控制衰减量的目的。位移型光衰减器又分为横向位移型和轴向位移型，如图 6-2-2 所示。

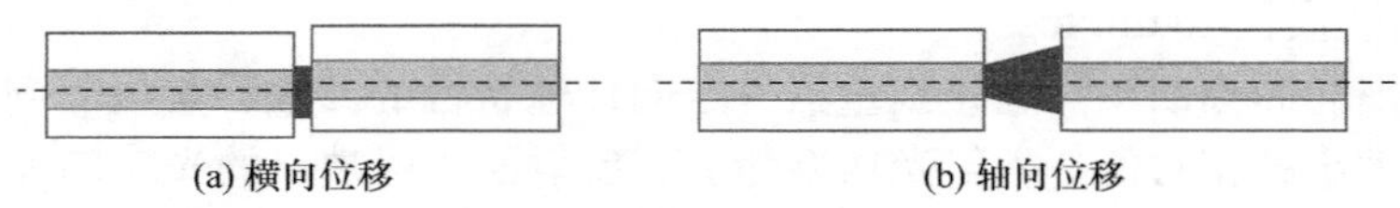

图 6-2-2　位移型光衰减器

横向位移型衰减器的位移参数均在微米量级，工艺难度较大。轴向位移型衰减器是利用光纤端面间隙带来光能损失制作的光衰减器，工艺较易控制，所以目前许多厂家制作的固定光衰减器均采用此原理设计。工艺上通过精密的机械结构将两根光纤拉开一定间距，就可实现光功率的衰减。

轴向位移型衰减器可以制成光纤适配器的结构，实际上可以看作是一个损耗大的光纤适配器，其性能稳定，两端均为转换器接口，使用极为方便。本实验提供了衰减量分别为 3dB、5dB、7dB、10dB、15dB 和 20dB 的六种法兰型固定光衰减器用于测量。

2) 挡光型光衰减器

挡光型可变光衰减器如图 6-2-3 所示，驱动挡光元件拦在两个准直器之间，实现光功率的衰减。挡光元件可以是片状或者锥形，后者可通过旋转来推进，而前者需要平推或者通过一定机械结构实现旋转至平推动作的转换。挡光型光衰减器可以制成光纤适配器结构，也可以制成在线式结构，通过扳手旋转螺丝来调节衰减量。

3) 光衰减器的主要性能指标

固定光衰减器的主要技术指标是衰减量。对于可变光衰减器，其衰减量不是一个确定值，而是在一定范围内变化。当衰减量调节至最小时，还会存在一个最小插损值，是由准直器自身及两个准直镜对准耦合过程中引入的损耗。对于高质量的可变光衰减器，最小插损值小于 1dB，而最大衰减量可达 60dB 以上。

图 6-2-3 挡光型可变光衰减器

3. 光耦合器

光耦合器是一种用于传送和分配光信号的光纤无源器件，是光纤系统中使用最多的光无源器件之一，在光纤通信及光纤传感领域中占有举足轻重的地位。光耦合器一般具有以下几个特点：一是器件由光纤构成，属于全光纤型器件；二是光场的分波与合波主要通过模式耦合来实现；三是光信号传输具有方向性。

1) 光耦合器的工作原理

光耦合器能使传输中的光信号在特殊结构的耦合区发生耦合，并进行再分配。从端口形式上划分，它包括 X 形(2×2)耦合器、Y 形(1×2)耦合器、星形(N×N，N>2)耦合器及树形耦合器(1×N，N>2)等。

图 6-2-4 定性表示了熔融拉锥型光耦合器的工作原理。由于熔融拉伸使加热区的直径逐渐减小，耦合器的性能参数也随之发生变化，形成以包层为纤芯，芯外介质(一般为空气)作为新包层的复合光波导结构。光耦合器的几何结构包括熔融区和锥形区两部分，Z 为耦合区的长度；W 为熔融区的宽度，等于火焰的宽度；两端 L_1 和 L_2 为锥形区部分，各点的直径随位置的变化而不同。在熔融区部分，两根光纤的位置可以认为相互平行且靠得足够近，因而可利用模式耦合理论对耦合器的传输性能和能量分布进行分析。

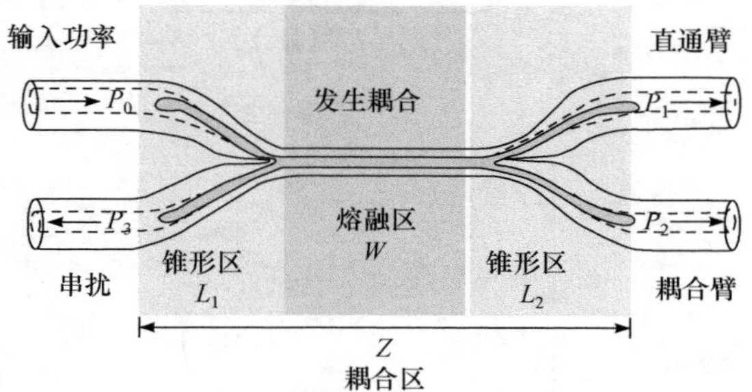

图 6-2-4 熔融拉锥型光耦合器的结构图

当入射光 P_0 进入输入端，随着两个波导逐渐靠近，两个传导模开始发生重叠现象，光功率在双锥体结构的耦合区发生功率再分配，一部分光功率从直通臂继续传输，另一部分则由耦合臂传到另一光路。在弱导和弱耦近似下，忽略自耦合

效应，并假设光纤无吸收损耗，则在耦合区满足模式耦合方程组

$$\begin{cases}\dfrac{\mathrm{d}A_1(z)}{\mathrm{d}z}=i(\beta_1+C_{11})A_1+iC_{12}A_2\\ \dfrac{\mathrm{d}A_2(z)}{\mathrm{d}z}=i(\beta_2+C_{22})A_2+iC_{21}A_1\end{cases}\tag{6-2-6}$$

式中，A_1、A_2 为两光纤的模场振幅；β_1、β_2 为两光纤在孤立状态下的传播常数；C_{11} 和 C_{22} 为光纤自耦合系数；C_{12} 和 C_{21} 为互耦合系数，自耦合系数相对互耦合系数很小，可以忽略，且近似有 $C_{12}=C_{21}=C$。方程组(6-2-6)在 $z=0$ 时满足 $A_1(z)=A_1(0)$，$A_2(z)=A_2(0)$，其解为

$$\begin{cases}A_1(z)=\exp(\mathrm{i}\beta z)\left\{A_1(0)\cos\left(\dfrac{C}{F}z\right)+\mathrm{i}F\left[A_2(0)+\dfrac{\beta_1-\beta_2}{2C}A_1(0)\right]\sin\left(\dfrac{C}{F}z\right)\right\}\\ A_2(z)=\exp(\mathrm{i}\beta z)\left\{A_2(0)\cos\left(\dfrac{C}{F}z\right)+\mathrm{i}F\left[A_2(0)+\dfrac{\beta_1-\beta_2}{2C}A_2(0)\right]\sin\left(\dfrac{C}{F}z\right)\right\}\end{cases}\tag{6-2-7}$$

其中，$\beta=\dfrac{\beta_1+\beta_2}{2}$ 为两传播常数的平均值。

F^2 为光纤之间耦合的最大功率

$$F=\left[1+\frac{(\beta_1-\beta_2)^2}{4C^2}\right]^{-1/2}\tag{6-2-8}$$

其中 C 为耦合系数

$$C=\frac{(2\varDelta)^{1/2}U^2K_0(Wd/r)}{rV^3K_1^2(W)}\tag{6-2-9}$$

且有

$$\begin{cases}U=r\left(k^2n_{\mathrm{co}}^2-\beta^2\right)^{1/2}\\ W=r(\beta^2-k^2n_{\mathrm{cl}}^2)^{1/2}\\ \varDelta=(n_{\mathrm{co}}^2-n_{\mathrm{cl}}^2)^{1/2}/\left(2n_{\mathrm{co}}^2\right)\\ V=krn_{\mathrm{co}}(2\varDelta)^{1/2}\\ k=2\pi/\lambda\end{cases}\tag{6-2-10}$$

其中，r 为光纤半径；d 为两光纤中心的间距；$\varDelta$ 为光纤剖面高度的参量；k 为真空中的波数；λ 为光波长；n_{co} 和 n_{cl} 分别为纤芯和包层的折射率；U 和 W 分别

为光纤的纤芯和包层的参量；V 为孤立光纤的光纤参量；K_0 和 K_1 分别为零阶和一阶修正的第二类贝塞尔函数。

假设入射光从光耦合器的一端进入，且归一化入射光功率为 $A_1(0)=1$，$A_2(0)=0$，并且采用相同的光纤进行耦合，即 $\beta_1=\beta_2$，故 $F^2=1$，可以解得两输出口的光功率为

$$\begin{cases} P_1=\cos^2(Cz) \\ P_2=\sin^2(Cz) \end{cases} \tag{6-2-11}$$

2) 光耦合器的主要性能指标

光耦合器的性能指标主要有：插损、附加损耗，分光比及方向性。方向性是耦合器所特有的衡量器件定向传输特性的参数。

4. 光隔离器

大多数无源器件的输入端和输出端是可以互换的，称为互易器件。光通信系统也需要非互易器件，如光隔离器。光隔离器是一种只允许单向传输光的器件，主要用在激光器或光放大器的后面，以防止来自连接器、熔接点、滤波器等的反射光的影响甚至损伤。目前最成熟、应用最广泛的是基于法拉第效应的分立元件式光隔离器。根据偏振特性，光隔离器可以分为偏振相关型和偏振无关型。下面分别介绍它们的结构和工作原理。

1) 偏振相关型光隔离器

偏振相关型光隔离器不论入射光是否为偏振光，出射光均为线偏振光，典型结构如图 6-2-5 所示。它包括一个起偏器、一个检偏器和一个法拉第旋转器。偏振器置于法拉第旋转器前后两端，其透光轴方向彼此呈 45°。当入射光经过第一个起偏器 P1 时，变成线偏振光，再经法拉第旋转器，其偏振面旋转 45°，刚好与检偏器 P2 的透光轴方向一致，于是光信号顺利进入后续光路中。反之，由光路引

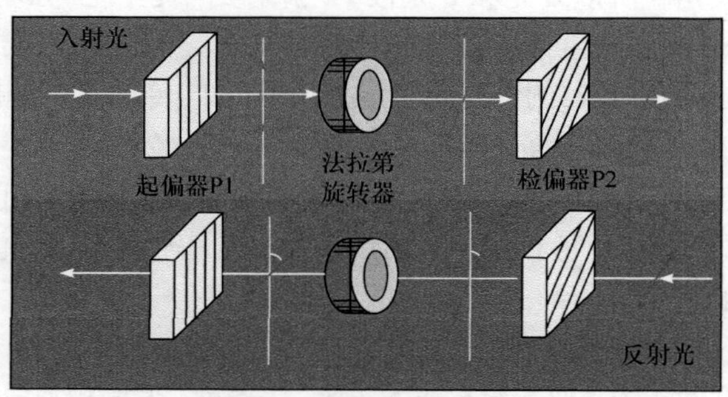

图 6-2-5 偏振相关型光隔离器结构示意图

起的反射光首先进入第二个偏振器 P2，变成与第一个偏振器 P1 透光轴方向呈 45°的线偏振光，再经过法拉第旋转器时，由于法拉第旋转效应的非互易性，偏振面继续旋转 45°，与 P1 透光轴的夹角变成 90°，即与起偏器 P1 的偏振方向正交，而不能通过起偏器 P1，起到了反向隔离的作用。由于这种光隔离器是偏振灵敏型的，所以通过器件的光功率依赖于输入光的偏振态，因而常用保偏光纤作为输入输出光纤。

2) 偏振无关型光隔离器

偏振无关型光隔离器对输入光偏振态依赖很小，比偏振相关型光隔离器更具实用性。实际中大都采用楔型结构，如图 6-2-6 所示。楔型结构偏振无关型光隔离器包括三种主要元件：法拉第旋转器 FR、两片光轴夹角为 45°的楔形双折射晶体 P1 和 P2，配合一对光纤准直器 A1、A2。楔型结构基于有角度地分离光束的原理实现光信号的隔离，具有结构简单、元件数目少、器件体积小、成本低等优势，是最经济实用的一种结构。

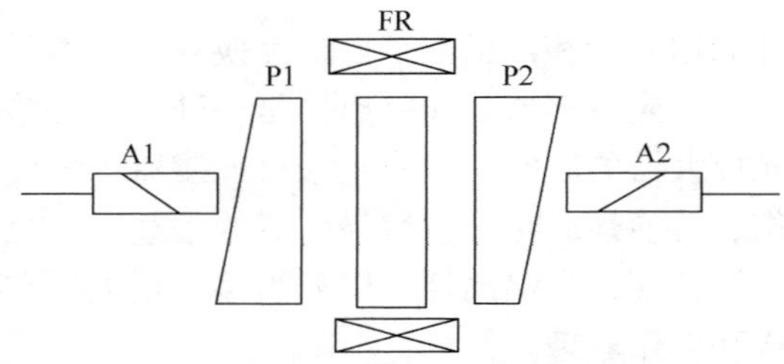

图 6-2-6　楔型偏振无关型光隔离器结构

FR：法拉第旋转器；P1，P2：楔形双折射晶体；A1，A2：光纤准直器

首先分析光信号正向传输的情况，如图 6-2-7(a)所示，经过准直镜射出的准直光束，进入楔型双折射晶体 P1 后分为 o 光和 e 光，其偏振方向相互垂直，传播方向呈一夹角，当它们经过 45°法拉第旋转器时，出射的 o 光和 e 光的偏振面各自按顺时针方向旋转 45°，由于第二个楔型双折射晶体 P2 的光轴相对于第一个晶体光轴正好呈 45°夹角，所以 o 光和 e 光被 P2 折射到一起，合成两束间距很小的平行光束，然后被另一个准直器耦合到光纤纤芯里去，因而正向光以极小损耗通过隔离器。由于法拉第旋转器的非互易性，当光束反向传输时，如图 6-2-7(b)所示，首先经过晶体 P2，分为偏振面与 P1 晶轴成 45°角的 o 光和 e 光，由于这两束线偏振光经过 45°法拉第旋转器时振动面仍沿顺时针方向旋转 45°，相对于第一个晶体 P1 的光轴共转过了 90°，整个逆光路相当于经过了一个渥拉斯顿棱镜，出射的两束线偏振光被 P1 进一步分开一个较大的角度，即使经过准直镜，也不能耦合进入光纤纤芯，从而达到反向隔离的目的。

衡量光隔离度性能的主要参数有插入损耗、隔离度、偏振相关损耗和回波损耗等。

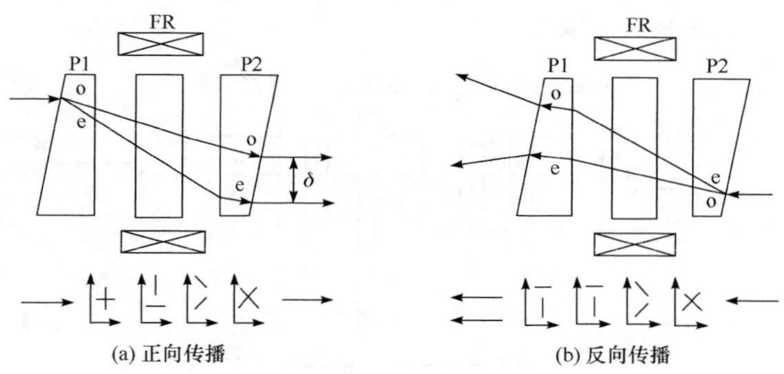

图 6-2-7 楔型偏振无关型光隔离器工作原理

5. 光环形器

光环形器是一种多端口输入输出的非互易性器件。它的作用是使光信号只能沿规定的端口顺序传输，在实现光路非可逆传输上有极为广泛的应用。光环形器能够将光纤中沿不同方向传输的光信号分离开来，这一特性对于光信号的双向传输和通信具有重要意义。

光环形器的工作原理如下。

三端口光环形器的典型结构如图 6-2-8 所示。当光由端口 1 输入时，光几乎无损地由端口 2 输出，其他端口几乎没有光输出；当光由端口 2 输入时，光几乎无损地由端口 3 输出，其他端口几乎没有光输出。以此类推，N 端口的环形器中 N 个端口也如此工作。

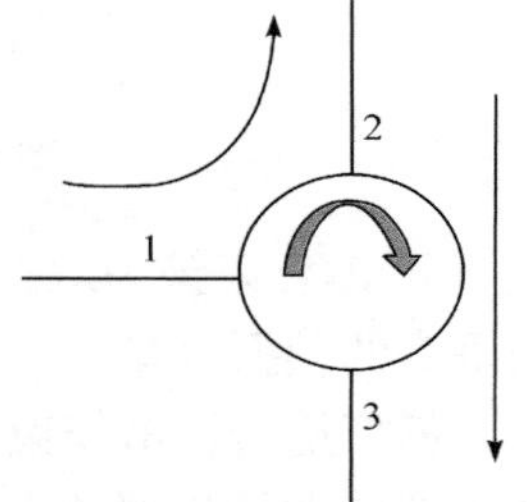

图 6-2-8 三端口光环形器

光环形器的实现方案很多，下面结合一种透射式结构介绍光环形器的工作原理，如图 6-2-9 所示，这是一个三端口的光环形器的内部结构图。在环形器中，光由端口 1 到端口 2 的过程中光束偏振态和位置的变换情况如图 6-2-10(a)所示。由端口 1 输入的光经分束/合束镜 1 后变成偏振方向垂直且沿 y 方向分离的两束光，它们经偏振旋转镜 1 后，偏振方向都变成沿 y 方向，再通过光束变换器后，光束偏振态和位置不发生变化，这两束光通过偏振旋转器 2 后，偏振方向变成互相垂直，分别沿 x 和 y 方向，最后经分束/合束镜 2 合成一束光由端口 2 输出。

在环形器中，光由端口 2 到端口 3 过程中光束偏振态和位置的变换情况如图 6-2-10(b)所示。由端口 2 输入的光经分束/合束镜 2 后变成偏振方向垂直且沿 y 方向分离的两束光，它们经偏振旋转镜 2 后，偏振方向都变成沿 x 方向，再通过光束变换器后，光束偏振态不发生变化，但在 x 方向却发生位置变化。这两束光通过偏振旋转器 1 后，偏振方向变成互相垂直，分别沿 x 和 y 方向，最后经分束/合束镜 1 合成一束光由端口 3 输出。

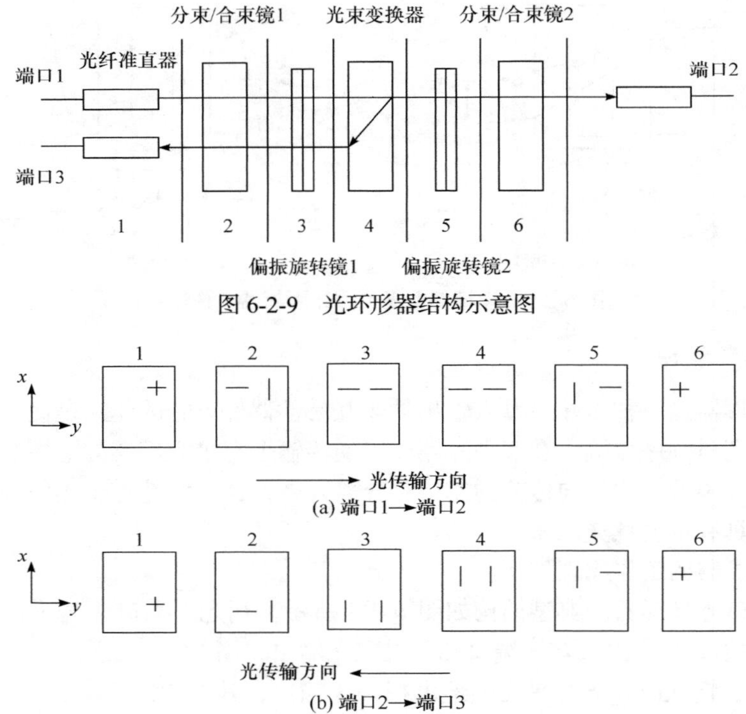

图 6-2-9　光环形器结构示意图

图 6-2-10　环形器中光束偏振态和位置的变换

分束/合束镜为双折射平行平板，它能将任意状态的输入光分解为两束偏振方向垂直的偏振分量。

偏振旋转镜沿光束走离方向分成两部分，作用是将来自分束/合束镜的两束光变成偏振方向相同的光束，并将发往分束/合束镜的两束光变成偏振方向垂直的光束。偏振旋转镜的每一部分都为 90°非互易旋转器，由 45°法拉第旋转器和一个$\lambda/2$波片组成。图 6-2-11(a)是一束偏振光沿正方向通过旋转器时偏振态的变化情况，图 6-2-11(b)是一束偏振光沿反方向通过旋转器时偏振态的变化情况。显然正方向通过的光的偏振方向旋转了 90°，反方向通过的光的偏振方向不变。

光束变换器也是一个双折射晶体平行平板。光环形器的主要性能指标有插损和隔离度。

6. 光波分复用器

光波分复用器是对不同波长光信号进行分离或合成的光无源器件，在提高利用带宽解决光纤网络扩容中起着关键作用。

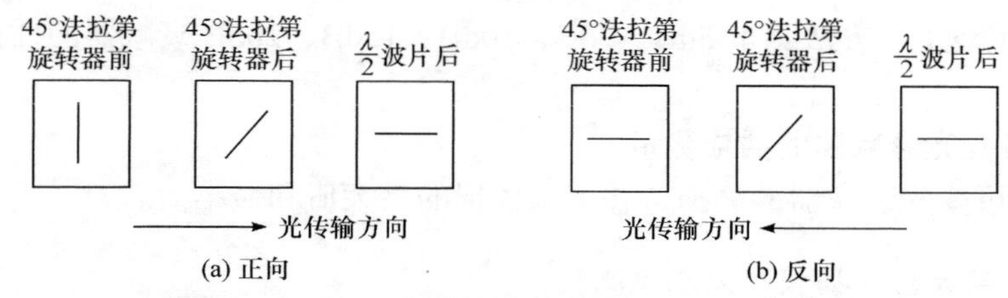

图 6-2-11　偏振光正反向通过旋转器时偏振态的变化

光波分复用器的种类很多。目前基于介质薄膜滤波器、阵列波导光栅和光纤布拉格光栅三种技术的波分复用器最成熟，占据了市场大部分份额。基于介质薄膜滤波器的波分复用器主要应用于 16 信道以下、信道间隔在 200GHz 以上的系统；基于阵列波导光栅的波分复用器主要应用于 16 至 40 信道之间、信道间隔为 100～50GHz 的系统中；基于光纤布拉格光栅的波分复用器则在更高的信道数或更窄的信道间隔情况下有一定优势。

本实验选用的是介质薄膜型的光波分复用器，其结构如图 6-2-12 所示，薄膜滤光片粘贴在双光纤头的准直镜(G-lens)端面上，薄膜滤光片由几十层不同材料、不同折射率和不同厚度的介质膜组合而成，从而对一定的波长范围呈通带，而对另外的波长范围呈阻带，形成所要求的滤波特性。

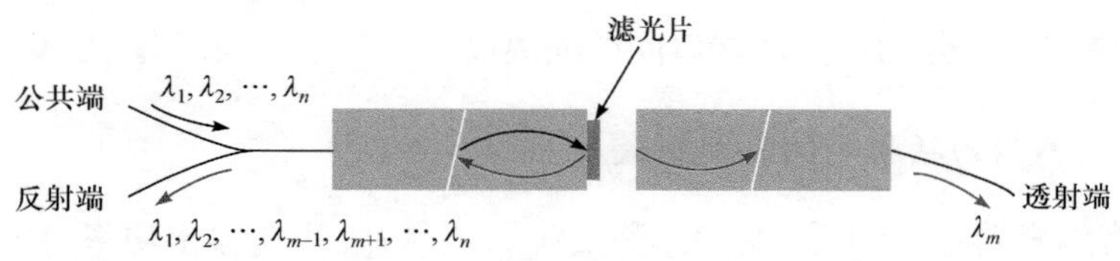

图 6-2-12　介质薄膜型光波分复用器结构

利用多个介质薄膜型光波分复用器进行串接，可以构成多通道的 WDM 器件，实现光信号的复用及解复用。介质薄膜型光波分复用器的优点是信道数灵活，且波长的间隔允许不规则，可以根据需要加进多路复用、解复用单元，系统升级简便。

光波分复用器的主要性能指标包括插损、信道隔离度和回波损耗。

【实验内容】

1. 光衰减器的插损测量

1) 测量固定衰减器的插损

(1) 测量衰减器的输入功率 P_{in}，分别以μW 和 dBm 为单位记录数据。

(2) 测量 3dB 衰减的输出功率 P_{out}，分别以 μW 和 dBm 为单位记录数据。

(3) 功率 P 分别以μW 和 dBm 为单位，计算插入损耗值 IL_1 和 IL_2。

(4) 重复上述方法测量 5dB、7dB、10dB、15dB、20dB 衰减器的插损，并记录数据。

2) 可变光衰减器的插损测量

改变可变光衰减器的插损，并记录插损的最大值和最小值。

2. 光耦合器的插损和分光比测量

(1) 测量耦合器的输入功率 P_{in}，测量耦合器的输出功率 P_{out1} 和 P_{out2}，记录数据，计算耦合器的插损、附加损耗和分光比。

(2) 测量耦合器的输入功率 P_{in}，测量耦合器输入一侧非注入光一端的输出功率 P_{out}，记录数据，计算耦合器的方向性。

3. 光环形器的插损和隔离度测量

(1) 测量环形器端口 1 的输入功率 P_i，在端口 2 处测量两端口间的正向输出功率 $P_{o正}$；测量端口 2 的输入功率 P_i，在端口 3 处测量两端口间的正向输出功率 $P_{o正}$，记录数据，分别计算两端口间的插入损耗。

(2) 测量环形器端口 2 的输入功率 P_i，在端口 1 处测量两端口间的反向输出功率 $P_{o反}$；测量端口 3 的输入功率 P_i，在端口 2 处测量两端口间的反向输出功率 $P_{o反}$，记录数据，分别计算两端口间的隔离度。

4. 光隔离器的插损和隔离度测试

(1) 将隔离器正向和反向接入，测量输入功率 P_i、正向输出功率 $P_{o正}$ 和反向输出功率 $P_{o反}$，记录数据，计算插损和隔离度。

(2) 利用环形器测量隔离器的回波损耗。首先测试隔离器的输入功率 P_i，然后测试回波功率 P_r，记录数据，计算回波损耗。

(3) 利用偏振控制器测量隔离器的偏振相关损耗。分别调整三个光纤环的倾斜角来改变输入光的偏振态，记录隔离器输出功率的最大和最小值，计算偏振相关损耗。

5. 光波分复用器的插损和信道隔离度测试

(1) 测量 1550nm 端口的输入功率 P_i，分别测量 pass 端的输出功率 P_o 和 reflect 端的输出功率 $P_{o'}$，记录数据，计算 1550nm 光的插损和信道隔离度。

(2) 测量 1310nm 光的插入损耗值和信道隔离度。

(3) 利用环形器测量波分复用器的回波损耗。分别在 1310nm 和 1550nm 下测试输入功率 P_i 和回波功率 P_r，记录数据，计算回波损耗。

【注意事项】

1. 实验配置 4 种跳线，FC/PC-SC/APC，FC/PC-SC/PC，SC/APC-SC/PC，SC/APC-SC/APC，如图 6-2-13 所示。

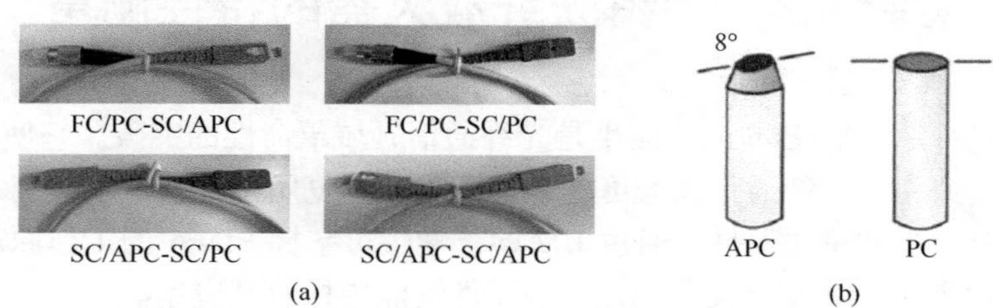

图 6-2-13　(a) 四种类型的光纤跳线；(b) APC 与 PC 端面的区别

注意 PC 端面(黑色或蓝色尾套)与 APC 端面(绿色尾套)的区别，这两种端面不能用法兰进行混连，否则会造成永久性的物理损伤。

在所有测试中需要特别注意：光源端口必须连接 FC/PC，否则会损坏光源；光功率计端口需连接 SC/APC，否则可能出现测试功率不稳定的情况；SC 的连接器有两种，蓝色用于连接 PC 端面的光纤跳线，绿色用于连接 APC 端面的光纤跳线，一定不要将两种端面的连接头混连，只要保证连接头和法兰的颜色一致即可。

2. 虽然激光的工作波长处于肉眼不可见的红外波段，但绝不能把光纤端面对着眼睛，直视会对眼睛造成伤害。

3. 光纤跳线不可过度弯折，每次连接前都需要先使用酒精湿布对光纤端面进行清洁。

4. SC 型法兰上都有一个缺口，连接时，要将光纤连接头上的突起对着缺口插入。

【思考题】

1. 1×2 耦合器可以把能量分配到两个端口(额外损耗较小)，反过来，如果把输出的两个端口作为输入端，则在原来的输入端会出现什么现象？

2. 设计一种方案可将两根单模光纤里的光几乎无损地耦合到一根单模光纤中，条件是什么？

【参考文献】

[1] 林学煌. 光无源器件. 北京：人民邮电出版社, 1998.
[2] 胡先志. 光纤通信有/无源器件工作原理及其工程应用. 北京：人民邮电出版社, 2011.
[3] Franz J H, Jain V K. 光通信器件与系统. 徐宏杰译. 北京：电子工业出版社, 2002.

实验 6.3　掺铒光纤放大器的特性测量

掺铒光纤放大器(EDFA)的诞生是光纤通信领域革命性的突破。它使长距离、大容量、高速率的光纤通信成为可能，是密集波分复用系统及未来高速系统、全光网络不可缺少的重要器件。通过本实验，学生可掌握 EDFA 的工作原理及基本组成，通过搭建 EDFA 放大系统，了解器件性能指标及其应用。

【实验目的】

1. 掌握 EDFA 的工作原理与主要结构。
2. 设计 EDFA 测试系统，测量其在不同泵浦方式下的增益曲线和噪声特性。
3. 掌握 EDFA 的泵浦特性，测量 EDFA 泵浦阈值及泵浦效率。

【实验仪器】

1550nm 分布式反馈激光器(DFB)，波长为 980nm 的泵浦源，光功率计，可调光衰减器，隔离器，波分复用器，掺铒光纤，滤波器。

【实验原理】

1. EDFA 系统

在光纤放大器实用化以前，为了克服光纤传输中的损耗，每传输一段距离都要进行“再生”，即把传输后的弱光信号转换成电信号，经过放大、整形后，再调制载波激光，生成一定强度的光信号，即所谓的 O-E-O 光电混合中继。但随着传输码率的提高，“再生”的难度也随之提高，于是中继部分成了信号传输容量扩大的“瓶颈”。光纤放大器的出现解决了这一难题，其不但可对光信号进行直接放大，同时还具有实时、高增益、宽带、在线、低噪声、低损耗的全光放大功能，是新一代光纤通信系统中必不可少的关键器件。由于这项技术不仅解决了损耗对光网络传输速率与距离的限制，更重要的是它开创了 C+L 波段的波分复用，从而使超高速、超大容量、超长距离的波分复用(WDM)、密集波分复用(DWDM)、全光传输、光孤子传输等成为现实，是光纤通信发展史上的一个划时代的里程碑。

目前实用化的光纤放大器主要有掺铒光纤放大器(EDFA)、半导体光放大器(SOA)和光纤拉曼放大器(FRA)等，其中 EDFA 以其优越的性能现已广泛应用于长距离、大容量、高速率的光纤通信系统、接入网、光纤有线电视网(CATV)网、军用系统(雷达多路数据复接、数据传输、制导等)等领域。

在光纤通信系统中 EDFA 有三种基本的应用方式：中继放大器、后置放大器和前置放大器，它们对放大器的性能要求不同。作为中继放大器，在光纤线路中每隔一段距离设置一个 EDFA，以延长干线网的传输距离，需要兼顾输出功率和噪声；作为后置放大器，EDFA 放在光发射机之后，以提高发射光功率，对噪声要求不高，饱和输出功率是主要参数；作为前置放大器，EDFA 放在光接收机之前，放大微弱的光信号，以改善光接收灵敏度，对噪声的要求苛刻。

1) EDFA 的工作原理

在石英光纤的纤芯中掺入三价稀土金属铒元素，在泵浦光的激励下形成粒子数反转分布，然后在信号光作用下产生受激辐射，输出与信号光完全相同的光子，形成光放大。

掺铒光纤中铒离子的三能级系统如图 6-3-1 所示，其中能级 E1 代表基态，能量最低；能级 E2 代表亚稳态；能级 E3 代表激发态，能量最高。在光泵过程中，若泵浦光子能量等于能级 E3 与 E1 之差，那么掺杂离子吸收泵浦光后，从基态跃迁至激发态 E3。由于激发态不稳定，因而激发到 E3 的铒离子很快通过非辐射跃迁到亚稳态 E2。若信号光的光子能量等于能级 E2 与能级 E1 的能量之差，这时处于亚稳态的铒离子通过受激辐射返回到基态 E1，并把释放的能量加到信号光的光子上，从而放大信号光。在放大过程中，亚稳态 E2 上的粒子也会以自发辐射的方式跃迁到基态，自发辐射产生的光子也会被放大，这种放大的自发辐射(ASE)会消耗泵浦光并引入噪声。

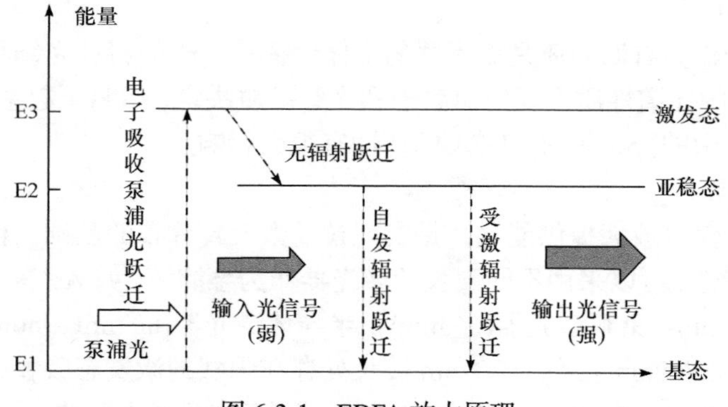

图 6-3-1　EDFA 放大原理

2) EDFA 的基本结构

EDFA 结构示意图如图 6-3-2 所示。EDFA 由掺铒光纤(EDF)、泵浦源、波分复用器、隔离器和滤波器组成。通常 EDFA 的结构根据泵浦源的位置分为正向泵浦、反向泵浦和双向泵浦。正向泵浦是指泵浦光和信号光以相同的方向通过掺铒光纤，反向泵浦是指泵浦光和信号光以相反方向通过掺铒光纤，双向泵浦结构中泵浦光则在两个方向同时通过铒光纤。

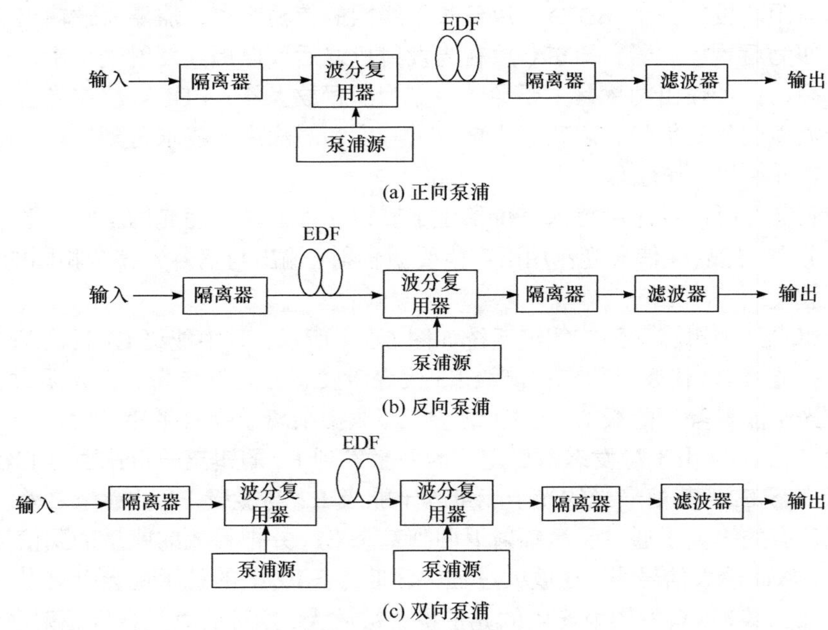

图 6-3-2　EDFA 三种泵浦工作方式

A. 掺铒光纤

掺铒光纤作为有源介质是放大器的主体，掺有 Er^{3+}的石英光纤具有激光增益特性。铒光纤的光谱性质主要由铒离子和光纤基质决定，铒离子起主导作用，Er^{3+}浓度及在纤芯中的分布等对 EDFA 的特性有很大影响。

B. 泵浦源

泵浦源为信号放大提供能量，是实现粒子数反转分布的基础。根据掺铒光纤的吸收光谱特性，可以采用不同波长的激光器作为泵浦源，如 Ar^{+}激光器(514nm)、倍频 YAG(532nm)、染料激光器(665nm)及半导体激光器(807nm、980nm、1480nm)。但由于 EDF 在 807nm 及小于 807nm 波长处存在强烈的激发态吸收，泵浦效率较低，而泵浦源的波长为 980nm 和 1480nm 时，不存在激发态吸收，泵浦效率较高。目前 980nm 和 1480nm 的半导体激光器已商品化，是 EDFA 的理想泵浦源。实验证明，980nm 的光源作为泵浦源，具有更小的噪声系数和更高的泵浦效率，而1480nm 的泵浦源可获得更高的输出功率。

C. 波分复用器(WDM)

WDM 起到混合信号光与泵浦光的作用，是 EDFA 必不可少的组成部分，它将绝大多数的信号光与泵浦光合路于掺铒光纤中，一般为介质薄膜型或光纤熔锥型。EDFA 对 WDM 的要求是在泵浦光和信号光波长附近插损都小，两通道间的隔离度高，对偏振不敏感。

D. 隔离器(ISO)

隔离器只允许光信号单向传输，对 EDFA 的工作稳定性至关重要。在输入端可以消除因放大的自发辐射反向传播可能引起的干扰，在输出端可以保护器件免受来自下端可能的逆向反射。同时，在输入端和输出端插入隔离器也是为了防止连接点上反射引起激光振荡，抑制光路中的反射光返回光源，从而既保护了光源又使系统工作稳定。EDFA 对 ISO 的要求是隔离度在 40dB 以上，插入损耗低，与偏振无关。

E. 滤波器

滤波器的作用是消除被放大的自发辐射光，以降低放大器的噪声，提高系统的信噪比。一般采用多层介质薄膜型带通滤波器，要求通带窄(在 1nm 以下)，此外滤波器的中心波长应与信号光波长一致，并且插损要小。

3) EDFA 的测试系统

本实验提供的光源和无源器件可以组成 EDFA 测试系统，工作方式为正向泵浦和反向泵浦，器件连接方法如图 6-3-3 所示。其中，信号光由 1550nm 的 DFB

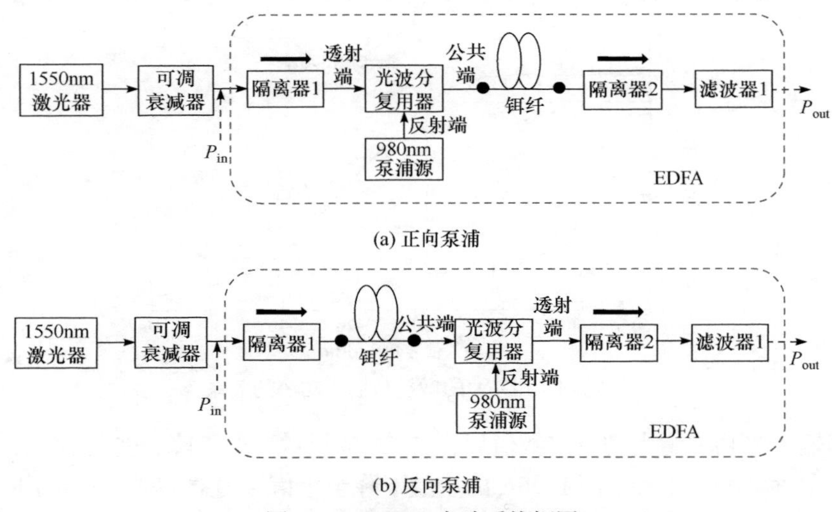

图 6-3-3　EDFA 实验系统框图

激光器提供，输出功率约为 3mW。可调光衰减器用于调节输入 EDFA 的光功率大小，衰减范围为 0.8～60dB，衰减器的输出功率即为 EDFA 的输入功率 P_{in}。隔离器是非互易器件，在系统中正向接入，插入损耗值应小于 2dB。WDM 的作用都是将信号光与泵浦光合路于铒纤中，其对 980nm 和 1550nm 光的插入损耗均应小于 2dB。滤波器 1 的中心波长与信号光一致，其输出即为 EDFA 的输出光功率 P_{out}，滤波器 2 的中心波长稍偏离信号光，在 EDFA 的噪声特性测试中使用。

2. EDFA 的增益及其噪声特性

EDFA 作为 DWDM 系统中的重要组件，其性能的优劣影响整个通信系统的质量及性价比，因此熟悉 EDFA 的常用性能指标是十分必要的。

1) EDFA 的增益特性

EDFA 中，当接入泵浦光功率后输入信号光将得到放大，同时产生部分自发辐射光 ASE。EDFA 的增益定义为输出光功率与输入光功率的比值，增益的大小表示放大器的放大能力。由于 ASE 噪声会伴随着信号光输出，所以在实际计算中必须将测量到的输出光功率扣除噪声功率。

$$G = 10\log\left(\frac{P_{out} - P_{ASE}}{P_{in}}\right) \text{ (dB)} \tag{6-3-1}$$

当输入光功率比较小时，增益 G 是一个常数，用符号 G_0 表示，如图 6-3-4 所示，称为放大器的小信号增益。在小信号工作区，增益与输入光功率的大小无关，恒为常数。但是当输入功率大到超过小信号工作区时，增益会随输入功率的增大而变化，出现增益饱和。

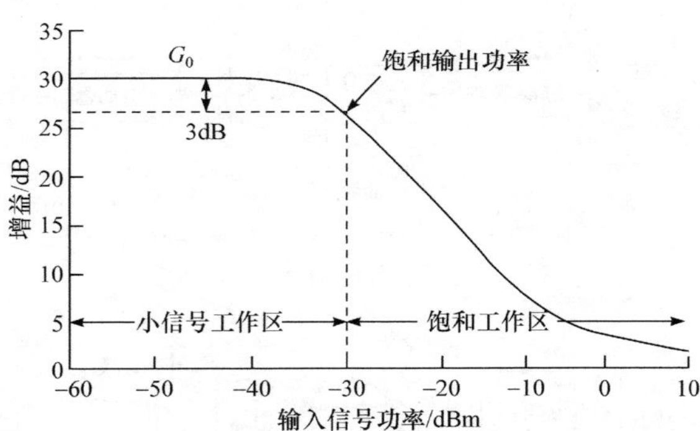

图 6-3-4 EDFA 的增益与输入功率的关系

当输入光功率增大到一定数值后，EDFA 的增益开始下降，进入饱和工作区，这种现象称为增益饱和。当 EDFA 的增益下降至小信号增益 G_0 的一半(下降 3dB)时，所对应的输出功率称为饱和输出功率，在本实验中通过作图法得到。饱和输出功率是表征 EDFA 饱和特性的重要参数。一般而言，饱和输出功率越大越好。

2) EDFA 的噪声特性

光放大器的噪声特性用噪声系数(NF)衡量，反映信号光传输中插入光放大器后引起的信噪比(SNR)劣化程度，定义为放大器的输入和输出信噪比之比。放大器产生的噪声会使信号的信噪比下降，造成对传输距离的限制。NF 值越大，噪声越大。

$$\mathrm{NF}=\frac{\mathrm{SNR_{in}}}{\mathrm{SNR_{out}}}\ (\mathrm{dB}) \tag{6-3-2}$$

为便于计算，将上式改写为

$$\mathrm{NF}=10\times\lg\left(\frac{P_{\mathrm{ASE}}}{h\nu G_1 B_0}+\frac{1}{G_1}\right)\ (\mathrm{dB}) \tag{6-3-3}$$

其中

$$G_1=\frac{P_{\mathrm{out}}-P_{\mathrm{ASE}}}{P_{\mathrm{in}}} \tag{6-3-4}$$

式中，h 为普朗克常量，取值为 $6.626\times10^{-34}\mathrm{J\cdot s}$；$\nu$ 为光频率。本实验中，DFB 激光波长为 1550nm，即 193.55THz；B_0 为滤波器带宽，标定为 0.8nm，即 100GHz。计算时，P_{ASE} 的单位需换算为 W。

对于 EDFA，放大的自发辐射 ASE 是噪声的主要来源。式(6-3-3)表明，只要精确测量信号光增益与 ASE 噪声功率，就可以计算得到噪声系数。通常，在没有输入信号光时，P_{ASE} 可以很容易被测量得到。但随着输入信号光功率 P_{in} 的增加，ASE 噪声会因自饱和而受到压制，即 P_{ASE} 的值会越小，此时 P_{ASE} 就难以直接测量得到。这是因为当 EDFA 有信号光注入时无法将 P_{ASE} 与输出功率 P_{out} 分开。为了解决这个问题，本实验在稍微偏离信号光波长的位置选取了“滤波器 2”，用于近似测量 P_{ASE} 的值，由于 ASE 噪声的光谱较宽且平坦，这种近似所引入的误差不会很大。NF 的理论极限为 3dB，高增益的 EDFA 可达到接近 4dB 的噪声指数。

3. EDFA 的泵浦特性

1) EDFA 的泵浦特性

铒离子有许多吸收带，如图 6-3-5 所示，包括 514nm、650nm、807nm、980nm 和 1480nm 等波长。这些频带都可以用来泵浦铒光纤，选用的原则是泵浦效率较高。

泵浦效率 W_{P} 用来衡量泵浦的有效性，定义为放大器的增益与所吸收的泵浦功率之比

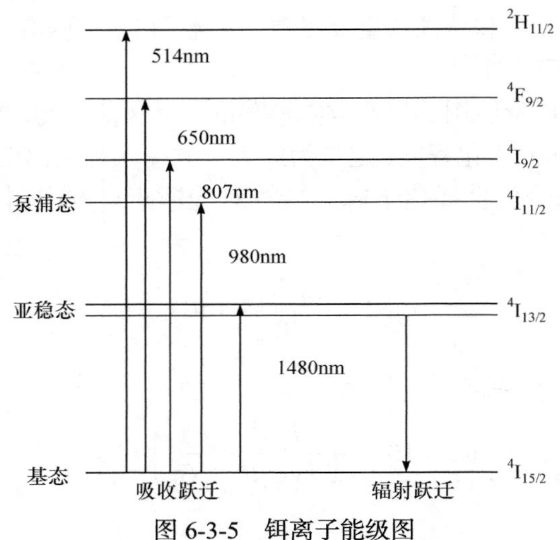

图 6-3-5 铒离子能级图

$$W_{\mathrm{p}} = \text{放大器增益(dB) / 泵浦功率(mW)} \tag{6-3-5}$$

不同频带处的泵浦效率有所不同。由于在波长 514nm、650nm 和 807nm 处存在很强的激发态吸收(ESA)，即处于激发态的粒子吸收泵浦光后向更高的能级跃迁，再以非辐射跃迁的形式返回到原能级，虽然 ESA 并不造成激发态粒子数减少，但在此过程中严重消耗泵浦光，降低了泵浦效率。而 980nm 和 1480nm 作为泵浦光时则不存在激发态吸收，泵浦效率高，且这两个波长的泵浦源都可用半导体激光器实现，因此备受重视。相对 1480nm 而言，980nm 泵浦效率高、噪声小，具有很大的吸引力，是目前光纤放大器的首选泵浦波长。

为了使 EDFA 具有光放大作用，泵浦光具有一定的阈值功率，如图 6-3-6 所示。在阈值功率以下，由于光纤中未能实现粒子数反转，所以不能放大信号光，反而吸收信号光呈现负增益。当泵浦光恰好等于阈值功率时，增益为 0dB，即所谓的“光透明传输”。只有当泵浦光功率大于阈值功率时，信号光才能够被放大。

当输入的信号光功率一定时，可以测量 EDFA 的增益及噪声系数与泵浦光功率的关系。泵浦光功率越高，增益越大。但当泵浦光增大到一定程度时，EDFA 也会饱和，此时下能级粒子数完全反转，继续增加泵浦功率对粒子反转数的贡献不大，因此饱和后的增益基本不随泵浦光变化。泵浦光功率的增大也会使自发辐射噪声增大，但是变化的程度很小，对 EDFA 的性能影响不大。

2) EDFA 的泵浦方式

EDFA 的基本泵浦方式主要有正向泵浦、反向泵浦和双向泵浦。在不同的泵浦方式下，EDFA 的性能会有所差别，而增益和噪声是衡量 EDFA 性能最主要的两个指标。因此，该实验要求在一定的泵浦功率下分别测量 EDFA 工作在正向泵浦和反向泵浦下的增益和噪声系数，对实际测量到的数据加以分析，从而判断针对本实验系统采用哪种泵浦方式最佳。

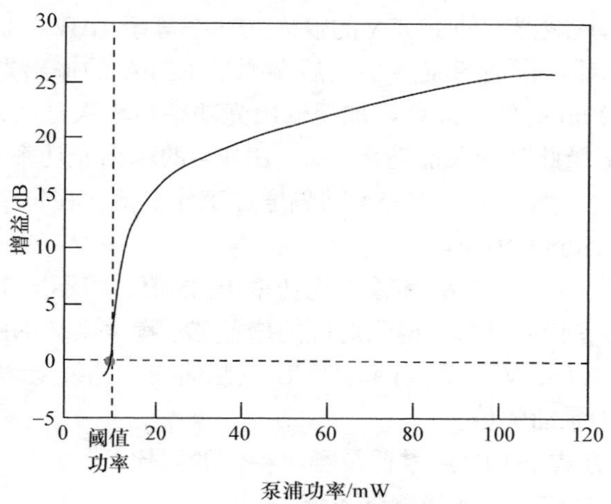

图 6-3-6　EDFA 增益与泵浦功率关系曲线

【实验内容】

1. EDFA 系统的特性参数

(1) 根据图 6-3-3 搭建测试系统，调节光衰减器使衰减量达到最小，即 1550nm 信号光输出功率最高，记为 P_{in}。

(2) 分别测量两个隔离器、带通滤波器 1、带通滤波器 2 的插损值。要求隔离器和带通滤波器 1 的插损小于 2dB，带通滤波器 2 的插损大于 40dB。

(3) 连接 980nm 泵浦源，待输出稳定后，在带通滤波器 1 后端测试 EDFA 正向泵浦的输出功率 P_{out}，并记录数据。

2. EDFA 的噪声特性

(1) 采用正向泵浦方式连接测试系统。

(2) 调节可调衰减器，在不同衰减量下(0～40dB，每 5dB 一个测试点)测量 EDFA 的输入光功率 P_{in}、输出光功率 P_{out} 和自发辐射噪声功率 P_{ASE}，计算出对应的增益 G 和噪声系数 NF。

(3) 作出增益 G 随输入光功率 P_{in}(以 dBm 为单位)的变化曲线。在增益曲线上通过作图法得到饱和输出功率，并计算出小信号增益和饱和输出功率值。

3. EDFA 的泵浦特性

1) 泵浦阈值及泵浦效率测量

(1) 采用正向泵浦方式连接测试系统。

(2) 调节可调衰减器，使 EDFA 的输入光功率等于 1μW。

(3) 使用功率计在带通滤波器 1 的后端测量 EDFA 的输出光功率。先将泵浦工作电流设置为 20mA，然后逐渐增加至输出光功率与输入光功率(1μW)大致相等或略低时为止，记录此时的泵浦功率 P_{980}、EDFA 的输出光功率 P_{out}，并测量自发辐射噪声功率 P_{ASE}，然后再以 20mA 间隔增加工作电流，在每个工作电流下重复以上测量，直至 250mA 为止。

(4) 设置光频率 ν、带宽 B_0 和输入光功率 P_{in} 的值，将不同工作电流下测量到的 P_{980}、P_{out} 和 P_{ASE} 代入计算，得到对应的增益 G、噪声系数 NF 和泵浦效率 W_p。

(5) 根据 P_{980}(以 mW 为单位)和增益 G 绘制曲线。曲线上增益为 0dB 时所对应的泵浦功率即为泵浦阈值。

2) 不同泵浦方式下 EDFA 增益及噪声特性的对比

(1) 采用正向泵浦方式连接测试系统。

(2) 调节可调衰减器，使 EDFA 的输入光功率等于 1μW。

(3) 测量正向泵浦下 EDFA 的输出光功率 P_{out} 和自发辐射噪声功率 P_{ASE}，记录数据并计算增益和噪声。

(4) 测量反向泵浦下 EDFA 的输出光功率 P_{out} 和自发辐射噪声功率 P_{ASE}，记录数据并计算增益和噪声。

(5) 对比 EDFA 在两种泵浦方式下的增益及噪声情况，思考本实验系统采用哪种泵浦方式能够使 EDFA 获得更好的性能。

【注意事项】

1. DFB 激光器和 980nm 泵浦源开启后，需预热，待输出光功率稳定后再进行测量。

2. 虽然输出激光的工作波长处于不可见的红外波段，但绝对不能把光纤端面对着眼睛，尤其是 EDFA 输出的光功率较强，能量也较集中，直视会对眼睛造成伤害。

3. 光纤跳线不可过度弯折，每次连接前都需要先使用酒精湿布对光纤端面进行清洁。

4. 980nm 泵浦源输出功率较强，容易造成光纤端面烧毁，因此泵源与 WDM 和铒光纤的连接保护在 PVC 面板下侧。如果需要拆卸，注意先关闭泵源，尤其不能在泵源开启状态下清洁光纤端面，会造成端面损毁，使功率下降。

【思考题】

1. 实验中滤波器的作用是什么？
2. 正向泵浦和反向泵浦的增益和噪声系数有什么特点？

【参考文献】

[1] 吴正国. 掺铒光纤放大器关键技术研究. 大连理工大学硕士学位论文, 2019.
[2] 李超群. 双向掺铒光纤放大器的分析设计. 电子科技大学硕士学位论文, 2018.

实验 6.4　光纤传感综合实验

目前传感器正朝着精度高、适应性强、便携式和智能化的方向发展，其中光纤传感器备受青睐。光纤具有诸多优异的性能，例如具备抗电磁和原子辐射干扰的性能，径细、质软、质量小的机械性能，绝缘、无感应的电气性能，以及耐水、耐高温、耐腐蚀的化学性能等。光纤传感器能够在人达不到的地方(如高温区)或者对人有害的地区(如核辐射区)起到耳目的作用，而且还能超越人的生理界限，接收人体所感受不到的外界信息。光纤传感器可以测量如声场、电场、压力、温度、角速度、加速度等多种物理量，还可以完成现有测量技术难以完成的测量任务。

本实验旨在通过设计几类传感实验，包括全、半光纤马赫-曾德尔干涉型传感，压力传感，透射式和反射式传感及光纤电流传感，使学生掌握基本的光纤传感技术。

【实验目的】

1. 掌握光纤马赫–曾德尔干涉仪的传感原理及其特性。
2. 掌握反射式和透射式光纤位移传感器的原理及其特性。
3. 掌握光纤微弯传感器的原理及其特性。
4. 掌握光纤电流传感器的原理及其特性。

【实验仪器】

半导体光纤耦合激光器，2×2 光纤分束器，反射镜，1mm 准直镜，7mm 准直镜，FC-FC 对接法兰，四维调整镜架。

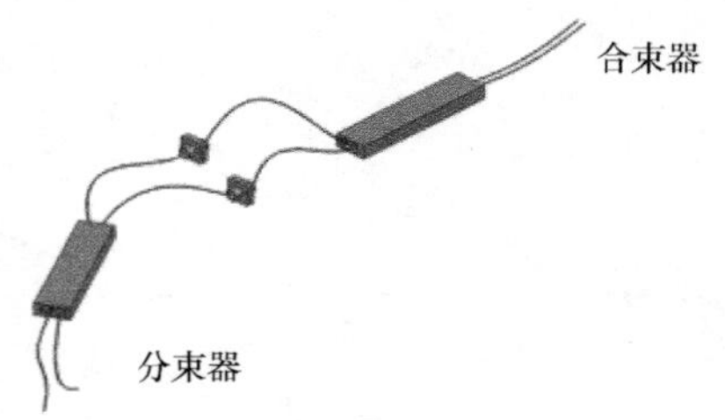

图 6-4-1　全光纤 M-Z 干涉传感器光路示意图

【实验原理】

1. 光纤马赫–曾德尔干涉传感器

全光纤型马赫–曾德尔(M-Z)干涉传感器以半导体激光器为相干光源，采用两个 2×2 耦合器分别作为分束器和合束器，连接起来，两臂长度完全相同，如图 6-4-1 所示。合束器输出光束用准直镜准直，输出光束用 CCD 相机采集，在显示屏上即可观察到干涉图样。如果干涉臂的一臂发生弯曲或者其他变化，导致两路光信号的相位差变化，则干涉条纹会移动。本实验只是定性验证光纤 M-Z 干涉传感器。

半光纤型 M-Z 干涉传感系统相比全光纤型结构，从分束器输出的两路光用一个分光棱镜合束，经过分光棱镜合束后，采用 CCD 相机采集，在显示屏上即可观察到干涉图样。

2. 反射式光纤位移传感器

反射式光纤位移传感器是一种传输型光纤传感器，利用镜面反射原理，把机械位移转换成反射体的移动，从而测量反射物体移动位移大小。光纤采用 Y 型结构，两束光纤一端合并在一起组成光纤探头，另一端分为两支，分别作为发射光纤和接收光纤。光从光源耦合到发射光纤，发出光束后再经反射面反射形成反射锥体。当接收光纤处于反射锥体内时，光被反射到接收光纤，最后用光电转换器接收，转换器接收到的光与反射体表面性质、反射体到光纤探头距离有关，如图 6-4-2 所示。当反射面位置固定时，接收到的反射光光强随光纤探头到反射体的距离的变化而变化。由光检测元件(敏感元件)与光纤传输回路及测量电路所组成的测量系统，其中光纤仅作为光的传播介质，所以这类光纤传感器又称为传光型或非功能型光纤传感器。在本系统中，光纤传感器固定，反射体在光纤探头前分别沿着探头的横向和纵向移动。

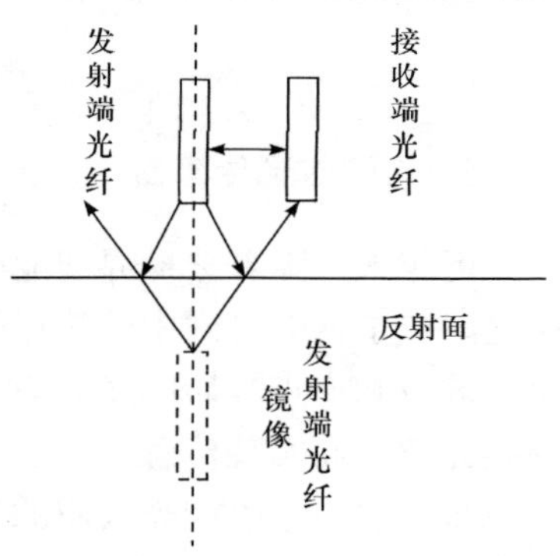

图 6-4-2　反射式光纤位移传感器工作原理图

3. 透射式光纤位移传感器

在透射式光纤位移传感器中，发射光纤与接收光纤空间耦合，光强调制信号加载在移动的遮光板上，或者直接移动接收光纤，使接收光纤只能收到发射光纤输出的部分光，从而实现调制。图 6-4-3 所示为移动光纤式光强调制模型，可用

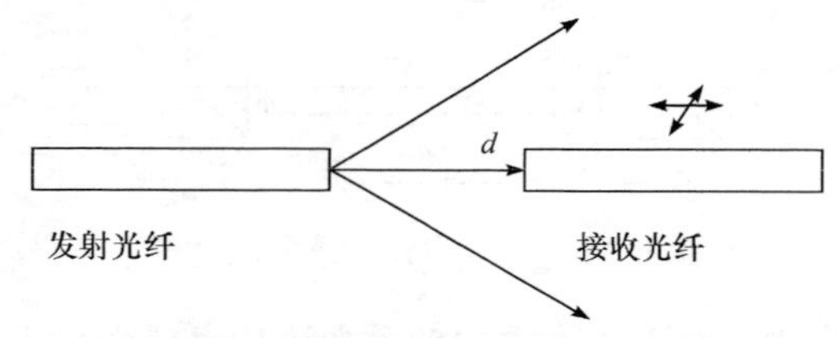

图 6-4-3　透射式光纤位移传感器示意图

来测量位移、压力、温度等物理量。这些物理量的变化使接收光纤的轴线相对于出射光纤错开一段距离，接收光强发生变化，即实现传感的目的。

4. 光纤微弯传感器

图 6-4-4 为基于微弯损耗机制的强度调制型传感器。由光纤中光功率的变化可得到压力、位移等被测量的大小。

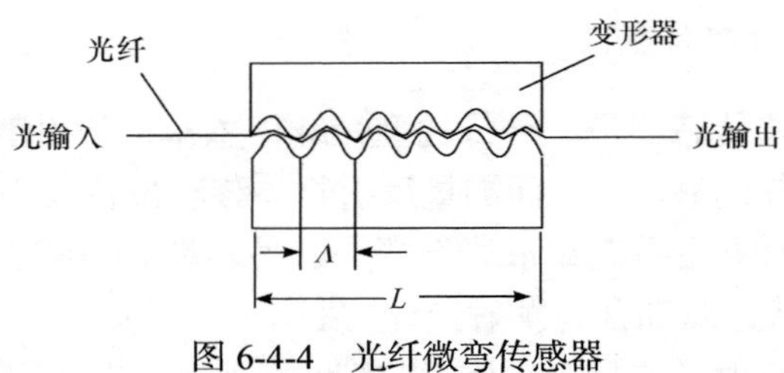

图 6-4-4 光纤微弯传感器

5. 光纤电流传感器

近年来，随着全世界智能电网的革命性变革，光电式电网传感器的研究和应用逐渐成了智能电网中的热点问题。光电式电网传感的主要原理是基于法拉第磁旋光效应和泡克耳斯电光效应。智能电网传感系统中的电流传感器是基于法拉第磁旋光效应而实现传感。

基于法拉第磁旋光效应的光纤电流传感系统结构如图 6-4-5 所示。图中光纤激光光源通过自聚焦准直镜准直，并通过起偏器形成偏振光，然后通过磁光材料，并经过检偏器后分成两束，输出光通过光纤自聚焦准直镜输出。其中，磁光材料晶体置于由检测线圈的电流产生的磁场中。按照法拉第磁旋光效应，从磁光材料输出的偏振光由于磁场作用偏振方向产生θ角的变化，因此经过检偏器后输出的透射光强 P_t和反射光强 P_r会产生相应变化。该变化反映了磁场强度的变化，以及输入线圈的电流量变化 I。通过这个过程便完成了电流量的检测。

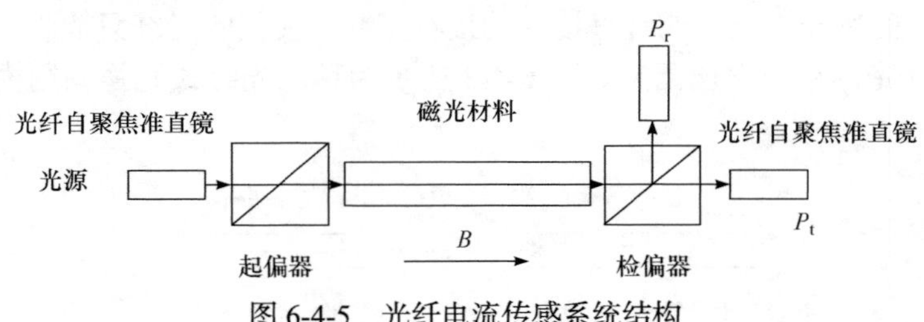

图 6-4-5 光纤电流传感系统结构

如果光源功率为 P_0，经过起偏器 45°后光源功率减半，表示为

$$P_1 = \frac{1}{2}P_0 \tag{6-4-1}$$

一般情况下，磁光晶体对光的吸收极小，可以忽略不计。因此，当线圈中没有电流时(I=0)，检偏后输出透射光功率 P_{t} 和反射功率 P_{r} 满足下式：

$$P_{\mathrm{t}} = P_{\mathrm{r}} = \frac{1}{4}P_0 \tag{6-4-2}$$

如果线圈中的电流不为 0，检偏后输出透射功率 P_{t} 满足马吕斯定律。反射功率 P_{r} 满足

$$\begin{cases} P_{\mathrm{t}} = \dfrac{1}{2}P_0\cos^2\theta \\ P_{\mathrm{r}} = \dfrac{1}{2}P_0\cos^2\left(\dfrac{\pi}{2} - \theta\right) \end{cases} \tag{6-4-3}$$

根据法拉第效应，当线偏振光在介质中传播时，若在平行于光的传播方向上加一强磁场，则光偏振方向将发生偏转，偏转角度与磁感应强度 B 和光穿越介质的长度 L 的乘积成正比，即 $\theta=VBL$，比例系数 V 称为旋光材料的维尔德常数，与介质性质及光波频率有关。式(6-4-3)变为

$$\begin{cases} P_{\mathrm{t}} = \dfrac{1}{2}P_0\cos^2(VBL) \\ P_{\mathrm{r}} = \dfrac{1}{2}P_0\cos^2\left(\dfrac{\pi}{2} - VBL\right) \end{cases} \tag{6-4-4}$$

根据毕奥-萨伐尔定律，载流导线上的电流元 $I\mathrm{d}\boldsymbol{l}$ 在真空中某点 P 的磁感应强度 $\mathrm{d}\boldsymbol{B}$ 的大小与电流元 $I\mathrm{d}\boldsymbol{l}$ 的大小成正比，与电流元 $I\mathrm{d}\boldsymbol{l}$ 和从电流元到点 P 的位矢 r 之间的夹角 θ 的正弦成正比，与位矢 $\boldsymbol{r}$ 的大小的平方成反比。

$$B(x) = \frac{\mu_0}{4\pi}\oint_L \frac{I\mathrm{d}\boldsymbol{l} \times \boldsymbol{r}}{r^2} \tag{6-4-5}$$

这里为了计算简便，假设截面半径为 a，长度为 L，电流强度为 I，总匝数为 N 的通电螺线管的中心点的磁场强度为匀强磁场(实际为 L 长度内的平均磁场)，并且该磁场强度 $B=KI$，其中 K 是与 a、L、N 有关的常数，则式(6-4-4)可以变为

$$\begin{cases} P_{\mathrm{t}} = \dfrac{1}{2}P_0\cos^2(KVIL) \\ P_{\mathrm{r}} = \dfrac{1}{2}P_0\cos^2\left(\dfrac{\pi}{2} - KVIL\right) \end{cases} \tag{6-4-6}$$

由此，根据输出功率的变化可知电流的变化，达到了电流传感的目的。

【实验内容】

1. 半光纤型 M-Z 干涉传感实验

(1) 调节光路准直，安装分光棱镜使得激光正好通过分光棱镜的中心。

(2) 调节通过光纤分束器的两束准直光束正好照射在分光棱镜上发生干涉。

(3) 观察半光纤型 M-Z 干涉条纹，记录并分析实验现象。

2. 全光纤型 M-Z 干涉传感实验

(1) 调节光路准直，光纤分束器的输出端与 7mm 准直镜连接。

(2) 调整相机高度，使得干涉图像正好照射在相机靶面中心，采集光斑闪烁的图像，记录并分析实验现象。

3. 反射式光纤位移传感器实验

(1) 连接半导体激光、塑料反射式光纤传感器与功率计。

(2) 将塑料反射式传感光纤夹持固定在可调棱镜支架中，并调节光路准直。

(3) 调节反射镜与反射式光纤之间的距离，使得反射端紧贴反射镜，调整反射镜调节旋钮使得反射光与入射光重合达到反射镜与光路垂直。

(4) 固定反射镜与可调棱镜的位置，调节光路使反射镜远离光纤发光端，记录位移-功率值数据并绘制传感曲线，在曲线图中选择线性最好区间作为实际位移传感应用。

4. 透射式光纤位移传感器实验

(1) 将半导体激光器尾纤与 7mm 准直镜连接，将 7mm 准直镜安装固定在 1 号可调棱镜支架上，借助可变光阑，使光束准直平行于导轨。

(2) 用塑料多模光纤跳线将 7mm 准直镜与功率计探头连接固定在 2 号可调棱镜支架中，调节光路，使沿导轨方向移动可调棱镜支架时功率计示数不发生变化。

(3) 在步骤(2)的基础上，垂直于导轨方向调节可调棱镜支架，观察功率计示数变化，并记录位移量和功率，拟合位移–功率曲线图，选择线性最好区间作为实际位移传感应用。

5. 微位移测量及微弯特性实验

(1) 用多模光纤跳线连接激光器与功率计。

(2) 在多模光纤跳线中加入微弯部件，旋转微弯部件压力调节旋钮使光纤发生微量弯曲，观察功率与弯曲程度的关系。

(3) 此实验为定性实验，如需定量测量，可将微弯部件旋钮旋转一圈的螺纹距

0.35mm 作为位移变化量，测量出微弯位移量–功率变化曲线图。注：微弯部件的螺纹距为 0.35mm，通过数螺纹旋转的圈数测量微弯的位移量。

6. 光纤电流传感器实验

(1) 将自准直镜安装在五维调节架的卡槽内，连接光源与自准直镜，调节光路使光源出射的准直光对准电流传感光机组件上的透射路的孔位，将电流传感器的输出端(反射)连接功率计，得到输出端(反射)的光功率值并记录；等输出端(反射)光功率值稳定之后，再将功率计接在输出端(透射)；调整五维架使输出功率(透射)和输出功率(反射)基本接近。

(2) 调节电流电源旋钮 0A，0.1A，0.2A，0.3A，…，2.6A，使电流 I 变为最大，使用功率计测量反射率 R 和透射率 T 功率值。

(3) 计算分析 R-T 的正负，并绘制电流 I 与$|R-T|$的曲线图。

(4) 通过调换磁光线圈两端的电压正负极，重复以上实验，观察数据并分析是否和以前实验现象一致。

【注意事项】

1. 本实验所用光源为 650nm 红光半导体激光器，其最大功率为 2mW，不可将激光打入人眼或长时间接触身体，防止激光灼伤。

2. 光纤插拔过程中不能损坏光纤端口。

3. 注意切勿用手直接接触光纤的陶瓷插芯，避免污染。如已污染，应用酒精乙醚混合液进行擦洗。

4. 不要用力拉扯光纤，光纤弯曲半径一般不小于 30mm，否则可能导致光纤折断。

【思考题】

1. 试列举说明影响光纤中传输光强的主要因素，并分析它们用于光纤传感的可能性。

2. 根据所学知识，设计一种光纤型电流传感器。

【参考文献】

[1] 王来龙. 新型光纤电流传感器及其应用. 河北大学硕士学位论文, 2019.
[2] 黎敏, 廖延彪. 光纤传感器及其应用技术. 2 版. 武汉: 武汉大学出版社, 2012.

实验 6.5　可见光通信实验

近年来，白光发光二极管(LED)广泛应用于生产生活的诸多方面。白光 LED 具有节能、寿命长、可靠性高等优点，并且响应时间极短。可见光通信技术是随着 LED 照明技术的发展而兴起的无线光通信技术。LED 作为可见光信道的重要组成部分，其调制带宽、调制格式均能影响可见光通信系统的传输特性。同时，在数字通信系统中，眼图是评估数字传输系统数据处理能力的一种重要测量方法，误码率是衡量数据在规定时间内数据传输精确性的指标。

本实验旨在让学生利用实验平台设计可见光通信系统，测量通信系统特性参数，掌握眼图观测方法评估系统性能，了解误码产生原因，加深对可见光通信系统原理与技术的理解。

【实验目的】

1. 了解可见光通信系统组成及其相关技术。
2. 掌握可见光调制技术的原理和白光 LED 的调制特性。
3. 了解眼图的形成过程和意义，掌握眼图观测方法和眼图特性参数，评估系统性能。
4. 设计可见光通信系统误码率测试系统，测量传输误码数及误码率。
5. 设计可见光 LED 波分复用系统。

【实验仪器】

四色 LED 光源，可见光发射装置，光电探测器，可见光接收装置，示波器。

【实验原理】

1. LED 调制特性测量

1) 可见光通信技术

可见光通信(VLC)是一种无线光通信技术，利用频率介于 400THz(波长 780nm)至 789THz(波长 380nm)之间的可见光作为通信媒介完成信息的传送。VLC 利用 LED 作为光源，在 LED 照明的同时实现高速通信。白光 LED 现在已经被广泛应用于信号发射、显示、照明等领域。与其他光源相比，白光 LED 具有更高的调制带宽，还具备调制性能好、响应灵敏度高等优点，利用 LED 的这些特性，可将信号调制到LED发出的可见光上进行传输。白光LED将照明与数据传输结合起来的特性，促进了VLC的发展。

2) 可见光通信系统

图6-5-1是基于白光LED的VLC系统示意图。一个完整的VLC系统由LED发射端、可见光传输信道及接收端组成。在发射端，原始的二进制信号需要经过预均衡、编码和调制处理，然后驱动LED，并进行强度调制，从而将电信号转换成光信号，承载着数据的光信号经过在空间信道的传输到达接收端，接收端的光电探测器(如PIN*光电检测器)将接收到的光信号转换为电信号，进一步通过对信号进行后均衡、解调和解码，恢复出原始的发送信号。

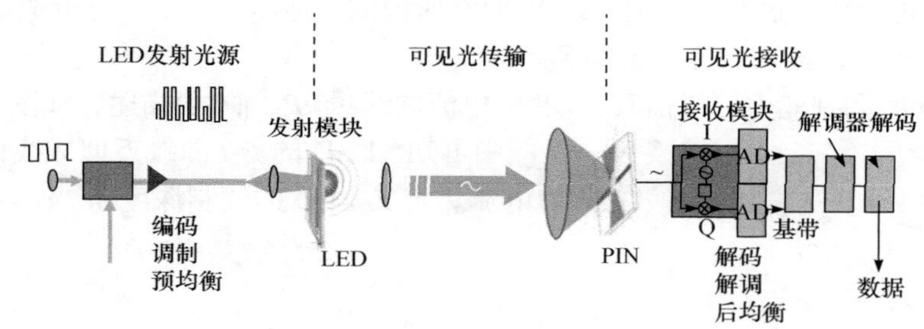

图6-5-1　VLC系统示意图

AD：模数转换

系统中的预均衡(预处理)过程是为了补偿由于器件、信道等引起的信号失真。发射端采用预处理技术可以提高LED的响应带宽，以提高传输速率。而在接收端采取的后均衡，可以补偿其他信道带来的损耗，如相位噪声等。编码调制可以在有限的带宽上实现更高的传输速率。由于受到VLC带宽的限制，为了提高白光LED通信系统的传输速率，在发射端可以通过高阶的调制编码技术提高传输的频谱效率，从而实现高速传输。

3) 可见光通信系统的光源

根据白光LED的发光机制不同，目前可作为VLC系统发射机光源的白光LED可分为：①荧光粉(PC)LED；②红绿蓝(RGB)LED。

荧光粉PC-LED是最为广泛使用的LED类型，其原理是通过蓝光LED芯片发出波长约为460nm的蓝光，照射黄色荧光粉，激发出570nm左右的黄光，这两种光色合在一起，即呈白光。它的优点是成本低、结构简单、调制难度低，缺点是其调制带宽很低，限制了系统的传输速率，这是黄色荧光粉响应速度慢导致的。另外，这种LED对室内环境的频谱利用率也不高。

* PIN的中文名称是本征光电二极管。

另一种类型的白光 LED 是把红、绿、蓝三种颜色的芯片封装在一起，将其发出的单色光混合形成白光，称为红绿蓝 LED。它的优点是可提供极高的光谱带宽，可使用波分复用的方式提高信道容量，但是其成本较高，调制复杂度也相对较高。因此，基于两种 LED 的可见光通信系统也各具其优劣，选取哪种作为可见光通信系统的光源最终取决于系统的需求。

本实验采用的 LED 光源为 RGBW 四色光源，共有四色灯芯，其中红、绿、蓝为单色 LED，白光为荧光粉型 LED。四路光源均可独立驱动。

4) 白光 LED 调制特性

LED 作为一种特殊的二极管，具有与普通二极管相似的伏安特性曲线，单向导通。当正电压超过某个阈值 V_A，即通常所说的导通电压之后，可近似认为电流与电压成正比，该区域称为工作区。

LED 的调制能力可以由其光功率–电流曲线(即 P-I 曲线)描述，如图 6-5-2 所示。从图中可知，LED 的 P-I 曲线近似成线性，且没有阈值电流。定义 LED 的调制深度 m 为

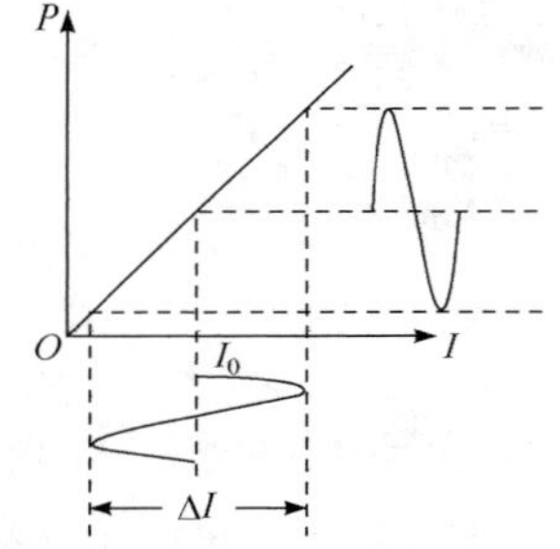

图 6-5-2　LED 的 P-I 曲线

$$m=\frac{\frac{1}{2}\Delta I}{I_0} \tag{6-5-1}$$

式中，I_0 为偏置电流；ΔI 为信号的峰峰值电流。光调制度描述了交流信号与直流偏置之间的关系，调制度越高，光信号越容易被探测，从而降低光接收端所需的光功率。驱动 LED 的偏置电流往往达数百毫安，要使信号电流也达到这个量级，需要设计相应的放大电路。目前大多数实验的驱动能力达到百分之几到百分之十几的调制度，如果一味追求高调制度，可能会导致调制带宽降低，同样影响系统性能。

LED 的调制带宽决定了通信系统的信道容量和传输速率，其定义是在保证调制度不变的情况下，当 LED 输出的交流光功率下降到某一低频参考频率值的一半时(–3dB)的频率就是 LED 的调制带宽。

LED 的调制带宽受响应速率限制，而响应速率又受半导体内少子寿命 τ_c 影响

$$f_{3dB}=\frac{\sqrt{3}}{2\pi\tau_c} \tag{6-5-2}$$

对于 III-V 族(如 GaAs)材料制成的发光二极管而言，$\tau_c\approx 100$ps，故 LED 的理论带宽在 2GHz 以下。当然，目前所有 LED 的带宽都远远低于这个值，照明用的大功率白光 LED 由于受其微观结构及光谱特性所限，带宽更低。较低的调制带宽限制了 LED 在高速通信领域(包括可见光通信系统)的应用，因此设法提高 LED 的调制带宽是解决问题的关键。

5) LED 调制带宽测试系统

LED 调制带宽测试系统如图 6-5-3 所示，主要包括光信号发射端和接收端。在发射端，首先对信号源产生的方波信号进行放大，以提高实验所需的 LED 调制深度。随后将放大后的信号加载到由恒流源驱动的 LED 直流偏置电流上，这样 LED 就能够发出明暗闪烁的调制光信号了。接收端主要是对光电探测器的光电流进行放大处理，并输出到示波器上。

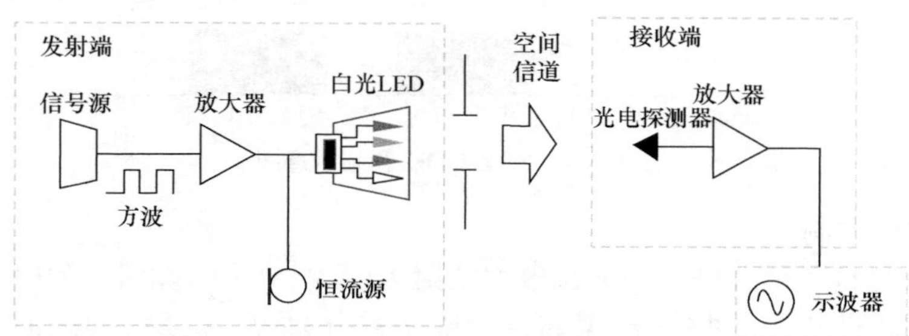

图 6-5-3　LED 调制带宽测试系统

在实验中，通过记录光电探测器接收信号的幅度随信号频率的变化，就可绘制出频率响应曲线，电压幅值下降 3dB 的点所对应的频率就是 LED 的调制带宽。

2. 可见光调制技术

调制就是对信号源的信息进行处理加到载波上，使其变为适合于信道传输形式的过程，即使载波随信号而改变的技术。理论上在无线电领域内的调制方式都可以用在 VLC 系统中，但考虑到应用在 VLC 系统中的 LED 灯的特点，一些在无线电通信领域很少使用的调制方式却常常应用于 VLC 系统中，如强度调制，即用待传输的信息直接调制光载波的强度。

LED 灯采用强度调制十分方便，通过控制 LED 灯两端的输入电压即可实现。直接强度调制有数字脉冲调制和模拟强度调制两种方式。模拟强度调制多用于语音信号的传输，直接将语音信号进行放大，对 LED 灯进行模拟强度调制。数字脉冲调制具有实现简单、应用范围广等优点，现有 VLC 系统绝大多数使用数字脉冲调制方式。常用的数字脉冲调制方式有开关键控(OOK)、脉冲位置调制(PPM)、脉冲宽度调制(PWM)等。下面对这三种调制方式分别进行介绍。

1) OOK 调制技术

OOK 又名二进制键控(2ASK)，按照调制方式，可细分为非归零开关键控(NRZ-OOK)和归零开关键控(RZ-OOK)。NRZ-OOK 光源开启表示“1”，光源关闭表示“0”，而 RZ-OOK 则每个脉冲结束都回归到零电平，所以 RZ-OOK 的带宽要求高于 NRZ-OOK。考虑到 LED 开关速度的限制，NRZ-OOK 比 RZ-OOK 更适合于调制带宽受限制的 VLC 系统。

采用 NRZ-OOK 调制方式传输二进制的 n=2 位信息 00011011 时的调制示意图如图 6-5-4 所示。OOK 调制方式最简单，技术最成熟，使用最多。现有的 VLC 系统多采用这种调制方式。

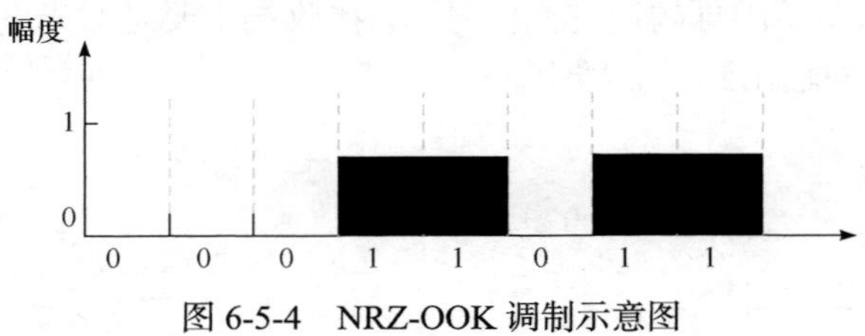

图 6-5-4　NRZ-OOK 调制示意图

2) PPM 调制技术

PPM 是将一个二进制的 n 位数据映射为由 $N=2^n$ 个时隙组成的时间段上的某个时隙处的单个脉冲信号，其符号间隔 T 被分为 N 个时隙，每个时隙的宽度为 T/N。

若传输一个 n 位二进制 M，记为 $M=(m_1, m_2, \cdots, m_n)$，则对应的时隙个数为 2^n，将时隙位置记为 K，则 PPM 调制的编码与二进制编码的映射关系为

$$K = m_1 \cdot 2^0 + m_2 \cdot 2^1 + m_3 \cdot 2^2 + \cdots + m_n \cdot 2^{n-1} \tag{6-5-3}$$

采用 PPM 调制方式传输二进制的 n=2 位信息 00011011 时，根据上式可以计算，(0,0)所对应的位置为 0 时隙，(0,1)所对应的位置为 1 时隙，(1,0)所对应的位置为 2 时隙，(1,1)所对应的位置为 3 时隙，如图 6-5-5 所示，映射满足一一对应的关系，即调制的唯一性。

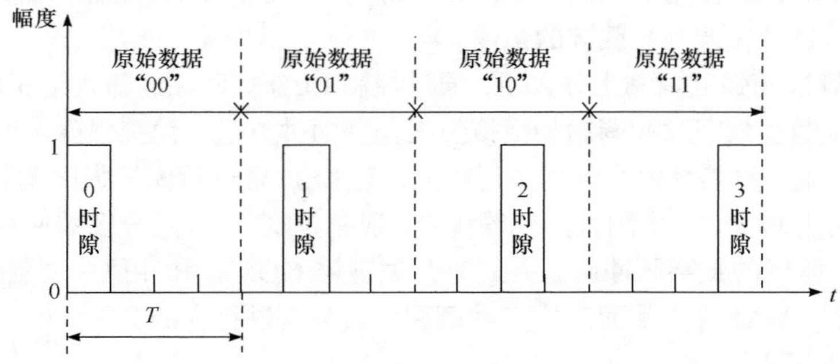

图 6-5-5　PPM 脉冲位置调制示意图

3) PWM 调制技术

PWM 是通过改变脉冲的宽度，从而将数字序列变化为脉冲序列的一种调制方法。对于一个二进制的 n 位数据 $M=(m_1, m_2, \cdots, m_n)$，我们可将每个符号间隔

T 均匀划分为 $N=2^n$ 份，每份对应的脉冲宽度为 T/N，将 M 对应的脉冲宽度记为 W，则 PWM 调制的编码与二进制编码的映射关系为

$$W=\frac{T}{N}(m_1\cdot 2^0+m_2\cdot 2^1+m_3\cdot 2^2+\cdots+m_n\cdot 2^{n-1}) \tag{6-5-4}$$

采用 PWM 调制方式传输二进制的 n=2 位信息 00011011 时，根据上式可以计算，(0,0)所对应的脉冲宽度为 0，(0,1)所对应的脉冲宽度为 $T/4$，(1,0)所对应的脉冲宽度为 $T/2$，(1,1)所对应的脉冲宽度为 $3T/4$，如图 6-5-6 所示。

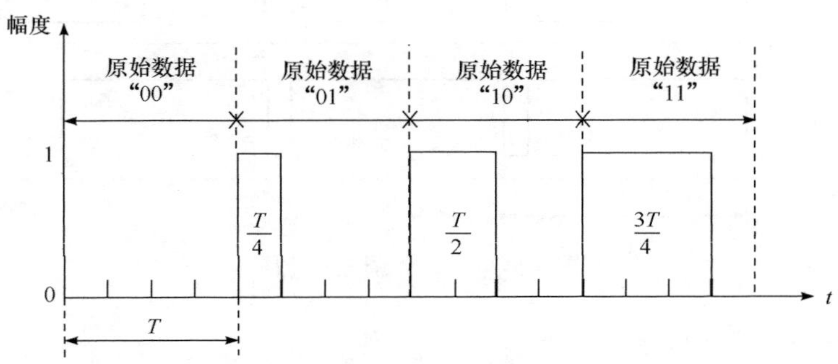

图 6-5-6　PWM 脉冲宽度调制示意图

在 VLC 中 PWM 调制常用来控制 LED 的亮度。调节 LED 的亮度有两种方法：模拟调光和数字调光。其中模拟调光是通过改变 LED 回路中电流的大小达到调光效果；数字调光即 PWM 调光，是通过 PWM 波形开启和关闭 LED 来改变正向电流的导通时间，以达到亮度调节的效果。模拟调光的缺点是在可调节的电流范围内，调节挡位受到限制，PWM 调光则可通过改变高低电平的占空比来任意改变 LED 的开启时间，从而使亮度调节的挡位增多。

模拟调光通常可以很简单地实现，但 LED 的发光特性会随着平均驱动电流而偏移，对于单色 LED 来说，其主波长会改变，对于白光 LED 来说，其相关颜色温度(CCT)会改变。而 PWM 调光的优点在于能确保 LED 发出设计人员所需的颜色，这种精确的控制对于红绿蓝(RGB)应用尤其重要，因为这些应用是将不同颜色的光线混合以产生白光。

PWM 调光是基于人眼对亮度闪烁不够敏感的特性来实现的。如果 LED 亮暗的频率超过 100Hz，人眼看到的就是平均亮度，而不是 LED 在闪烁，PWM 即是通过调节 LED 亮和暗的时间比例来实现亮度的调节。在一个 PWM 周期内，人眼对亮度的感知是一个累积过程，即 LED 亮的时间在整个周期中所占的比例越大，人眼感觉越亮。

图 6-5-7 显示了三种不同的 PWM 信号。(a)是一个占空比为 10%的 PWM 输出，即在信号周期中，10%的时间通，其余 90%的时间断。(b)和(c)显示的分别是

占空比为 50%和 90%的 PWM 输出。对于人眼来说，PWM 信号的占空比越大，LED 的亮度越大。

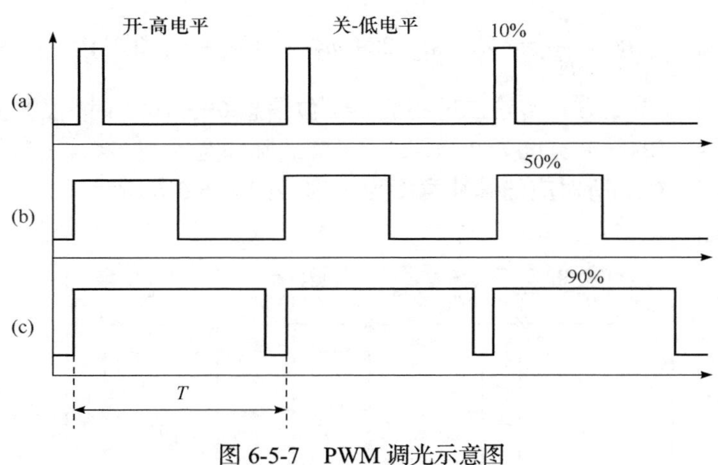

图 6-5-7　PWM 调光示意图

3. VLC 系统眼图

1) 眼图的形成原理

在实际通信系统中，数字信号经过非理想的传输系统必定要产生畸变，信号通过信道后，也会引入码间串扰和噪声。在码间串扰和噪声同时存在的情况下，很难对系统性能进行定量分析，甚至得不到近似结果。为了便于实际评价系统的性能，常用所谓眼图。眼图是一系列数字信号在示波器上累积而显示的图形，它包含了丰富的信息，反映的是系统链路上传输的所有数字信号的整体特征。利用眼图可以观察出码间串扰和噪声的影响，分析眼图是衡量数字通信系统传输特性的简单且有效的方法。

在用余辉示波器观察传输的数据信号时，使用被测系统的定时信号，通过示波器外触发或外同步对示波器的扫描进行控制，由于扫描周期此时恰为被测信号周期的整数倍，因此在示波器荧光屏上观察到的就是一个由多个随机符号波形共同形成的稳定图形。这种图形看起来像眼睛，所以称为数字信号的“眼图”。一个完整的眼图应该包含从“000”到“111”的所有状态组，且每一个状态组发生的次数要尽量一致，否则有些信息将无法呈现在屏幕上，八种状态形成的眼图如图 6-5-8 所示。从图中可以看出，眼图是由虚线分段中有“x”标记的一列接收码元波形叠加组成的，眼图中央的垂直线表示取样时刻。

2) 眼图的参数与系统性能的关系

眼图对展示数字信号传输系统的性能提供了很多有用信息，可以从中看出码间串扰的大小和噪声的强弱。眼图的“眼睛”张开的大小反映着码间串扰的强弱：

“眼睛”张得越大，且眼图越端正，表示码间串扰越小，反之表示码间串扰越大。当存在噪声时，噪声将叠加在信号上，观察到的眼图的线迹会变得模糊不清，若同时还存在码间串扰，“眼睛”将张开得更小。与没有码间串扰和噪声时的眼图相比，原来清晰端正的细线迹变成了比较模糊的带状线，而且不端正。噪声越大，线迹越宽，越模糊；码间串扰越大，眼图越不端正。

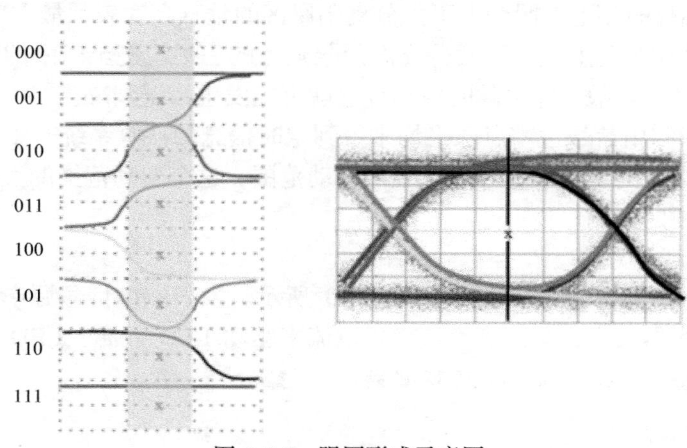

图 6-5-8　眼图形成示意图

眼图的垂直张开度表示系统的抗噪声能力，水平张开度反映过门限失真量的大小，如图 6-5-9 所示，其定义如下：

垂直张开度　$$E_0 = \frac{V_1}{V_2} \tag{6-5-5}$$

水平张开度　$$E_1 = \frac{t_1}{t_2} \tag{6-5-6}$$

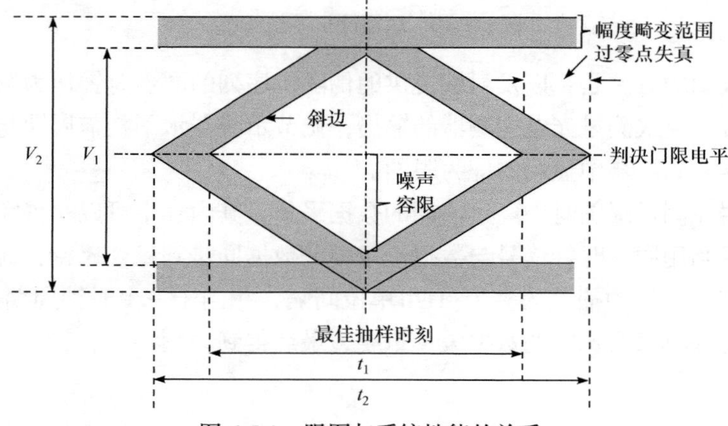

图 6-5-9　眼图与系统性能的关系

从理论分析可以得到如下几条结论，以此对系统性能做出评估。

(1) 最佳抽样时刻是“眼睛”张开最大的时刻。

(2) 眼图中央的横轴位置对应于判决门限电平。

(3) 对定时误差的灵敏度可由眼图斜边的斜率决定，斜率越大，对定时误差就越灵敏。

(4) 在抽样时刻上，眼图上下两分支阴影区的垂直高度表示最大信号畸变。

(5) 在抽样时刻上，上下两分支离门限最近的一根线迹至门限的距离表示各相应电平的噪声容限，噪声瞬时值超过它就可能发生错误判决。

(6) 对于利用信号过零点取平均来得到定时信息的接收系统，眼图倾斜分支与横轴相交区域的大小表示零点位置的变动范围，这个变动范围的大小对提取定时信息有重要的影响。

3) 眼图观测方法

可见光通信眼图测试系统如图 6-5-10 所示。发射端的信号源产生伪随机序列，经过放大器放大，叠加到直流偏置电流来驱动 LED 光源。LED 光源发出的光通过自由空间信道传输到光电探测器。

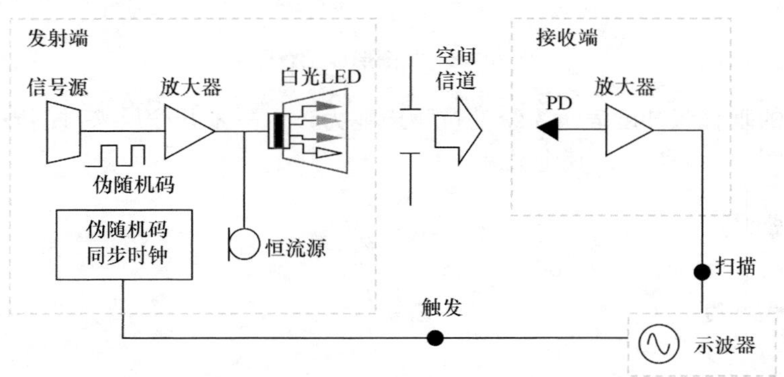

图 6-5-10 眼图测试系统框图

观测眼图的方法是：以发射端提供的伪随机序列的同步时钟作为触发源，用示波器的 YT 模式测量光电探测器的输出，调节示波器水平扫描周期与接收码元的周期同步，则屏幕中显示的即为眼图。

示波器在测量眼图时，经过前期的数据采集，其内存中可以获得完整的数据记录，然后利用同步时钟信号与数据记录中的数据同步到每个比特，通过触发恢复的时钟把数据流中捕获的多个 1UI(单位间隔，相当于一个时钟周期)的信号重叠起来，也即将每个比特的数据波形重叠，最后得到眼图。

4. VLC 系统误码率

1) 误码率的定义

在数字通信系统中，发送端发送出多个比特的数据，由于多种因素的影响，接收端可能会接收到一些错误的比特，比如传送的信号是 1，而接收到的是 0，这就是“误码”。

在一定时间内收到的数字信号中错误的比特数与总的比特数之比，称为“误码率”(bit error ratio，BER)，定义如下：

$$误码率=\frac{传输中的误码比特数}{所传输的总误码比特数}\times 100\% \tag{6-5-7}$$

误码率是描述数字通信系统性能最重要的参数。误码率较大时，通信系统的效率低、性能不稳定。由于种种原因，数字信号在传输过程中不可避免地会产生差错。误码的产生是由于在信号传输中衰变改变了信号的电压，致使信号在传输中遭到破坏。产生误码的因素包括抖动、噪声、信道的损耗、信号的比特率等。

2) 误码率测试系统

VLC 误码率测试系统如图 6-5-11 所示。在误码率的测试中，发射端的信号源会产生测试码，经过放大器放大，叠加到直流偏置电流来驱动 LED 光源，LED 光源发出的光通过自由空间信道传输到光电探测器，再进一步经过信号采集，将接收到的数据输出到计算机上。

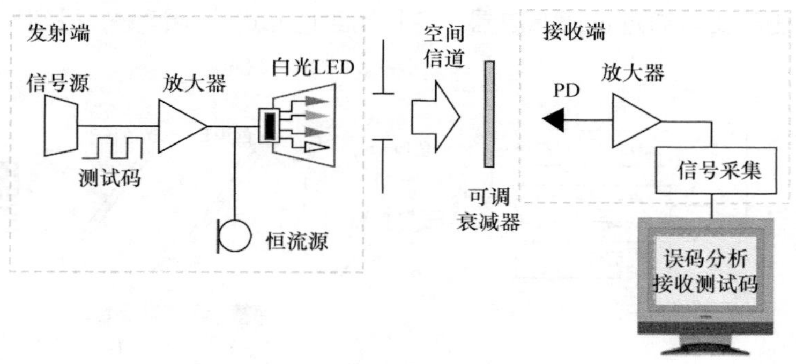

图 6-5-11 误码率测试系统

计算机的误码分析软件将接收到的数据与发射端发送的原始数据一位一位进行对比，确定哪些码接收错误，随后再根据误码数自动计算得到的误码率。

在 VLC 系统传输质量较好的状况下，误码不会产生。为了能够测试到误码，需要人为使 VLC 系统的传输条件变差。本实验采取的方式是在空间信道中加入一个可调衰减器，旋转可调衰减器上的衰减片，可以连续地改变可见光的透过率。

当透过率降低，即信道的损耗增大，VLC 传输质量将变差；当透过率降低到某一时刻，达到误码产生的临界状态，此时误码数会不断累积，相应的误码率也会持续上升。如果再进一步降低透过率，探测器接收到的信号将无法被识别，误码也同样无法被识别。

5. VLC 波分复用(WDM)系统

VLC 中的 WDM 技术只适合采用 RGB-LED 作为光源。RGB-LED 是将红光、绿光、蓝光三种单色 LED 发出的光混合来得到白光，这种方法需要一定的电子电路来控制这些光色的混合比例。本实验通过 PWM 技术对三种颜色光的亮度进行调节，找到合适的混光比例。

VLC WDM 测试系统如图 6-5-12 所示。三路不同的信号经过放大后通过直流偏置器加载到 RGB-LED 红、绿、蓝三个颜色的芯片上，这三束不同颜色的光束在空间耦合产生白光，经过自由空间传输。接收端经过透镜聚焦后，由分光光路将不同波长的信号选择出来，再由接收电路进行信号采集和后端处理。通过红、绿、蓝三色的 WDM 可以将 VLC 系统的传输容量提升 3 倍。其中，分光器件包括 2 片双色镜和 3 片滤光片。双色镜 1 是透红绿反蓝分光平片，双色镜 2 是透红反绿分光平片，3 片滤光片分别是红、绿、蓝带通滤光片。白光经过透镜整形后，在双色镜 1 处首先将蓝光分出，其透射光入射到双色镜 2，再将红光和绿光分开。由于 LED 光源的光谱较宽，经过双色镜分出的光谱颜色并不纯(混有其他颜色的光)，还需要再通过带通滤波器，将其他颜色光进一步滤除，得到比较纯的光谱颜色。

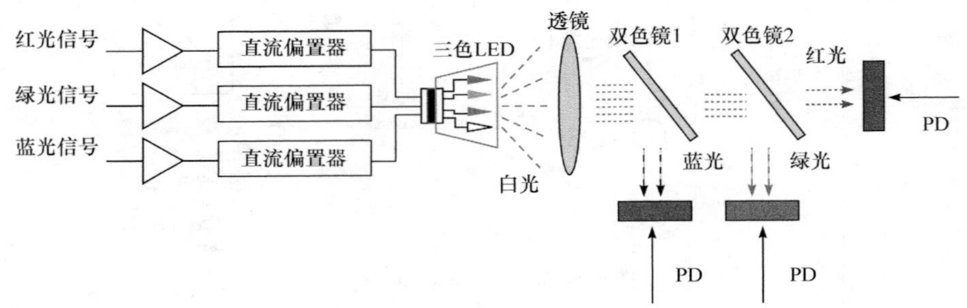

图 6-5-12　WDM 测试系统

与光纤通信中的 WDM 技术类似，波分解复用器(在可见光通信系统中是光学滤光片)对于整个系统而言是关键器件，滤光性能的好坏直接关系到系统不同信道之间的串扰。对滤光片的要求主要有：透过率高、对其他颜色的隔离度高、带内平坦、带外插入损耗变化陡峭等。

【实验内容】

1. 测量 LED 的调制带宽

(1) 将白光 LED 光源与光电探测器空间对准。

(2) 使用示波器的 CH1 通道测试白光光源输出的光波波形，示波器的 CH2 通道测量接收到的光信号波形。

(3) 调整 LED 光源和光电探测器的角度，观察示波器上波形。调整光源上的光阑大小，使信号源产生的方波和探测器输出波形最接近。

(4) 信号源输出的波形初始频率约为 50kHz，调节发射装置上信号源的频率，用示波器测量信号源的频率和探测器输出波形电压的峰峰值，测量出 LED 光源的 3dB 调制带宽。

2. PWM 信号调制光源

(1) 保持实验内容 1 中的测试系统和连接状态，按下发射装置前面板上 PWM 按钮。

(2) 观察示波器上波形，用示波器测量信号源和探测器输出波形的占空比，信号源输出波形的初始占空比为 50%。调整光源上的光阑大小，使两信号波形的占空比一致。

(3) 通过调节发射装置上的“占空比+”和“占空比−”按钮，可以调节信号源 PWM 信号占空比的大小，观察并记录不同占空比下两信号波形的变化情况。

(4) 使用白屏观察并记录不同占空比下 LED 光源发出白光的亮度变化情况。

3. 测量 VLC 系统的眼图

(1) 保持实验内容 1 中的测试系统，按下发射装置前面板上“眼图”按钮。

(2) 将示波器的 CH1 通道与发射装置上的“位时钟”相连，CH2 通道与接收装置上的“测试端”相连。设置示波器，以“CH1”作为触发源，观察示波器上波形，此时是信号源频率约为 50kHz 时的眼图，眼图的质量较好。

(3) 通过调节发射装置上的信号源的频率，调整光阑大小。用示波器观察并记录频率增加时眼图的变化情况。

(4) 在信号源频率为 350kHz 时，利用示波器测量眼图的垂直张开度和水平张开度。

4. 测量 VLC 系统的误码率

(1) 在实验内容 1 测试系统的基础上，加入可调衰减器和透镜。

(2) 调节透镜的前后位置，使光斑会聚。调节可调衰减器的位置，使光斑能够从衰减片上透过，不挡光。旋转衰减片，使透过的光斑较明亮，固定光路上的所有器件。

(3) 按下发射装置前面板上“误码”按钮。

(4) 将示波器的 CH1 通道与发射装置上白光的“测试点”相连，CH2 通道与接收装置上的“测试端”相连。调整探测器角度，观察并记录示波器上波形。

(5) 打开“可见光通信误码测量软件”，点击“接收信号”按钮，软件会显示初始“误码数”和“误码率”为“0”，表示此时可见光传输信道处于较佳状态，没有误码产生。

(6) 缓慢地旋转衰减片，使光斑逐渐变暗，观察并记录探测器波形的变化情况。在旋转衰减片的过程中，同时观察软件上的“误码数”。当衰减片旋转到一定程度时，将会产生误码，相应的误码率也会被计算出来。如果误码的个数不再增加，误码率将会一直下降，这是因为总码数一直增加。继续旋转衰减片至某一位置时，“误码数”将会持续增加，相应的“误码率”也会一直上升，这就是误码产生的临界点。如果再继续旋转衰减片，透过的光变得更弱，探测器接收到的信号将无法被识别，此时“误码数”和“误码率”的变化都会停止。分析误码率产生和变化的原因。

5. 搭建 VLC 波分复用系统

1) RGB 混光

(1) 按下发射装置前面板上 PWM 按钮。

(2) 关闭白光，依次开启红、绿、蓝三种颜色光源。

(3) 将白屏置于 LED 光源前端，调节光阑至合适大小，观察三个光斑中间重叠区域的颜色。

(4) 通过三个光源的“占空比+”和“占空比−”按钮，调节三个颜色的亮度，使重叠区域的颜色最接近白色。

(5) 使用示波器依次在三个光源对应的“测试点”上测量信号源输出的 PWM 信号的占空比。

2) RGB 分光

(1) 在实验内容 1 测试系统的基础上，加入红光滤光片、绿光滤光片、蓝光滤光片、透红反绿双色片、透红绿反蓝双色片和透镜。

(2) 用白屏在滤光片后端观察光斑，调整透镜、双色片和滤光片位置、角度及高度，将三个颜色的光斑在空间上分开，固定光路上所有器件。

(3) 将探测器对准红光的光斑，将光源的光阑开到最大。将示波器的 CH1 通道与发射装置上红光的“测试点”相连，将 CH2 通道与接收装置上的“测试端”相连，记录示波器波形。

(4) 使用相同方法测试并记录蓝光和绿光的输出波形。

【思考题】

1. 分析 LED 可见光通信的缺点和优点。

2. 分析影响 LED 可见光通信系统的误码率的因素。

3. 该实验是一个简单的 VLC 系统，实际应用中要搭建一个 LED 的 VLC 系统，需要考虑哪些关键技术？

【参考文献】

[1] 迟楠. LED 可见光通信技术. 北京: 清华大学出版社, 2013.
[2] 杨凯. 基于 RGB 的三基色 LED 可见光通信系统的研究. 吉林大学硕士学位论文, 2017.

实验 6.6　光纤光栅传感与分布式测量实验

光纤光栅传感器是用光纤光栅制成的一种新型光纤传感器。它不仅具有普通光纤传感的许多优点，并且因为光纤光栅本身的传感信号为波长调制，因此具有测量信号不受光源起伏、光纤弯曲损耗、光源功率波动和系统损耗影响等特点，近年来成为传感器应用领域最具市场潜力的一种光纤传感器。

本实验主要包括光纤光栅的温度传感和应变传感两部分。温度传感部分介绍了传感模型和温度灵敏度的定义及标定方法，实现实际应用中温度的多点准分布式测量场景。光纤光栅的应变传感部分介绍了传感模型，并利用光纤光栅对工程上常见的悬臂梁结构的应变进行灵敏度标定，最终实现对待测结构的多点准分布式实时测量。

【实验目的】

1. 掌握光纤光栅及光栅解调的基础知识。
2. 掌握光纤光栅的反射光谱特性。
3. 了解光纤光栅的温度传感模型和温度灵敏度的标定方法，掌握使用光纤光栅进行温度的分布式测量。
4. 了解光纤光栅的应变传感模型和位移灵敏度的标定方法，掌握使用光纤光栅进行应变的分布式测量。

【实验仪器】

解调仪，温控台测试座，温度光纤光栅传感器(管式封装)，温度光纤光栅传感器(陶瓷封装)，等强度悬臂梁，应变光纤光栅传感器(基片式封装)，应变光纤光栅传感器(裸光栅)，光纤跳线，反射镜，光纤光栅传感测量软件。

【实验原理】

1. 光纤布拉格光栅简介

1) 光纤布拉格光栅工作原理

光纤布拉格光栅(FBG)是在单模光纤的纤芯内通过某种方式对其折射率产生周期性的调制而形成的一种全光纤器件，其反射中心波长由下式确定：

$$\lambda_B = 2n_{eff}\Lambda \tag{6-6-1}$$

式(6-6-1)为布拉格反射的条件，其中 n_{eff} 为纤芯的有效折射率，Λ 为光栅周期，λ_{B} 为布拉格波长。由此可知，FBG 的反射波长由光纤芯区的有效折射率和光栅周期决定，任何使这两个参量发生改变的物理过程(如温度、应变等)都将引起光栅中心波长的漂移。因此，建立并标定光栅中心波长的变化与被测量的关系，就可以通过检测中心波长的偏移情况来检测外界物理量的变化。

FBG 大多为均匀周期正弦型光栅，其纤芯折射率分布可写为

$$n(z)=n_{\mathrm{eff}}+\Delta n\cos\left(\frac{2\pi}{\Lambda}z\right) \tag{6-6-2}$$

式中，Δn 为折射率调制深度。

从麦克斯韦方程组出发，结合耦合模理论，可以推导出 FBG 的反射光谱特性(峰值反射率、峰值波长和反射带宽)与光纤光栅的参数(光栅长度、折射率调制深度)之间的关系。

反射光的峰值反射率为

$$R_{\max}=\tanh^2(\kappa L) \tag{6-6-3}$$

式中，L 为光栅长度；κ 为耦合系数，可以表示为

$$\kappa=\frac{\pi\Delta n}{\lambda_{\mathrm{B}}} \tag{6-6-4}$$

峰值反射率处对应的波长为

$$\lambda_{\max}=\left(1+\frac{\Delta n}{n_{\mathrm{eff}}}\right)\cdot\lambda_{\mathrm{B}} \tag{6-6-5}$$

从式(6-6-5)可以看出，峰值波长和布拉格波长有差别，它随折射率调制深度 Δn 增加而向长波方向移动。在制作光纤光栅的过程中，随着曝光量的增加，反射峰的峰值波长会逐渐向长波方向移动，其原因就是曝光量的增加导致了折射率调制幅度的增加。

反射谱的半高全宽度(FWHM)为

$$\Delta\lambda_{\mathrm{FMHW}}=\lambda_{\mathrm{B}}\sqrt{\left(\frac{\Delta n}{2n_{\mathrm{eff}}}\right)^2+\left(\frac{\Lambda}{L}\right)^2} \tag{6-6-6}$$

由式(6-6-3)和式(6-6-6)可知，光栅的反射率与折射率调制深度 Δn 及光栅长度 L 成正比。Δn 越大，L 越长，则反射率越高；反之，反射率越低，而反射谱的带宽也随着 Δn 增大而增大，但随着光栅长度 L 的增大而减小。

2) 制作方法

光纤光栅是基于光纤掺锗或硼等元素后而具有的光敏特性，通过对光敏光纤

进行紫外曝光，在纤芯中形成周期性的折射率改变来制作的。

目前，光纤光栅的写入方法很多，其中包括横向全息曝光法、相位掩模法、振幅掩模法和逐点写入法等。相位掩模法是目前应用较多的一种方法，如图 6-6-1 所示。它是利用紫外光垂直照射相位掩模板后的正负一级衍射光相干形成的周期性明暗条纹对载氢光纤曝光，写成布拉格光栅。载氢技术是一种提高光纤光敏性的方法，将光纤放入一定温度和压强条件的氢气环境中，使氢分子充分扩散到光纤纤芯内部，然后再利用紫外光写入光栅，该方法使光纤的光敏性提高了近两个数量级，人们可以不必使用价格昂贵的高浓度掺锗光纤，在普通光纤上就可以很容易地写出高反射率的光纤布拉格光栅。

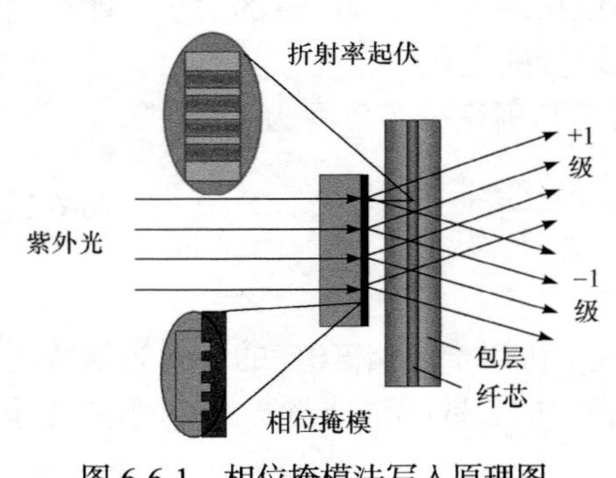

图 6-6-1　相位掩模法写入原理图

3) 封装方式

光纤光栅传感技术适用于很多恶劣的环境。当然由于光纤纤细柔软，容易被损坏，因此需要采用一些封装方法保护光栅。这种保护性封装一般有基片式和管式两种，基片式封装较适合贴装于被测结构表面使用，而管式封装则适合埋入待测结构内部进行测量。

A. 基片式封装

基片式封装是用金属片做衬底，在上面刻槽，把光纤光栅放在槽里粘牢，并在外面涂上保护性胶。刻槽的目的是增大光栅与基片的接触面积，从而有效地通过基片将温度或应变传递到光栅上，同时起到保护光栅的目的。目前用作衬底的金属片一般是钢片或者铝片。图 6-6-2 为基片式封装 FBG 传感器的示意图。

相比于管式封装，基片式封装结构不需要将黏结剂灌入套管，传感器的制作比较方便，适合于结构表面的测量。但在使用过程中，黏结剂直接暴露在空气中，容易受到环境腐蚀，其耐久性较差。

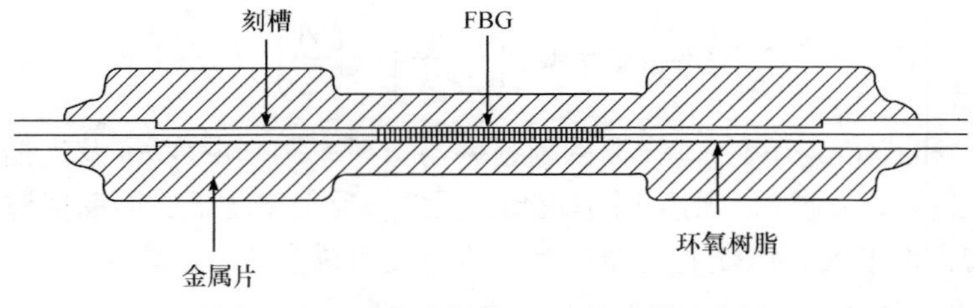

图 6-6-2　基片式封装 FBG 传感器示意图

B. 管式封装

管式封装是首先将裸光纤光栅置于套管中，施加一定的预应力使光纤光栅保持平直，再在套管和光纤之间灌入封装胶，从而将光纤光栅牢牢嵌固在套管内部。管式封装工艺的核心是必须保证光纤光栅准确平直地定位在套管的正中间，若光栅不在毛细管的正中间，就会导致传感器本身与待测结构之间存在夹角，从而不能准确地传递应变。图 6-6-3 为管式封装 FBG 传感器的示意图。

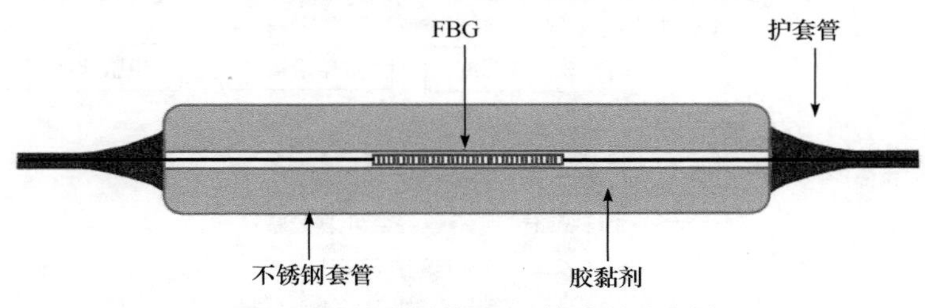

图 6-6-3　管式封装 FBG 传感器示意图

管式封装结构具有结构紧凑、强度高、布设方便等优势，安装于结构后能够有效地将结构的应变或温度传递至光栅，是一种性能良好的封装方式。

综上所述，无论基片式封装还是管式封装，都能对光纤光栅起到必要的保护作用，在恶劣的工程环境中赋予光纤光栅更稳定的性能，延长其寿命。同时，通过设计封装结构和选用不同的封装材料，还可以实现温度补偿、应力和温度的增敏或减敏等功能，这类“功能型封装”的研究也正在逐渐受到重视。

4) 光纤光栅解调原理

光纤光栅解调仪是对光纤光栅中心反射波长的微小偏移进行精确测量的仪器，波长解调技术的优劣直接影响整个传感系统的检测精度，因此光纤光栅波长解调技术是实现光纤光栅传感的关键技术之一。

光纤光栅解调的直接方法有采用光谱仪或者多波长计等设备来直接读取，但是这些仪器价格昂贵，体积庞大，一般适用于实验室。在实际应用中，人们根据光纤光栅传感器的各种特性，设计出应用于工程现场的多种光纤光栅传感解调系统。比较典型的有匹配光栅法、边缘滤波法、非平衡马赫-曾德尔(M-Z)干涉仪法和可调谐法布里-珀罗(F-P)滤波器法等。其中，匹配光栅法自由谱范围比较窄，不适合多通道的光纤光栅解调；边缘滤波法仅适用于一些对测量分辨率要求不高的场合；非平衡 M-Z 干涉仪法局限于对动态变量的测量，不适合静态检测，受外界环境影响大；而基于可调谐 F-P 滤波器的解调方法，光能利用率高，灵敏度高，体积小，操作简单，适用范围广，具有较宽的调谐范围，可大幅提高测量范围和传感器的复用个数，可以实现较高的分辨率及测量精度，是一种适用于工程应用的解调方法，本实验的解调原理即是基于这种方案，如图 6-6-4 所示。

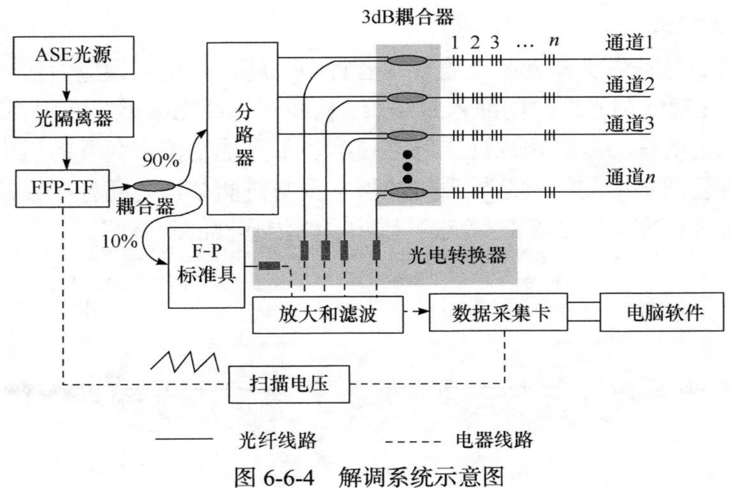

图 6-6-4　解调系统示意图

在本解调系统中，自发辐射(ASE)宽带光源发出的宽谱光(1525～1565nm)经隔离器进入可调谐 F-P 滤波器，其中只有波长与 F-P 滤波器腔长匹配的光才能通过，且在每一时刻只能有一个确定波长值的光通过 F-P 滤波器，即形成了扫频的窄带光；然后光经过一个 9∶1 分光比的耦合器分为两个支路，其中一路约 90%的光经耦合器入射到传感光栅阵列中，阵列中所有光栅的布拉格反射波长必须全部在 F-P 滤波器的扫描范围内，并且每个光栅的反射波长都不相同，以避免信号串扰。在传感光栅通道中，当 F-P 滤波器的扫描波长与光纤光栅的反射波长一致时，光纤光栅的反射光会经过 3dB 耦合器进入光电检测器，光电检测器探测到的光能量最大。此时，采集光电检测器输出的电信号，当电信号最大时，记录相应的锯齿波电压，然后根据锯齿波电压与 F-P 腔输出波长的关系即可以推知反射光的波长，从而达到传感信号解调的目的。另一路约 10%的光则经耦合器入射到 F-P 标准具中。由于 F-P 滤波器受环境影响会发生腔长漂移，往往会带来测量误差，特别是 F-P 滤波器由于压电陶瓷的迟滞性会引起系统测量的重复性误差，以致影响系统的测量精度。因此，本解调系统在光路中加入 F-P 标准具作为波长校准的参考光栅，很好地解决了这个问题。只要参考光栅的波长不变，腔长漂移对最后的测量值不会产生影响。

2. 光纤光栅温度传感器的工作原理

1) 温度传感模型

光纤光栅传感的基本原理是利用纤芯有效折射率 n_{eff} 和光栅周期 Λ 对外界参量的敏感特性测量外界参量的变化。通过推导可以得到

$$\frac{\Delta\lambda_B}{\lambda_B}=\frac{\Delta n_{eff}}{n_{eff}}+\frac{\Delta\Lambda}{\Lambda} \tag{6-6-7}$$

式中，Δn_{eff} 表示温度引起的热光效应或者是轴向应变引起的弹光效应对纤芯有效折射率的影响，$\Delta\Lambda$ 表示温度引起的热膨胀效应或者是轴向应变引起的轴向形变对光栅周期的影响。由式(6-6-7)可知，由于外界物理量(比如温度或者应力)的变化使 n_{eff} 和 Λ 分别发生变化，则会导致布拉格波长 λ_B 也随之产生 $\Delta\lambda_B$ 的偏移，因此通过波长解调装置检测出布拉格波长的偏移量 $\Delta\lambda_B$ 就可以知道相应的被测量的变化。

当 FBG 处于没有外力引起应变的自然状态时，如果温度发生变化，光纤材料的热光效应会引起纤芯有效折射率 n_{eff} 的变化，光纤材料的热膨胀效应会引起光栅周期 Λ 的变化。

温度变化引起的布拉格波长变化需要进行相关假设：假设 FBG 的温度效应和应力效应是相互独立的，忽略它们之间的交叉敏感性；假设整个实验过程中 FBG 处于光纤材料的线性热膨胀区，忽略温度变化对其热膨胀系数的影响，认为热膨胀系数在测量温度范围内始终保持常数不变；假设在布拉格波长变化范围内及在整个实验温度范围内，光纤材料的热光系数始终保持不变。基于以上三点假设，下面将逐步建立 FBG 的温度传感模型。

热光效应引起光纤纤芯有效折射率 n_{eff} 的变化为

$$\Delta n_{eff}=\xi\cdot n_{eff}\cdot\Delta T \tag{6-6-8}$$

式中，ξ 是光纤材料的热光系数，表示折射率随温度的变化率。

光纤材料的热膨胀效应会引起光栅周期 Λ 的变化

$$\Delta\Lambda=\alpha\cdot\Lambda\cdot\Delta T \tag{6-6-9}$$

式中，α 是光纤材料的热膨胀系数，表示光栅周期随温度的变化率。

将式(6-6-8)和式(6-6-9)代入式(6-6-7)，可以得到

$$\frac{\Delta\lambda_B}{\lambda_B}=(\xi+\alpha)\Delta T \tag{6-6-10}$$

由式(6-6-10)可知，$\Delta\lambda_B$ 和 ΔT 存在线性关系，因此通过解调装置检测出布拉格波长的偏移量 $\Delta\lambda_B$，就可以很容易地确定被测量 ΔT 的变化。

令 $k_T=\xi+\alpha$，则

$$k_T=\frac{\Delta\lambda_B}{\Delta T}\cdot\frac{1}{\lambda_B} \tag{6-6-11}$$

其中，k_T 为 FBG 的温度系数，由光纤材料的热光系数 ξ 和热膨胀系数 α 决定，表示布拉格波长变化率随温度的变化。对掺锗的石英光纤，热光系数 $\xi=6.34\times10^{-6}℃^{-1}$，

热膨胀系数$\alpha = 0.55\times10^{-6}℃^{-1}$。由此可得，布拉格波长变化率随温度变化的理论值，即 FBG 温度系数k_{T}的理论值为$6.89\times10^{-6}℃^{-1}$。因此，布拉格波长的相对偏移量表达式(6-6-10)可以直接写成

$$\frac{\Delta\lambda_{\mathrm{B}}}{\Delta T} = 6.89\times10^{-6}\lambda_{\mathrm{B}} \tag{6-6-12}$$

式(6-6-12)就是光纤布拉格光栅在不受外界应力的自然状态下当温度发生变化时传感模型的表达式，其温度灵敏度为

$$K_{\mathrm{T}} = \frac{\Delta\lambda_{\mathrm{B}}}{\Delta T} = 6.89\times10^{-6}\lambda_{\mathrm{B}} \tag{6-6-13}$$

假定$\lambda_{\mathrm{B}} = 1550\mathrm{nm}$，可以计算出温度灵敏度的理论值大约是 10.7pm/℃。

2) 准分布式传感测量

在实际检测应用中，较常用的是准分布式传感，即使用传感网络系统进行测量，其光纤不作为传感元件，只作为传输元件，其敏感元件为多个点式的 FBG 传感器。它们采用串联或各种网络结构形式连接起来，利用波分复用、时分复用或频分复用等技术形成分布式网络系统，进而可以较精确地分时或同时得到被测量信息的空间分布，也可同时得到某一点或某些空间点上不同被测量的分布信息。

图 6-6-5 描绘了一个准分布式的光纤光栅温度监测系统，在待测结构沿程布置一系列反射波长不同的光纤光栅S_1，S_2，S_3，…，S_n，并将它们串接起来。不同的光纤光栅通过各自的反射波长λ_1，λ_2，λ_3，…，λ_n与待测结构沿程的测试点相对应，分别感受待测结构沿线分布的温度变化，温度变化使光纤光栅反射光的波长发生改变，改变的反射光经传输光纤从测量现场传出，通过解调仪探测其波长改变量的大小，并将之转换为电信号，再由远程连接的计算机进行数据处理，计算出待测结构上各测试点温度的大小及在整个待测结构的分布状态。

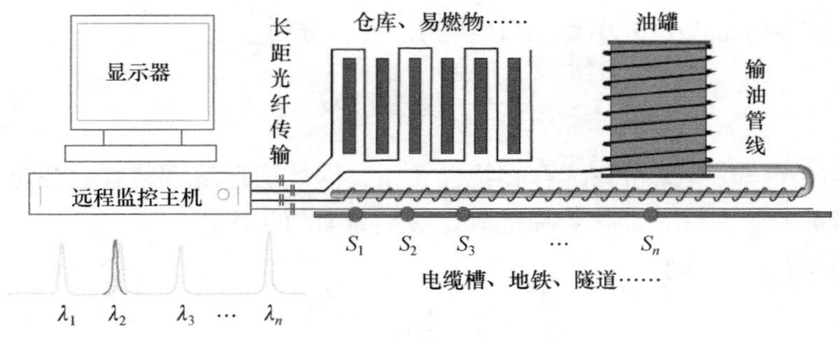

图 6-6-5　光纤光栅温度监测系统

本实验使用了两台温度测试台对准分布式测量的场景进行模拟。温控台模拟了待测结构上两个不同空间点处的温度场，温度由上位机程序进行控制，具有加

热和制冷两种功能，在 10～60℃范围内可实现精密且快速的温度控制。测试时，将两个反射波长不同的 FBG 分别安装在两个温控台上，然后将两个 FBG 通过连接器串接后接入解调仪。

对于准分布式传感系统，监测点的选择和传感器的布置极为关键。本实验仪是模拟了一个简单的线性布局方式。实际的传感系统是由多个分立式的光纤光栅传感器按照一定的拓扑结构离散地组合起来，构建成线阵、面阵，甚至体阵的传感网络，应用于大型结构的实时监测中。

3. 光纤光栅应变传感器的工作原理

1) 应变传感模型

建立应变传感模型之前，先做以下几个必要假设：假设光纤光栅在所研究的应力范围内是一个理想的弹性体，遵循胡克定律，并且内部不存在切应变；假设光纤光栅折射率变化在横截面上均匀分布，并且这种由激光诱导引起的光致折变不会影响光纤本身各向同性的特点；假设应力是静应力，不考虑应力随时间的变化情况。基于以上三个假设，下面将建立 FBG 的应变传感模型。

应变通过弹光效应和轴向形变分别对 FBG 的纤芯有效折射率和光栅周期产生影响，从而使布拉格波长产生偏移。

弹光效应引起光纤纤芯有效折射率 n_{eff} 的变化为

$$\frac{\Delta n_{\text{eff}}}{n_{\text{eff}}}=-P_{\text{e}}\varepsilon \tag{6-6-14}$$

其中，ε 是轴向应力；P_{e} 是有效弹光系数，且有

$$P_{\text{e}}=\frac{1}{2}n_{\text{eff}}^{2}\left[(1-\mu)P_{12}-\mu P_{11}\right] \tag{6-6-15}$$

式中，μ 是纤芯材料的泊松比；P_{11}、P_{12} 是弹光系数。对于掺锗石英光纤，相应的参数为 $P_{11}=0.12$，$P_{12}=0.27$，$\mu=0.16$，$n_{\text{eff}}=1.46$，由上式可得 $P_{\text{e}}\approx 0.22$。

轴向形变引起的光栅周期 Λ 的变化和光栅段的物理长度变化是一致的。

$$\frac{\Delta\Lambda}{\Lambda}=\frac{\Delta L}{L}=\varepsilon \tag{6-6-16}$$

把式(6-6-15)和式(6-6-16)代入式(6-6-7)，可以得到

$$\frac{\Delta\lambda_{\text{B}}}{\lambda_{\text{B}}}=(1-P_{\text{e}})\varepsilon=0.78\varepsilon \tag{6-6-17}$$

式(6-6-17)就是一个理想的 FBG 应变传感模型。当温度不变时，布拉格波长的偏移量与轴向应变呈线性关系，应变系数的理论值为 $0.78/\varepsilon$。假定 $\lambda_{\text{B}}=1550\text{nm}$，可以计算出应变灵敏度的理论值大约是 1.209pm/με。应变 ε 可以是很多物理量(如

压力、形变、位移、电流、电压、振动、速度、加速度、流量等)的函数，本实验是通过位移的方式来施加应变。

2) 等强度悬臂梁

本实验使用多功能悬臂等强度梁来实现对微位移的测量。应用材料力学原理可以计算出所施加位移量使光纤光栅发生的应变，由光纤光栅的应变又可计算出传感光栅反射波长的变化；反过来，通过测量光纤光栅反射波长的变化量，即可测量位移量。

悬臂梁为一端固定，另一端自由的弹性梁。在梁的上表面的同一方向上贴装两个光纤光栅(一个裸光栅，一个片式封装的光栅)，当梁的自由端发生位移时(或者荷载的作用时)，梁上将会产生应变，此应变作用在沿光纤光栅的轴向，从而引起布拉格反射波长的变化。

由于本实验使用的悬臂梁为等强度梁，根据材料力学可知，等强度梁上同一面、同一方向上的应变是一致的，因此当施加位移时，两只光纤光栅处的轴向应变近似相同，应变与挠度 X 之间的关系可以表示为

$$\varepsilon = \frac{d}{L^2} X \tag{6-6-18}$$

式中，L、d 分别表示梁的长度和厚度，当偏离幅度不大时，可将挠度看成该处的位移。

将式(6-6-18)代入式(6-6-17)，可以得到布拉格波长的偏移量与挠度 X 之间的关系

$$\frac{\Delta\lambda_B}{\lambda_B} = \frac{d\left(1-P_e\right)}{L^2} X \tag{6-6-19}$$

由此可知，布拉格波长的偏移量与挠度 X 呈线性关系。在本实验中所使用的悬臂梁 L=240mm，d=6mm，假定 $\lambda_B = 1550\text{nm}$，可以计算出悬臂梁上贴装的光纤光栅对微位移的灵敏度的理论值，约为 0.126nm/mm。实际测量时，由于黏接工艺等各种因素的影响，测量结果会与理论值存在一定误差，裸光栅的实测值与理论值基本吻合，做了片式封装后的光栅灵敏度会有所下降。

【实验内容】

1. FBG 的光谱特性测量

(1) 将任意一个光纤光栅通过光纤跳线与解调仪连接。打开解调仪的“光纤光栅传感测量软件”，选择“反射光谱特性测量”界面，测量光纤光栅反射光谱的中心波长及反射光谱带宽，记录反射中心波长 λ_B 及峰值功率 P_r。

(2) 断开连接的光纤光栅，将反射镜与解调仪相连接(注意清洁光纤端面)，测量 ASE 宽带光源的反射光谱，读取反射中心波长和对应的功率值 P_{ASE}，计算光纤光栅的峰值反射率。

(3) 依次测量本实验提供的多个光纤光栅，并将数据记录在表 6-6-1 中。

表 6-6-1　光纤光栅光谱特性

光纤光栅编码	λ_B/nm	P_r / dBm	P_r / mW	$\Delta\lambda$ / nm	P_{ASE} / dBm	P_{ASE} / mW	R/%
1#							
2#							
3#							

2. FBG 温度传感特性测量

(1) 把光纤光栅安装在温控台上。

(2) 将管式光栅与陶瓷光栅串接起来，并接在解调仪上。打开“光纤光栅传感测量软件”，通过控温台软件同时控制两个温控台的温度，测量两个光栅的反射光谱，将所有温度点处两个光栅的中心波长记录在表 6-6-2 中。

(3) 将数据进行线性拟合，得到两个光栅的温度灵敏度，并与理论值比较，分析误差来源。

(4) 在软件中选择“初始参数配置”界面，在“初始物理量”处输入初始温度(℃)：20，在“初始波长”处输入温度为 20℃所对应的波长值，在“灵敏度”处输入温度灵敏度，点击 save，点击 replace 保存；在软件中选择“传感测量”界面，“物理量”处会显示出两个光栅实时测量到的温度值。将温控台调节到表 6-6-3 中列出的温度值(或随机选取几个)，将软件中显示的测量值记录下来，比较两者之间的误差。

表 6-6-2　灵敏度标定数据表

温度/℃	管式 λ_B /nm	陶瓷 λ_B /nm	温度/℃	管式 λ_B /nm	陶瓷 λ_B /nm
20			45		
25			50		
30			55		
35			60		
40					

表 6-6-3　温度传感测量

温度/℃	管式	陶瓷
43		
32		
24		

3. FBG 的应力传感特性测量

(1) 将悬臂梁上安装的两个光纤光栅串接起来，连接到解调仪，在软件中选择“反射光谱特性测量”界面，测量 1 号和 2 号光纤光栅的反射光谱。

(2) 调节悬臂梁上的千分丝杆，将所有位移点处的两个光栅的反射中心波长测量值记录在表 6-6-4 中。

(3) 将数据进行线性拟合，得到两个光栅的位移灵敏度，与理论值进行比较，分析误差来源。

(4) 在软件中选择“初始参数配置”界面，在“初始物理量”处输入初始位移(mm)：0，在“初始波长”处输入位移为 0mm 时对应的波长值，在“灵敏度”处输入位移灵敏度，点击 save，点击 replace 保存。在软件中选择“传感测量”界面，“物理量”处会显示出两个光栅实时测量到的位移值。将千分丝杆旋转至表 6-6-5 中所列出的刻度(或随机选取几个)，根据步骤(2)中记录的 0 位移对应的刻度，计算出实际位移值，然后将软件中显示的传感测量值也记录下来，比较两者间的误差。

表 6-6-4　灵敏度标定数据表

位移/mm	1 号 λ_B /nm	2 号 λ_B /nm	位移/mm	1 号 λ_B /nm	2 号 λ_B /nm
0			0.6		
0.1			0.7		
0.2			0.8		
0.3			0.9		
0.4			1.0		
0.5					

表 6-6-5　位移传感测量

丝杆刻度/mm	实际位移/mm	1 号	2 号
2.8			
2.6			

【注意事项】

1. 解调仪通电后，ASE 光源需要预热 20～30min，待输出光功率稳定后再进行测量。

2. 由于解调仪光源的工作波长是肉眼不可见红外波段，绝对不能直视光输出端或连接在输出端上的光纤、光栅输出端面，否则会对眼睛造成伤害。

3. 光纤跳线不可过度弯折，每次进行连接前都需要先使用酒精湿布对光纤端面进行清洁，否则将会影响测量结果。

4. 测量等强度悬臂梁上的光栅时，使用光纤跳线将解调仪分别与“FBG1 入口”和“FBG2 入口”连接。

5. 可以先测量所有光纤光栅的反射光谱，再测量 ASE 光源的光谱。根据每个光纤光栅的反射中心波长，在谱线上统一读取 P_{ASE} 的值。

6. 解调仪开启后，需要预热 30min，再开始测试。

7. 转动千分丝杆时动作需缓慢，不能急速旋转，否则会造成测量误差。

8. 在测试过程中，要保持悬臂梁平稳，最好能够进行固定，避免外界因素影响。

【思考题】

1. 与普通电传感器相比，阐述光纤传感器和光纤光栅传感器的特点。

2. FBG 除了能应用于传感中，结合理论课所学知识，总结 FBG 还能应用在哪些方面。

3. 从该实验可知 FBG 传感器可以测量温度和应力，思考该传感器是否可以测量别的物理量？举例说明如何测量。

【参考文献】

[1] 吴朝霞, 吴飞. 光纤光栅传感原理及应用. 北京: 国防工业出版社, 2011.

[2] 陈勇, 刘焕淋. 光纤光栅传感技术与应用. 北京: 科学出版社, 2018.

实验 6.7　光纤通信系统性能测试

光纤通信技术是利用光纤传输信号，以实现信息传递的一种通信方式。光纤通信系统主要由光发射机、光纤、光接收机及光网络器件组成，每部分器件的性能指标都直接影响光纤通信的质量和速度。光纤通信系统可以传输模拟信号和数字信号。学生通过本实验，了解光发射机和光接收机的组成，掌握关键器件的性能指标对光纤通信传输系统的影响，学会利用眼图观测法分析和评估系统传输数据的能力。

【实验目的】

1. 掌握光源的调制原理与技术、自动光功率控制电路的工作原理，以及寿命告警/无光告警电路的工作原理。

2. 了解半导体激光器的特性及其 *P-I* 特性曲线的测试方法。

3. 了解光发射机的组成，掌握其消光比和平均光功率的指标要求和测试方法。

4. 了解光接收机的组成，掌握其灵敏度的指标要求和测试方法。

5. 掌握模拟视频信号光纤传输系统的组成，设计图像信号和语音信号光纤传输系统。

6. 了解和掌握眼图的形成过程和意义，掌握光纤通信系统中的眼图观测法。

【实验仪器】

主控&信号源模块，2 号数字终端模块，25 号光收发模块，23 号光功率计模块，FC/PC 型光纤跳线，万用表，双踪示波器，摄像头，监视器。

【实验原理】

1. 光发射机

作为光纤通信系统的重要组成部分，光发射机主要是将光通信系统中的模拟/数字信号转化为光信号。这一电光转化过程为信号在光纤中传输提供了必要条件。

1) 光源调制

光源的调制分为直接调制和间接调制。直接调制仅适用于半导体光源(LD 和 LED)，这种方法是把要传送的信息转变为电信号注入 LD 或 LED，采用电源调制法获得相应的光信号。直接调制后的光波电场振幅的平方与调制信号成一定比例关系，是一种光强度调制方法。间接调制是利用晶体的光电效应、磁光效应、声光效应等性质来实现对激光的调制。间接调制最常用的是外调制方法，即在激光形成以后加载调制信号。对某些类型的激光器，间接调制也可以采用腔内调制，即在激光器的谐振腔内放置调制组件，用调制信号控制调制组件的物理性质，通过改变谐振腔参数，从而调制激光输出特性。本实验系统采用的是直接调制的方法。

根据调制的信息可分为模拟信号调制与数字信号调制。模拟信号调制是直接用连续的模拟信号(如话音、电视等)对光源进行调制，从而使 LED 或 LD 的输出光功率跟随模拟信号变化。由于光源，尤其是激光器的非线性比较严重，所以目前模拟光纤通信系统仅仅用于对线性要求较低的地方，要实现大容量的频分复用还比较困难，仅在某些小系统中使用。对容量较大、通信距离较长的系统，多数还是采用对半导体激光器进行数字调制的方式。数字调制主要是用数字信号的“1”和“0”来控制激光的“有”和“无”。

2) 光源的自动光功率控制原理

激光器的输出光功率与温度和老化效应相关。激光器输出光功率的稳定可以保证光接收机在响应范围内工作。如果功率发生漂移，可以通过光回馈自动调整偏置电流实现输出稳定，如图 6-7-1 所示。

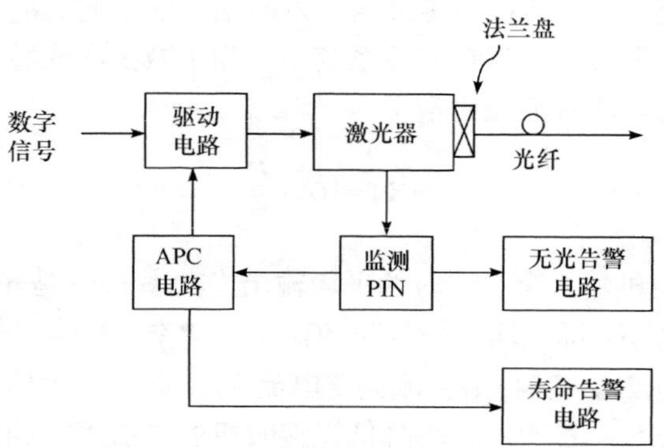

图 6-7-1　数字光发电路框图

该实验设置了寿命告警电路和无光告警电路。寿命告警电路是利用自动光功率控制电路输出的补偿电流和寿命警告电路的门限电压进行比较，然后由运算放大器驱动三极管，最后由无光告警指示灯来指示激光器已经老化到要替换的程度。

无光告警电路是利用光电探测器输出的电压与参考电压相比较，然后由运算放大器驱动三极管，最后由无光告警指示灯来指示有无光(灯亮表示无光告警，灯熄表示有光)。这里无光告警并不一定指没有光才告警，它可通过改变无光告警的门限电压，使得在探测到的电压达不到门限电压的情况下报警(指示灯亮)。通过调节旋钮改变光电探测器的灵敏度。

3) 光源 *P-I* 特性

半导体激光器的输出光功率与驱动电流的关系如图 6-7-2 所示。图中转折点对应的驱动电流称为阈值电流，用 I_{th} 表示。在阈值电流以下，激光器处于自发辐射状态，输出荧光功率通常小于 100pW；在阈值电流以上，激光器工作于受激辐射，输出激光功率随电流迅速上升，基本呈线性关系。

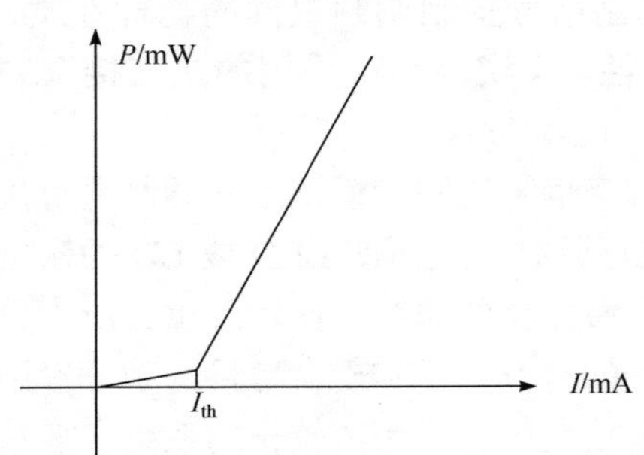

图 6-7-2　半导体激光器 *P-I* 曲线示意图

P-I 特性是选择半导体激光器的重要依据，应选阈值电流小且特性曲线上没有其他扭折点的半导体激光器。这样的激光器工作电流小，工作稳定性高，消光比大，而且不易产生光信号失真。同时要求 *P-I* 曲线的斜率适当，斜率太小，所对应驱动信号过大将导致驱动电路设计困难；斜率太大，则会出现光反射噪声，使自动光功率控制环路调整困难。

4) 光发射机的消光比特性

在光通信系统中，光接收灵敏度与光发射信号的消光比有重要关系。理想情况下的消光比应为无穷大。但在实际系统中，为了减少激光脉冲的上升时间，消光比必须为有限值。通常消光比定义为

$$\text{EXT}=10\lg\frac{P_{11}}{P_{00}} \tag{6-7-1}$$

式中，P_{11} 是光发射机输入全“1”时的平均输出光功率；P_{00} 是光发射机输入全“0”时的平均输出光功率，即无输入信号时的输出光功率。当输入信号为“0”时，光源的输出光功率为 P_{00}，它将由直流偏置电流 I_b 来确定。无信号时光源输出的光功率对接收机来说是一种噪声，将降低光接收机的灵敏度。因此从接收机角度考虑，希望 I_b 越小越好。但是应该指出，当 I_b 减小时，光源的输出功率将降低，光源的谱线宽度增加，同时还会对光源的其他特性产生不良影响。因此，必须全面考虑 I_b 的影响，一般取 $I_b=(0.7\sim0.9)I_{th}$，在此范围内能比较好地处理消光比与其他指标之间的矛盾。考虑各种因素的影响，一般要求发送机的消光比不超过 0.1。在光源为 LED 的条件下，一般不考虑消光比，因为它不加直流偏置电流，电信号直接加到 LED 上，无输入信号时的输出功率为零。因此，只有以 LD 作光源的光发射机才要求测试消光比。

2. 光接收机

光接收机是光纤通信系统中不可或缺的重要组成部分，由光检测器、放大器和信号处理电路三部分组成。光接收机的功能是把光纤中的光信号转化为电信号，并将电信号充分放大后方便后续电路进行处理。

1) 光接收机的组成

光接收机的组成框图如图 6-7-3 所示。

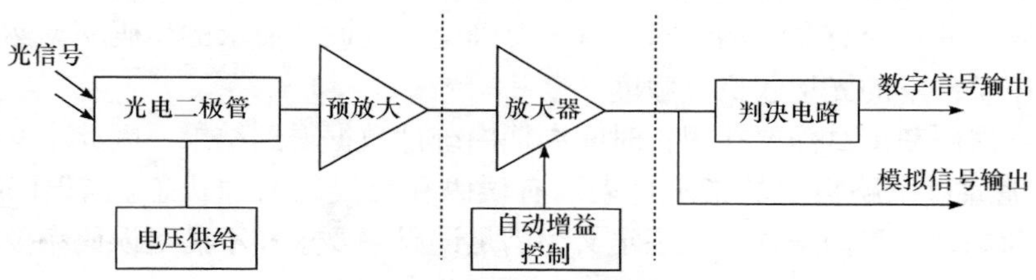

图 6-7-3　光接收机组成框图

光检测器(又称为光探测器或光检波器)是光接收机的核心器件，将光信号转换成电信号。光检测器的性能要求是光电转换效率高、噪声小、频带宽，能使光信号高效无失真地转换为电信号。最简单的光检测器就是 PN 结，但它存在着许多缺点。光纤通信系统中多采用光电二极管和雪崩光电二极管(APD)。光电二极管工作偏压低，使用方便，但没有内部增益，因此对接收机灵敏度要求高的系统，应选用雪崩光电二极管(APD)。

预放大器是光接收机的关键器件之一，主要作用是保持探测的电信号在放大时不失真和噪声最小。预放大器直接影响光接收机的灵敏度。

2) 光接收机的灵敏度

灵敏度是光接收机的重要指标。它是描述通信系统在给定误码率条件下接收机所能探测到的最小光信号的能力。这种能力可用以下三种物理量来体现：①最低接收到的平均光功率；②每个光脉冲中最低接收到的光子能量；③每个光脉冲中最低接收到的平均光子数。

本书采用工程中常用的最低平均光功率描述，即光接收机的灵敏度是指在满足给定误码率或信噪比条件下所能接收到的最小平均光功率 $P_{\min}$。灵敏度可表示为

$$P_R = 10\log\frac{P_{\min}}{1\text{mW}}(\text{dBm}) \tag{6-7-2}$$

例如，当 P_R=−60dBm 时，其最小平均光功率就是 10^{-9}W。$P_{\min}$ 越小，接收机的灵敏度越高，即该接收机在很小的接收光功率条件下就可获得系统所要求的误码率。

在测量灵敏度时应注意以下四点。

(1) 在测量光接收机灵敏度时，首先要确定系统所要求的误码率指标。

对不同长度和不同应用的光纤数字通信系统，其误码率指标是不一样的。例如，在短距离光纤数字通信系统中，要求误码率一般为 10^{-9}，而在 420km 数字通信系统中，则要求每个中继器的误码率为 10^{-11}。对同一个光接收机来说，当要求的误码率指标不同时，其接收机的灵敏度也不同。要求误码率越小，则灵敏度越低，即要求接收的光功率就越大。因此对某一接收机来说，灵敏度不是固定值，它与误码率的要求有关。测量时，首先要确定系统设计要求的误码率，然后再测该误码率条件下的光接收机灵敏度。

由于误码率测试需要在很长时间周期内统计数据得到结果，因此本实验中只是定性地通过电路板上的指示灯表示有误码和无误码两种状态。当误码指示灯刚出现闪烁时，我们把这个状态定义为满足误码率要求和不满足误码率要求的临界点。

(2) 光接收机灵敏度定义中的光功率是指最小平均光功率，而不是指任何一个在达到系统要求的误码率时所对应的光功率。所谓“最小”，就是指当接收的光功率只要小于此值，误码率立即增加而达不到要求。

在本实验中，当误码指示灯刚刚闪烁时(即光功率再小一点就不能满足误码率要求了)，接收机的输入光功率即为最小平均光功率。

(3) 灵敏度取决于平均光功率，而不是光脉冲的峰值功率，因此光接收机的灵敏度与传输信号的码型有关。码型不同，占空比不同，平均光功率也不同，因而灵敏度不同。在光纤数字传输系统中常用的两种码型，即 NRZ 码(非归零码：non return zero code)和 RZ 码(归零码：return zero code)的占空比分别为 100%和 50%。当“1”和“0”码的概率相等时，前者的平均光功率比后者大 3dB。因此测试灵敏度时必须选用正确的码型。

(4) 灵敏度是测量给定光接收机的性能指标。事实上，本实验接收机的电路是可调的，灵敏度和判决电平的调节会改变光接收机的状态，即每调节一次对应的状态均可视为不同的光接收机。在具体实验时，可以指定一个接收机的状态进行灵敏度测量。

3. 模拟信号光纤传输实验

模拟信号光纤传输的典型应用是光纤有线电视、光纤测量、光纤传感等领域。随着光载无线技术的成熟，模拟光纤传输技术也应用于移动通信网和室内覆盖等领域。

本实验是输入不同的模拟信号，测量模拟光调制系统性能。模拟信号光调制传输系统框图如图 6-7-4 所示。不同频率不同幅度的正弦波、三角波和方波等信号，经光发射机单元(25#模块)完成电光转换，然后通过光纤跳线传输至光接收机单元(25#模块)进行光电转换处理，从而还原出原始模拟信号。实验中利用光功率计检测光发射机的功率，了解模拟光调制系统的性能，如图 6-7-5 所示。(注：根据实际模块配置情况不同，自行选择不同波长的 25#光收发模块进行实验。)

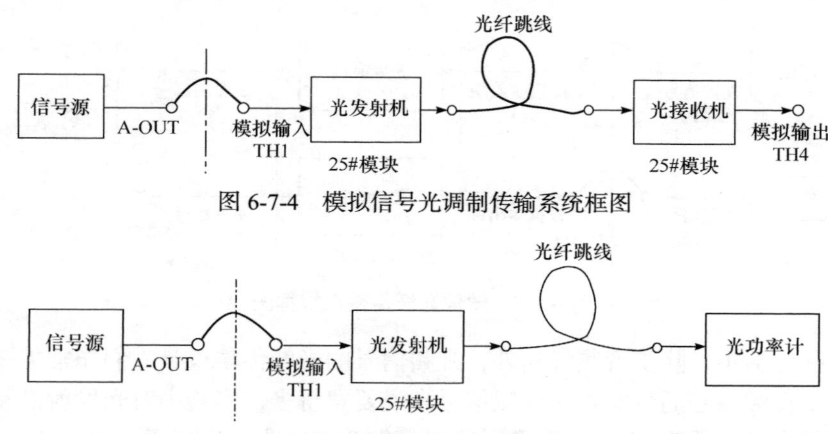

图 6-7-4 模拟信号光调制传输系统框图

图 6-7-5 光调制功率检测框图

4. 数字信号光纤传输实验

在数字光纤通信系统中，信号是以数字的形式加载到光发射机上，通过待传输信号与接收机探测到的信号比较，分析其 PN 序列是否相似。

本实验是了解和验证数字序列光纤传输系统的原理。由主控信号源模块提供输入信号 PN 序列，PN 序列经过光发射机完成电-光转换，送入到光纤媒介中传输，最后通过光接收机完成光电转换及门限判决，恢复出原始码元信号，实验原理框图如图 6-7-6 所示。(注：由于实验设备配置模块情况不同，光收发模块的波长类型有所不同，比如 1310nm、1550nm 等，需根据实际情况确定。)

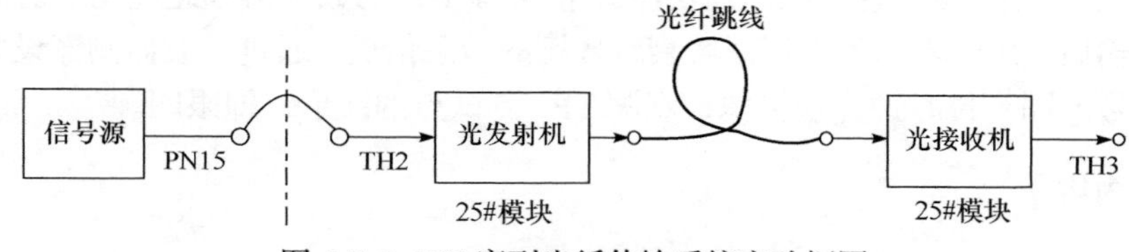

图 6-7-6 PN 序列光纤传输系统实验框图

5. 图像光纤传输实验

在光纤通信系统中，有时以模拟形态传送信息比数字格式传送信息具有更多优点，例如信号占用的频谱较窄，信道利用率高。

本实验主要采用模拟信号直接光调制的方法进行视频信号的光纤传输。图 6-7-7 所示系统主要由摄像头、光发射机、光接收机和监视器四部分组成。图像信号由摄像头产生，送入到光发射机，进行电-光转换处理，然后经过光纤跳线传输后，送至光接收机，进行光-电转换处理，最后由监视器进行视频显示。

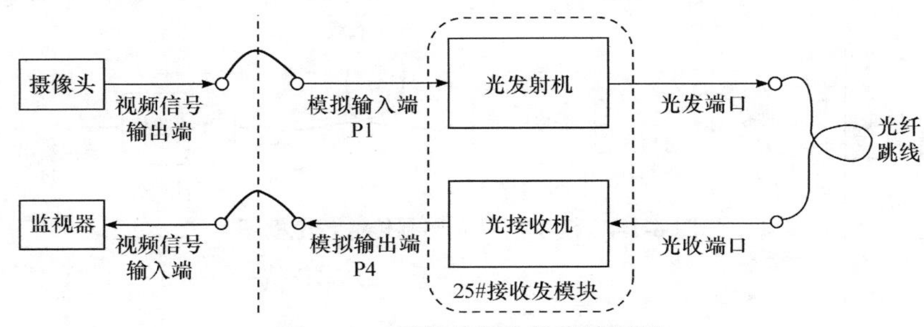

图 6-7-7　图像光纤传输系统框图

实际生活中，除了音频传输外，视频信号的光纤传输也是人们非常关注的问题。由于视频信号的带宽相比音频信号来说要宽得多，实验中对光发射机和光接收机的要求则更严格，在系统联调时需要仔细调整才能得到满意的图像传输效果。

6. 通信眼图观测法

在数字通信系统中，一般采用眼图分析法衡量基带传输系统的性能优劣，即利用示波器观察接收信号的波形，分析码间串扰和噪声对系统性能的影响。眼图是一系列数字信号在示波器上累积而显示的图形，是评估数字传输系统数据处理能力的一种重要的测量方法。

本实验是以数字信号光纤传输为例，进行光纤通信测量中的眼图观测。为方便模拟真实环境中的系统传输衰减等干扰现象，加入了可调节的带限信道，用于观测眼图的张开和闭合等现象。眼图测试实验系统如图 6-7-8 所示，系统主要由信号源、光发射机、光接收机以及带限信道组成；信号源提供的数字信号经过光发射机和接收机传输后，再送入用于模拟真实衰减环境的带限信道；通过示波器测试设备，以数字信号的同步位时钟为触发源，观测 TP1 测试点的波形，即眼图。

【实验内容】

1. 观察验证自动增益控制电路的功能

(1) 连接数字终端模块和光收发模块，设置光发射机的输出光功率为最大，且为数字光发。

(2) 开电，设置主控模块菜单，选择自动光功率控制功能。

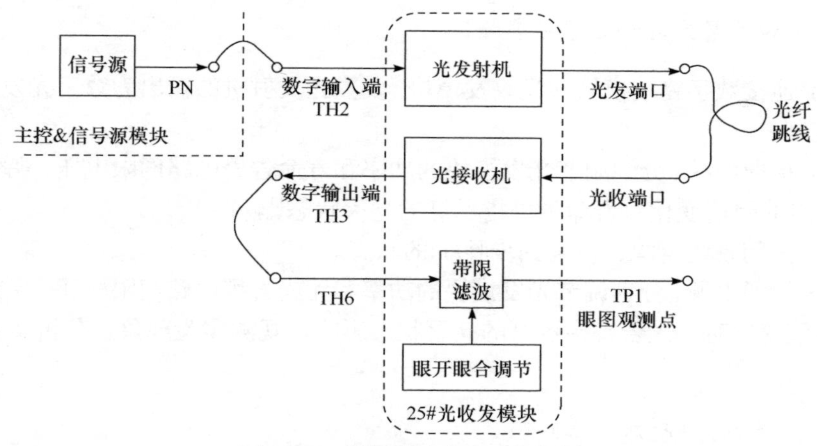

图 6-7-8 眼图测试实验系统框图

(3) 按如下操作并记录数据。

① 设置为无 APC 控制时，调节功率旋钮，在表 6-7-1 中记录输出光功率值 P_1 的变化范围。

② 设置为有 APC 控制时，调节功率旋钮，观察输出光功率值 P_2 的变化范围，同时用万用表观测电阻两端电压 U 的变化情况，将电压变化范围平分 6 等分，求电压变化范围内 7 个电压值和对应输出光功率值 P_2；保持功率微调旋钮不动，设置为无 APC 控制时，记录输出光功率值 P_1，测量 7 个点的电压 U 和对应功率 P_1、P_2，再计算 APC 补偿电流 I 的变化情况，记录数据在表 6-7-2 中。

③ 分析测得的数据，比较开启 APC 与未开启时的变化范围，分析开启 APC 后微调输出功率时 APC 补偿电流的变化对光发射机的影响。

表 6-7-1 微调输出光功率值 P_1 的变化范围

序号	最小输出光功率值 P_1/μW	最大输出光功率值 P_1/μW
1		
2		
3		

表 6-7-2 有 APC 控制输出光功率值 P_2 与补偿电流 I 的变化

序号	1	2	3	4	5	6	7
P_1/μW							
P_2/μW							
U/V							
I/mA							

2. 寿命告警实验和无告警实验

(1) 连接数字终端模块和光收发模块，设置光发射机的输出为数字光发，且有 APC 控制。

(2) 接通电源，分别调节光发模块的功率和寿命告警电路门限电压，观察并记录各电阻的阻值变化对寿命告警指示灯的亮灭状态影响。

(3) 关闭系统电源，恢复到步骤(1)的状态。

(4) 接通电源，分别调节光发模块的功率和无光告警电路门限电压，观察各电阻的阻值变化对无光告警指示灯的亮灭状态影响。观测实验现象，分析实验状态变化的原因。

3. 光源 *P-I* 特性测试实验

(1) 连接数字终端模块和光收发模块，并将光收发模块的功能选择开关打到“光功率计”，设置成 APC 控制状态和数字光发。

(2) 设置光发射机的输出光功率为最大。

(3) 接通电源，设置主控模块菜单，选择光源的 *P-I* 特性测试。

(4) 用万用表测量电阻两端的电压，读出万用表读数 U，代入公式 $I=U/R$，其中 $R=33\Omega$，读出光功率计读数 P。调节功率输出旋钮，将测得的参数填入表 6-7-3 中。

(5) 根据实验数据，绘制光源 *P-I* 特性曲线。

表 6-7-3 光源 *P-I* 特性曲线测试数据

序号	1	2	3	4	5	6	7
P/μW							
U/V							
I/mA							

4. 光发射机消光比测试实验

(1) 连接数字模块和光收发模块的数字输入端，连接光收发模块的光发输出端和光收接入端，将光收发模块的电输出端连接到光功率计模块上。

(2) 设置系统为无 APC 控制状态和数字光发，设置光发射机的输出光功率为最大。

(3) 接通电源，设置主控模块菜单为光发射机消光比测试。

(4) 设置数字模块，使输入信号为全 1 电平。调节功率控制旋钮，观察此时光发射机端输出的光功率 P_{11}。将光功率 P_{11} 的变化范围平分 6 等分，计算出光功率变化范围内的 7 个功率值 P_{11}。调节功率控制旋钮，使光功率为每个 P_{11} 值时，设置对应的输入信号为全 0 电平，测量此时光发机端输出的光功率为 P_{00}，将所测数据填入表 6-7-4 中，计算消光比。

表 6-7-4　消光比测试数据

序号	1	2	3	4	5	6	7
P_{00}/μW							
P_{11}/μW							
EXT							

5. 光发射机平均光功率测试实验

(1) 连接数字模块和光收发模块的数字输入端，连接光收发模块的光发输出端和光收接入端，将光收发模块的电输出端连接到光功率计模块上。

(2) 设置系统为无 APC 控制状态和数字光发，设置光发射机的输出光功率为最大。

(3) 开电，设置主控模块菜单，选择光发射机平均光功率测试，将数据记录在表 6-7-5 中，即为光发射机的平均光功率。

表 6-7-5　光发射机平均光功率

序号	平均输出光功率/μW
1	
2	
3	

6. 接收机灵敏度测量实验

(1) 连接光收发模块的光发输出端和光收接入端，并将光收发模块的功能选择为光接收机。

(2) 设置系统为无 APC 控制状态和数字光发，设置光发射机的输出光功率为最大。

(3) 开电，设置主控模块菜单，选择误码仪功能。可将误码仪的输出信号码速设置为 2M。调节功率控制旋钮，使误码仪的“失锁”“误码”“无数据”三个指示灯灭，即光发射机和接收机的传通通路无误码。

(4) 观测光收发模块的数字输入端和数字输出端的波形，此时应为无误码状态，测误码率应为 0。

(5) 调节光发射功率，当误码仪的“误码”指示灯刚出现闪烁时，将光收发模块与光光功率计相连，测量并在表 6-7-6 中记录此时光功率 P_{min}。该 P_{min} 即为光接收机的灵敏度。(参考值 61.04μW，即–12.37dBm。此值仅供参考，由于误码指示灯只能定性显示有无误码，故测量时有较大偏差。)

表 6-7-6　接收机灵敏度测量实验数据

序号	误码率	接收机灵敏度/μW
1		
2		
3		

7. 模拟信号光纤传输实验

测量不同的正弦波、三角波和方波的光调制系统性能。

(1) 连接信号源与光收发模块的模拟信号输入端，连接光发端口和光收端口，用同轴线将光收发模块的电输出连接到光功率计的输入端。

(2) 设置光收发模块为模拟信号光调制传输。

(3) 打开系统和各实验模块电源开关，设置主控模块的菜单，选择模拟信号光调制，此时系统初始状态输出为 1kHz 正弦波。调节信号源模块的幅度旋钮，使输出正弦波幅度为 1V。

(4) 保持信号源频率不变，改变信号源幅度测量光调制性能：调节信号源模块的幅度旋钮，改变输入信号的幅度，在表 6-7-7 中记录不同幅度时的光调制功率变化情况。

(5) 保持信号源幅度不变，改变信号源频率，测量光调制性能：改变输入信号的频率，在表 6-7-8 中记录不同频率时的光调制功率变化情况。

(6) 断开光收发模块和光功率计，适当调节光收发模块的接收灵敏度旋钮，用示波器对比观察光接收机的模拟输出端和光发射机的模拟输入端的波形，了解模拟光调制系统线性度。

(7) 改变信号源的波形，用三角波或方波进行上述实验步骤，进行相关测试，表格自拟。

(8) 记录并分析实验波形和数据。

表 6-7-7　不同幅度光调制功率

信号幅度	0.5*V*p-p	1*V*p-p	1.5*V*p-p	2*V*p-p	2.5*V*p-p	3*V*p-p
光调制输出功率						

表 6-7-8　不同频率时光调制功率

频率	1kHz	128kHz	256kHz
光调制输出功率			

8. 数字信号光纤传输实验

(1) 将主控信号源模块的数字序列连接至光收发模块的数字输入端，连接光发端口和光收端口。

(2) 设置光收发模块为数字信号光调制传输。

(3) 打开系统和各实验模块电源开关，设置主控信号源模块为伪随机序列光纤传输系统，此时信号源输出为 15 位 32kHz 的伪随机序列。

(4) 调节光收发模块中光发射机的输出光功率旋钮，改变输出光功率强度；调节光接收机的接收灵敏度旋钮和判决门限旋钮，改变光接收效果。用示波器对比观测信号源伪随机序列和光收发模块的数字输出端，直至二者码型一致。

(5) 观测并记录实验现象。

9. 图像光纤传输实验

(1) 用视频连接线将摄像头的视频信号输出端连接至光收发模块的模拟输入端，连接光发端口和光收端口。用视频连接线将光收发模块的模拟输出端连接至监视器的视频信号输入端。

(2) 将收发模式设置为模拟信号光调制传输。

(3) 打开系统和各实验模块电源开关，并打开监视器和摄像头的供电电源，适当调节光收发模块的接收灵敏度旋钮，并观察监视器中图像传输效果和变化情况，直至光纤视频传输效果最佳。有兴趣的同学可以再自行搭建语音信号的光纤传输系统，实现图像和语音一起传输。

(4) 观察图像光纤传输的效果，分析系统性能。

10. 通信眼图观测实验

(1) 将主控信号源模块的数字序列连接至光收发模块的数字输入端，连接光发端口和光收端口。

(2) 用连接线将光收发模块的数字输出端连接至该模块的可调衰减旋钮。此过程是将基带信号送入一个可调带限信道，用于模拟实际传输过程中可能出现的信道衰减强度。

(3) 设置光收发模块为数字信号光调制传输。

(4) 打开系统和各实验模块电源开关，设置主控信号源模块的菜单为眼图观测，设置伪随机码输出频率为 256kHz。

(注：在观察眼图时，不同的示波器屏幕显示效果有所不同，有时候需要选择一个合适的信号源或者将示波器的波形持续等功能开启。)

(5) 调节光收发模块中光发射机的输出光功率旋钮，改变输出光功率强度；调节光接收机的接收灵敏度旋钮和判决门限旋钮，改变光接收效果。用示波器对比观测信号源伪随机序列和光收发模块的数字输出端，直至二者码型一致。

(6) 以主控信号源模块上的 CLK 为触发，用示波器探头分别接信号源 CLK 和光收发模块的眼图观测点，调整示波器相关功能挡位观测眼图显示效果。

(7) 调节光收发模块的眼开眼合旋钮，改变带限信道的影响强度，观测示波器中眼图张开和闭合现象。

(8) 记录眼图波形并测量出眼图特性参数，从而评估系统性能。

【注意事项】

1. 在实验过程中切勿将光纤端面对着人，切勿带电进行光纤连接。
2. 不要带电插拔信号连接导线。

【思考题】

1. 分析 APC 功率控制对光发射机的影响。
2. 如何设置无光告警和寿命告警的门限电压？
3. 通过实验框图，阐述模拟信号光调制基本原理。
4. 尝试画出视频图像和语音信号同时传输的光纤通信系统，简述其工作原理。

【参考文献】

[1] 杨祥林. 光纤通信系统. 2 版. 北京: 国防工业出版社, 2009.
[2] 顾畹仪. 光纤通信系统. 3 版. 北京: 北京邮电大学出版社, 2013.

实验 6.8　基于可见光通信的室内定位与信息推送

可见光通信采用白光 LED 作为光源，利用 LED 灯光承载的高速明暗闪烁信号来传输信息。可见光通信是照明与通信的深度耦合。白光 LED 由于具有效率高、价格低及寿命长等优点，因此成为下一代照明技术的主流。利用 LED 作为光源的可见光通信技术将随着 LED 的发展而高速发展。室内定位是指在室内环境下确定、追踪和监控目标的位置。可见光室内定位技术是基于可见光通信的室内定位技术。这种技术相对于传统室内定位技术具有定位精度高、附加模块少、保密性好、兼顾通信与照明等优点。

通过本实验，学生可掌握可见光定位的基本原理及定位算法，以及可见光通信的基本原理及系统组成。在此基础上，学生能将采集到的图像或语音信息通过可见光通信系统进行推送、接收和显示，真实体验新技术的应用。

【实验目的】

1. 熟悉 LED 的主要光学参数、光照度模型和 LED 灯源阵列光照度的分布分析，仿真与测量定位系统 LED 阵列的光照分布。

2. 掌握可见光室内定位的原理及其算法，以及可见光室内定位的标定及测量方法，对定位误差的分布进行计算和分析。

3. 掌握可见光通信系统的组成，并利用系统进行图像和语音数据的推送。

【实验仪器】

LiFi 实验灯架，发射装置，照度计，光电探测器，接收装置，摄像头，麦克风。

【实验原理】

1. LED 阵列光照度分布

基于可见光通信的室内定位系统需要在满足照明条件的前提下实现室内定位的功能，即实现照明和定位的双重功能。在研究可见光室内定位技术时，应将室内光照度大小和分布纳入考虑范围，而决定光照度分布的重要因素之一是 LED 光源的安装和布局。因此，在设计过程中，合理的光源布局应确保室内的光照均匀，符合照明需要。

本实验首先介绍 LED 光源的主要光学参数及光照度模型。利用光源布局理论，在实验中对定位系统提供的两种 LED 拓扑结构的光照度分布进行仿真和实际测量。

1) LED 的光学参数

A. 光通量

光通量的定义：光源在单位时间内发出的光能量，单位是流明(lm)，用符号ϕ来表示。LED 的光通量表示 LED 总输出能量，它是判断发光器件性能优劣的重要指标。光通量也能表示光源在空间内各方向上所发出的光能总和，与光功率等价。

B. 发光强度

发光强度的定义：光源在某方向上一个很小的立体角元 $\mathrm{d}\Omega$内所包含的光通量 $\mathrm{d}\phi$与这个立体角元的比值。发光强度一般用I表示

$$I=\frac{\mathrm{d}\phi}{\mathrm{d}\Omega} \tag{6-8-1}$$

发光强度的单位是坎德拉，符号为 cd。

C. 光照度

光照度的定义：被照物体表面上单位面积内所接收到的光通量。光照度能够表示物体表面的被照明程度，用E表示，单位是勒克斯(lx，$1\mathrm{lx}=1\mathrm{lm/m^2}$)。公式表示为

$$E=\frac{\mathrm{d}\phi}{\mathrm{d}s} \tag{6-8-2}$$

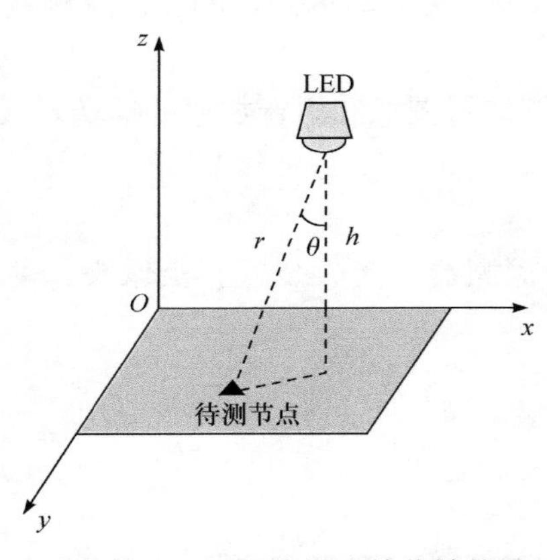

图 6-8-1　LED 光源和接收端的几何关系图

2) LED 的广义朗伯模型

在不同观察角度下，LED 有不同的光照度模型。目前，广义朗伯模型是应用最广泛的光照度模型之一。下面光照度分布的推导即以广义朗伯模型为基础，根据图 6-8-1 所示的 LED 与待测节点之间的几何关系进行。

通常情况下，LED 单元所照射的目标距离比起自身直径要大很多，因此可以将 LED 单元简化为一个有一定空间光强度分布的点光源。其光强分布可以表示为

$$I(\theta)=I_0\cos^m\theta \tag{6-8-3}$$

其中，I_0为 LED 的中心照明强度；θ为辐射角度。

当$\theta=\theta_{1/2}$时，$I(\theta)=\frac{1}{2}I_0$，即有$\frac{1}{2}I_0=I_0\cos^m\theta_{1/2}$，可得

$$m=\frac{-\ln 2}{\ln\left(\cos\theta_{1/2}\right)} \tag{6-8-4}$$

其中，m 是表征 LED 发光指向性的朗伯辐射系数，其大小由 $\theta_{1/2}$ 决定；$\theta_{1/2}$ 是 LED 照明的半功率半角，即当 LED 发出的光在某一方向的光强下降到法向光强一半时的夹角。

当 LED 照射到与其光轴方向垂直的平面时，在该平面上的光照度分布与 LED 的空间光强分布近似，即

$$E(r,\theta)=E_0(r)\cos^m\theta \tag{6-8-5}$$

其中，r 是 LED 和待测节点光电接收端中心之间的距离。对上式进行坐标变换，可以得出在直角坐标系下 LED 的光照强度分布，即

$$E(x,y,z)=\frac{h^m I_0}{\left[(x-X)^2+(y-Y)^2+h^2\right]^{\frac{m+2}{2}}} \tag{6-8-6}$$

其中，h 为 LED 与被照平面之间的垂直距离；$(x,y,0)$ 表示被照平面上的点的坐标；(X,Y,h) 表示光源的坐标。

在本实验中，LED 的半功率半角约为 12°，灯架高度为 900mm。仿真得出其在标定板(300mm×300mm)上的归一化光照强度分布，如图 6-8-2 所示。

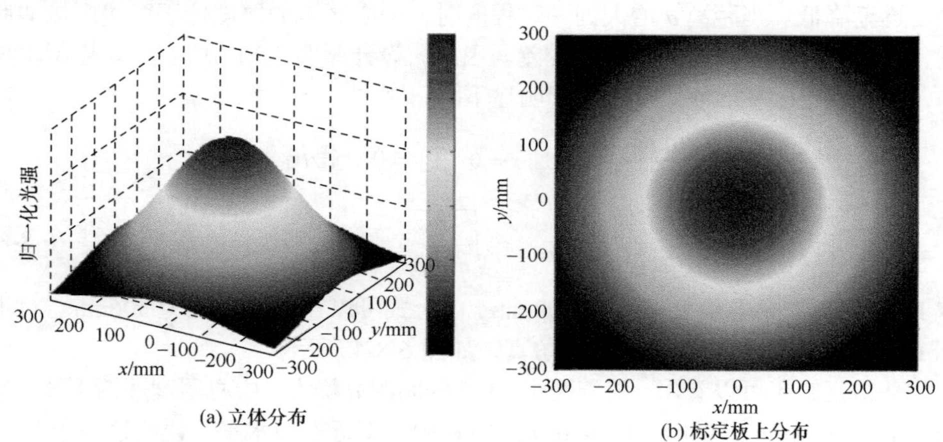

(a) 立体分布　　(b) 标定板上分布

图 6-8-2　单个 LED 光源的光照分布

3) 两个 LED 光照度的分布

在分析多个 LED 组成的灯源阵列之前，先对两个 LED 的光照度分布进行分析。由于 LED 光源具有非相干性，因此在平面某个区域内两个 LED 的光照度可以由各个 LED 光照度直接叠加，故可以得出

$$E(x,y,z)=z^m I_0\left\{\left[\left(x-\frac{d}{2}\right)^2+y^2+z^2\right]^{-\frac{m+2}{2}}+\left[\left(x+\frac{d}{2}\right)^2+y^2+z^2\right]^{-\frac{m+2}{2}}\right\} \tag{6-8-7}$$

其中，d 为两个 LED 中心之间的距离，如图 6-8-3 所示。

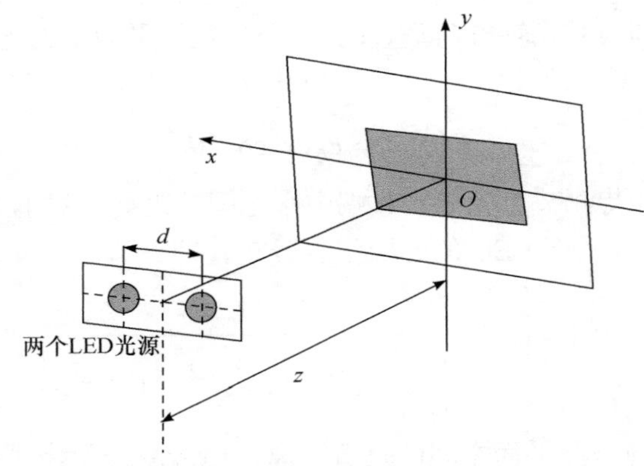

图 6-8-3　两个 LED 照射一个平面

随着 d 增大，两个 LED 在 x 轴上的照射范围也随之增大。当 d 继续增大时，两个 LED 在 xOy 平面投影的中间区域，即图 6-8-3 中 xOy 平面的原点附近区域的照度逐渐降低。当距离 d 增大到一定程度时，中心区域的照度低于两边区域的照度，这种情况下光照度的均匀性变差。因此，设计照明 LED 应当考虑控制距离 d，使得附近区域的光照度不至于明显下降。

通过上述分析，令 $\frac{\mathrm{d}^2E}{\mathrm{d}x^2}=0$，且 $x=0$，$y=0$，得出

$$d_{\max}=\sqrt{\frac{4}{m+3}}\cdot z \tag{6-8-8}$$

取 LED 的半功率半角为 12°，z=900mm，由上式可以计算 $d_{\max}$ 约为 306mm。对不同 LED 间距下的相对照度进行了仿真，如图 6-8-4 所示。

从仿真结果可以看出，随着两个 LED 的间距 d 增大，中心照度逐渐下降。当间距 d 在 300mm 以内时，照度分布曲线在中心附近近似水平，说明这两个 LED 之间的区域光照度的均匀性良好。光照度的均匀度可以由下式表示：

$$R=\frac{E_{\min}}{E_{\max}} \tag{6-8-9}$$

4) 可见光定位系统光照度的分布

实际应用中，单个 LED 无法满足照明亮度的需求，因此需要使用多个 LED

形成阵列来实现照度条件，称为灯源的拓扑结构。假设这些 LED 排列成 $M\times N$ 的阵列形式，被照平面上的某点(x, y, z)的光照度可通过式(6-8-10)和式(6-8-11)推出。

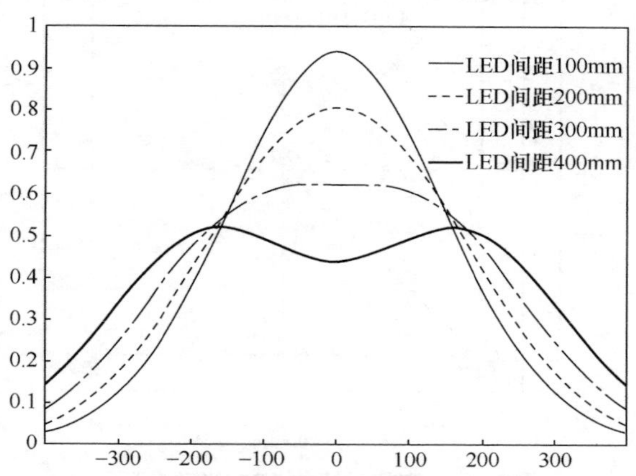

图 6-8-4 不同 LED 间距下的光照度分布曲线图

当 M 和 N 为奇数时

$$E(x,y,z)=z^m I_0 \sum_{n=\frac{-(N-1)}{2}}^{\frac{N-1}{2}} \sum_{l=\frac{-(M-1)}{2}}^{\frac{M-1}{2}} \left[(x-nd)^2+(y-ld)^2+z^2\right]^{-\frac{m+2}{2}} \tag{6-8-10}$$

当 M 和 N 为偶数时

$$E(x,y,z)=z^m I_0 \sum_{n=\frac{-(N-2)}{2}}^{\frac{N}{2}} \sum_{l=\frac{-(M-2)}{2}}^{\frac{M}{2}} \left\{\left[x-(2n-1)\frac{d}{2}\right]^2+\left[y-(2l-1)\frac{d}{2}\right]^2+z^2\right\}^{-\frac{m+2}{2}} \tag{6-8-11}$$

在本实验中，灯源的布局如图 6-8-5 所示。在灯架的顶部共布置五个 LED 光源，可以选择点亮其中四个 LED 构成正方形，或点亮其中三个 LED 构成三角形。在正方形 LED 阵列中，相邻两个 LED 的间距 d=600mm。根据式(6-8-11)，取 M=2，N=2，通过仿真可以得出四个 LED 合并光场的三维立体分布图，如图 6-8-6(a)所示。该平面的水平方向和垂直方向的光照度分布相似，由于 LED 的间距大于由式(6-8-8)得出的 $d_{\max}$ 值，所以在平面的中心区域内会出现光照度下降的情况。图 6-8-6(b)是四灯情况下标定板平面上 600mm×600mm 范围的照度分布情况。

图 6-8-7 是三角形 LED 阵列的情况。由图可见，由于 LED 间距的减小，在三个灯的中心区域内，光照度相对均匀。

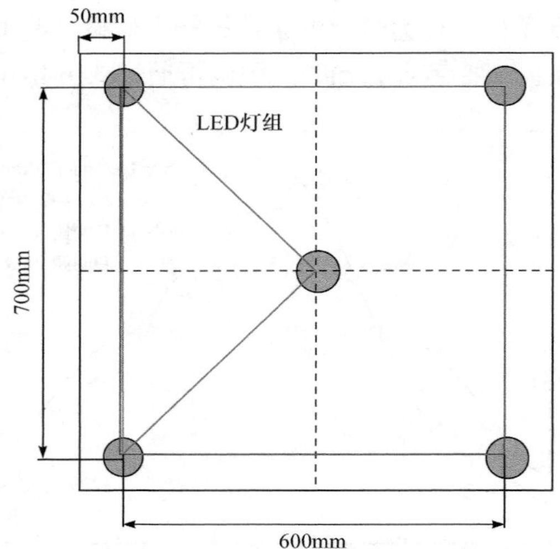

图 6-8-5 定位系统的 LED 光源布局图

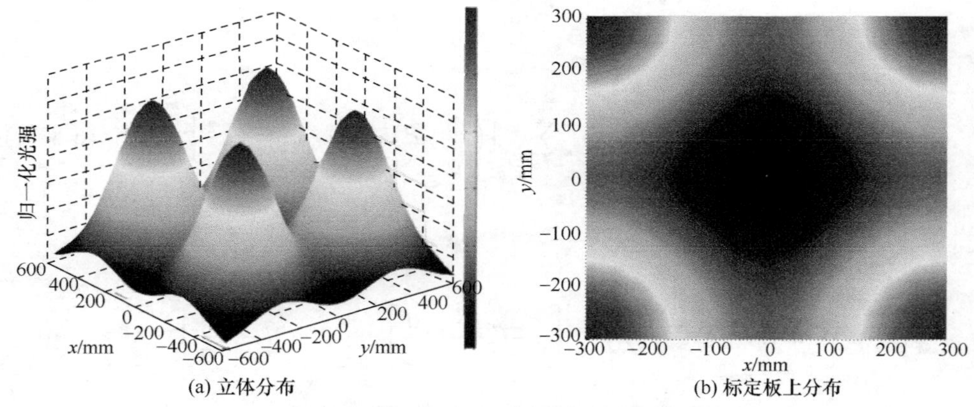

(a) 立体分布 (b) 标定板上分布

图 6-8-6 定位系统的光照分布图(正方形)

依据照明条件的国际标准，办公室内的光照度应为 300～1500lx。在照明设计的过程中，应当通过合理光源布局，使室内的光照度大小符合标准，并且照度分布均匀，不出现盲区和过于明显的明暗变化。

在可见光定位系统中，由于 LED 光的空间分布为锥形，如图 6-8-2 所示，在接收平面上为一圆形分布，因此可以借鉴传统移动通信的蜂窝结构，通过对 LED 阵列排布的设计，将空间划分为多个蜂窝小区，实现室内移动定位，如图 6-8-8 所示。将 LED 灯以等边三角形的分布方式向四面拓展，每一个 LED 灯的辐照范围可近似为以该 LED 灯为中心的正六边形。无论是通信还是照明，对光功率都有一定要求，因此每个 LED 灯需由多个 LED 灯珠组成。

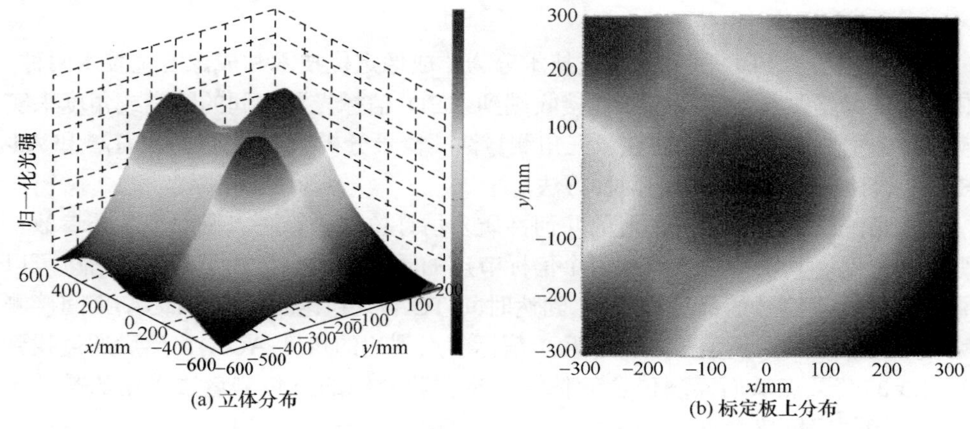

(a) 立体分布　(b) 标定板上分布

图 6-8-7　定位系统的光照分布图(三角形)

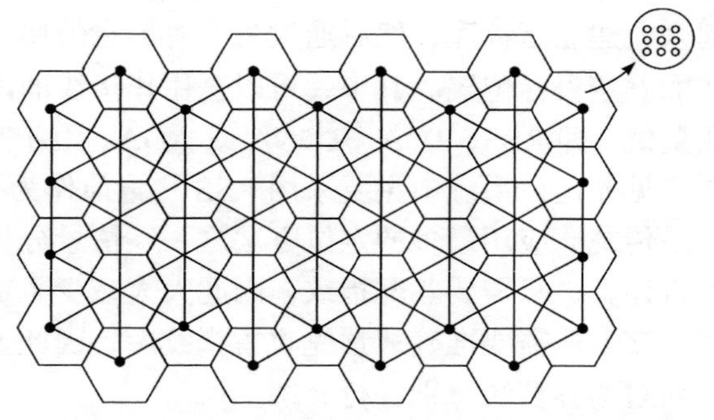

图 6-8-8　基于蜂窝结构的 LED 阵列分布

2. 可见光室内定位

1) 可见光室内定位技术

室内定位在商业领域、公共安全以及军事领域都有非常重要的作用。近年来，随着固态照明技术的迅速发展，新一代照明光源 LED 以其亮度高、寿命长、成本低、节能环保等诸多优势正在大规模取代传统的白炽灯和节能灯。白光 LED 具有高速调制及响应时间短等特性，从而使得 LED 的应用从照明领域扩展到了通信领域，能够同时实现照明和通信双重功能。基于白光 LED 的可见光通信(VLC)作为一种新兴的无线通信方式，具有传输速率高、保密性强、无电磁干扰、无需频谱认证等优点。因此，基于可见光通信的室内定位技术被认为是一种有效的选择，这种技术相对于传统的室内定位技术，具有定位精度高、附加模块少、保密性好、能够兼顾通信与照明等优点，在一些无线信号无法覆盖或限制电磁干扰的特殊场合也可以工作，具有高度的先进性和实用性，因此，可见光室内定位技术正在获得越来越多的关注和研究。

2) 可见光室内定位算法

目前，基于 LED 的室内定位技术分为非成像定位技术和成像定位技术两种。其中非成像定位技术是通过测量接收端到 LED 信标光源之间的距离或角度来实现定位，主要有 4 种实现方法：三角测量法、情景分析法、接近法及 VLC 和 Ad-Hoc 混合法。本实验介绍前两种方法。

三角测量法是使用三角形的几何性质来估计位置的算法，有两个主要参数：距离和角度。其中待测节点到多个信标节点的距离不能直接测量得到，所以可以通过测量接收信号的强度(RSS)、到达时间(TOA)或到达时间差(TDOA)来间接测量。角度测量是测量信号相对于几个信标节点到达的角度(AOA)，然后通过找到方向线的交叉点从而实现位置的估计。本实验介绍的三角测量法采用的是基于 RSS 的测距定位技术。

情景分析法分为两个阶段，首先收集在一个场景中每个采样点(也称指纹)的位置信息并存储起来，建立指纹库，然后通过将实时测量的用户信号与指纹库中的信息相匹配，从而确定目标位置。其中，可以被用作指纹的因素包含但不限于前面提到的所有测量值，即 RSS、TOA、TDOA 或 AOA。由于室内环境复杂、多径干扰等问题，在可见光定位系统中主要采用 RSS 测量值作为指纹。

三角测量法是最传统、应用最多的定位方法之一。情景分析法与三角测量法相比，由于无需进行计算，只需要匹配指纹，因此大大减少了定位时间。但是，对一个特定的环境，该方法需要准确地预先收集指纹库，因此无法在一个新的场景中及时调用。下面对两种算法分别进行介绍。

A. 三角测量法

三角测量法的理论是：通过相关的测距技术，计算出待测节点到三个信标节点的投影点之间的距离，如图 6-8-9 所示。在已知投影点位置坐标的情况下，通

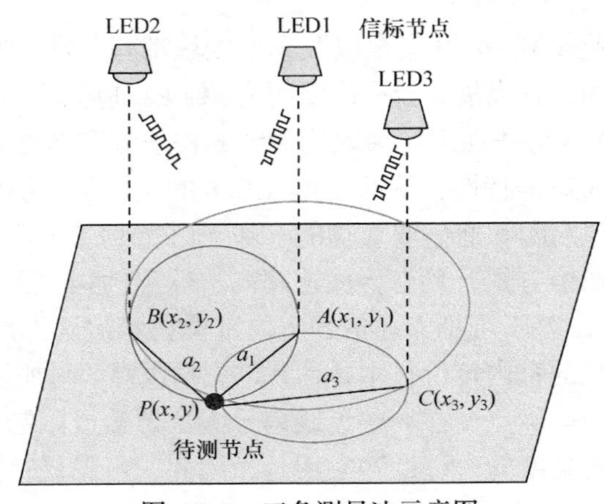

图 6-8-9　三角测量法示意图

过余弦定理可以计算出其中两个投影点与待测节点构成的夹角(以待测节点为顶点的角)。经过这三个点可以确定唯一的圆，通过两个投影点的坐标及与其对应的夹角，进一步可以计算出这个圆的圆心和半径。同理，使用同样的方法可以求出其余两个圆的圆心与半径，这三个圆必交于待测节点，根据已知条件可以建立三元二次方程组，求解即可得出待测节点的位置坐标。

算法的实现具体可分为四个步骤，以下分别进行介绍。

步骤一：光照强度测量。

为了获得待测节点的位置坐标，首先需要得到各个信标节点所发光在待测节点处的光照强度。由于光电探测器得到的信息是由光照转化而成的电信号，因此需要通过一定的算法将获得的原始电信号转化为光照强度信息。虽然理论上探测器的输出电压与接收到的光照度呈线性关系，但是在实际应用中，输出电压与光照度并非完美的线性关系，还需要通过一些方法对数据进行非线性补偿。本实验通过非线性拟合方案修正系统，以获得更高的测量精度，并通过对 LED 光源施加不同载频分离出不同信标光源所发射的光照强度。

步骤二：距离测量。

本实验定位算法中所使用的是 RSS 测距技术。RSS 是通过计算探测器接收到的光照强度来获取相应距离的一种测距技术。其测距思路是：测量并计算出接收到的光照强度，再通过相应的理论和经验模型，将光照度值转换成两点间的距离值，以此来实现距离测量。

如图 6-8-10 所示，接收端利用测量到的光照强度和式(6-8-12)计算出待测节点到各信标节点之间的距离 d_i，并根据信标节点和待测节点之间的几何关系计算待测节点和各信标节点在标定板上的投影之间的距离 a_i。在计算中，假设探测器平放，并且 LED 光源距离标定板的高度为恒定的 h。

$$\begin{cases} d_i = \sqrt[m+3]{\dfrac{h^2(m+1)I_0}{2\pi P_i}} \\ a_i = \sqrt{d_i^2 - h^2} \end{cases} \tag{6-8-12}$$

其中，P_i 为探测器接收到的来自第 i 个光源所发光的光照强度。

步骤三：坐标标定。

为了获取各信标节点在标定板上投影点的坐标信息，需要对信标光源的位置进行人为标定。这一步骤在定位软件中进行，依次把探测器移动到标定板上每个 LED 光源对应的正下方，在软件中输入所处位置的坐标值，即可完成对光源位置的定标，如图 6-8-11 所示。

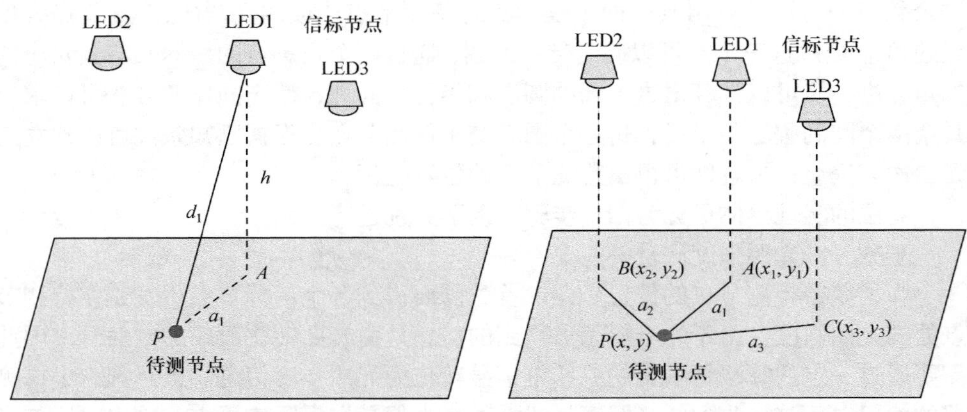

图 6-8-10　信标节点与待测节点几何关系图　　图 6-8-11　LED 光源的坐标标定

步骤四：三角测量算法。

在步骤三中已经知道信标节点对应的投影点坐标为 $A(x_1, y_1)$，$B(x_2, y_2)$，$C(x_3, y_3)$。假设待测节点为 P，其坐标为 (x, y)。通过步骤二的测量可以得到 PA、PB、PC 的长度。那么，过待测节点 P 和其中两个投影点 A 和 B 可以确定相应的一个圆 O_1，如图 6-8-12 所示。

假设圆 O_1 的坐标为(x_{O1}, y_{O1})，半径为 r_1。依据已知条件，可以列出下面方程组：

$$\begin{cases} \sqrt{(x_{O1}-x_1)^2+(y_{O1}-y_1)^2}=r_1 \\ \sqrt{(x_{O1}-x_2)^2+(y_{O1}-y_2)^2}=r_1 \\ (x_1-x_2)^2+(y_1-y_2)^2=2r_1^2-2r_1^2\cos\angle AO_1B \end{cases} \tag{6-8-13}$$

根据几何关系可以得出

$$\angle AO_1B = 2\pi - 2\angle APB \tag{6-8-14}$$

由半角公式可以得到

$$\cos\angle AO_1B = \cos(2\pi - 2\angle APB) = \cos 2\angle APB = 2\cos^2\angle APB - 1 \tag{6-8-15}$$

可以通过已经测得的距离信息，计算 $\cos\angle APB$ 。由余弦定理可以得出

$$|AB|^2 = |PA|^2 + |PB|^2 - 2|PA||PB|\cos\angle APB \tag{6-8-16}$$

从而计算出 $\cos\angle AO_1B$ ，代入式(6-8-13)，可以求解出圆心 O_1 的坐标及半径 r_1 的值。

使用与上述相同的原理，可以求出余下两个圆的圆心及半径，即 O_2、O_3 的坐

标及半径 r_2 ，r_3 。由于这三个圆必然相交于待测节点 P，如图 6-8-13 所示，因此可以列出如下方程组：

$$\begin{cases} \sqrt{\left(x-X_{O1}\right)^2+\left(y-Y_{O1}\right)^2}=r_1 \\ \sqrt{\left(x-X_{O2}\right)^2+\left(y-Y_{O2}\right)^2}=r_2 \\ \sqrt{\left(x-X_{O3}\right)^2+\left(y-Y_{O3}\right)^2}=r_3 \end{cases} \tag{6-8-17}$$

解方程组即可得到待测节点 P 的坐标，如下：

$$\begin{bmatrix} x \\ y \end{bmatrix}=\begin{bmatrix} 2\left(x_{O1}-x_{O3}\right) & 2\left(y_{O1}-y_{O3}\right) \\ 2\left(x_{O2}-x_{O3}\right) & 2\left(y_{O2}-y_{O3}\right) \end{bmatrix}^{-1}\begin{bmatrix} x_{O1}^2-x_{O3}^2+y_{O1}^2-y_{O3}^2+r_3^2-r_1^2 \\ x_{O2}^2-x_{O3}^2+y_{O2}^2-y_{O3}^2+r_3^2-r_2^2 \end{bmatrix} \tag{6-8-18}$$

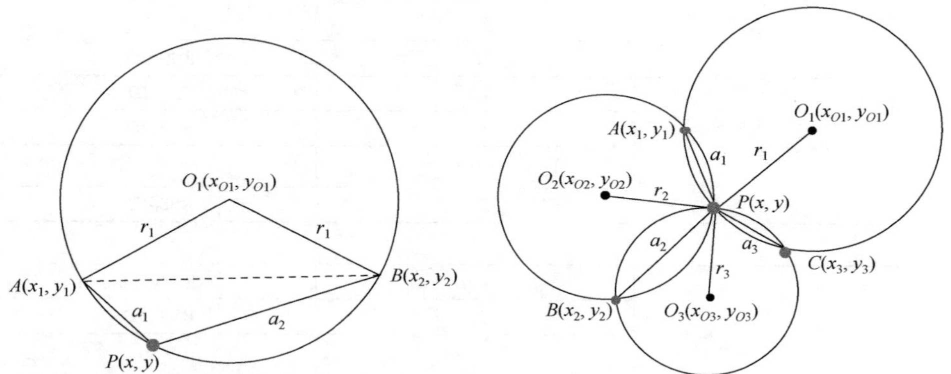

图 6-8-12　圆心及半径的计算　　图 6-8-13　三角测量算法示意图

B. 指纹库法

指纹库法也是可见光室内定位的一种常用方法。指纹定位的实施一般分为两个阶段：第一个阶段要获取定位区域内各参考节点位置的信号特征参数，这种特征参数可称为该位置的“指纹”，以此建立位置指纹库；第二个阶段即利用探测器测定接收信号的参数，与位置指纹库所存数据进行匹配，从而确定目标的位置。其中“指纹”可以通过建模计算或实际测量的方法得到，被用作“指纹”的特征参数可以是 RSS、TOA、TDOA 或 AOA。本实验系统采用 RSS 测量值作为位置指纹。

具体定位过程如下：

(1) 在 LED 光源上施加不同载频作为 ID 信息。

(2) 通过建模计算或实际测量获取所有参考节点上对应每个 LED 光源的 RSS

值，建立指纹数据库。若采用实际测量的方式获取指纹，探测器是根据 LED 的 ID 信息解析出每个光源在参考节点位置上的光照强度 RSS-ID$_i$。

(3) 实时定位最终是将探测器当前接收到的 RSS-ID$_i$ 值在指纹数据库中进行查询匹配，寻找出最接近的值，从而推测出当前待测节点的位置坐标。

指纹数据库的表示方式如表 6-8-1 所示。假设接收平面上参考点的位置坐标为(x_j, y_j)($1 \leqslant j \leqslant N$，$N$ 为参考点的个数，N 的取值大小与定位精度有关。理论上，其值越大，定位精度越高)，接收到的光照强度表示为 RSS$_j$-ID$_i$($1 \leqslant i \leqslant n$，$n$ 为 LED 光源的个数)。

表 6-8-1 指纹库的表示方式

参考点坐标(x_j, y_j)	LED 的 ID 信息(ID$_i$)	指纹数据(RSS$_j$-ID$_i$)
(x_1, y_1)	ID$_1$	RSS$_1$-ID$_1$
	ID$_i$	RSS$_1$-ID$_i$
	……	……
	ID$_n$	RSS$_1$-ID$_n$
(x_j, y_j)	ID$_1$	RSS$_j$-ID$_1$
	ID$_i$	RSS$_j$-ID$_i$
	……	……
	ID$_n$	RSS$_j$-ID$_n$
	……	
(x_N, y_N)	ID$_1$	RSS$_N$-ID$_1$
	ID$_i$	RSS$_N$-ID$_i$
	……	……
	ID$_n$	RSS$_N$-ID$_n$

C. 定位误差分析

定位精度是衡量一个定位系统性能的重要指标，特别是对于相对狭小的室内环境而言。定位精度通常定义为定位误差的平均值，在这里，定位误差是指待测节点的实际位置与估算位置之间的欧几里得距离，其值越小，表示定位系统可提供的精度越高。

定位误差的具体计算方法如下式：

$$\begin{cases} d_x = \left| x - x_{\mathrm{r}} \right| \\ d_y = \left| y - y_{\mathrm{r}} \right| \\ d = \sqrt{d_x^2 + d_y^2} \end{cases} \tag{6-8-19}$$

式中，x，y 是接收端通过测量光源照度和位置信息计算出的位置坐标；x_r，y_r 是实际位置坐标；d_x，d_y 分别表示测量位置与实际位置在 x 、y 轴方向上的距离；d 表示接收端的测量位置与实际位置的距离，即定位误差。

3. 可见光通信

可见光通信的定义及其系统组成的具体内容见实验 6.5，这里不再赘述。但是针对本实验的室内 VLC 系统，需要介绍一下信道的链接方式，可从两个方面加以理解。第一是看发射机和接收机是否定向。所谓定向其实是一个角度问题，对发射机而言，如果其发射的光束发散角很小，发出光束近乎平行，则称其为定向发射机；对接收机而言，如果其接收的视场角范围很小，则称其为定向接收机。若发射机和接收机均为定向，接发两端对准时就建立了一条定向链路。相反，非定向链路使用的是大角度的接收机和发射机。还有一种链路混合了定向与非定向的特点，也就是发射机和接收机中其中一个定向另一个非定向，称之为混合链路。第二是看接收机接收到的光是否存在发射机的直射光。如果接收机接收到的光不仅存在由发射机发出的大角度的光经其他物体反射回来的光，还存在发射机的直射光，则为视距(line of sight，LOS)链路；反之，若接收机接收到的光不存在直接光，则为非视距(non-line of sight，NLOS)链路。

在室内可见光通信系统中，固定在天花板上的 LED 在提供照明的同时进行数据传输，因此它的通信链路满足无线光通信的两种形式：直射式视距链路和非视距链路，如图 6-8-14 所示。在直射式视距链路中，由于接收端和发射端是对准的，因此具有较高的功率利用率。但是一旦传输路径中出现障碍物就会阻断通信，因此，这是最简单的一种链路方案，适用于无阻隔条件下的点对点通信。在非

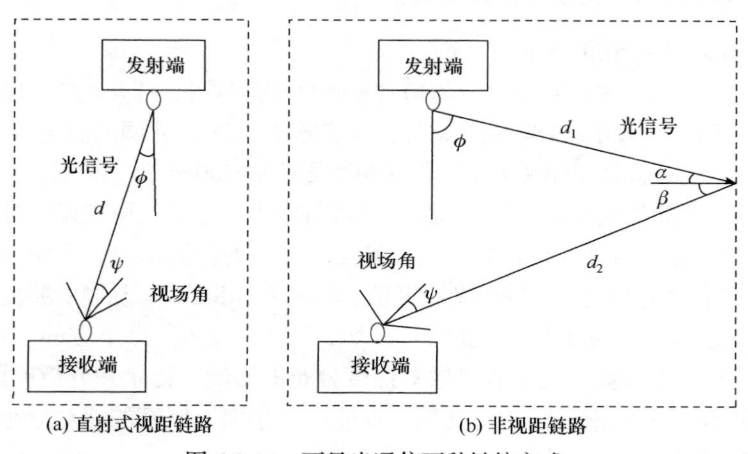

(a) 直射式视距链路　(b) 非视距链路

图 6-8-14　可见光通信两种链接方式

视距链路中，为了使系统不受阴影效应影响，降低收发两端的指向要求，接收视角一般较大，可以实现收发两端的持久通信，光功率也会较均匀地分布在整个室内，但是链路中的多径效应也会限制信号的传输速率。

本实验装置如图 6-8-15 所示。发射装置上连接有外部设备：摄像头和麦克风，用于采集图像或语音数据。发射装置将采集到的数据进行编码，然后驱动灯架中央的 LED 光源发射出调制的光信号。承载着数据的光信号经过自由空间的传输后，到达 PIN 光电探测器。由于本实验采用的是直射式视距链路，因此传送数据需要将 LED 光源和探测器进行对准。探测器将光信号转换为电信号，再经过接收装置的处理输出到计算机上，通过上位机软件恢复出原始的信源信息。在发射端拍摄的图像或录音，可以在计算机终端上进行显示或播放。

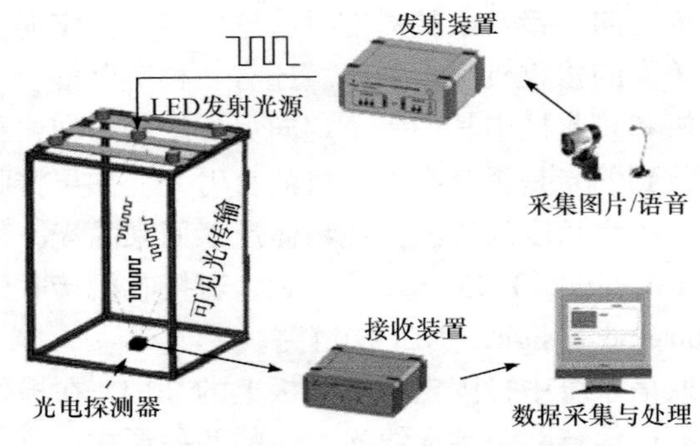

图 6-8-15　可见光信息推送实验装置示意图

【实验内容】

1. LED 阵列光照度分布仿真与测量

1) LED 阵列光照度分布仿真

(1) 打开“LIFI 室内照明定位与信息推送实验”软件，打开“光照度分布仿真与测量”界面，设置 LED 光源的参数。本实验中，LED 光源的高度为 900mm，半功率角为 12°，间距为 600mm，中心照明强度 I_0=700cd。

(2) 点击“朗伯模型”“三灯模型”“四灯模型”按钮，可在设定参数下分别得到单灯及三灯、四灯阵列在标定板上光照度分布的仿真结果。记录三灯和四灯模型下照度平面上的最大、最小光照度值，填入表 6-8-2 中。注意：照度平面的计算范围，四灯模型为四灯下方的正方形区域，三灯模型为三灯下方的三角形区域。

(3) 更改以上参数，观察各参数对照度分布的影响，记录并分析原因。注意：伪彩色显示是对强度做过归一化处理，仅能显示平面上照度的相对分布，实际强度应以照度值为准。

2) LED 阵列光照度分布测量

(1) 将五个 LED 光源的角度调整好。将灯架上的遮光帘放下，开启“四灯”按钮，此时灯架上有四个 LED 灯亮，将照度计探头依次放置在每个 LED 的正下方，量程调节到 2000lx，调整 LED 灯的角度，使示数达到最大。再按下“三灯”按钮，此时灯架上有三个 LED 灯开启，使用同样方法，将正中间 LED 灯的角度调整好。

(2) 开始测量实际照度。分别在“四灯”和“三灯”模式下测量标定板上每个栅格(100mm)交点处的照度值，并记录下来。打开“光照度分布仿真与测量”软件，将数据输入到光照度测量的表格内，点击“绘图”，观察照度分布的实际情况，并与仿真结果进行对比，分析原因。

(3) 在实际照度的测量数据中找出相应区域内的最大、最小光照度值，按照公式(6-8-9)计算出均匀度，记录在表 6-8-2 中。

表 6-8-2　光照度的实际分布

照度	四灯		三灯	
	仿真	实测	仿真	实测
照度最大值				
照度最小值				
均匀度				

2. 可见光室内定位实验

1) 三角测量法

(1) 打开“LIFI 室内照明定位与信息推送实验”软件，在“可见光室内定位实验”中下拉选择“三角测量法定位”，连接探测器。

(2) 进行“三灯”结构的定位测量。在拓扑结构中点击选择“三灯”按钮，此时标定区中的 LED1、LED2、LED3 对应区域点亮。首先进行 LED 光源位置的标定，将探测器依次放置在开启的三个 LED 正下方，输入对应标定板处的 X、Y 坐标(以 m 为单位)，点击“标定”按钮，在其后会显示出该 LED 光源对应的载频，三个 LED 光源全部标定完成后，软件提示“LED 信息已读取”。

说明：光源的载频是固定的，分别为 878Hz、3245Hz、500Hz、2318Hz、1653Hz，标定时若显示为其他值，则说明标定错误。

(3) 完成标定后，软件定位区的“开始定位”按钮会点亮，先输入阈值“0.04”，点击按钮开始定位。在三灯下方对应的三角区域内稍微移动探测器，软件将会对探测器进行实时定位(红色标记为 LED 光源，蓝色标记为探测器)，同时显示出探测器所处位置的坐标信息，右下方的推送信息是根据探测器所处的区域向用户自动推送的通知信息。

说明：阈值的取值范围为 0.01～0.10，阈值与外界环境光有关，该值在一定程度上影响定位精度。初次使用设备时，需要根据定位精度找到一个比较合适的设置值。

模拟场景：本实验系统模拟了图书馆定位方案，标定板划分为四个区域，即阅览室、服务大厅、自习室、多功能厅。当探测器移动时，软件会自动识别出探测器(用户)所处区域，并向用户推送该区域的通知消息。

(4) 测量定位误差，将探测器依次置于标定板上三角区域内的测试点处，通过软件读取测量坐标，通过标定板读取实际坐标，并根据式(6-8-19)计算出每个测试点处的定位误差，分析误差均值及最大值。

(5) “三灯”结构测量完，在软件上点击“重置”按钮，在拓扑结构中点击选择“四灯”按钮，按照同样方法进行“四灯”结构的定位测量，测量定位误差。

(6) 将定位误差的计算值填入表 6-8-3 中，比较“三灯”和“四灯”结构下定位误差的大小，分析原因。

2) 指纹库法(生成库)

(1) 该定位方法中的指纹库是通过建模计算的方式得到的。定位测量的方法与三角测量法大致相同。打开“LIFI 室内照明定位与信息推送实验”软件，在“可见光室内定位实验”中下拉选择“指纹库法定位”。

(2) 同样在“三灯”或“四灯”结构下先进行光源的标定，由于指纹库是软件通过建模自动生成的，因此在标定完成后，在指纹生成区直接点击“指纹库填充”按钮，软件提示“指纹库生成完毕”，在定位区设置阈值后，点击“开始定位”即可开始测量。

(3) 测量“三灯”或“四灯”结构的定位误差，将结果填入表 6-8-3 中，比较“三角测量法”和“指纹库法(生成库)”两种定位算法下定位误差的大小，分析原因。

3) 指纹库法(自建库)

(1) 该定位方法中的指纹库是通过实际测量的方式得到的。软件的指纹生成区可以通过探测器解析出的每个光源在参考节点上的光照强度,用于自建指纹库。

(2) 指纹生成在光源标定后即可进行，或是在上一实验结束后，点击“停止定位”，可以直接开始生成指纹。在指纹生成区点击“测量”按钮，将探测器依次置于测试点上，测量指纹数据 E1、E2、E3、E4。

(3) 制作指纹库文件，新建 txt 文件，在 txt 文件中依次输入每个测试点处采集到的指纹信息(三灯为 E1、E2、E3，四灯为 E1、E2、E3、E4)，数据的排列顺序与测试点在标定板上的排列顺序相对应，每个数据以空格间隔。

(4) 指纹库文件制作完成后，在指纹生成区点击“导入数据”按钮，再点击“指纹库填充”按钮，软件提示“数据库读取成功”，此时已将自建的指纹库导入。

(5) 在定位区设置阈值后，点击“开始定位”即可开始测量。测量“三灯”或“四灯”结构的定位误差，将结果填入表 6-8-3 中，比较三种算法下定位误差大小，分析原因。

表 6-8-3　定位误差测量

	三角测量法		指纹库法(生成库)		指纹库法(自建库)	
	三灯	四灯	三灯	四灯	三灯	四灯
定位误差均值						
定位误差最大值						

3. 可见光信息推送实验

(1) 将摄像头和麦克风与发射装置连接。

(2) 打开“LiFi 室内照明定位与信息推送实验”软件，打开“可见光信息推送实验”界面，连接探测器，将探测器放置在灯架中央的 LED 光源正下方。

(3) 图片传输：在软件上点击“接收图像”按钮，在发射装置前面板上打开通信开关，按下“图片”按钮，调节摄像头角度，点击“发送”按钮，发送指示灯会闪烁，随后 LED 光源也会闪烁，说明数据正在传输，图片传输完毕后将自动显示在软件中。

(4) 语音传输：按下“语音”按钮，点击“发送”按钮，对着麦克风录下语音，录音 5s 后系统将会自动发送(音频的发送时间稍长)，发送完毕后，软件会显示出已接收到的音频数量，点击“播放声音”按钮，将播放所录制的语音。

(5) 实验完毕后，关闭发射装置上的“关机”按钮，再关闭发射装置的电源。

【思考题】

1. LiFi 与 WiFi 的区别是什么?
2. 目前主流的室内定位技术有哪些?

【参考文献】

[1] 闫大禹，宋伟，王旭丹，等. 国内室内定位技术发展现状综述. 导航定位学报, 2019, 7(4): 5-12.
[2] 谢丽. 基于 LiFi 室内定位的智能超市导购系统的 APP 实现. 中山大学硕士学位论文, 2016.

第七章　光电器件与光电子技术类

实验 7.1　晶体电光调制技术

某些晶体外部施加电压，晶体的折射率随电场大小和方向变化，导致进入晶体的光波参数，如强度、偏振态和相位等信息发生改变。通过对外加电场的控制，就能够调制这些相应的参数，这种效应称为电光效应。利用这种性质可做成各种光调制器、光偏转器和电光滤波器等，并广泛应用于高速摄影、光电测量、激光通信、激光测距、激光显示和信号处理等方面。

【实验目的】

1. 掌握晶体电光调制的原理和实验方法。
2. 掌握测量晶体半波电压和电光系数的实验方法。
3. 观察电光效应所引起的晶体光学特性的变化和会聚偏振光的干涉现象。
4. 了解电光调制在光通信中的应用。

【实验仪器】

激光器，起偏器，聚焦透镜(直径$\phi = 20\text{mm}$，$f' = 30\text{mm}$)，电光晶体，检偏器，功率计，白屏。

【实验原理】

1. 一次电光效应和晶体的折射率椭球

由电场所引起的晶体折射率的变化，称为电光效应。通常可将电场引起的折射率变化用下式表示：

$$n = n_0 + aE_0 + bE_0^2 + \cdots \tag{7-1-1}$$

式中，a 和 b 为常数；n_0 为不加电场时的晶体折射率。由一次项 aE_0 所引起的折射率变化效应称为一次电光效应，也称为线性电光效应或泡克耳斯(Pockels)效应；由二次项 bE_0^2 所引起的折射率变化，称为二次电光效应，也称平方电光效应或克尔(Kerr)效应。一次电光效应只存在于具有非对称晶格点阵结构晶体中，二次电光效应则存在于任何物质中。对于大多数晶体来说，一次效应要比二次效应更显著。

光在各向异性晶体中传播时，因光的传播方向不同或者电矢量的振动方向不同，光对应的折射率也不同。如图 7-1-1 所示，通常用折射率椭球来描述折射率与光的传播方向、振动方向的关系。

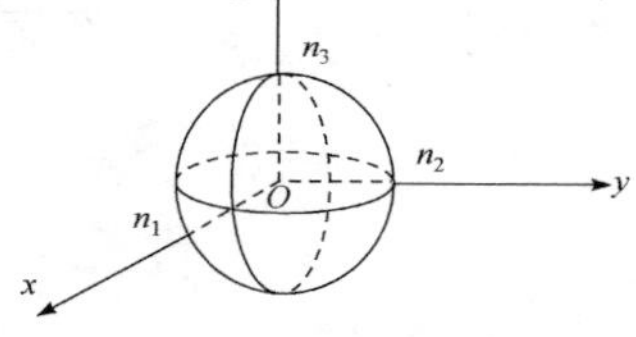

图 7-1-1　晶体的折射率球

在主轴坐标中，折射率椭球及其方程表示为

$$\frac{x^2}{n_1^2}+\frac{y^2}{n_2^2}+\frac{z^2}{n_3^2}=1 \tag{7-1-2}$$

式中，n_1、n_2、n_3为椭球三个主轴方向上的折射率，称为主折射率。当晶体加上电场后，折射率椭球的形状、大小和方位都发生变化。椭球方程变成

$$\frac{x^2}{n_{11}^2}+\frac{y^2}{n_{22}^2}+\frac{z^2}{n_{33}^2}+\frac{2yz}{n_{23}^2}+\frac{2xz}{n_{13}^2}+\frac{2xy}{n_{12}^2}=1 \tag{7-1-3}$$

晶体的一次电光效应分为纵向电光效应和横向电光效应。纵向电光效应是加在晶体上的电场方向与光在晶体里传播方向平行时产生的电光效应；横向电光效应是加在晶体上的电场方向与光在晶体里传播方向垂直时产生的电光效应。通常KD*P(磷酸二氘钾)类型的晶体用它的纵向电光效应，$LiNbO_3$(铌酸锂：LN)类型的晶体用它的横向电光效应。本实验研究 LN 晶体的一次电光效应。LN 晶体是一种重要的多功能晶体材料，从偏振光学的角度看，该晶体实质上是一个可变的相位延迟器，已被广泛应用于电光调制、激光倍频、光折变信息存储、波导及集成光电子器件等方面。目前，由 LN 晶体制成的集成光电子器件在光电子技术、光纤通信、光信息处理等方面的应用很突出。在本实验中，我们用 LN 的横向调制装置测量该晶体的半波电压及电光系数，并用两种方法改变调制器的工作点，观察相应的输出特性的变化。

LN 晶体属于三角晶系，3m 晶类，主轴为 z 方向，光轴与 z 轴重合，是单轴晶体，折射率椭球是旋转椭球，其表达式为

$$\frac{x^2+y^2}{n_o^2}+\frac{z^2}{n_e^2}=1 \tag{7-1-4}$$

式中，n_o和 n_e分别为晶体的寻常光和非常光的折射率。加上电场后，折射率椭球发生畸变。当 x 轴方向加电场，光沿 z 轴方向传播时，晶体由单轴晶变为双轴晶，垂直于光轴 z 方向的折射率椭球截面由圆变为椭圆，此椭圆方程为

$$\left(\frac{1}{n_o^2}-\gamma_{22}E_x\right)x^2+\left(\frac{1}{n_o^2}+\gamma_{22}E_x\right)y^2-2\gamma_{22}E_x xy=1 \tag{7-1-5}$$

其中，γ_{22}称为电光系数。上式进行主轴变换后可得到

$$\left(\frac{1}{n_o^2}-\gamma_{22}E_x\right)x'^2+\left(\frac{1}{n_o^2}+\gamma_{22}E_x\right)y'^2=1 \tag{7-1-6}$$

考虑到$n_0^2\gamma_{22}E_x \ll 1$，经简化得到感应主轴$x'$，$y'$上的折射率，表示为

$$\begin{cases} n_{x'}=n_o+\dfrac{1}{2}n_o^3\gamma_{22}E_x \\ n_{y'}=n_o-\dfrac{1}{2}n_o^3\gamma_{22}E_x \end{cases} \tag{7-1-7}$$

折射率椭球截面的椭圆方程主轴化

$$\frac{x'^2}{n_{x'}^2}+\frac{y'^2}{n_{y'}^2}=1 \tag{7-1-8}$$

上式表明，在外加电场作用下 LN 晶体的折射率椭球沿 z 轴方向的长度不变，而 xy 截面由半径为 n_o 的圆变为椭圆，椭圆的长短轴方向 x、y 相对于原主轴 x'、y' 旋转了 45°(图 7-1-2)，转角大小与外加电场无关，但长短轴大小与外加电场有关。因此，通过改变外加电压，这两个方向偏振的光波分量在晶体中产生相位差。

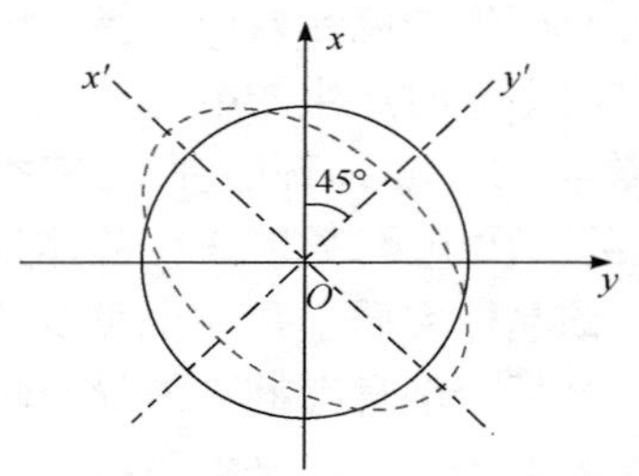

图 7-1-2 铌酸锂晶体折射率椭球主轴化

2. 电光调制原理

如果以激光作为传递信息的载波，将传输信号加载到激光上的过程称为激光调制，完成这一过程的装置称为激光调制器。反之，如将已调制的激光辐射还原出所加载信息，则该过程称为解调。按调制的性质，激光调制与无线电波调制相类似，可以采用连续的调幅、调频、调相及脉冲调制等形式，但激光调制多采用强度调制。强度调制是根据光载波电场振幅的平方比例于调制信号，使输出的激光强度按照调制信号的规律变化。激光调制之所以常采用强度调制形式，主要是因为光接收器一般都是直接响应其所接收的光强度变化。

激光调制的方法很多，如机械调制、电光调制、声光调制、磁光调制和电源调制等，其中电光调制器开关速度快、结构简单，因此在激光调制技术及混合型光学双稳器件等方面有广泛的应用。电光调制根据所施加的电场方向的不同，可分为纵向电光调制和横向电光调制。本实验只涉及 LN 晶体的横向电光调制，实验装置示意图如图 7-1-3 所示。

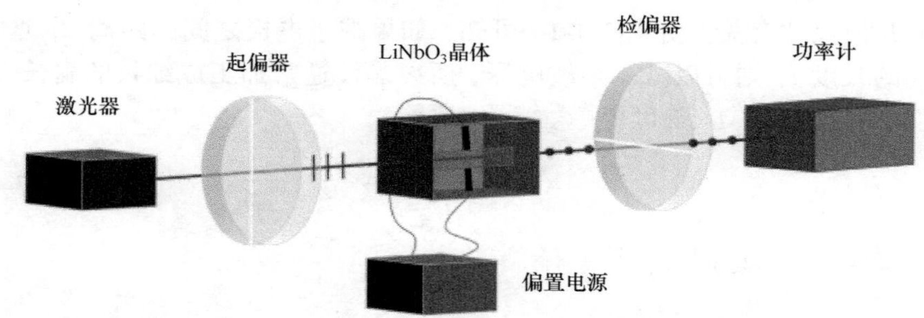

图 7-1-3 $LiNbO_3$ 晶体横向电光调制的实验示意图

起偏器的偏振取向沿着电光晶体的 x 轴，入射光经起偏器后变为振动方向平行于 x 轴的线偏振光，它在晶体感应主轴 x'和 y'上的投影振幅和相位均相等，表示为

$$E_{x'}(0)=A, \quad E_{y'}(0)=A \tag{7-1-9}$$

其中入射光强为

$$I_{\mathrm{i}} \propto \boldsymbol{E}\cdot\boldsymbol{E}=\left|E_{x'}(0)\right|^2+\left|E_{y'}(0)\right|^2=2A^2 \tag{7-1-10}$$

当在 LN 晶体上沿 x 方向加载电压后，在晶体输出端处($z=l$)，光波在 x'和 y'两分量之间产生相位差 δ，表示为

$$\delta=\frac{2\pi}{\lambda}\left(n_{x'}-n_{y'}\right)l=\frac{2\pi}{\lambda}n_{\mathrm{o}}^3\gamma_{22}U\frac{l}{d} \tag{7-1-11}$$

由此可见，δ 与晶体上的加载电压有关。当在晶体输出端放置一检偏器时，设定检偏器和起偏器的透光轴正交，如图 7-1-3 所示。通过检偏器后的输出光强 I_{t} 可表示为

$$I_{\mathrm{t}} \propto [(E_y)_0\cdot(E_y)_0^*]=\frac{A^2}{2}[(\mathrm{e}^{-\mathrm{i}\delta}-1)(\mathrm{e}^{\mathrm{i}\delta}-1)]=2A^2\sin^2\frac{\delta}{2} \tag{7-1-12}$$

结合式(7-1-10)和式(7-1-12)，光强透过率 T 为

$$T=\frac{I_{\mathrm{t}}}{I_{\mathrm{i}}}=\sin^2\frac{\delta}{2}=\sin^2\left(\frac{\pi}{2}\frac{U}{U_\pi}\right) \tag{7-1-13}$$

当电压增加到某一值时，x'、y'方向的偏振光经过晶体后可产生 $\lambda/2$ 的光程差，相应的相位差 $\delta=\pi$，对应光强透过率 $T=100\%$，这时加在晶体上的电压称作半波电压，通常用 U_π 表示。U_π 是描述晶体电光效应的重要参数。在实验中，这个电压越小越好，如果 U_π 小，需要的调制信号电压也小。由式(7-1-11)可得到

$$U_\pi=\frac{\lambda}{2n_0^3\gamma_{22}}\left(\frac{d}{l}\right) \tag{7-1-14}$$

其中，d 和 l 分别为晶体的厚度和长度。由此可见，横向电光效应的半波电压与

晶片的几何尺寸有关。由式(7-1-14)可知，如果减小电极之间的距离 d，增加通光方向的长度 l，则可以减小半波电压，所以晶体通常加工成细长的扁长方体。由式(7-1-11)、式(7-1-14)可得

$$\delta = \pi \frac{U}{U_\pi} \tag{7-1-15}$$

因此，可将式(7-1-15)改写成

$$T = \sin^2\left(\frac{\pi}{2}\frac{U}{U_\pi}\right) = \sin^2\left[\frac{\pi}{2U_\pi}\left(U_0 + U_{\mathrm{m}}\sin\omega t\right)\right] \tag{7-1-16}$$

其中，U_0 是加在晶体上的直流电压；$U_{\mathrm{m}}\sin\omega t$ 是同时加在晶体上的交流调制信号；U_{m} 是振幅，ω 是调制频率。从式(7-1-16)可以看出，改变 U_0 或 U_{m}，输出特性将相应变化。对单色光和确定的晶体来说，U_π 为常数，因而透射率将仅随晶体上所加的电压变化而变化。

直流偏压的改变对输出特性的影响分析如下。

(1) 当 $U_0 = \frac{U_\pi}{2}$，$U_{\mathrm{m}} \ll U_\pi$ 时，将工作点选定在线性工作区的中心处，如图 7-1-4(a)所示，此时可获得较高效率的线性调制，代入式(7-1-16)，得

$$\begin{aligned} T &= \sin^2\left(\frac{\pi}{4} + \frac{\pi}{2U_\pi}U_{\mathrm{m}}\sin\omega t\right) \\ &= \frac{1}{2}\left[1 - \cos\left(\frac{\pi}{2} + \frac{\pi}{U_\pi}U_{\mathrm{m}}\sin\omega t\right)\right] = \frac{1}{2}\left[1 + \sin\left(\frac{\pi}{U_\pi}U_{\mathrm{m}}\sin\omega t\right)\right] \end{aligned} \tag{7-1-17}$$

由于 $U_{\mathrm{m}} \ll U_\pi$ 时，$T \approx \frac{1}{2}\left[1 + \left(\frac{\pi U_{\mathrm{m}}}{U_\pi}\right)\sin(\omega t)\right]$，即

$$T \propto \sin\omega t \tag{7-1-18}$$

这时，调制器输出的信号和调制信号虽然振幅不同，但是两者的频率却是相同的，输出信号不失真，我们称为线性调制。

(2) 当 $U_0 = 0$，$U_{\mathrm{m}} \ll U_\pi$ 时，如图 7-1-4(b)所示，把 $U_0 = 0$ 代入式(7-1-16)，可得

$$\begin{aligned} T &= \sin^2\left(\frac{\pi}{2U_\pi}U_{\mathrm{m}}\sin\omega t\right) = \frac{1}{2}\left[1 - \cos\left(\frac{\pi}{U_\pi}U_{\mathrm{m}}\sin\omega t\right)\right] \\ &\approx \frac{1}{4}\left(\frac{\pi}{U_\pi}U_{\mathrm{m}}\right)^2 \sin^2\omega t \approx \frac{1}{8}\left(\frac{\pi}{U_\pi}U_{\mathrm{m}}\right)^2 (1 - \cos 2\omega t) \end{aligned}$$

即

$$T \propto \cos 2\omega t \tag{7-1-19}$$

从式(7-1-19)可见，输出信号的频率是调制信号频率的 2 倍，即产生“倍频”失真。若把$U_0 = U_\pi$代入式(7-1-16)，经类似推导，可得

$$T \approx 1 - \frac{1}{8}\left(\frac{\pi U_{\rm m}}{U_\pi}\right)^2 (1 - \cos 2\omega t) \tag{7-1-20}$$

即$T \propto \cos 2\omega t$，输出信号仍是“倍频”失真的信号。

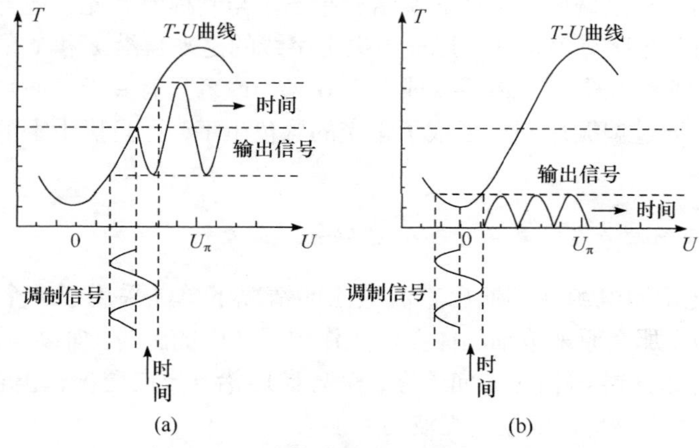

图 7-1-4　透射光强随电压的变化关系

(3) 直流偏压U_0在 0V 附近或在U_π附近变化时，由于工作点不在线性工作区，输出波形将失真。

(4) 当$U_0 = \frac{U_\pi}{2}$，$U_{\rm m} > U_\pi$时，调制器的工作点虽然选定在线性工作区的中心，但不满足小信号调制要求，输出波形仍然是失真的。

3. 铌酸锂晶体的会聚偏振光干涉

会聚偏振光干涉又叫锥光干涉，如图 7-1-5(a)所示，P_1和P_2是正交的偏振片；L_1是透镜，用来产生会聚光；N 是均匀厚度的晶体。对于本实验中的铌酸锂晶体，不加电压时为单轴晶体，光轴沿平行于激光束的方向，由于对晶体而言不是平行光的入射，不同倾角的光线将发生双折射(图 7-1-5(b))，而 o 光和 e 光的振动方向在不同的入射点也不同。出射晶体时，两条光线平行出射，它们沿P_2方向振动的分量将在无穷远处会聚而发生干涉。其光程差δ由晶体的厚度h、o 光和 e 光的折射率之差及入射的倾角θ决定。相同θ的光线将形成类似等倾干涉的同心圆环(图 7-1-6)，θ越大，δ也越大，明暗相间的圆环间隔越小。

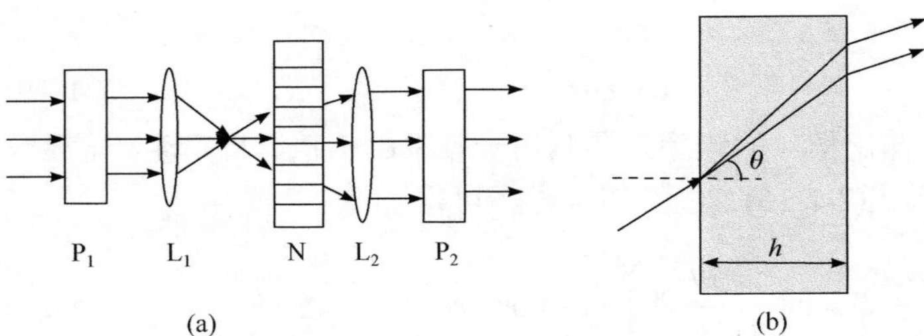

图 7-1-5　锥光干涉原理示意图

图 7-1-6　锥光干涉图案

必须指出，会聚偏振光干涉的明暗分布不仅与光程差有光，还与参与叠加的 o 光和 e 光的振幅比有关。其中形成中央十字线的是来自沿 x 和 y 平面进入晶体的光线，这些光线在进入晶体后，或者有 o 光，或者只有 e 光，而且它们由晶体出射或都不能通过偏振片 P_2，形成了正交的黑色十字，而且黑十字的两侧也由内向外逐渐扩展。

4. 交变调制信号在特殊角度下的"倍频"现象

如果电光调制电源在不输出直流电压的情况下单纯采用了一个正弦调制信号，即 $V_0\sin\omega t$，那么原来单轴晶体在电压作用下产生的感应主轴如图 7-1-2 所示。

如果此时起偏器 P_1 沿 x 方向透振，检偏器 P_2 沿 y 方向透振，电光调制晶体的感应主轴和 x 轴成 45°，则输出光波的光强为

$$I' = I_0\sin^2\left(\frac{\delta}{2}\right) = I_0\sin^2\left(\frac{\pi V_0}{2V_\pi}\sin\omega t\right) = a_0 + a_2 J_2\left(\frac{\pi V_0}{V_\pi}\right)\cos(2\omega t) + \cdots \quad (7\text{-}1\text{-}21)$$

式中，a_0、a_2 为常数；J_k 为 k 阶贝塞尔函数。上式表明输出的交变信号为二次频率信号，没有基频，这是系统零点的特征。图 7-1-7 是调制电压、晶体的相位差、输出光强与 ωt 的关系。

在直流偏置 V=0，在交变调制信号强度较小且不变的情况下，逐渐增加直流偏置信号，直到 $V = V_\pi$ 时，第二次获得"倍频"信号，那么可以根据这个方法测量电光晶体的半波电压。

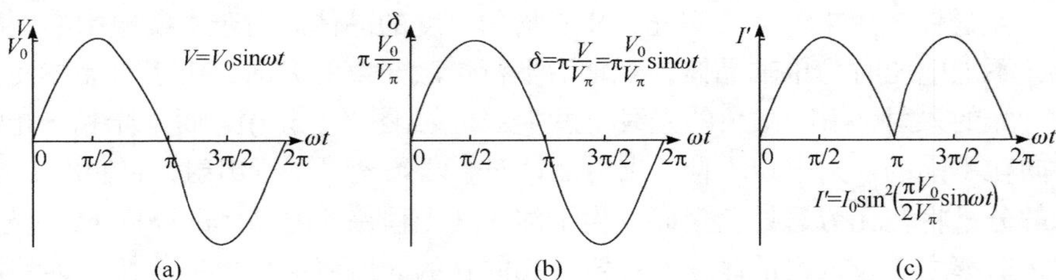

图 7-1-7　调制电压、晶体的相位差、输出光强与 ωt 的关系

【实验内容】

1. 晶体的会聚偏振光干涉

1) 设计晶体的会聚偏振光干涉光路

搭建晶体的会聚偏振光干涉光路，依次放置激光器、起偏器、聚焦透镜(直径$\phi = 20\text{mm}$，$f' = 30\text{mm}$)、电光晶体、检偏器和白屏。

2) 结果记录及数据处理

(1) 调整晶体位置，即可看到“十”字，如果图样有倾斜，可以通过调整前后两个偏振片偏振方向加以修正。

(2) 锥光干涉的图案如图 7-1-6 所示。一个暗十字图形贯穿整个图样，四周为明暗相间的同心干涉圆环，十字形中心同时也是圆环的中心，它对应着晶体的光轴方向，十字形方向对应于两个偏振片的偏振轴方向。在观察过程中要反复微调晶体，使干涉图样中心与光点位置重合，同时尽可能使图样对称、完整，确保光束既与晶体光轴平行又从晶体中心穿过，再调节使干涉图样出现清晰的暗十字，且十字的一条线平行于 x 轴。

(3) 晶体红黑高压头分别与电光高压电源后面板正负接口相连，如果此时调整“偏置高压”随着晶体两端电压变化，可以看到黑十字发生变形，可以推断由单轴晶体变化为双轴晶体。

2. 极值法测量铌酸锂晶体的透过功率曲线，计算半波电压 U_π 和电光系数 γ_{22}

1) 基于极值法设计晶体半波电压测量光路

设计极值法测量半波电压光路，依次放置激光器、起偏器、电光晶体、检偏器和功率计。

2) 结果记录及数据处理

(1) 利用锥光干涉法调整起偏器与检偏器的偏振方向，确保二者偏振方向相互垂直。

(2) 晶体红黑高压头分别与电光高压电源后面板正负接口相连，调整“电光调制高压电源”偏置高压旋钮，读取“高压示数”和“功率计示数”，完成表 7-1-1。

(3) 随着直流电压从小到大逐渐改变(可间隔 50V)，输出的光强将会出现极小值和极大值，相邻极小值和极大值对应的直流电压之差即半波电压 U_π。

(4) 以 P 为纵坐标，U 为横坐标，画 P-U 关系曲线，确定半波电压 U_π 的数值。

(5) 根据公式 $U_\pi = \dfrac{\lambda}{2n_o^3\gamma_{22}}\dfrac{d}{l}$，计算电光系数 γ_{22}。其中晶体厚度 d=5mm，宽度 w=5mm，长度 l=30mm，n_o=2.29，激光波长 λ=650nm。

表 7-1-1　透射光强随偏置电压的变化记录表

偏压 U/V	0	50	100	150	200	250	300	350	400	450	500
光强 P/mW											
偏压 U/V	550	600	650	700	750	800	850	900	950	1000	1100
光强 P/mW											

3. 调制法测量铌酸锂晶体的半波电压，计算电光系数 γ_{22}

1) 基于调制法设计晶体半波电压测量光路

设计调制法测量半波电压光路，依次放置激光器、起偏器、电光晶体、检偏器和光电探测器。

2) 结果记录及数据处理

(1) 利用锥光干涉法调整起偏器与检偏器的偏振方向，确保二者偏振方向相互垂直。

(2) 晶体红黑高压头分别与电光高压电源后面板正负接口相连，“电光调制高压电源”的“信号监测”选择“内”，音频输出选择“外”，“正弦波/方波”选择“正弦波”，适当调整“幅度调节”，调整“频率调节”到 2kHz，观察示波器波形，如图 7-1-8(a)所示。

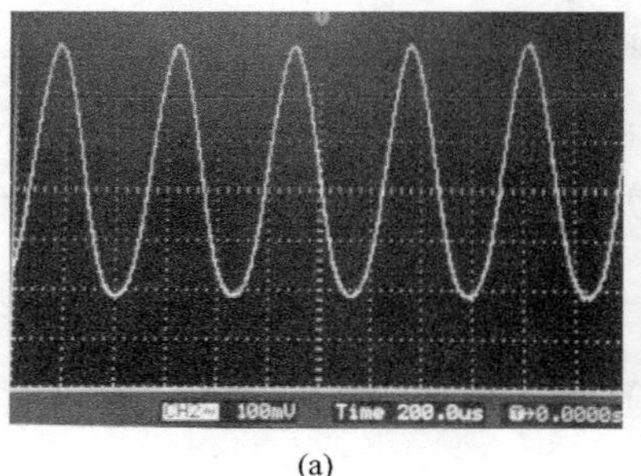

(a)

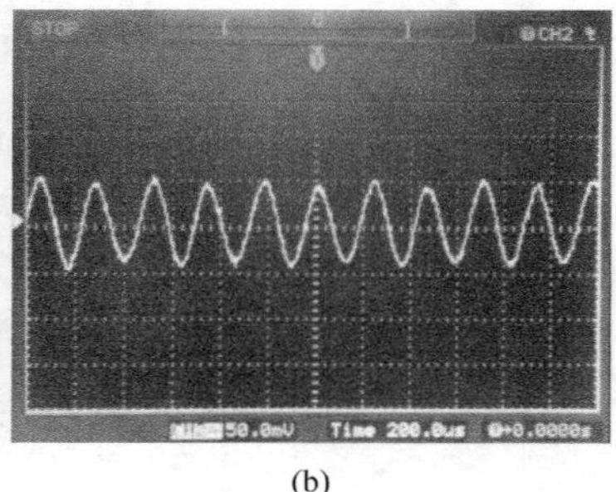

(b)

图 7-1-8　(a)正弦波调制曲线和(b)正弦波“倍频”调制曲线

(3) 调整“偏置电压”旋钮，可观察正弦波形失真和 4kHz 的“倍频”信号，即找到第一个特征点，同时记下此时偏置电压 U_1，继续增加偏置电压，“倍频”信号先消失，然后第二次出现“倍频”信号，此时对应的偏置电压为 U_2，两次的电压差值即为晶体的半波电压 U_π，如图 7-1-8(b)所示。

说明：这种方法比极值法更精确，因为用极值法测半波电压时，很难准确确定 P-U 曲线上的极大值或极小值，因而其误差也较大。但是这种方法对调节的要求很高，很难调到最佳状态。如果观察不到两次倍频失真，则需要重新调节暗十字形干涉图样，调整好后再做。

(4) 根据公式$U_{\pi}=\dfrac{\lambda}{2n_o^3\gamma_{22}}\left(\dfrac{d}{l}\right)$，计算电光系数 γ_{22}。其中，晶体厚度 d=5mm，宽度 w=5mm，长度 l=30mm，n_o=2.29，激光波长 λ=650nm。

4. 测试 1/4 波片不同工作点的输出特性

1) 设计测试 1/4 波片不同工作点输出特性光路

设计测试 1/4 波片不同工作点输出特性光路，依次放置激光器、起偏器、电光晶体、1/4 波片、检偏器和光电探测器。

2) 结果记录及数据处理

(1) 利用锥光干涉法调整起偏器与检偏器的偏振方向，确保二者偏振方向相互垂直。

(2) 晶体红黑高压头分别与电光高压电源后面板正负接口相连，“电光调制高压电源”的“信号监测”选择“内”，音频输出选择“外”，“正弦波/方波”选择“正弦波”，适当调整“幅度调节”，调整“频率调节”到 2kHz，观察示波器波形，如图 7-1-8 所示。

(3) 将偏置电压调为 0，旋转波片，可观察正弦波形，出现调制“失真”和调制线性。

(4) 如果在调制“失真”状态，可调整“偏置电压”，会出现调制线性。值得注意的是，通过在晶体上加直流偏压可以改变调制器的工作点，也可以用 1/4 波片选择工作点，其效果是一样的，但这两种方法的机制是不同的。

5. 光通信演示实验

1) 设计光通信演示实验

设计光通信演示实验，依次放置激光器、起偏器、电光晶体、1/4 波片、检偏器和光电探测器，探测器连接到音箱上。

2) 结果记录及数据处理

(1) 晶体红黑高压头分别与电光高压电源后面板正负接口相连，“信号输入”连接 MP3，并让 MP3 工作，“信号监测”选择“外”，音频输出选择“外”(如果打到内，内部音箱会响)，“正弦波/方波”均不在工作，MP3 信号会接入系统，适当调整“幅度调节”，“偏置电压”可以适当调整。

(2) 调整音箱音量，同时旋转波片，也可以适当调整偏振片，最终播放 MP3 音乐。

【注意事项】

1. 电光晶体又细又长，容易折断，电极是真空镀的银膜，操作时要注意晶体电极上面的铜片不能压得太紧或给晶体施加压力，以免压断晶体。

2. 光电二极管实验过程中会因为激光较强出现饱和，所以在不影响效果的情况下可以尽量减小激光入射光强。

3. 电源上的旋钮顺时针方向为增益加大的方向，因此，打开电源开关前，所有旋钮应该沿逆时针方向旋转到头，关闭仪器前，所有旋钮沿逆时针方向旋转到头后再关电源。

【思考题】

1. 在横向调制的电光效应中，如要降低晶体的半波电压，晶体的外形尺寸应如何选择?

2. 在电光实验中，调整晶体高压和旋转 1/4 波片都可以找到输出信号不失真的状态，试分析两种情况对实验条件的影响。

实验 7.2　晶体声光调制技术

声光效应是指光通过某一受到超声波扰动的介质时发生衍射的现象，这种现象是光波与介质中声波相互作用的结果。早在 1930 年人们就开始通过实验研究声光衍射，20 世纪 60 年代激光器的问世为声光现象的研究提供了理想光源，促进了声光效应理论和应用研究的迅速发展。声光效应为控制激光束的频率、方向和强度提供了一个有效的手段。利用声光效应制成的声光器件，如声光调制器、声光偏转器和可调谐滤波器等，在激光技术、光信号处理和集成光通信技术等领域均有重要应用。

【实验目的】

1. 掌握声光效应的原理。
2. 了解布拉格衍射的条件和特点。
3. 设计声光通信实验系统，通过分析衍射光强获得超声信号形成的光栅常数。

【实验仪器】

激光器，起偏器，聚焦透镜($\phi = 20$mm，$f' = 30$mm)，电光晶体，检偏器，功率计，白屏。

【实验原理】

当超声波在介质中传播时，会引起介质的弹性应变随时间和空间作周期性变化，进而导致介质折射率也发生相应变化。当光束通过有超声波的介质后就会产生衍射现象，这就是声光效应，如图 7-2-1 所示。有超声波传播的介质如同一个相位光栅。

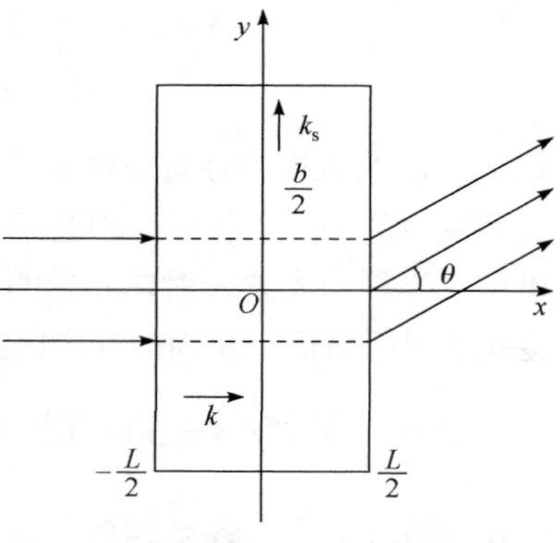

图 7-2-1　声光衍射

声光效应有正常声光效应和反常声光效应之分。在各向同性介质中，声-光相互作用不会引起入射光偏振状态的变化，产生正常声光效应。在各向异性介质中，声-光相互作用可能导致入射光偏振状态的变化，产生反常声光效应。反常声光效应是制造高性能声光偏转器和可调谐滤波器的基础。正常声光效应可用拉曼-纳斯的光栅假设作出解释，而反常声光效应不能用光栅假设作出说明。在非线性光学中，利用参量相互作用理论，运用动量匹配和失配等概念可对正常和反常声光效应作出统一解释。本实验只涉及各向同性介质中的正常声光效应。

设声光介质中的超声行波是沿 y 方向传播的平面纵波，其角频率为 ω_s，波长为 λ_s，波矢为 $\boldsymbol{k}_s$。入射光为沿 x 方向传播的平面波，其角频率为 ω，在介质中的波长为λ，波矢为 $\boldsymbol{k}$。介质内的弹性应变也以行波形式随声波一起传播。由于光速大约是声速的 10^5 倍，在光波通过的时间内介质在空间上的周期变化可看成是稳定的。

由于应变而引起的介质的折射率的变化由下式决定：

$$\Delta\left(\frac{1}{n^2}\right)=PS \tag{7-2-1}$$

式中，n 为介质折射率；S 为应变；P 为光弹系数。通常 P 和 S 为二阶张量。当声波在各向同性介质中传播时，P 和 S 可作为标量处理，应变也以行波形式传播，所以可写成

$$S=S_0\sin\left(\omega_s t-k_s y\right) \tag{7-2-2}$$

当应变较小时，折射率作为 y 和 t 的函数，可写作

$$n\left(y,t\right)=n_0+\Delta n\sin\left(\omega_s t-k_s y\right) \tag{7-2-3}$$

式中，n_0 为无超声波时的介质折射率；Δn 为声波折射率变化的幅值，由式(7-2-1)可求出

$$\Delta n=-\frac{1}{2}n^3 PS_0$$

设光束垂直入射($k\perp k_s$)并通过厚度为 L 的介质，则前后两点的相位差为

$$\begin{aligned}\Delta\Phi&=k_0 n\left(y,t\right)L=k_0 n_0 L+k_0\Delta nL\sin\left(\omega_s t-k_s y\right)\\&=\Delta\Phi_0+\delta\Phi\sin\left(\omega_s t-k_s y\right)\end{aligned} \tag{7-2-4}$$

式中，k_0 为入射光在真空中的波矢；右边第一项 $\Delta\Phi_0$ 为不存在超声波时光波在介质前后两点的相位差，第二项为超声波引起的附加相位差(相位调制)，$\delta\Phi=k_0\Delta nL$。可见，当平面光波入射在介质的前界面上时，超声波使出射光波的波振面变为周期变化的皱折波面，从而改变出射光的传播特性，使光产生衍射。

设入射面上 $x=-\dfrac{L}{2}$ 的光振动为 $e_i=Ae^{it}$，A 为常数，也可以是复数。考虑到在出射面 $x=\dfrac{L}{2}$ 上各点相位的改变和调制，在 xy 平面内离出射面很远一点的衍射

光叠加结果为

$$E \propto A\int_{-\frac{b}{2}}^{\frac{b}{2}} e^{i\left[\omega t - k_0 n(y,t) - k_0 y \sin\theta\right]} dy$$

写成等式时为

$$E = Ce^{i\omega t}\int_{-\frac{b}{2}}^{\frac{b}{2}} e^{i\delta\Phi \sin(k_s y - \omega_s t)} e^{-ik_0 y \sin\theta} dy \tag{7-2-5}$$

式中，b 为光束宽度；θ 为衍射角；C 为与 A 有关的常数，为了简单可取为实数。利用与贝塞尔函数有关的恒等式

$$e^{ia\sin\theta} = \sum_{m=-\infty}^{\infty} J_m(a) e^{im\theta}$$

式中，$J_m(a)$ 为(第一类) m 阶贝塞尔函数，将式(7-2-5)展开并积分得

$$E = Cb\sum_{m=-\infty}^{\infty} J_m(\delta\Phi) e^{i(\omega - m\omega_s)t \frac{\sin[b(mk_s - k_0 \sin\theta)/2]}{b(mk_s - k_0\sin\theta)/2}} \tag{7-2-6}$$

上式中与第 m 级衍射有关的项为

$$E_m = E_0 e^{i(-m\omega_s)t} \tag{7-2-7}$$

$$E_0 = CbJ_m(\delta\Phi)\frac{\sin\left[b(mk_s - k_0\sin\theta)/2\right]}{b(mk_s - k_0\sin\theta)/2} \tag{7-2-8}$$

因为函数 $\sin x/x$ 在 x=0 取极大值，因此有衍射极大的方位角 θ_m 由下式决定：

$$\sin\theta_m = m\frac{k_s}{k_0} = m\frac{\lambda_0}{\lambda_s} \tag{7-2-9}$$

式中，λ_0 为真空中光的波长；λ_s 为介质中超声波的波长。与一般的光栅方程相比可知，超声波引起的有应变的介质相当于一光栅常数为超声波长的光栅。由式(7-2-7)可知，第 m 级衍射光的频率 ω_m 为

$$\omega_m = \omega - m\omega_s \tag{7-2-10}$$

可见，衍射光仍然是单色光，但发生了频移。由于 $\omega \gg \omega_s$，这种频移是很小的。

第 m 级衍射极大的强度 I_m 可用式(7-2-7)所示模数平方表示

$$I_m = E_0 E_0^* = C^2 b^2 J_m^2(\delta\Phi) = I_0 J_m^2(\delta\Phi) \tag{7-2-11}$$

式中，E_0^* 为 E_0 的共轭复数，$I_0 = C^2 b^2$。

第 m 级衍射极大的衍射效率 η_m 定义为第 m 级衍射光的强度与入射光的强度之

比。由式(7-2-11)可知，η_m 正比于 $J_m^2(\delta\Phi)$。当 m 为整数时，$J_{-m}(a)=(-1)^m J_m(a)$。式(7-2-9)和式(7-2-11)表明，各级衍射光相对于零级对称分布。

当光束斜入射时，如果声光作用的距离满足 $L<\lambda_s^2/2\lambda$，则各级衍射极大的方位角 θ_m 由下式决定：

$$\sin\theta_m=\sin i+m\frac{\lambda_0}{\lambda_s} \tag{7-2-12}$$

式中，i 为入射光波矢 $\boldsymbol{k}$ 与超声波波面的夹角。上述超声衍射称为拉曼-纳斯衍射，有超声波存在的介质起到一平面相位光栅的作用。

当声光作用的距离满足 $L>2\lambda_s^2/2\lambda$，而且光束相对于超声波波面以某一角度斜入射时，在理想情况下除了 0 级之外，只出现 1 级或−1 级衍射，如图 7-2-2 所示。这种衍射与晶体对 X 射线的布拉格衍射很类似，故称为布拉格衍射。能产生这种衍射的光束入射角称为布拉格角。此时有超声波存在的介质起体积光栅的作用。可以证明，布拉格角满足

$$\sin i_B=\frac{\lambda}{2\lambda_s} \tag{7-2-13}$$

式(7-2-13)称为布拉格条件。由于布拉格角一般都很小，故衍射光相对于入射光的偏转角为

$$\Phi=2i_B\approx\frac{\lambda}{\lambda_s}=\frac{\lambda_0}{nv_s}f_s \tag{7-2-14}$$

式中，v_s 为超声波波速；f_s 为超声波频率；其他量的意义同前。在布拉格衍射条件下，1 级衍射光的效率为

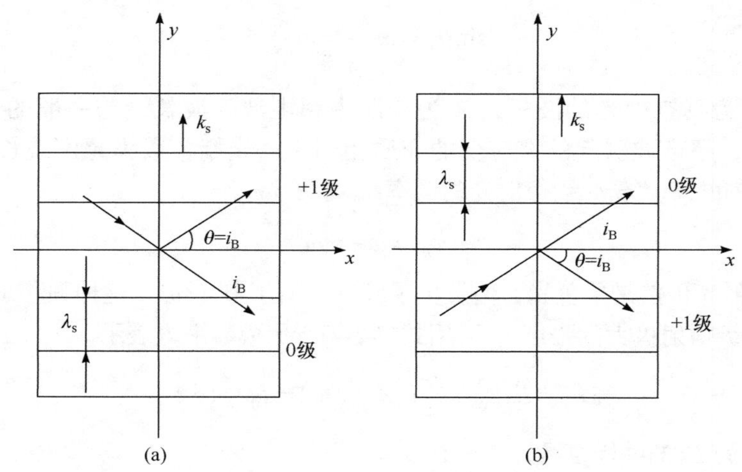

图 7-2-2　布拉格衍射

$$\eta = \sin^2\left[\frac{\pi}{\lambda_0}\sqrt{\frac{M_2 L P_s}{2H}}\right] \tag{7-2-15}$$

式中，P_s 为超声波功率；L 和 H 分别为超声换能器的长和宽；M_2 为反映声光介质本身性质的常数，$M_2 = n^6 p^2 / \rho v_s^{\delta}$，$\rho$ 为介质密度；p 为光弹系数。在布拉格衍射下，衍射光的效率也由式(7-2-10)决定。理论上布拉格衍射的衍射效率可达100%，拉曼-纳斯衍射中 1 级衍射光的最大衍射效率仅为 34%，所以所使用的声光器件一般都采用布拉格衍射。

由式(7-2-14)和式(7-2-15)可看出，通过改变超声波的频率和功率，可分别实现对激光束方向和强度的调制，这是声光偏转器和声光调制器的基础。从式(7-2-10)可知，超声光栅衍射会产生频移，因此利用声光效应还可以制成频移器件。超声频移器在计量方面有重要应用，如用于激光多普勒测速仪。

以上讨论的是超声行波对光波的衍射。实际上，超声驻波对光波的衍射也产生拉曼-纳斯衍射和布拉格衍射，而且各衍射光的方位角和超声频率的关系与超声行波相同。不过，各级衍射光不再是简单地产生频移的单色光，而是含有多个傅里叶分量的复合光。

【实验内容】

1. 声光晶体衍射角测量

1) 设计声光晶体衍射角测量光路

设计声光晶体衍射角测量光路，导轨上依次放置激光器(波长为 650nm)、声光晶体和白屏，调节各器件的水平度和共光轴。适当旋转晶体角度，可以观察到透过晶体的光在布拉格衍射角下的 1 级衍射最强。

2) 数据记录与处理

使用白屏接收衍射光斑，读取 0 级、1 级衍射光斑的距离 a，以及晶体到白纸屏的距离 b，计算衍射角θ。根据

$$d\sin\theta = k\lambda \tag{7-2-16}$$

其中，θ为衍射角，d 为光栅常数，级次 k=1，λ为波长 650nm，从而计算 650nm 波长下形成的光栅常数。

2. 声光晶体通信实验

1) 设计声光晶体通信实验光路

设计基于声光调制效应的通信系统，导轨上依次放置激光器(波长 650nm)、

声光晶体和探测器。

2) 结果处理

(1) 调节 1 级或–1 级衍射光入射探测器接收口，打开 MP3 音源，同时调整音箱的开关，一般可以听到播放的乐曲。调整 MP3 音源的音量，可以感受音箱播放的强弱变化。

(2) 如果以上调试没有问题，仍然没有听到乐曲，可以适当调整探测器位置，一般激光较强时探测器会出现饱和，影响接收质量。

【思考题】

1. 声光调制实验中，压电换能器的作用是什么?
2. 加载到声光晶体的超声频率与通过衍射现象计算的光栅频率是什么关系？两个频率是否相同?

实验 7.3　磁致旋光效应

磁光效应是指光与磁场中的物质，或光与具有自发磁化强度的物质之间相互作用所产生的各种现象，主要包括法拉第(Faraday)效应、科顿-穆顿(Cotton-Mouton)效应、塞曼(Zeeman)效应、光磁效应等。某些非旋光物质在磁场中表现出旋光性，该现象称为“磁致旋光效应”。该效应是法拉第于 1845 年发现的，故又称为法拉第效应。

【实验目的】

1. 掌握磁光效应的原理和实验方法。
2. 计算磁光介质的韦尔代(Verdet)常数。

【实验仪器】

激光器(波长 650nm)，起偏器，磁光线圈，磁光晶体，检偏器，白屏。

【实验原理】

磁致旋光(法拉第)效应如下。

磁场可使某些非旋光物质具有旋光性。该现象称为磁致旋光(法拉第)效应，是磁光效应的一种形式。当线偏振光在介质中沿磁场方向传播距离 d 后，振动方向旋转的角度α为

$$\alpha = V_e dB \tag{7-3-1}$$

式中，B 是磁感应强度；V_e 是物质常数，称为韦尔代常数。

法拉第效应产生的旋光与自然旋光物质产生的旋光有一个重大区别。自然旋光物质有确定的右旋或左旋性质，当光波沿某一传播方向通过物质时，若振动方向由α方向变为β方向，则当光波反向通过同一物质时，β方向的振动将回复到α方向。磁致旋光的情况则不同。产生法拉第效应的原因是外磁场使物质分子的磁矩定向排列，出现了定向旋转的磁矩电流，可以设想，顺着磁矩电流方向旋转的光波电场和逆向旋转的光波电场与物质的作用情况不同，从而左、右旋圆偏振光对应的折射率不同，出现了旋光。值得注意的是，上述作用情况仅取决于圆偏振光的电场旋转方向是否与磁矩电流一致，而不取决于它是左旋的或右旋的，因为后者与光波的传播方向有关。因此，不论光波的传播方向如何，通过磁致旋光介

质时，偏振方向的旋转方向是确定的，它只和磁场方向有关。

【实验内容】

1) 设计磁光效应光路

设计磁光效应光路，依次放置激光器(波长 650nm)、起偏器、磁光晶体、检偏器和白屏。如图 7-3-1 所示，调节各部件的水平度和共轴性。

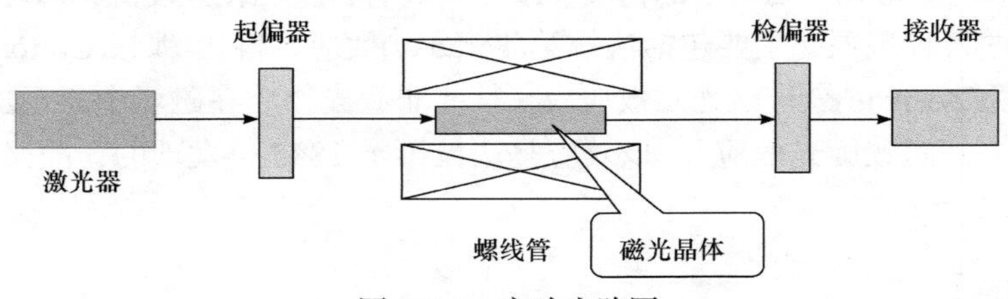

图 7-3-1　实验光路图

2) 数据记录与处理

(1) 旋转起偏器，使透过起偏器的激光最强。

(2) 旋转检偏器直至在白屏看到完全消光，此时记下检偏器偏振角度 θ_0。

(3) 将磁光线圈与磁光电源正负极相连，调整电流并记录线圈两端电压、磁场强度、电流以及旋转角度，其中线圈电阻为 150Ω，磁光玻璃棒长度 d=17.9mm，直径为 5.5mm，完成表 7-3-1。

表 7-3-1　韦尔代常数记录表

线圈电压/V	0								
磁场强度/mT	0								
线圈电流/A	0								
旋转角度/mrad	θ_0	θ_1	θ_2	θ_3	θ_4	θ_5	θ_6	θ_7	θ_8
韦尔代常数	$V_e=\alpha/dB$								
平均值									

【注意事项】

电磁线圈长时间通电将导致表面温度升高，测量数据后应及时关闭电源。

【思考题】

1. 磁光线圈长时间处于大电流状态，会给哪些器件带来不利影响？

2. 如果让晶体获得更加均匀的磁场，还可以怎样设计线圈？分析不同设计带来的利弊。

实验 7.4　液晶的电光特性

液晶是“液态晶体”的简称。它是一类有机化合物，在一定的温度范围内不但具备液体的流动性，而且具备晶体的各向异性，即各个方向上的物理特性有较大的差异。它是在 1888 年由奥地利植物学家首先发现的，至今已经在物理、化学、电子、生命科学等诸多领域有着广泛应用，如光导液晶光阀、光调制器、液晶显示器、各类传感器、微量毒气检测、夜视仿生等。

【实验目的】

1. 掌握液晶光开关的基本工作原理，了解常黑型和常白型液晶光开关的电光现象。

2. 掌握液晶光开关电光特性和时间响应特性，以及表征的关键参数和测量方法。

3. 了解液晶的衍射特性和偏振特性。

【实验仪器】

二维可调半导体激光器，偏振片，液晶盒及驱动电源，光功率计，光电二极管探头，白屏，光学实验导轨和滑块，钢板尺，示波器等。

【实验原理】

液晶显示(liquid crystal display，LCD)为非自发光型显示，它是利用液态晶体的光学各向异性，在电场作用下对外照光进行调制而实现信息显示的一种技术。

1. 液晶光开关的工作原理

液晶的种类很多，仅以常用的扭曲向列(TN)型液晶为例，说明其工作原理。

TN 型光开关的结构如图 7-4-1 所示。在两块玻璃板之间夹有正性向列型液晶，液晶分子的形状是如同火柴一样的棍状。棍的长度在十几埃(1Å=10^{-10}m)，直径为 4～6Å，液晶层厚度一般为 5～8μm。玻璃板的内表面涂有透明电极，电极的表面预先作了定向处理(可用软绒布朝一个方向摩擦，也可在电极表面涂取向剂)。这样，液晶分子在透明电极表面就会躺倒在摩擦所形成的微沟槽里；电极表面的液晶分子按一定方向排列，且上下电极上的定向方向相互垂直。上下电极之间的液晶分子因范德瓦耳斯力的作用趋向于平行排列。然而，由于上下电极上液晶的定向方向相互垂直，俯视看到液晶分子的排列从上电极的沿–45°方向排列逐步地、均匀地扭曲到下电极的沿+45°方向排列，共扭曲 90°，如图 7-4-1(a)所示。

理论和实验都证明，上述均匀扭曲排列起来的结构具有光波导性质，即偏振光从上电极表面透过扭曲排列起来的液晶传播到下电极表面时，偏振方向会旋转 90°。取两张偏振片贴在玻璃的两面，P1 的透光轴与上电极的定向方向相同，P2 的透光轴与下电极的定向方向相同，于是 P1 和 P2 的透光轴相互正交。在未加驱动电压的情况下，来自光源的自然光经过偏振片 P1 后只剩下平行于透光轴的线偏振光，该线偏振光到达输出面时，其偏振面旋转了 90°，恰好与 P2 的透光轴平行，因而有光输出，相当于“开”状态。

当施加足够电压时，在静电场的作用下，除了基片附近的液晶分子被基片“锚定”以外，其他液晶分子趋于平行于电场方向排列。于是原来的扭曲结构被破坏，形成均匀结构，如图 7-4-1(b)所示。从 P1 透射的偏振光的偏振方向在液晶中传播时不再旋转，保持原来的偏振方向到达下电极。这时光的偏振方向与 P2 正交，因而无光输出，相当于“关”状态。

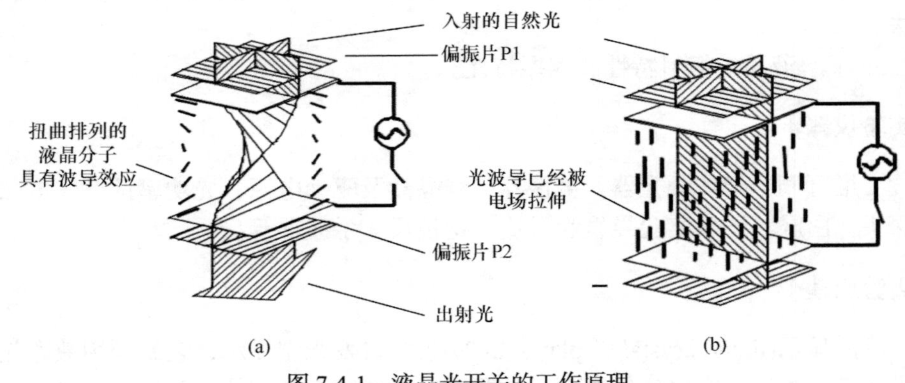

图 7-4-1　液晶光开关的工作原理

由于上述光开关在没有电场的情况下允许光透过，而加上电场的时候光被关断，因此叫做常通型光开关，又叫做常白模式。若 P1 和 P2 的透光轴相互平行，则构成常黑模式。

2. 液晶光开关的电光特性

图 7-4-2 为光线垂直液晶面入射时液晶相对透射率(以不加电场时的透射率为 100%)与外加电压的关系。对于常白模式的液晶，其透射率随外加电压的升高而逐渐降低，在一定电压下达到最低点，此后略有变化。根据该电光特性曲线图可得出液晶的阈值电压和关断电压。

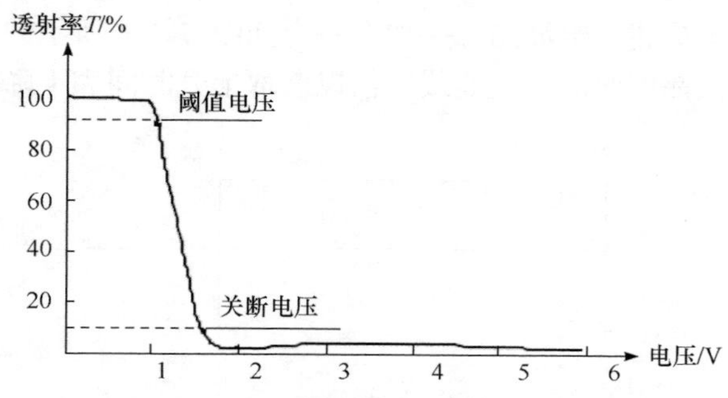

图 7-4-2　常白模式液晶光开关的电光特性曲线

阈值电压：透过率为 90% 时的驱动电压；关断电压：透过率为 10% 时的驱动电压。

液晶的电光特性曲线在阈值电压以上的陡度是一个重要特性，它决定器件的多路驱动能力和灰度性能。陡度越大(即阈值电压与关断电压的差值越小)，则多路驱动能力越强，但灰度性能下降，反之亦然。TN 型液晶最多允许 16 路驱动，故常用于数码显示。在计算机、电视等需要高分辨率的显示器件中，常采用 STN(超扭曲向列)型液晶，以改善电光特性曲线的陡度，增加驱动路数。

3. 液晶光开关的对比度和动态范围

对比度是液晶显示器的一个重要参数，它表示屏幕上同一点最亮时(白色)与最暗时(黑色)亮度的比值，高对比度意味着相对较高的亮度和呈现颜色的艳丽程度。对比度定义为光开关开启和关断时透射光强度之比，即 $C = T_{\max}/T_{\min}$ 。对比度大于 5 时，可以获得满意的图像；对比度小于 2 时，图像变得模糊不清。在合理的亮度值下，对比度越高，其所能显示的色彩层次越丰富。在室内照明条件下对比度达到 5 以上即可基本满足显示要求。

对于感光元件来说，动态范围也是一个重要参数，它表示图像中所包含的从“最暗”至“最亮”的范围。动态范围越大，则所能表现的层次越丰富，所包含的色彩空间越广泛。其定义式为 $D_{\mathrm{R}} = 10\log C(\mathrm{dB})$ 。另外，液晶显示的视场角问题特别突出，即观察角度不同，对比度不同。由于液晶分子具有光学各向异性，液晶分子长轴和短轴方向光吸收不同，因而引起对比度受观察角度的影响较大。

4. 液晶光开关的时间响应特性

响应时间表示从施加电压到显示图像所需要的时间，又称为上升时间。而切断电压到图像消失所需要的时间称为余晖时间，又称下降时间。对于液晶光开关来说，加上(或去掉)驱动电压能使液晶的开关状态发生改变，是因为液晶的分子排序发生了改变，这种重新排序需要一定时间，反映在时间响应曲线上用上升时间τ_r和下降时间τ_d描述。给液晶开关加上一个如图 7-4-3 所示的周期性变化的电压，就可以得到液晶的时间响应曲线，借以获取上升时间和下降时间。

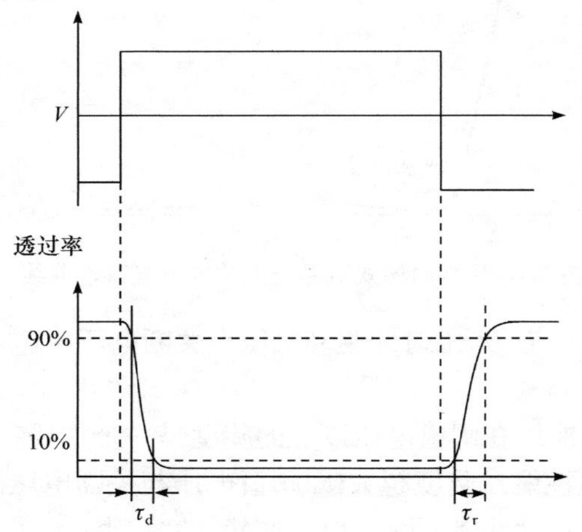

图 7-4-3　液晶驱动电压和时间响应图

上升时间：透过率由 10%上升到 90%所需时间；下降时间：透过率由 90%降到 10%所需时间；液晶的响应时间越短，显示动态图像的效果越好，这是液晶显示器的重要指标。早期的液晶显示器在这方面逊色于其他显示器，目前通过结构方面的技术改进已达到很好的效果。

5. 液晶光栅

由于液晶的各向异性及流动性，当施加电压时，液晶分子再排列，液晶盒对光波具有空间周期性的调制能力，形成与透射光栅类似的光波远场衍射，如图 7-4-4 所示。改变所加交流电的频率和振幅，可以很容易地改变衍射条纹的间隔和衍射角；此外，液晶光栅可以利用液晶对光的偏振性进行周期性调幅，也可以利用液晶对非寻常光的调制作用进行相位调制。

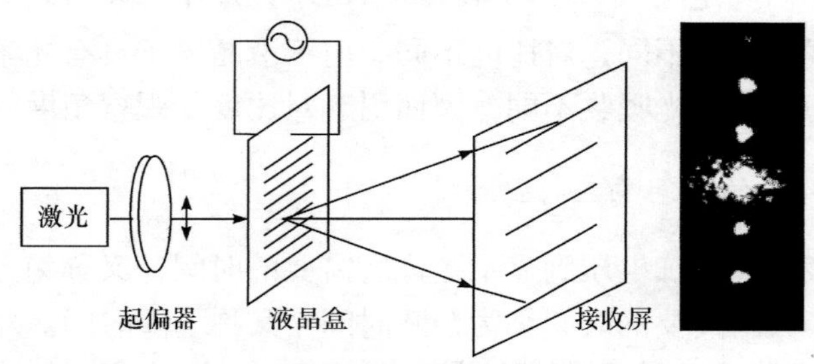

图 7-4-4　液晶光栅的工作原理示意图

【实验内容】

(1) 测量液晶的几个主要特性参数，包括扭曲角、对比度、上升沿时间与下降沿时间。

(2) 观察衍射光束的偏振状态，通过测量衍射角推算出特定条件下液晶的结构尺寸。

具体内容如下。

1) 调整实验系统

自行选择利用常黑型或常白型液晶光开关的光学系统，并调整系统共轴。

系统结构如图 7-4-5 所示，图中自左向右的光学元件依次为二维可调半导体激光器、偏振片(起偏器)、液晶盒、偏振片(检偏器)、光电二极管(或光功率计)等。

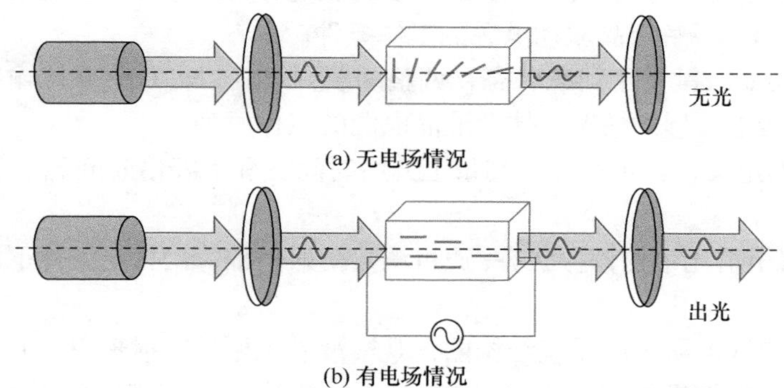

图 7-4-5　常黑型液晶光开关在有无电场情况下的电光效应示意图

2) 测量液晶的扭曲角

根据图 7-4-5 所示的系统结构图，旋转检偏器和液晶盒，分别在有电场和无电场情况下找到系统输出功率最小的位置，记下检偏器的旋转角度，即液晶盒在该波长下的扭曲角。

提示：起偏器和检偏器的偏振方向对扭曲角和对比度的测量尤为重要，请自行设计有效的调整方法。

3) 测量液晶的对比度

改变电压，使得电压值从 0V 到 12V 变化，记录相应电压下的透射率。重复 3 次并计算相应电压下透射率的平均值。依据实验数据绘制液晶的电光特性曲线，得出液晶的阈值电压和关断电压，并求出对比度$\left(C=T_{\max}/T_{\min}\right)$和动态范围$\left(D_{\mathrm{R}}=10\log C\left(\mathrm{dB}\right)\right)$。

另外，分别选用常黑型和常白型、3～4 个不同视角重新进行实验，比较电光效应类型和视角对动态范围和对比度的影响。

提示：

(1) 测量前，需要校准透过率 100%(或 0%)，否则实验记录的数据为错误数据。如果透过率达不到 0%，需要仔细检查，调节好光路。

(2) 在调节透过率 100% 时，如果透过率显示不稳定，可能是光源预热时间不够，或光路没有对准。

4) 测量上升沿时间 τ_r 与下降沿时间 τ_d

用示波器观察在液晶静态和间歇闪烁状态下的液晶光开关时间响应特性曲线，可以根据此曲线得到液晶的上升沿时间 τ_r 和下降沿时间 τ_d 。

提示：

(1) 用光探头换下功率计探头，并与示波器的 CH2 通道连接。

(2) 液晶驱动信号与示波器的 CH1 通道相连，CH1 做触发；观察示波器上的 CH1 通道波形，了解液晶驱动电源的工作条件。

(3) 将功能按键置于间歇状态，调整间歇频率旋钮，观察系统输出光的变化情况和示波器上波形的情况，体会液晶电源的工作原理。

(4) 根据定义，在示波器上测量上升沿时间 τ_r 和下降沿时间 τ_d ，估算液晶的响应速度。

5) 观察衍射光束的偏振状态，通过测量衍射角推算出特定条件下液晶的结构尺寸

根据图 7-4-4 所示的系统结构图，观察液晶光栅的衍射现象，并对出射的各级衍射光偏振特性进行定性研究。

提示：

(1) 将液晶驱动电源设置为连续，将驱动电压置于 6V 左右，等待几分钟，用白屏观察液晶盒后光斑的变化情况(应可观察到类似光栅衍射的现象)。

(2) 通过旋转检偏器，观察各衍射斑的变化情况，指出其变化规律。

(3) 测出一级衍射的衍射角，用光栅公式求出该液晶“光栅”的光栅常数。

【思考题】

1. 分别画出常黑型和常白型液晶的电光特性曲线，并分析以下两种显示模式是属于常黑型还是常白型液晶光开关。

(a)

(b)

2. 比较液晶的电光效应与 KDP 晶体的电光效应，并说明两者的差异和优缺点。

3. 液晶能否用于超短激光脉冲(纳秒、皮秒或飞秒)的光电特性测量？为什么？

4. 液晶本身是否发光？常见液晶显示器是如何实现某一点显示为亮(白)或暗(黑)的？

5. 在购买液晶显示器时，通常应考虑哪些参数？

6. 试列举三种其他的光显示技术，并结合电视机的工作原理，阐述其光电显示原理。

【参考文献】

[1] Corroll T O. Liquid-crystal diffraction grating. J. Appl. Phys., 1972, 43(3):767-770.

[2] 蒋泉, 黄子强, 饶海波, 等. 液晶显示器件电光特性实验设计. 实验科学与技术, 2008, 6(3): 23-24.

[3] 杨胡江, 肖井华, 蒋达娅. 液晶物性实验介绍. 大学物理, 2005, 24(3): 57-59.

实验 7.5　硅基液晶空间光调制器的性能测试综合实验

空间光调制器(spatial light modulator，SLM)是一种可调制光波的设备。它主要是利用电信号调制光信号的某些特性，包括光振幅、相位和偏振态等。SLM 分类方式有很多种，其中按照光束进出的方式可分为透射式和反射式两类。硅基液晶(liquid crystal on silicon，LCoS)型 SLM 是一类反射式空间光调制器，具有反射率高、光利用率高、像素尺寸小(大衍射角度)等优势，因此被广泛应用于高清显示、光通信、生物医疗和光计算等诸多领域中。LCoS-SLM 的具体应用简介可参见本实验附录。

实验 7.5.1　硅基液晶空间光调制器的结构测量

【实验目的】

1. 掌握 LCoS-SLM 的基本结构对光束衍射效应的影响。
2. 掌握 LCoS-SLM 在未加电压时的衍射角、衍射效率及偏振态变化，获得器件单像素尺寸、填充率等基本参数。

【实验仪器】

波长为 532nm 的固体激光器，偏振片，分光镜，反射式 LCoS-SLM，接收屏，光功率计，卷尺。

【实验原理】

1. 液晶空间光调制器

根据纯相位液晶空间光调制器中液晶分子的排列方式和液晶的电光效应可知：当一束线偏振光入射到未加电场的液晶层上，若偏振方向与液晶光轴方向不重合，由于双折射特性，入射到液晶分子中的线偏振光会根据偏振方向分为 o 光和 e 光。液晶分子中 o 光的折射率 n_o 固定，由于未加电场，液晶分子没有偏转，e 光的折射率只与入射偏振光的偏振方向有关。当入射角固定时，n_e 也是一个固定值。未加电场时线偏振光通过液晶层后，o 光与 e 光的相位延迟可写为

$$\delta_0 = 2\pi d\left(n_e - n_o\right)/\lambda \tag{7-5-1}$$

式中，λ 为入射波长；d 为液晶层厚度。由于光入射反射型 LCoS-SLM 后会两次通过液晶层，因此式(7-5-1)中用 $2d$ 表示光程。

在给液晶层施加电场后，液晶分子光轴开始偏转，其偏转角与施加的电场强度有关，此时一线偏振光通过时会分解为 o 光和 e 光，其中 e 光的折射率 n_e 与液晶分子光轴的偏转角 θ 有关，在折射率椭球中可写为

$$n_e^2(\theta) = \frac{n_x^2 n_z^2}{n_z^2\cos^2\theta + n_x^2\sin^2\theta} \tag{7-5-2}$$

o 光与 e 光的相位差 δ 可表示为

$$\delta = 2\pi d\left(n_{e(\theta)} - n_o\right)/\lambda \tag{7-5-3}$$

一束线偏振光通过液晶层调制后，o 光与 e 光产生了相位差，导致该线偏振光偏振态变化，可用琼斯(Jones)矩阵来表示液晶空间光调制器的作用矩阵。建立图 7-5-1 所示坐标系，一线偏振光沿 z 轴入射，偏振方向与 y 轴夹角为ψ，在空间光调制器未加电压时液晶分子光轴与 x 轴平行排列。

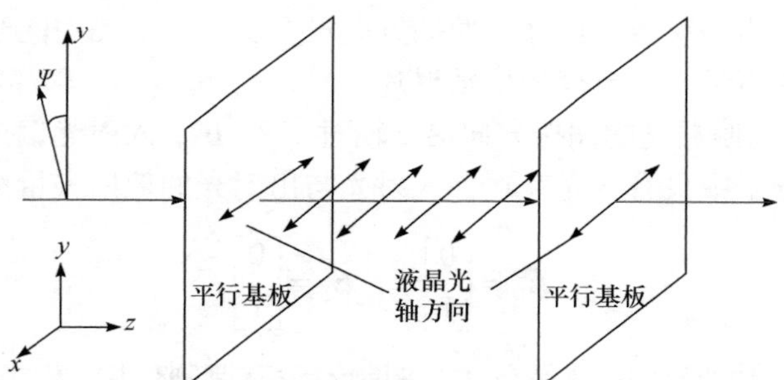

图 7-5-1　一线偏振光通过液晶空间光调制器的示意图

入射线偏振光的光矢量可用琼斯矢量 $\boldsymbol{E}_0$ 表示为

$$\boldsymbol{E}_0 = \begin{bmatrix} \sin\psi \\ \cos\psi \end{bmatrix} \tag{7-5-4}$$

根据琼斯矩阵理论，可以用一个 2×2 的琼斯矩阵 $\boldsymbol{G}$ 表示液晶空间光调制器的作用。设入射光为线偏振光，出射光的琼斯矢量为 $\boldsymbol{E}_1$，经过液晶层的变换后 $\boldsymbol{E}_1$ 可以写为

$$\boldsymbol{E}_1 = \boldsymbol{G}\boldsymbol{E}_0 = \begin{bmatrix} g_{11} & g_{12} \\ g_{21} & g_{22} \end{bmatrix}\begin{bmatrix} \sin\psi \\ \cos\psi \end{bmatrix} = \begin{bmatrix} g_{11}\sin\psi + g_{12}\cos\psi \\ g_{21}\sin\psi + g_{22}\cos\psi \end{bmatrix} \tag{7-5-5}$$

图 7-5-1 中 e 光通过液晶空间光调制器后产生相位延迟。由于液晶分子光轴与 x 轴平行，根据式(7-5-3)可知出射光 x 轴分量与 y 轴分量的相位延迟为 δ，则式(7-5-5)可以写为

$$\boldsymbol{E}_1 = \boldsymbol{G}\boldsymbol{E}_0 = \begin{bmatrix} \exp(-\mathrm{i}\delta) & 0 \\ 0 & 1 \end{bmatrix} \begin{bmatrix} \sin\psi \\ \cos\psi \end{bmatrix} = \begin{bmatrix} \exp(-\mathrm{i}\delta)\sin\psi \\ \cos\psi \end{bmatrix} \tag{7-5-6}$$

出射光的光强可以写为

$$I = \left|\exp(-\mathrm{i}\delta)\sin\psi\right|^2 + \left|\cos\psi\right|^2 = 1 \tag{7-5-7}$$

由上式可知，一束线偏振光通过纯相位液晶空间光调制器后出射光总能量维持不变，只有偏振态发生变化。变化后的偏振态只与相位延迟 δ 有关，δ 则由加载在液晶层上的电压控制液晶分子偏转的角度决定，通常分为以下三种情况。

(1) 当入射线偏振光的偏振方向沿 x 轴时，入射光偏振方向与液晶光轴相同，ψ=90°，液晶分子中只有 e 光存在，入射光与出射光的琼斯矢量可以分别写为

$$\boldsymbol{E}_0 = \begin{bmatrix} 1 \\ 0 \end{bmatrix}, \quad E_1 = \begin{bmatrix} \exp(-\mathrm{i}\delta) \\ 0 \end{bmatrix}$$

此时出射光仍然为一束线偏振光，偏振方向没有变化。液晶空间光调制器工作在纯相位模式，相当于一个电控相位延迟片。

(2) 当入射线偏振光的偏振方向沿 y 轴时，$\Psi = 0°$，入射光偏振方向与液晶光轴垂直，液晶分子中只有 o 光存在，入射光与出射光的琼斯矢量可以分别写为

$$\boldsymbol{E}_0 = \begin{bmatrix} 0 \\ 1 \end{bmatrix}, \quad \boldsymbol{E}_1 = \begin{bmatrix} 0 \\ 1 \end{bmatrix}$$

此时出射光与入射光相同，液晶空间光调制器没有调制作用，相当于一面反光镜。

(3) 当入射线偏振光的偏振方向介于 x 轴与 y 轴中间时，入射光偏振方向与液晶光轴存在一定的夹角，液晶分子中同时存在 o 光和 e 光，液晶层会使 e 光相比 o 光产生一个电控的相位延迟 $\delta = 2\pi d\left(n_{\mathrm{e}(\theta)} - n_{\mathrm{o}}\right)/\lambda$，$\delta$ 的大小由液晶层两侧的电压决定，此时出射光为一个椭圆偏振光，液晶空间光调制器相当于一个电控的波片，改变入射光的偏振方式。在这种模式下，如果出射光再通过一个偏振片，则可以利用出射光偏振态的变化来控制输出光强。

2. 硅基液晶空间光调制器

LCoS-SLM 结构如图 7-5-2(a)所示，它可以用来调制光振幅及相位，其内部结构如同一般的液晶显示器，是由许多格状的像素所组成的矩阵结构。

当施加电压时，每一个像素上的液晶会依电压大小而有不同的角度偏转，进而造成不同的折射率，达到对光束调制的目的。在未施加电压时，SLM 的基本结构就会影响衍射角度、衍射效率及偏振态等光物理特性。利用这些特性，我们便能推算出 SLM 的像素大小、开口率等基本参数。图 7-5-2(b)是周期性像素结构，光栅周期为 D，开口大小为 d。

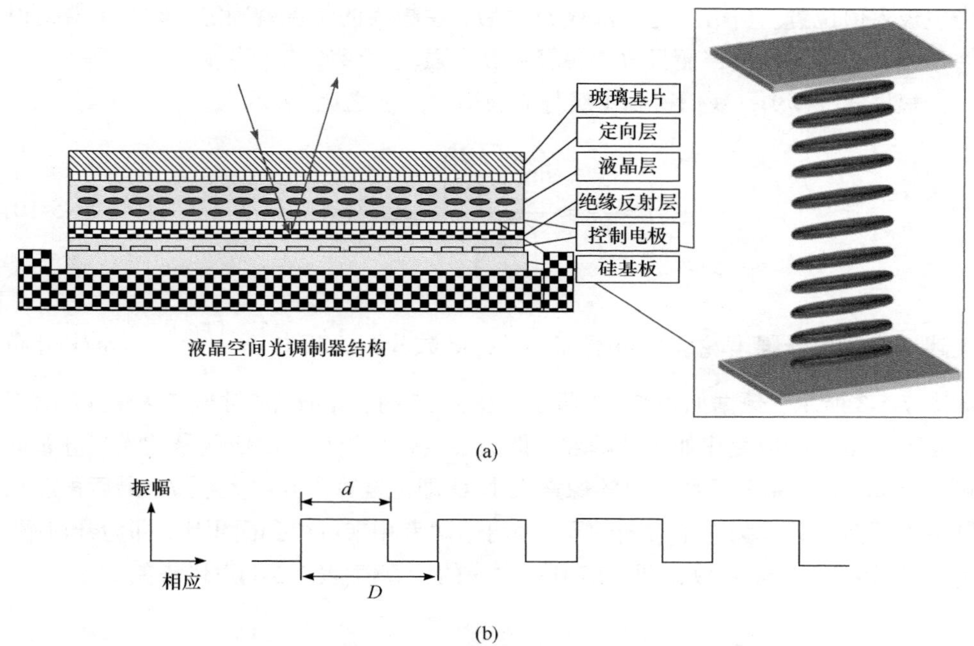

图 7-5-2　(a) LCoS-SLM 的结构示意图；(b) 周期性的开口结构

当光波通过该结构时会出现许多不同阶的衍射光，其衍射角 θ 表示为

$$\theta = \arcsin\left(\frac{k\lambda}{D}\right) \tag{7-5-8}$$

式中，k 为衍射级数；λ 为入射波长。不同 k 值得到不同阶的衍射光角度，并且在近轴条件下衍射角成等比例增加。因此由式(7-5-8)，通过测量光的衍射角度，就能得到像素周期 D。在固定波长下，越小的像素周期对应越大的衍射角，这就是 LCoS-SLM 需要越做越小，并接近光波波长的原因。

根据平面衍射光栅理论，对于一定波长而言，各级谱线之间的角度(距离)由光栅常数 D 决定，而各级谱线的强度分布将由 D/d 决定。对应于衍射角 θ，在空间 P 点处的合振动光强表示为

$$I_P = A_P^2 = A_0^2 \frac{\sin^2\left(\frac{\pi d}{\lambda}\sin\theta\right)}{\left(\frac{\pi d}{\lambda}\sin\theta\right)^2} \times \frac{\sin^2 N\left(\frac{\pi D}{\lambda}\sin\theta\right)}{\sin^2\left(\frac{\pi D}{\lambda}\sin\theta\right)} \tag{7-5-9}$$

式中前一部分是单缝衍射因子，后一部分为多缝干涉因子。多缝干涉因子影响各个主极大值位置。当给定光栅常数 D 之后，主极大的位置就确定。此时单缝衍射并不改变主极大位置，而只改变各级主极大强度，形如“包络线”。

根据式(7-5-9)，我们得到 1 级与 0 级衍射光强之比 η 表示为

$$\eta = \frac{I_P^1}{I_P^0} = \frac{\sin^2\left(\frac{\pi d}{D}\right)}{\left(\frac{\pi d}{D}\right)^2} = \mathrm{sinc}^2(x) \tag{7-5-10}$$

上述对应衍射光强度轮廓分布呈 $\mathrm{sinc}^2(x)$ 函数分布，其中 $x = \frac{(\pi d)}{D}$。sinc(x)分布如图 7-5-3 所示，数据如表 7-5-1 所示。在 $x = 0$ 时，sinc(x)函数取最大值 1；随着 x 变大，sinc 函数变化如正弦函数，但振幅会越来越小。由所测量的光强分布即可得到 d/D，再由前面所推出的像素大小 D 即可推算出开口大小 d，最后再以相同的方式测量计算另一个方向的开口大小，两者相乘可得到面积比，即为开口率。为方便计算 arcsinc 函数，现列出 sinc 对应的计算值(表 7-5-1)以供查阅。

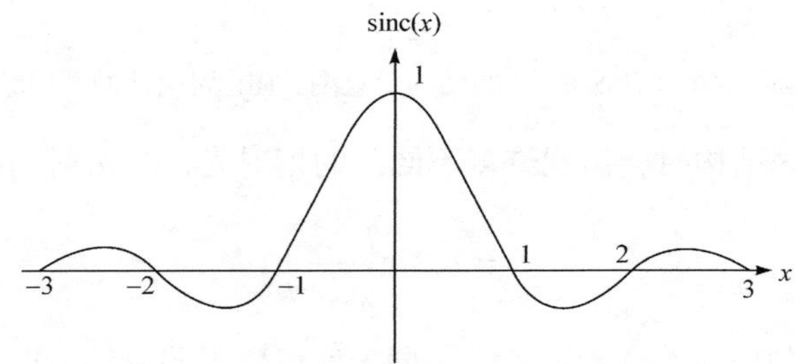

图 7-5-3 sinc(x)函数图形

表 7-5-1 sinc(x)函数值

x	0	0.1	0.2	0.3	0.4	0.5	0.6	0.7	0.8	0.9
sinc(x)	1	0.98	0.94	0.86	0.76	0.64	0.50	0.37	0.23	0.11
x	0.91	0.92	0.93	0.94	0.95	0.96	0.97	0.98	0.99	1
sinc(x)	0.098	0.086	0.075	0.064	0.052	0.042	0.031	0.02	0.01	0

【实验内容】

本实验中所用的 LCoS-SLM 的参数规格如表 7-5-2 所示。

表 7-5-2 反射式 LCoS-SLM 的物理参数

空间光调制器类型	反射式 LCoS-SLM	工作区域	12.5mm×7.1mm
分辨率	1920×1080	适用波长	532nm
面板尺寸	0.55″	输入相位值	8bit
可用区域	12.5mm×7.1mm	输入画面更新速率	30Hz
相位调制能力	2π @ 532nm	尺寸	95mm×65mm×20mm

(1) 设计如图 7-5-4(a)所示光路，系统包括激光器、偏振片、分光棱镜和 LCoS-SLM。调整组件位置，确保光束垂直入射各组件中心。

(2) 转动偏振片，使通过的光束偏振方向与水平面夹角为 45°。

(3) 空间光调制器在不供电的情况下仍会有多阶衍射光(图 7-5-4(b))。测量各阶衍射光的角度和强度，并完成表 7-5-3。

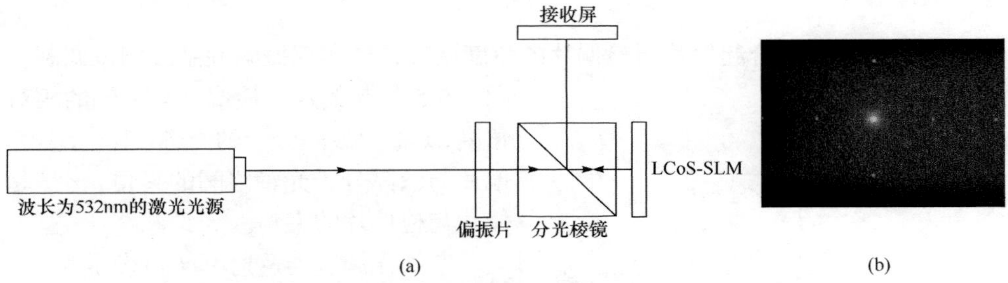

图 7-5-4 光学系统示意图(a)和各阶的衍射光点(b)

表 7-5-3 测量数据与结果

LCoS-SLM 与分光棱镜距离	分光棱镜与接收屏距离	1 级衍射光与 0 级衍射光距离	衍射角	估算像素大小
0 级光功率	1 级光功率	光强比	d/D 值	估算开口率

注意：由于反射式 LCoS-SLM 开口率远高于一般透射式液晶 SLM，故 1 阶衍射光相当暗，所以测量光强时 SLM 不要插电，确保暗房能量测出 1000∶1 以上的对比图。

【思考题】

1. LCoS-SLM 的像素大小影响了衍射角度，则像素数影响了什么？

2. 水平方向各阶衍射光是否阶数越高，衍射光强越弱？若否，原因为何？

实验 7.5.2　硅基液晶空间光调制器的振幅调制

【实验目的】

1. 确定硅基液晶空间光调制器 LCoS-SLM 中液晶分子的光轴方向，并通过偏振片实现 SLM 振幅调制。

2. 设计简易的基于 LCoS-SLM 的投影系统。

【实验仪器】

波长为 532nm 的固体激光器，空间滤波器，透镜×2，偏振片×2，分光棱镜，LCoS-SLM，接收屏。

【实验原理】

LCoS-SLM 配合起偏片与检偏片的角度调整，能实现振幅调制或相位调制。图 7-5-5 是起偏片、检偏片与 x 轴的相对角度，x 轴为液晶分子的光轴，其中β是起偏片与液晶分子光轴之间的夹角，α是起偏片与检偏片的夹角。

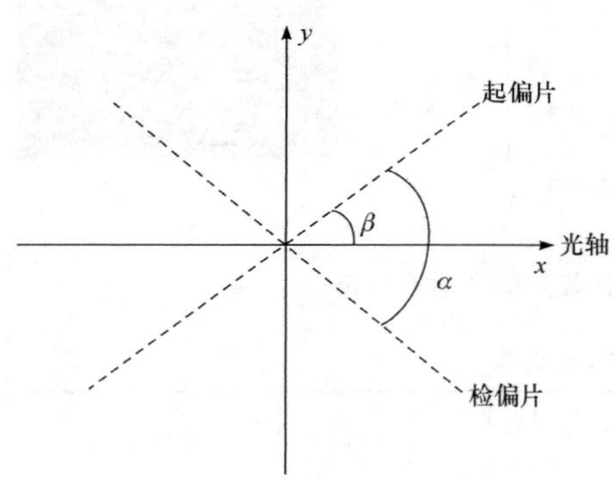

图 7-5-5　起偏片、检偏片与液晶分子光轴的相对角度

空间光调制器透射率 T 可表示为

$$T = \cos^2\alpha - \sin 2(\beta-\alpha)\sin 2\beta \sin^2\left[\frac{\pi}{\lambda} l\left(n_e - n_o\right)\right] \tag{7-5-11}$$

其中，l为两倍 LCoS 液晶层厚度。当α=0°时，入射光与出射光设定为同一个偏振方向，透射率为

$$T_p = 1-\sin^2(2\beta)\sin^2\left[\frac{\pi}{\lambda} l\left(n_e - n_o\right)\right] \tag{7-5-12}$$

透射率会随着偏振片的旋转而改变，而在偏振片与液晶光轴同方向或垂直，

即 β=0 或 β=90°时有最大的振幅透射率，这是由于入射液晶的线偏振光使液晶处于纯相位调制或反光镜模式,此角度刚好分别与非寻常光光轴和寻常光光轴顺向，其中后者不会因电压改变折射率，所以我们可以输入衍射图案后转动偏振片，衍射光与零阶的反射光比最大时即为 $\beta = 0$，而衍射光消失时就是 $\beta = 90°$，依此特性来找出空间光调制器的光轴方向，该方向也称为指向角。

确定了空间光调制器的指向角之后，使偏振片转向与指向轴夹角为 45°、与检偏片夹角为 90°，得到

$$T_A = \sin^2\left[\frac{\pi}{\lambda} d\left(n_e - n_o\right)\right] \tag{7-5-13}$$

透射率以正弦平方的形式变化造成不同的灰阶效果。如果在后面加入一透镜，在得知物距、像距及放大率后可制作简易的投影系统。

【实验内容】

(1) 设计如图 7-5-6 所示实验系统。激光先经光路校准后平行出射，随后依次进入准直透镜、偏振片、分光棱镜、LCoS-SLM 等光学组件，但不安装最后一面透镜及接收屏，确认光束打至组件的中心并且垂直于各组件。

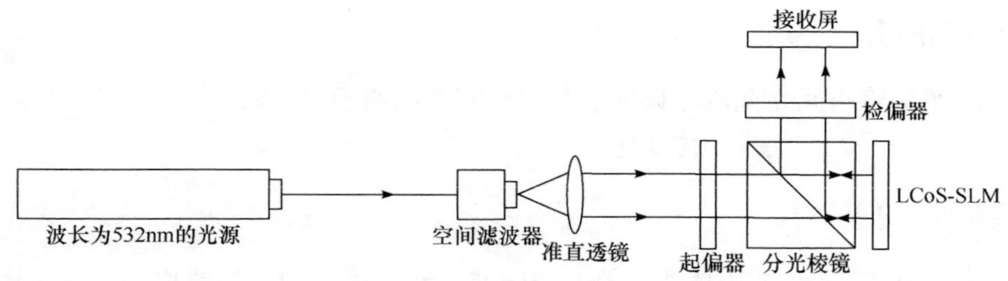

图 7-5-6　实验结构示意图

(2) 加入空间滤波器并使点光源的位置处于透镜的焦距上，实现扩束准直。

(3) 加入透镜，依其焦距、物距推算出成像位置及大小，并在成像处放置接收屏。

(4) 加载任何图形至 SLM，同时转动偏振片及检偏片，可观察到在某特定角度，画面对比明显降低，甚至看不出任何画面，此时角度为平行或垂直液晶指向角。

(5) 将偏振片与检偏片调整为与液晶指向角分别夹±45°(偏振片与检偏片夹 90°，并根据入射激光偏振方向确定其正负值，以得到较佳的光利用率)。

(6) 改变输入图形的灰阶值，记录亮度变化，填入表 7-5-4 中，并作出灰度与亮度的变化曲线。

表 7-5-4 加载图形的灰阶值与亮度变化

灰度	0	7	15	23	31	39	47	55	…	207	215	223	231	239	247	255
功率/nW																

注意：测量数据时，请尽量在同一时间量测，以免温度的差异造成数据改变。

【思考题】

1. 简述实验中空间滤波器的作用。
2. 在找指向角时为什么能找到两个对比最弱的角度?哪一个是指向角？如何判断?
3. 在成功投出影像后，偏振片与检偏片各再转 90°后会如何变化？为什么?
4. 承上题，若只有检偏片多转 90°，重复实验步骤(6)并观察其变化，有何不同?为什么?

实验 7.5.3 硅基液晶空间光调制器的相位调制

【实验目的】

1. 掌握将空间光调制器设置成相位调制器的原理与方法。
2. 利用干涉仪测量相位变化。

【实验仪器】

波长为 532nm 的固体激光器，空间滤波器，透镜×2，偏振片×2，分光镜，LCoS-SLM，接收屏，CCD。

【实验原理】

实验 7.5.2 中我们调整偏振片与检偏片，使得空间光调制器变成振幅调制器，并配合透镜形成一个简易的投影系统。本部分我们将再次调整偏振片及检偏片，使其变为相位调制器。由前面所计算出的空间光调制器透射率可知

$$T=\cos^2\alpha-\sin 2(\beta-\alpha)\sin 2\beta\sin^2\left[\frac{\pi}{\lambda}l\left(n_{\mathrm{e}}-n_{\mathrm{o}}\right)\right] \tag{7-5-14}$$

当偏振片、检偏片和 LCoS-SLM 指向角为同向时，可得到最大透射率 T=1，即不管液晶分子如何转动将不影响出射光的强度。由下式

$$\begin{bmatrix} E_u' \\ E_v' \end{bmatrix} = \begin{bmatrix} \exp\left(-\mathrm{j}n_\mathrm{e}\dfrac{\omega}{c}l\right) & 0 \\ 0 & \exp\left(-\mathrm{j}n_\mathrm{o}\dfrac{\omega}{c}l\right) \end{bmatrix} \begin{bmatrix} E_u \\ E_v \end{bmatrix} \tag{7-5-15}$$

可知，当偏振方向为顺着指向角的方向时，$E_u' = E_u \exp\left(-jn_\mathrm{e}\dfrac{\omega}{c}l\right)$，$E_v' = 0$，代表液晶的偏转只会造成相位差，但不改变原振幅强度。

为了验证通过液晶调制后的相位变化，我们使用迈克耳孙干涉仪来测量相位变化。在 LCoS-SLM 全屏幕显示同样的灰阶值时，代表从 LCoS-SLM 反射回来的平面波调制了相同的相位，与镜面的反射光干涉可得到直条纹，如下式：

$$I = 2I_0\left[1+\cos\left(k\sin\theta x - \phi\right)\right] \tag{7-5-16}$$

其中，k 为波数；I_0 为两平面波的光强；θ为两平面波所夹角度；ϕ 为两平面波的相位差。当ϕ从 0 至 2π 变化时，干涉条纹会在 x 方向上位移；当ϕ= π时，刚好移动半个周期，亮纹变暗纹，暗纹变亮纹；当ϕ = 2π时，条纹刚好移动一个周期，使亮暗分布回到原本的分布位置。

利用此原理，我们将画面分成两部分，一部分固定为黑色，另一分部则从黑色切换成白色，改变其灰阶值如图 7-5-7(a)所示。不同的灰阶值代表不同的相位变化，随着相位的改变，原本干涉条纹会错开产生位移，如图 7-5-7(b)和(c)所示，我们依此位移量来判断相位变化量。

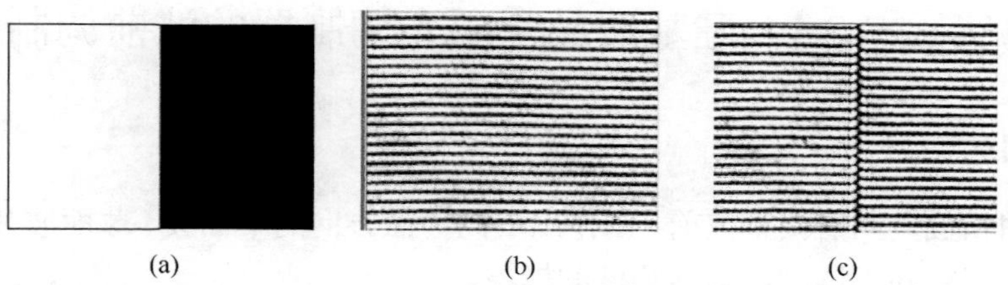

(a)　(b)　(c)

图 7-5-7　(a) 输入 LCoS-SLM 的图案；(b) 画面为全黑时所造成的干涉条纹；(c) 画面左右两边不同时所造成的条纹位移

【实验内容】

(1) 实验结构示意图如图 7-5-8 所示。激光准直平行出射，依次通过透镜、偏振片×2、分光棱镜、LCoS-SLM 等各光学组件，确保光束与组件共光轴。

(2) 加入空间滤波器并使点光源的位置处于透镜焦距上，进行扩束准直。

(3) 置入并转动两偏振片，使通过的偏振方向调节为与 SLM 指向角同向。

(4) 微调反光镜或 LCoS-SLM 的角度，调出干涉条纹。

(5) 输入图 7-5-7(a)所示的图案，测量两边干涉条纹的相对位置和条纹平均周期，并推出左右两边的相位差，填写表 7-5-5，并画出灰阶值与相位变化。

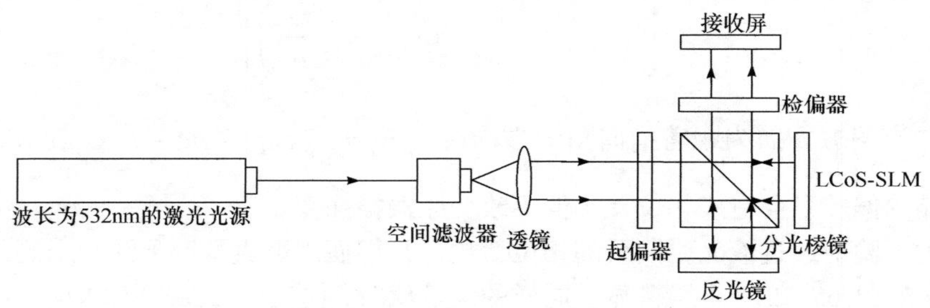

图 7-5-8　实验结构示意图

表 7-5-5　条纹位移量及相位差(测量条纹周期：______像素)

灰度值	0	7	15	23	31	39	47	55	63	…	215	223	231	239	247	255
偏移量																
相位差																

【思考题】

1. 将两偏振片各多转 90°，有何变化，为什么?
2. 干涉图案的周期与哪些因素相关?

实验 7.5.4　硅基液晶空间光调制器的波前调制

【实验目的】

利用相位调制器调整波前，制作出不同传播方向的平面波、球面波和圆柱波，并了解相位空间光调制器衍射角度的极限。

【实验仪器】

波长为 532nm 的激光器，空间滤波器，透镜×2，偏振片×2，分光镜，LCoS-SLM，接收屏，CCD。

【实验原理】

一般实现球面波、圆柱波及各种不同传播方向的平面波大多采用透镜、圆柱透镜和平面镜等。随着 LCoS-SLM 的发展，通过在液晶调制器上加载不同的相位图，亦可制作出各种简单的波形效果。

1. 平面波

平面波在空间任一点的信息表示为 $A\mathrm{e}^{\mathrm{i}(\boldsymbol{k}\cdot\boldsymbol{r}-\omega t)}$，其中 r 为位置至坐标中心距离，A 为振幅，k 为波数，ω 为角频率。去掉定值的振幅及时间项可重写成

$$\mathrm{e}^{\mathrm{i}\left(k_x x+k_y y+k_z z\right)}$$

假设 LCoS-SLM 在 $z=z_0$ 上，且平面波的传递方向在 x-z 平面上，并与 z 轴夹角为 θ，原函数常数项的部分移除后整理成

$$\mathrm{e}^{\mathrm{i}\frac{2\pi}{\lambda}x\sin\theta}$$

调制此相位即能得到任意方向传递的平面波，依上式相位分布所绘制出的图形即为闪耀光栅，如图 7-5-9(a)所示，最上方是一个连续的闪耀光栅，其周期会影响光的衍射角度。数字化之后如图 7-5-9(b)所示，同样的光栅则以阶梯状的结构来取代，阶梯数越多，越接近原本斜面，并会有更高的衍射效率。在相同周期宽度下，若像素越大，梯状结构会越来越简化，简化至最简单的衍射图案即为一黑一白的方波，如图 7-5-9(c)所示，这也是一个空间光调制器所能调制出最细密的衍射图形，并得到最大的衍射角，其角度依下式可求出：

$$\theta_{\max}=\arcsin\left(\frac{\lambda}{2D}\right) \tag{7-5-17}$$

其中，D 为像素大小；$2D$ 为 SLM 所能表现出最细密条纹的周期。由于梯状的结

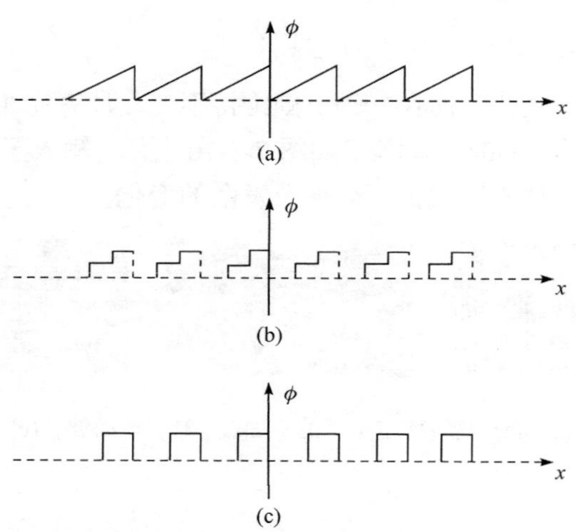

图 7-5-9　(a) 完美的闪耀光栅；(b) 由 3 个像素所表示出的闪耀光栅；(c) 由 2 个像素所表示出的闪耀光栅

构简化也代表着相位分布与理论分布差异越来越大，所以通常在较小的衍射角下才会有较高的衍射效率。

2. 球面波

一个在坐标轴中心的点光源所发散出来的光波为 $\frac{A}{r}\mathrm{e}^{\mathrm{i}(kr-\omega t)}$，在 $z=z_0$ 的平面上并假设此平面离球心有相当距离使 r 接近定值，此球面波分布可重写为

$$\mathrm{e}^{\mathrm{i}k\sqrt{x^2+y^2+z_0{}^2}}$$

上式可整理成

$$\mathrm{e}^{\mathrm{i}kz_0\left[1+\left(\frac{x}{z_0}\right)^2+\left(\frac{y}{z_0}\right)^2\right]^{1/2}}$$

由近轴近似再整理成

$$\mathrm{e}^{\mathrm{i}\frac{\pi}{\lambda z_0}\left(x^2+y^2\right)}$$

当 LCoS-SLM 置于此平面时，调制出上式的相位分布时 SLM 的功能就像凸面镜一样能产生发散球面波，或是取共轭项变成收敛的球面波。

3. 圆柱波

圆柱波的原理跟球面波极为相似，圆柱波只在某个维度跟球面波一样发散，另一维度则保持原状。因此，当我们要调制出一个在 x 方向上发散，在 y 方向上不变的圆柱波，只需要调制出如下所示的相位分布即可

$$\mathrm{e}^{\mathrm{i}\frac{\pi}{\lambda z_0}x^2}$$

相位只在 x 轴上变化，而在 y 轴上则维持不变。计算完相位信息后，我们将对应的灰阶值绘制成 1080p 的图案，如图 7-5-10 所示，输入至 LCoS-SLM 后即能调制出所要的波前，使光有偏折、会聚及发散的变化。

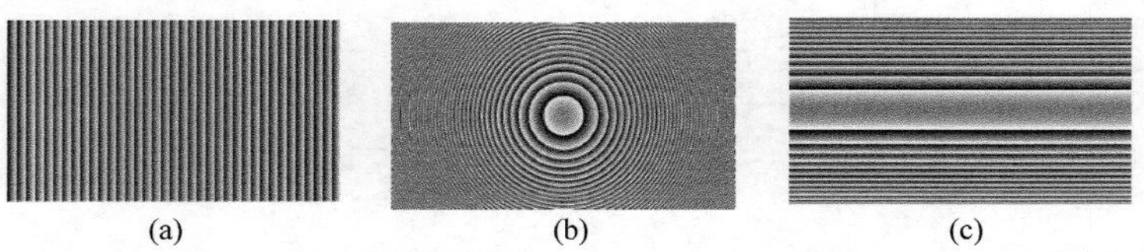

图 7-5-10 (a) 偏斜特定角度的平面波；(b) 球面波；(c) 圆柱波

【实验步骤】

(1) 实验结构示意图如图 7-5-11 所示，激光经过准直后输入透镜、偏振片、

分光棱镜、LCoS-SLM 等光学组件，确保光束与组件共轴。

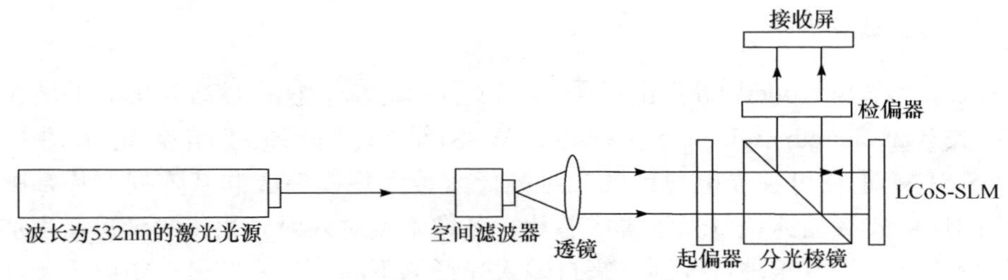

图 7-5-11　系统架构示意图

(2) 加入空间滤波器，并使点光源的位置处于透镜的焦距上来扩束成平行光。

(3) 转动两偏振片，使入射光的偏振方向与液晶空间光调制器的指向角方向相同。

(4) 输入所设计的衍射图案，并观察其变化，如图 7-5-12 所示。

(5) 调节闪耀光栅的周期，记录衍射角度的变化及亮度的变化，并找出其衍射角的极限。

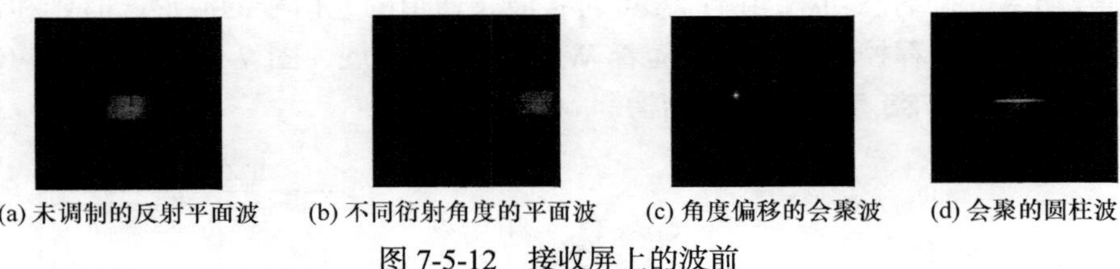

(a) 未调制的反射平面波　(b) 不同衍射角度的平面波　(c) 角度偏移的会聚波　(d) 会聚的圆柱波

图 7-5-12　接收屏上的波前

【思考题】

1. 试改变球面波、圆柱波、平面波的参数并观察其变化。
2. 若焦距相同，会聚波与发散波有何差异?

【参考文献】

[1] Eugene H. Optics. Boston: Addison Wesley Longman Inc, 1998.
[2] Saleh B E A, Teich M C. Fundamentals of Photonics. A Wiley-Interscience Publication, 1991.
[3] Goodman J W. Introduction to Fourier Optics. Roberts and Company Publishers, 2005.
[4] Wu S T, Yang D K. Reflective Liquid Crystal Displays. New York: Wiley, 2001.
[5] Yariv A, Yeh P. Optical Waves in Crystals. Vol.5. New York: Wiley, 1984.

【附录】硅基液晶空间光调制器(LCoS-SLM)的应用

1. 波长选择开关

2012 年，Schröder[1]等提出了图 7-5-13 所示的基于液晶 LCoS-SLM 的波长选择开关(wavelength selective switch，WSS)结构。硅基液晶空间光调制器(LCoS-SLM)是在可独立电寻址的二维高像素数大规模集成硅基阵列芯片基础上制作的反射式液晶纯相位光学集成芯片，各像素点对入射光相位的延迟量由加载在该像素点上的电压进行控制。来自输入光纤的不同波长光信号经衍射光栅和光学系统后成像到 LCoS-SLM 的不同位置上，与微机电系统(MEMS)小镜片翻转的工作原理不同，LCoS-SLM 只需在液晶芯片的不同区域加载不同的相位灰度图即可依靠光的衍射效应将照射在该区域的光信号指向到特定的输出端口，所以整个 WSS 系统中由于不存在机械移动部件而具有很高的稳定性。不仅如此，基于液晶可编程波长选择开关还具有如下一系列独特的显著优点：①通道速率和通道间隔可根据需要在仪器工作波长范围和波长精度内进行任意软件调谐；②支持灵活光谱功能，即各波长通道的速率和带宽均可根据需要独立设定；③可对各波长通道的信号功率进行动态功率均衡；④可对各波长通道的光信号的波形、时延和色散等特性分别进行程控动态调节。随着 WSS 的不断发展，图 7-5-13 所示结构也逐渐成为液晶型 WSS 系统的经典结构。

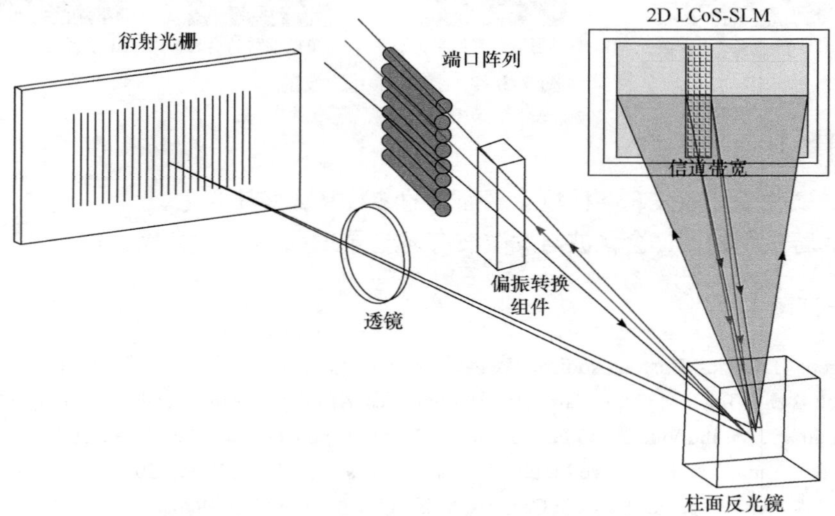

图 7-5-13 基于 LCoS-SLM 的 WSS 工作原理图[1]

基于 LCoS-SLM 技术的波长选择开关具有良好的通带调谐灵活性与兼容性，可以通过软件实现任意复杂光谱结构光学滤波、整形光脉冲信号、光学延迟线干涉仪、光信号的时延与色散调节、光学傅里叶变换等几乎所有线性领域的光学信号处理功能，被称为光学领域的可编程逻辑器件(optical FPGA)。基于 LCoS-SLM 的 WSS 是目前唯一能够在频域对入射光的幅度和相位通过软件进行任意调整和设定的多端口全光信号处理设备，因而成为下一代可重构智能化弹性光网络、Tbit/s 级超信道高速光信号的产生、传输与交换技术、激光加工等尖端科学技术领域的重要设备。

2. 全息光镊

光镊技术是指利用光的力学效应实现对微观粒子操控的技术，具有非接触和无损伤特点，在分子生物学、胶体科学和实验原子物理等领域中具有极其重要的作用。光镊本身的不断发展产生了许多衍生光镊技术，例如，利用全息元件或 LCoS-SLM 所形成的全息光镊实现多粒子操控，为光镊技术走向实用化和规模化工业生产打开了新局面，是目前光镊家族极具活力的成员。利用 LCoS-SLM 可以灵活地实现光束的变换，获得所需的阱域分布。阱域是具有高梯度光强分布的区域，可形成对微粒的三维束缚。

3. 飞秒脉冲整形

飞秒脉冲整形的基本原理是频域和时域互为傅里叶变换，所需要的输出波形可由滤波实现。图 7-5-14 为脉冲整形的基本装置，它是由衍射光栅、透镜和脉冲整形模板组成的 4f 系统。超短激光脉冲照射到光栅和透镜上被色散成各光频成分。两透镜的中间位置有一块空间模式的模板或可编程的 LCoS-SLM，用于调制空间色散的各光频成分的振幅和相位，光栅和透镜可看作是零色散脉冲压缩结构。超短脉冲中的各光频成分由第一个衍射光栅角色散，然后在第一个透镜的焦平面聚焦成一个小的衍射有限的光斑。这里的各光频成分在一维方向上空间分离，在

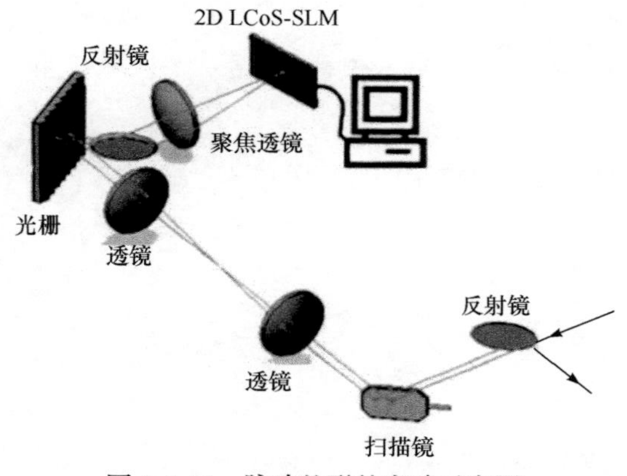

图 7-5-14　脉冲整形的实验示意图

光栅上从不同角度散开，在第一个透镜的后焦平面上进行了空间分离，经过第一个透镜时实现了一次傅里叶变换。第二个透镜和光栅把这些分离的所有频率成分重新组合，就得到了一个整形输出脉冲，这个输出脉冲的形状由光谱面上模板的模式给出。

4. 自适应光学

自适应光学技术是一种能够实时校正光学系统随机误差并使系统始终保持良好工作性能的新技术，早期主要在天文观测中用来修复大气湍流等因素对光波波前的扭曲，通过动态地对波前误差进行实时探测、控制和校正来改善成像质量。目前，自适应光学在眼底视网膜成像和大视场显微成像等方面也有许多应用。

硅基液晶空间光调制器由于具有线性度好、分辨率高、响应速度快、可编程性强等优点，不仅在上述领域中得到了广泛应用，而且还可应用于光相关处理、光束空间整形、激光打标或扫描、全息测量，并且随着加工工艺的发展和成本的降低，将会在更多的领域发挥其优势。

【参考文献】

[1] Schröder J, Roelens M A F, Du L B, et al. LCOS based waveshaper technology for optical signal processing and performance monitoring//2012 17th Opto-Electronics and Communications Conference. IEEE, 2012: 859-860.

[2] Gao Y S, Chen X, Chen G X, et al. 1×25 LCoS-based wavelength selective switch with flexible passbands and channel selection. Optical Fiber Technology, 2018, 45: 29-34.

[3] Gao Y S, Chen X, Chen G X, et al. High-resolution tuable filter with flexible bandwidth and power attenuation based on an LCoS processor. IEEE Photonic Journal, 2018, 10(6): 7105408.

实验 7.6　激光散斑干涉实验

激光通过散射体的粗糙表面漫反射或者透明散射体(毛玻璃等)时，在散射表面或附近的光场中会形成无规则分布的亮暗斑点，称为激光散斑(laser speckle)。

由于散斑携带了光束和光束所通过物体的光学信息，因此获得了广泛应用。例如，利用散斑对比度测量反射表面的粗糙度；利用散斑的动态情况测量物体运动的速度；用散斑进行光学信息处理，甚至利用散斑验光等等。但应用领域最广的是散斑干涉测量技术。散斑干涉技术不仅在机械工程方面可以用于测量物体表面的形变和裂纹、损伤和应力分布，在天文学方面可以测量大气的扰动和温度场分布，而且在医学、力学和光处理等领域也有广泛的影响。

【实验目的】

1. 了解激光散斑现象及其特点。

2. 理解激光散斑干涉原理，掌握测量物体表面的面内位移和离面位移的原理和方法。

3. 掌握散斑图像数据处理方法，并了解激光散斑干涉术在精密计量领域中的应用。

【实验仪器】

He-Ne 激光器，针孔滤波器，衰减器，分光棱镜，精密平移台，待测物体(压力盒，刚性板，金属丝，电子集成器件等)，扩束镜，成像透镜，CCD 摄像及数字记录处理系统，多功能试件夹及组合工作台等。

【实验原理】

1. 激光散斑原理

由于激光的高度相干性，表面散射光在空间中随机相干叠加后会形成一些亮暗分明的区域，且呈现无规则分布。按照在散射面有无透镜，可将散斑场划分为主观散斑和客观散斑。由于透镜的使用，主观散斑又被称为成像散斑。本实验主要研究经过透镜成像而形成的主观散斑。

图 7-6-1 是利用粗糙物体表面对激光的漫反射来拍摄散斑图的光路图，其中 S

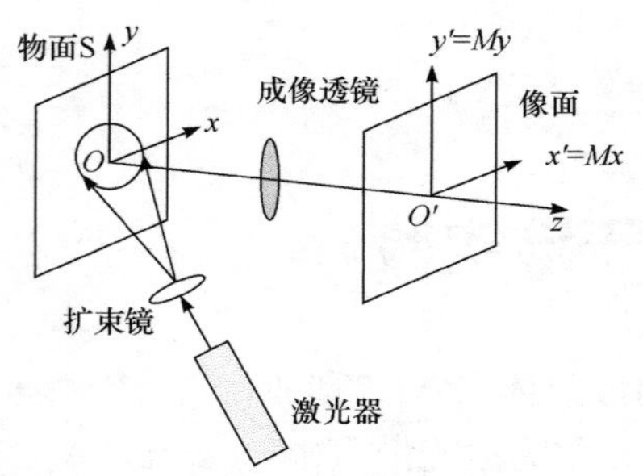

图 7-6-1　漫反射散斑记录光路图

是具有光学粗糙表面的平面物体，用扩束后的激光光束照射，成像透镜将 S 面成像于像面(CCD)上就形成了无规则的散斑图样(主观散斑)，通过计算机采集记录。

2. 利用散斑干涉术测量面内位移

散斑干涉计量就是将物体表面空间的散斑记录下来，当物体运动或由于受力而产生变形时，这些随机分布的散斑也随之在空间按一定规律运动，因此能利用记录的散斑图分析物体运动或变形的有关信息。如图 7-6-1 所示，当测量物体在面内发生位移时，通常在被测物体位移前，先将散斑记录下来，然后使物体垂直于光轴发生一微小面内位移 d，再次记录。两次记录的图样是同一个物体发生相对位移 Md 前后的两个散斑图(M 为散斑图的放大倍数)，其上的各斑点都是成对出现的，相当于在底片上布满了无数的“双孔”。与杨氏双孔衍射相似，在像面上看到的是在一个衍射晕内的等间距平行线，称为杨氏条纹图。杨氏条纹的方向与物体的位移方向垂直，条纹间距$\varDelta$与物体表面对应区域的位移 d 有如下关系：

$$d = \frac{\lambda L}{M\varDelta} \tag{7-6-1}$$

式中，λ为 He-Ne 激光波长(632.8nm)；L 为散斑图到屏的距离。杨氏条纹方向垂直于物体表面位移方向，条纹间距反比于位移的大小。

3. 散斑干涉术测量离面位移

利用激光散斑测量离面位移的光路如图 7-6-2 所示，滤波、扩束后的激光光束照射到分光棱镜上，分出的光分别经待测物和参考物表面漫反射又经分光棱镜汇合而形成干涉，成像透镜将干涉散斑图成像于像面(CCD)上并通过计算机采集记录。实验中要求参考光和物光的光程相等。设参考光波的场强分布为

$$\tilde{U}_{\mathrm{R}}(x,y) = U_{\mathrm{R}}(x,y)\exp[\mathrm{i}\varphi_{\mathrm{R}}(x,y)] \tag{7-6-2}$$

其中，$U_{\mathrm{R}}(x,y)$ 为参考光波的振幅；$\varphi_{\mathrm{R}}(x,y)$ 为经参考物漫射后的参考光波的相位。初始物光波的场强分布为

$$\tilde{U}_{\mathrm{O}}(x,y) = U_{\mathrm{O}}(x,y)\exp[\mathrm{i}\varphi_{\mathrm{O}}(x,y)] \tag{7-6-3}$$

其中，$U_{\mathrm{O}}(x,y)$ 为物光波的振幅；$\varphi_{\mathrm{O}}(x,y)$ 为经物体漫射后的物体光波的相位。物

光与参考光在 CCD 靶面上相干形成的光强 $I(r)$ 为

$$I(r)=U_{\mathrm{O}}^2+U_{\mathrm{R}}^2+2U_{\mathrm{O}}U_{\mathrm{R}}\cos(\varphi_{\mathrm{O}}-\varphi_{\mathrm{R}}) \tag{7-6-4}$$

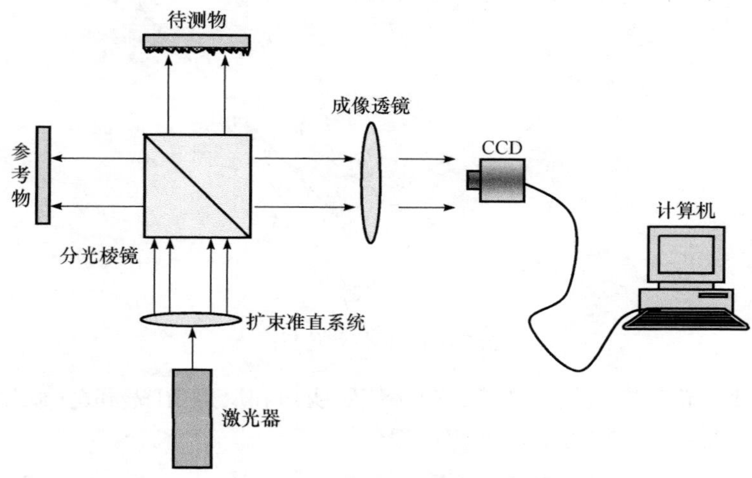

图 7-6-2 散斑干涉术测量离面位移的光路图

当被测物体发生变形后，表面各点的散斑场振幅 U_{O} 基本不变，而相位 $\varphi_{\mathrm{O}}(x,y)$ 将改变为 $\varphi_{\mathrm{O}}(x,y)-\Delta\varphi(x,y)$，即

$$U_{\mathrm{O}}'(x,y)=U_{\mathrm{O}}(x,y)\exp\{\mathrm{i}[\varphi_{\mathrm{O}}(x,y)-\Delta\varphi(x,y)]\} \tag{7-6-5}$$

其中，$\Delta\varphi(x,y)$ 为由于物体变形产生的相位变化。变形前后的参考光波维持不变，这样变形后的合光强 $I'(r)$ 为

$$I'(r)=U_{\mathrm{O}}^2+U_{\mathrm{R}}^2+2U_{\mathrm{O}}U_{\mathrm{R}}\cos(\varphi_{\mathrm{O}}-\varphi_{\mathrm{R}}-\Delta\varphi) \tag{7-6-6}$$

对变形前后的两个光强进行相减处理

$$I=\left|I(r)-I'(r)\right|=\left|4U_{\mathrm{O}}U_{\mathrm{R}}\sin\left[(\varphi_{\mathrm{O}}-\varphi_{\mathrm{R}})-\frac{\Delta\varphi}{2}\right]\sin\frac{\Delta\varphi}{2}\right| \tag{7-6-7}$$

由式(7-6-7)可见，相减处理后的光强是一个包含高频载波项 $\sin\left[(\varphi_{\mathrm{O}}-\varphi_{\mathrm{R}})-\dfrac{\Delta\varphi}{2}\right]$ 的低频条纹 $\sin(\Delta\varphi/2)$。该低频条纹取决于物体变形引起的光波相位改变，故光程差与物体位移之间存在一定的几何关系。设物体上一点 P，变形后位置变为 P'，发生一微小位移，如图 7-6-3 所示。照明光源位置为 S，CCD 位置为 H，θ_1 和 θ_2 分别是入射光和 CCD 所接收的反射光与位移间的夹角，则由位移 d 引起的相位差为

$$\Delta\varphi = \frac{2\pi}{\lambda} d\left(\cos\theta_1 + \cos\theta_2\right) \tag{7-6-8}$$

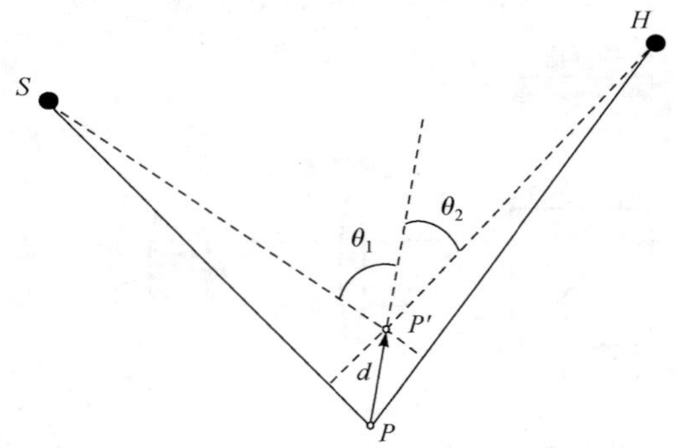

图 7-6-3　相位差分析图

为了使光路对离面位移敏感，应该使照明角和反射角(θ_1 和θ_2)都比较小，即 $\cos\theta_1 \approx \cos\theta_2 = 1$，则由式(7-6-8)可以得到

$$\Delta\varphi = \frac{4\pi}{\lambda} d \tag{7-6-9}$$

由式(7-6-7)可知，在暗条纹处

$$\Delta\varphi = 2k\pi \tag{7-6-10}$$

将式(7-6-10)代入式(7-6-9)可得到

$$d = \frac{k\lambda}{2} \tag{7-6-11}$$

即暗条纹处的离面位移是半波长的整数倍。

【实验内容】

(1) 设计用激光散斑干涉法测量物体面内位移和离面位移的两种实验光路，采用激光散斑二次记录法分别测量物体的面内和离面微小位移。

(2) 设计利用激光散斑干涉法测量几种实际应用物理参数。

1. 设计散斑实验系统

设计主观散斑记录光路(原理见图 7-6-1)，并调整系统共轴。要求激光束与台面平行，并用针孔滤波器对光束进行滤波后，照明待测物体。

2. 拍摄散斑图

(1) 采用前面已调整好的主观散斑记录光路，将毛玻璃作为待测物体，物光束经成像透镜投射到 CCD 表面，由 CCD 采集散斑图。前后移动 CCD，仔细观察散斑场的分布情况，重点注意散斑的对比度、形状和大小与照明条件的关系等，从而得到对激光散斑的定性认识。

(2) 将毛玻璃换作平面镜、钢片和铝片，重复以上实验。

3. 散斑干涉测量

1) 测量微小面内位移

利用前面已调整好的主观散斑光路，将毛玻璃更换为待测物，物光束经成像镜头投射到 CCD 表面。调整物距，找到成像最清晰的位置并且固定待测物体。移动待测物体在自身平面内作微小位移，利用 CCD 记录物体发生位移前后的散斑图，并相减。通过散斑条纹计算散斑位移量，并与待测物体的手动位移量作比较。

2) 测量微小离面位移

建议分三步进行：

(1) 参照图 7-6-2 搭建并调整好光路，要求激光束与台面平行，各器件同轴等高，分光棱镜分出的物光均匀照射离面位移待测物，参考光经同光程反射后与物光波汇合同时进入 CCD；

(2) 把圆形压力盒作为被测物，压力盒表面有微小的突起变化，通过软件实时显示，观察条纹的产生及变化情况，据此定性分析圆形压力盒的表面实时突起变化的情况；

(3) 将圆形压力盒(变形物)换成刚性推板俯仰物，通过推动千分丝杆使推板前倾产生离面位移，观测条纹，通过软件定量计算俯仰板上各点较原位置的位移量，并通过丝杆读数计算验证。

4. 应用激光散斑干涉测定压电陶瓷的压电系数

压电陶瓷是一种将电能转换成机械能或其逆过程的功能陶瓷材料。压电效应是指某些介质在力的作用下发生形变，其内部产生极化现象，同时在它的两个相对表面上出现正负相反的电荷，且电荷密度与施力大小成正比；反之，施加激励电场，电介质将产生机械形变，称为逆压电效应。利用激光散斑干涉测量技术，可以精确地测量压电陶瓷在不同电压激励下的离面位移，得出不同电压激励下压电陶瓷离面位移与电压值的关系，计算得到压电陶瓷的压电系数。原理如图 7-6-4 所示，给压电陶瓷施加相应频率(f_0)和振幅(V_m)的正弦电压，它就会随之振动，其振动位移与激励源的关系为

$$x(t) = Kv(t) \tag{7-6-12}$$

式中，$v(t)=V_m\sin(2\pi f_0 t)$为激励正弦电压；$x(t)=A\sin(2\pi f_0 t)$为振动位移；K 为压电陶瓷的逆压电系数；A 为位移峰值。根据以上关系，压电陶瓷实时激励电压矢量，

反映了振动位移量。

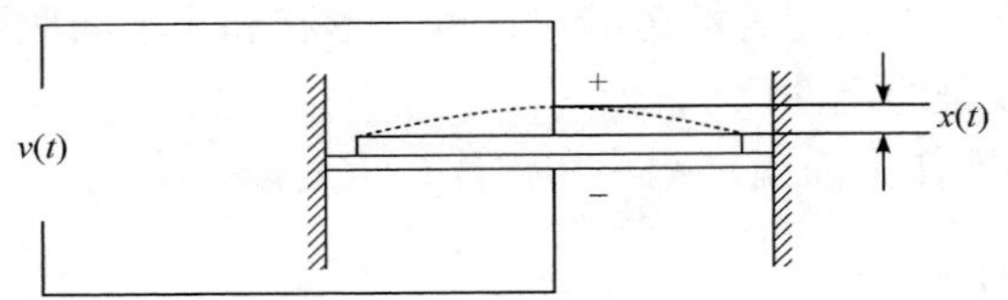

图 7-6-4　压电陶瓷的压电效应示意图

提示：根据实验内容 3(散斑干涉测量)，自己设计光路，测试不同电压激励下的压电陶瓷位移量，根据公式(7-6-12)分析数据，计算该压电陶瓷片的压电系数。

5. 设计性实验

根据微小位移的测量实验，请自行设计如下实验：

(1) 金属丝杨氏模量测量；

(2) 金属线膨胀系数测量；

(3) 透明物体折射率测量；

(4) 电子集成器件的热变形测量。

【思考题】

1. 什么叫散斑和成像散斑？阐述散斑干涉技术的用途。

2. 从实验观察到的现象阐述散斑的基本性质。

3. 怎样从计算机显示的数据图读出被测面位移量(面内和离面)?

4. 在本实验中，若毛玻璃不动，激光器工作不稳定，输出的激光时强时弱，但激光光强起伏周期远大于 CCD 的采样周期，散斑光强的分布是否会发生变化？此时实验测得的相关曲线是否会发生变化？

【参考文献】

[1] 杨国光. 近代光学测试技术. 北京：浙江大学出版社, 1997.

[2] 刘培森. 散斑统计光学基础. 北京：科学出版社, 1987.

[3] 王仕璠, 刘艺, 余学才, 等. 现代光学实验教程. 北京：北京邮电大学出版社, 2004.

[4] 黄水平, 张飞雁. 激光散斑在大学物理实验教学中的应用. 物理与工程, 2011, 1: 37-45.

[5] 浙江大学光电系与仪器系. 激光多功能光电测试实验仪(CSY-10 型)实验指导书, 第 13-17 实验, 2001.

[6] 李文卓, 颜国正, 蔡彬, 等. 一种新型压电陶瓷驱动器电源设计. 航空精密制造技术, 2005, 41(4): 33-34.

[7] 蔡长青. 散斑干涉计量关键问题研究及其应用. 华南理工大学博士学位论文, 2013.

实验 7.7　光栅三维传感形貌识别综合实验

三维物体表面形貌识别，即对三维物体表面轮廓进行精密测量是获取物体形态特征的一种重要手段。目前从测量方式的角度可将测量方法分为接触式测量和非接触式测量两大类。其中光学技术由于其测量的非接触性、高精度和高分辨率等优点，再加上采用了各种高性能器件，如半导体激光器、CCD、CMOS、位置传感器(PSD)、数字光学投射器(DLP)，使得光学三维形貌测量技术在计算机辅助设计(CAD/CAE)、逆向工程、在线检测与质量保证和机器视觉等领域得到了日益广泛的应用，已成为一种最有前途的三维形貌测量方法。在非接触式测量中，条纹投影三维面形测量具有简单易行的优点,因此在形貌重建方面具有广泛的应用。

【实验目的】

1. 理解光栅投影相位测量面形的基本原理。
2. 掌握求截断相位及相位展开的方法。
3. 了解根据相位计算物体表面高度的映射算法。
4. 了解非接触式测量的特点及发展情况。

【实验仪器】

光学传感三维面形测量系统(含偏振片、分光平片及透镜)，白光光源，激光光源(650nm)，电控平移台，CCD 及图像采集卡，光栅元件，待测物体。

【实验原理】

光学投影三维面形测量技术主要用于散射物体的宏观轮廓测量，其基本原理是“三角法”，这中间又可分为直接三角法和相位测量法。

直接三角法包括激光逐点扫描法、光切法和编码图样投影法等。这些方法都以纯粹的三角测量原理为基础，通过出射点、投影点和成像点三者之间的几何成像关系确定物体各点的高度，其测量关键在于三者之间的关系。直接三角法的优点是信号处理简单可靠，无需复杂的条纹分析就能唯一确定各个测量点的绝对高度信息，自动分辨物体的凹凸，即使物体上的台阶、阴影等使图样不连续也不会影响测量，但是缺点是测量精度不高，不能实现全场测量。

相位测量法是三维轮廓测量中的热点之一。基本原理是将规则光栅图像投射到被测物表面，从另一角度可以观察到由于受物体高度变化的影响而引起的光栅条纹变形。这种变形可解释为相位和振幅均被调制的空间载波信号。采集变形条纹并对其进行解调，从中恢复出与被测物表面高度变化有关的相位信息，最后根据三角法原理完成相位-高度的关系转换，确定物体的表面高度，实现对物体的形貌识别。虽然在相位-高度转换的过程中也使用了三角法原理，但是其核心技术还是相位的测量。与直接三角法相比，相位测量法能满足全场的测量，测量精度比较高，测量速度比较快，但这种方法对物体上的物理断点、阴影等使图像不连续的缺陷会造成较大误差，往往要通过特定算法识别并绕过缺陷才能完整而准确地恢复物体的三维轮廓。根据相位检测方法的不同，主要有 Moire 面形、Fourier 变换面形、相位测量面形。本实验采用相位测量面形。

采用正弦光栅投影相移技术，将投影到物体上的正弦光栅依次移动一定的相位，由采集到的相移变形条纹图计算得到包含物体高度信息的相位，最后根据几何关系求解出物体表面的高度值。具体步骤如下：

(1) 投影系统将一正弦分布的光场投影到被测物表面，由 CCD 采集发生形变的条纹。

(2) 采用多步相移法采集数帧变形的条纹像。

(3) 通过条纹图像求截断相位。

(4) 采用解包裹(unwrapping)算法对截断相位进行展开，恢复原有连续相位。

(5) 根据相位-高度映射算法，求解出物面高度。

投影测量系统的结构如图 7-7-1 所示。

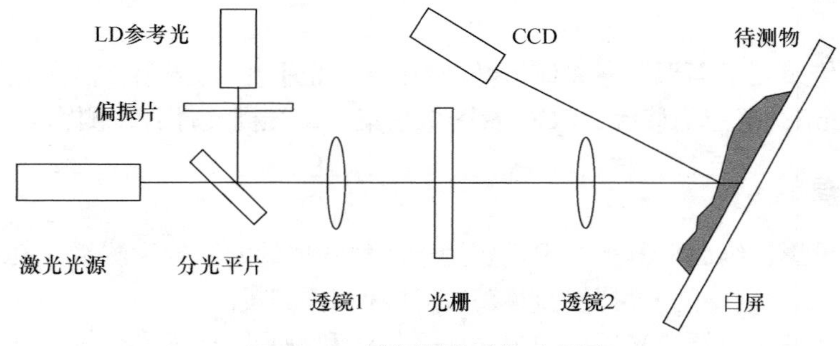

图 7-7-1　投影测量系统示意图

投影系统将一正弦分布的光栅投影到被测三维物体的漫射表面时，由于受到物面高度分布的调制，光栅像发生形变。由 CCD 获取的变形条纹可表示为

$$I(x,y)=A(x,y)+B(x,y)\cos\left[\phi(x,y)\right] \tag{7-7-1}$$

其中，$I(x,y)$ 是 CCD 接收到的光强值；$A(x,y)$ 是背景强度；$B(x,y)/A(x,y)$ 是条纹对比度。相位函数 $\phi(x,y)$ 表示由三维形变引起的条纹变形，其中包含着被测物

体高度 $h(x,y)$ 的信息。

条纹图中的相位信息可以通过解调的方法恢复出来，常用的方法主要有傅里叶变换法和多步相移法。傅里叶变换法仅通过对一幅条纹图处理就可以恢复出截断相位，获取图像时间短，更适合快速测量的场合。而相移算法是相位测量中的一种重要方法，它不仅原理直观、计算简便，而且相位求解精度与算法直接相关，可以根据实际需要选择合适的算法。其中，最常用的是使附加相位值 δ_n 等间距变化，利用某一点在多次采样中探测到的强度值来拟合出该点的初相位值，帧满周期等间距法是最常用的相移算法。投影光栅每次横向移动其周期的 $1/N$，生成新的变形光栅像 $I_n(x,y)$，可以获取 N 帧变形光栅像，并产生附加相移值 δ_n，可以得到

$$I_n(x,y)=A(x,y)+B(x,y)\cos\left[\phi(x,y)+\delta_n\right] \tag{7-7-2}$$

式中，n 表示第 n 帧条纹图(n =1, 2, $\cdots$, N)。

以标准的四步相移算法为例，式(7-7-2)中取 $n=4$，相位移动的增量δ_n依次为0、π/2、π和 3π/2，相应的四帧条纹图为

$$\begin{cases}I_1(x,y)=A(x,y)+B(x,y)\cos\left[\phi(x,y)\right]\\ I_2(x,y)=A(x,y)-B(x,y)\sin\left[\phi(x,y)\right]\\ I_3(x,y)=A(x,y)-B(x,y)\cos\left[\phi(x,y)\right]\\ I_4(x,y)=A(x,y)+B(x,y)\sin\left[\phi(x,y)\right]\end{cases} \tag{7-7-3}$$

由方程(7-7-3)，可计算出相位函数

$$\phi(x,y)=\arctan\left[\frac{I_4(x,y)-I_2(x,y)}{I_1(x,y)-I_3(x,y)}\right] \tag{7-7-4}$$

对于更常用的 N 帧满周期等间距相移算法，采样次数为 N，$\delta_n=n\sim N$，则

$$\phi(x,y)=\arctan\left[\frac{\sum\limits_{n=0}^{N-1}I_n(x,y)\sin(2\pi/N)}{\sum\limits_{n=0}^{N-1}I_n(x,y)\cos(2\pi/N)}\right] \tag{7-7-5}$$

N 帧满周期等间距算法对系统随机噪声具有最佳抑制效果，且对 N–1 次以下的谐波不敏感。

由于从条纹图中恢复出相位信息需要经过反正切运算，相位函数被截断在反三角函数的主值范围(–π, π)内，呈不连续的锯齿形，被称为截断相位。因此，在按三角对应关系由相位值求出被测物体的高度分布之前，必须将此截断相位恢复为原有的连续相位，这一过程称为相位展开(phase unwrapping)，简称 PU 算法。

相位展开的过程可从图 7-7-2 和图 7-7-3 中直观地看到。图 7-7-2 是分布在–π和 π 之间的截断相位。相位展开就是将这一截断相位恢复为如图 7-7-3 所示的连续相位。相位展开是利用物面高度分布特性来进行的。它基于这样一个事实：对于一个连续物面，只要两个相邻被测点的距离足够小，两点之间的相位差将小于π，也就是说必须满足抽样定理的要求，每个条纹至少有两个抽样点，即抽样频率大于最高空间频率的两倍。

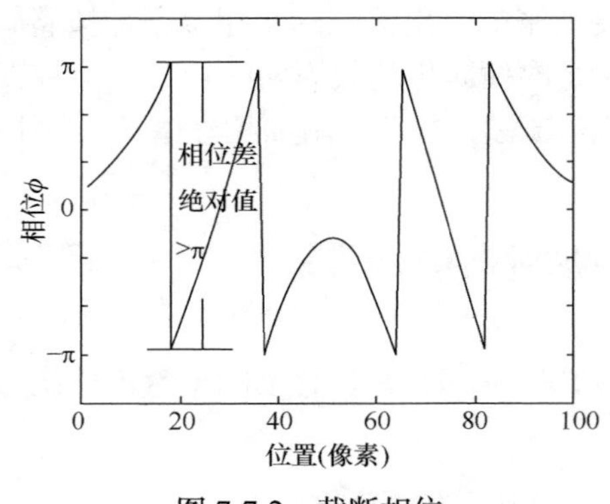

图 7-7-2　截断相位

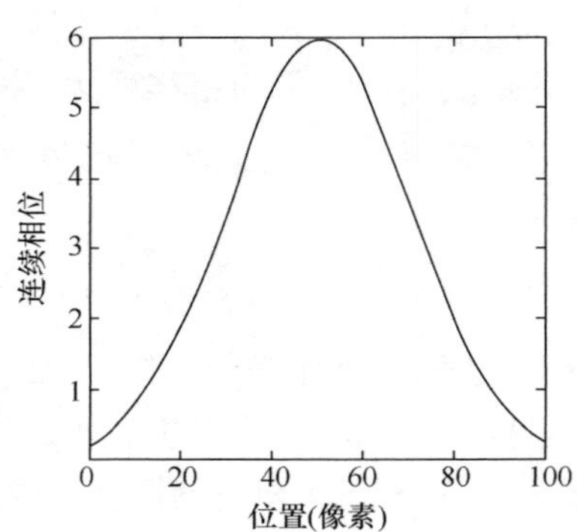

图 7-7-3　连续相位

相位展开从数学角度看是十分简单的，即沿截断的相位数据矩阵的行或列方向，比较相邻两个点的相位值，如图 7-7-2 所示，如果差值小于–π，则后一点的相位值应加上 2π；如果差值大于 π，则后一点的相位值应减去 2π。

实际中的相位数据都是与采样点相对应的一个二维矩阵，所以实际上的相位展开应在二维阵列中进行。首先沿二维矩阵中的某一列进行相位展开，然后以展开后的该列相位为基准，沿每一行进行相位展开，得到连续分布的二维相位函数。相应地，也可以先对某行进行相位展开，然后以展开后的该行相位为基准，沿每一列进行相位展开。只要满足抽样定理的条件，相位展开可以沿任意路径进行。

对于一个复杂的物体表面，由于物体表面起伏较大，得到的条纹图十分复杂。例如，条纹图形中存在局部阴影，条纹图形断裂，在条纹局部区域不满足抽样定理，即相邻抽样点之间的相位变化大于 π。对于这种非完备条纹图形，相位展开是一个非常困难的问题，这一问题也同样出现在干涉型计量领域。最近已研究了多种复杂相位场展开的方法，包括网格自动算法、基于调制度分析的方法、二元模板法、条纹跟踪法、最小间距树方法等，使上述问题能够在一定程度上得到解决或部分解决。

用相位展开算法可以得到物面上的连续相位分布 $\phi(x,y)$。已知 $\phi_{\mathrm{r}}(x,y)$ 为参考平面上的连续相位分布，则由物体引起的相位变化为

$$\phi_{\mathrm{h}}(x,y)=\phi(x,y)-\phi_{\mathrm{r}}(x,y) \tag{7-7-6}$$

从相位到高度的计算取决于光学系统的结构，实验中采用的是远心光路，适于测量小物体。

由相位测量的原理图 7-7-4 可看出，与 CCD 对应的物面上 D 点的高度可表示为

$$h=\frac{AC(L/d)}{1+AC/d} \tag{7-7-7}$$

上式是在理想条件下得到的计算公式，说明物体的测量高度与系统的结构参数有关，在结构参数不变的情况下，CCD 上某一像素点所对应的高度与该点的相位之间的关系是固定的，并且可以用解析式表达。但是由于系统结构参数常随外界环境等发生变化，可通过一定的算法将系统参数以映射表的方式存储于计算机中。当系统变动时，产生新的映射表。根据相位-高度映射算法(参见文献[3])，物体上某点的高度 h(相对于参考平面)与其相位之间的关系可表示为

$$\frac{1}{h(x,y)}=a(x,y)+\frac{b(x,y)}{\phi_{\mathrm{h}}(x,y)} \tag{7-7-8}$$

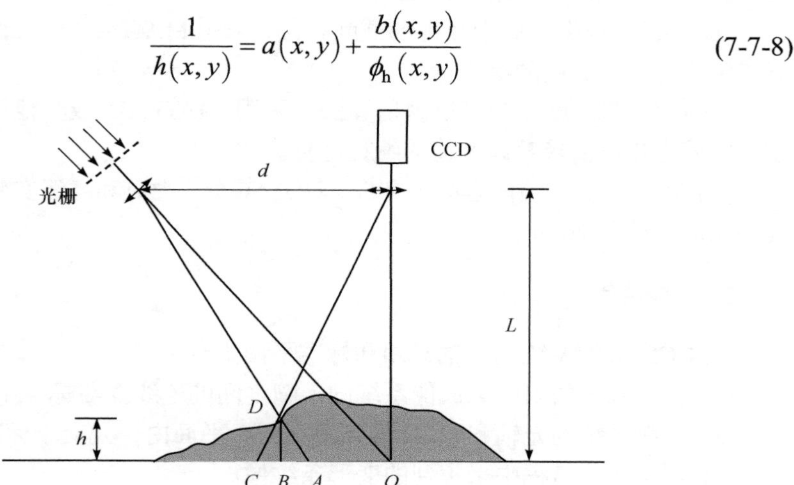

图 7-7-4　相位测量法原理图

一般情况下，$\frac{1}{h(x,y)}$ 和 $\frac{1}{\phi_{\mathrm{h}}(x,y)}$ 呈线性关系。但在实际测量中，由于成像系统的像差和畸变(特别是在图像的边缘部分)以及由于物体高度过高产生的离焦问题，$\frac{1}{h(x,y)}$ 和 $\frac{1}{\phi_{\mathrm{h}}(x,y)}$ 之间的关系用高次曲线表示更为恰当。本实验中采用二次曲线，式(7-7-8)可改写为

$$\frac{1}{h(x,y)}=a(x,y)+b(x,y)\frac{1}{\phi_{\mathrm{h}}(x,y)}+c(x,y)\frac{1}{\phi_{\mathrm{h}}^{2}(x,y)} \tag{7-7-9}$$

显然只要求出 $a(x,y)$、$b(x,y)$、$c(x,y)$ 的值和相位差 ϕ_{h}，就能得到该点的高度坐标。为了解出 $a(x,y)$、$b(x,y)$、$c(x,y)$ 三个未知常数，至少需要三个独立的方程，可以在系统产生映射表时测量至少 4 个已知高度的标准平面(其法线方向与 CCD 光轴平行)，相邻平面间距离为已知常数，通过三个方程求解三个常数，实际上都是二维矩阵。三个常数被作为系统参数保存在计算机中，再结合测量时得到的相位图的绝对相位 $\phi_{\mathrm{h}}(x,y)$，对相位图中的每一点进行相应运算，就可以确定每一点的高度值，即实现面形的测量。

【实验内容】

1. 实验题目

(1) 初级：采用四步相移法对光学传感三维面形测量系统进行定标，并对给定待测物体的三维面形进行测量。

(2) 中级：根据实验中测得的截断相位，采用 MATLAB 或其他编程语言完成对二维相位展开算法的编程计算。

(3) 高级：根据相位-高度映射算法，采用 MATLAB 或其他编程语言设计程序，完成由相位值求解高度值的编程计算。

注：其中初级实验内容必须完成，计分 80 分，中级和高级实验内容可以任选其一完成，计分 20 分。

2. 实验要求

(1) CCD 成像系统的光轴必须和标准平面垂直。

(2) 投射系统的出瞳和成像系统的入瞳之间的连线要与标准平面平行。

(3) 投射系统的光轴和 CCD 的光轴在同一平面内，并交于标准平面内一点。

(4) 记录实验过程中采集到的变形条纹像。

(5) 用四步相移法计算截断相位，并进行相位展开计算，得到连续相位分布图像。

(6) 计算物体高度信息，并用三维图像显示物体形貌。

(7) 熟练掌握软件的图像采集功能和图像数据处理功能。

(8) 以论文形式提交实验报告。

3. 重要提示

(1) 用半导体激光器作为高度基准，调节各光学元件共轴。

(2) 调节白光点光源，使透镜出射光通过待测物中心。

(3) 将固定光学元件的导轨与 CCD 的导轨成的 25°放置。

(4) 通过对标准平面俯仰的调节使标准平面与系统光轴垂直。

(5) 采用近似平行光照明正弦光栅。

(6) 调节 CCD 与被测面之间的距离，使光栅像充满整个 CCD 像面。

【注意事项】

1. 实验过程中严禁改变 CCD 和投影设备的相对位置。

2. 严禁用手触摸 CCD 和投影光学元件，使用完毕后注意盖好镜头盖，做好其他光学设备的防尘措施。

3. 由于设备发热量较大，关机后需要等散热风扇停止转动后再关闭电源。

【思考题】

1. 复杂表面物体的相位展开比较困难，请分析原因。

2. 由于正弦光栅制作困难，常采用准正弦光栅进行投影，请分析对结果是否有影响。

3. 如果在测量过程中将投影光栅的频率降低为原来的 1/2，请分析会产生的影响。

4. 请查阅相关资料，列举目前常用的三维面形测量方法及未来发展的趋势，说明投影相位法与其他测量方法相比的优缺点。

【参考文献】

[1] 陈士谦，范玲，吴重庆. 光信息科学与技术专业实验. 北京：清华大学出版社，北京交通大学出版社, 2007.

[2] 赵焕东. 相位测量轮廓术的理论研究及应用. 浙江大学博士学位论文, 2001.

[3] 冯其波. 光学测量技术与应用. 北京：清华大学出版社, 2008.

[4] Takeda M, Mutoh K. Fourier transform profilometry for the automatic measurement of 3D object shapes. Appl. Opt., 1983. 22(24): 3977-3982.

实验 7.8　LED 参数测量综合实验

发光二极管简称 LED(light emitting diode)，是一种能够将电能转化为光能的半导体器件。激光二极管简称 LD(laser diode)，是在垂直于 PN 结面的一对平行平面构成法布里-珀罗谐振腔中，腔内光子不断地来回反射，每反射一次能量便得到进一步放大，多次反射后，受激辐射趋于占绝大优势，即在垂直于反射面的方向上形成激光输出。

根据全球 LED 产业发展情况，预计 LED 半导体照明将使全球照明用电减少一半。目前该产业已形成以美国、亚洲、欧洲为主的三足鼎立的产业分布与竞争格局。当前，中国 LED 产业已初步形成了包括 LED 外延片的生产、芯片的制备与封装，以及 LED 产品应用在内的较为完整的产业链。

【实验目的】

1. 掌握 LED 的电压随电流的变化规律(电学特性)。
2. 掌握 LED 的照度随电流的变化规律(电学、光学特性)。
3. 熟悉 LED 的中心波长、半高宽及发散角等发光光谱特性(光学特性)。
4. 了解 LED 的发光特性与温度的关系(热学特性)。

【实验仪器】

测试电源，红绿蓝 LED 光源，照度计，光谱仪，光纤，积分球，夹具等。

【实验原理】

1. LED 工作原理

发光二极管大多是由Ⅲ-Ⅳ族化合物，如 GaAs(砷化镓)、GaP(磷化镓)、GaAsP(磷砷化镓)等半导体制成的，其核心是 PN 结，因此它具有一般 PN 结的 *V-I* 特性，即正向导通、反向截止和击穿特性。此外，在一定条件下，它还具有发光特性。在正向电压下，电子由 N 区注入 P 区，空穴由 P 区注入 N 区。进入对方区域的少数载流子(少子)一部分与多数载流子(多子)复合而发光，如图 7-8-1 所示。由于复合是在少子扩散区内发光的，所以光仅在靠近 PN 结面数微米内产生。

假设发光是在 P 区中发生的，那么注入的电子与价带空穴直接复合而发光，或者先被发光中心捕获后再与空穴复合发光。除了这种发光复合外，还有些电子被非发光中心(这个中心位于导带、介带中间附近)捕获，而后再与空穴复合，每次释放的能量不大，不能形成可见光。我们把发光的复合量与总复合量的比值称为内量子效率

$$\eta_{qi} = \frac{N_r}{G} \tag{7-8-1}$$

式中，N_r为产生的光子数；G为注入的电子-空穴对数。但是，产生的光子又有一部分会被 LED 材料本身吸收，而不能全部射出器件之外。作为一种发光器件，我们更感兴趣的是它能发出多少光子，表征这一性能的参数就是外量子效率

$$\eta_{qe} = \frac{N_T}{G} \tag{7-8-2}$$

式中，N_T为器件射出的光子数。

发光二极管所发之光并非单一波长，如图 7-8-2 所示。由图可见，该发光管所发的光中某一波长λ_0的光强最大，为峰值波长，该波长λ_0与发光区域的半导体材料禁带宽度E_g有关，即$\lambda_0 \approx 1240/E_g$(mm)，其中$E_g$的单位为 eV。若能产生可见光(波长为 380nm 紫光～760nm 红光)，对应半导体材料的E_g介于 3.26eV 和 1.63eV 之间。

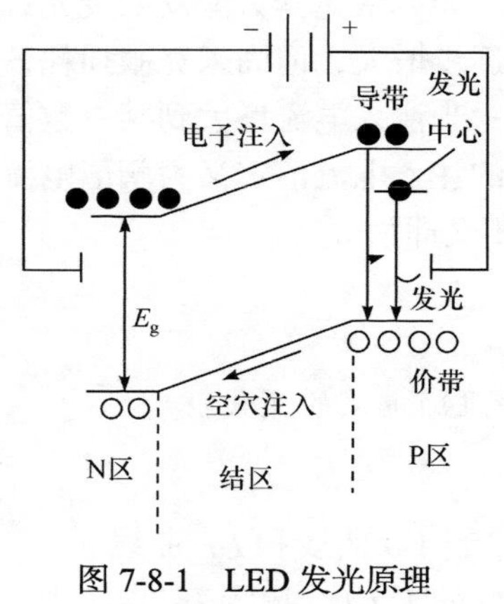

图 7-8-1　LED 发光原理

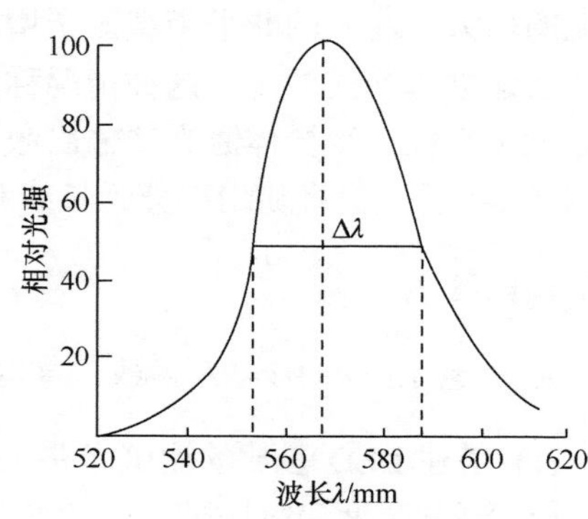

图 7-8-2　LED 光谱图

2. LED/LD 的 V-I 特性

LD 和 LED 都是半导体光电子器件，其核心部分都是 PN 结，因此具有与普通二极管相类似的 V-I 特性曲线，如图 7-8-3 所示。当正向电压正小于某一值时，电流极小，不发光；当电压超过某一值后，正向电流随电压迅速增加，发光。我们将这一电压称为阈值电压或开门电压。

3. LED 的 P-I 特性

由于 LED 与 LD 相比没有光学谐振腔，因此 LD 和 LED 的照度与电流的 P-I 关系特性曲线有很大的差别，如图 7-8-4 所示。LED 的 P-I 曲线基本上是一条近似的线性直线，只有当电流过大时，由于 PN 结发热产生饱和现象，P-I 曲线的斜率减小。

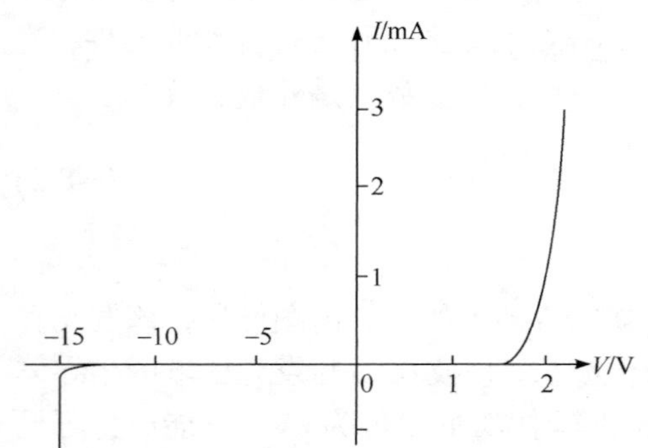

图 7-8-3　LED/LD 的 V-I 特性曲线

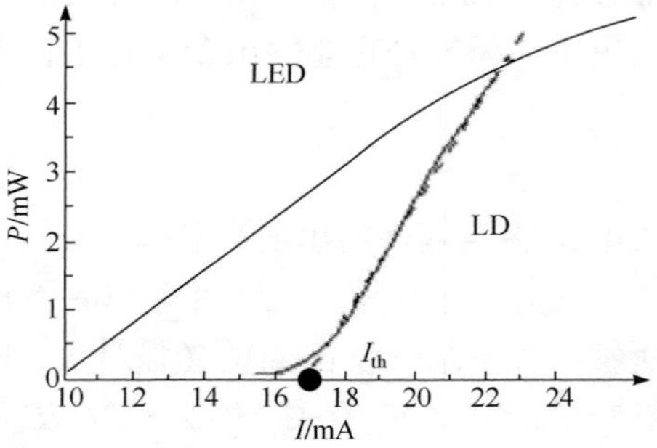

图 7-8-4　LED/LD 的 P-I 特性曲线

对于 LD 来说，当正向注入电流较低时，半导体激光器只能发射荧光；随着电流的增大，注入的非平衡载流子增多，增益逐步增大，但尚未克服损耗，在腔内无法建立起模式振荡，这种情况称为超辐射；当注入电流增大到某一数值时，增益大于损耗，半导体激光器输出激光，此时的注入电流值定义为阈值电流 I_{th}，如图 7-8-4 所示，将陡峭部分延长线和电流轴相交即为 I_{th}。

【实验内容】

1. 测量 LED 的 V-I-P 曲线，掌握电压和照度随电流的变化

(1) 搭建 LED 参数的测试光路。

(2) 测试照度和电压随电流的变化曲线，绘制 V-I 曲线和 I-P 曲线。

(3) 分别测量红光、绿光、蓝光、白光 LED 的 V-I-P，填入表 7-8-1 中，并分别绘制不同型号 LED 的 I-E 和 I-P 变化曲线。

表 7-8-1　红、绿、蓝、白光 LED 的 V-I-P 数据表

I/mA	0	2	4	6	8	…	80	100	120	140	…	220	240	…	480
V/V															
P/lx															

2. 测量LED的光谱特性

(1) 搭建LED光谱的测量光路。

(2) 采集LED的中心波长(光谱值1、A_{max})，光谱最大值一半的左边界(光谱值2、$A_{max}/2$)和右边界(光谱值3、$A_{max}/2$)，将数据填入表7-8-2中。适当调整LED亮度和曝光时间，使采集光谱图像不出现饱和平顶。

表7-8-2　不同LED的中心波长和半高全宽

光谱/nm	光谱值1(中心波长)	光谱值2	光谱值3	半高全宽$\Delta\lambda$
红光LED				
绿光LED				
蓝光LED				

3. LED的发散角/散射角测量

(1) 搭建LED发散角的测量光路。

(2) 测量过程中不需要调整LED强度，转台每隔10°记录一个光强(同一个LED光谱中心波长不会变化)，两次消光读数之差近似为LED的发散角。将数据填入表7-8-3中。

表7-8-3　LED发散角测量光谱强度

旋转角度/(°)	−90	−80	−70	…	−10	0	10	…	70	80	90
光谱强度											

4. 测量不同LED的色坐标

(1) 搭建光路。

(2) 光谱仪的数据采集界面三个显示区域，包括光源光谱、色彩信息、CIE色度图。从色彩信息中我们可以获取光谱分布、主波长、色坐标、三刺激值、色纯度。将测量信息填入表7-8-4中。

表7-8-4　不同LED的色度表

参数	白光LED	红光LED	绿光LED	蓝光LED
CIEx				
CIEy				
CIEz				

5. 测量不同温度下 LED 发光照度

(1) 搭建温控 LED 测试光路。

(2) 把“TEC”和“风扇”打到“开”。在设置 30℃后，温度会缓慢降(或者升)到 30℃，缓慢调节电流旋钮，逐渐增加工作电流，通过电流显示记录电流值，通过照度计显示照度值。同理，设置温度分别为 35℃、40℃，测量照度与电流的关系，并将数据填入表 7-8-5 中，作出电流和照度的变化曲线，分析原因。

表 7-8-5　温度分别为 30℃、35℃、40℃时的 LED 照度随电流的变化关系表

I/mA	0	2	4	6	…	60	80	100	120	140	…	220	240	…	480
照度/lx															

【思考题】

1. 观察 LED 的电压-电流特性曲线图，当 LED 电压大于阈值电压时，电流将如何变化?

2. 观察 LED 的照度-电流特性曲线图，输出照度与工作电流的变化关系是什么?

【参考文献】

[1] 吴宝宁, 李宏光, 俞兵, 等. LED 光学参数测试方法研究. 应用光学, 2007, 28(4): 513-516.
[2] 罗旺, 孙为民. 高亮度 LED 在光学实验中的应用. 大学物理实验, 2008, 22(2): 41.
[3] 庄榕榕, 陈家钰, 魏婷婷. LED 光学特性的测量与研究. 物理实验, 2008, 28(11): 9-11.
[4] 王丽颖, 徐喜志. LED 显示实验的设计. 科技资讯, 2009, 34: 12.

第八章　光电实训类

实训项目 8.1　光学器件组装与检验

光学器件组装与检验实训项目涵盖 8 个工位，包括从光学元件清洁包装与光洁度检测、光学元件外形与面形检测、光学测角仪测量棱镜夹角、光学系统焦距与传递函数检测、偏振与分光元件的光学特性检测、基于光学投影技术的镜头参数检测及波片的相位延迟检测。学生通过本实训项目，可以了解基本光学元件的物理特性，并掌握相关物性检测技术，以便为后续专业实验的开展奠定基础。

实训工位 1　光学元件清洁包装与光洁度检测

光学元件在日常使用中，由于受环境中的灰尘或手中皮肤上的水和油脂等物质的污染，会在光学元件的表面形成污渍或腐蚀点，影响光学表面的散射和吸收，特别是对镀膜光学元件易造成永久性的损伤。为了使光学元件的性能和寿命达到最大化，在处理光学元件时必须遵循特定的程序。由于光学元件的材料、尺寸、精度等因素不同，使用正确的拿取和清洁方法非常重要。本实习工位内容涵盖了光学元件的拿取、清洁、包装、光洁度检验等，适用于多种光学元件的常见处理和清洁程序。

【实验目的】

1. 掌握光学元件的拿取、清洁方法及注意事项。
2. 掌握光学元件的包装、储存方法及注意事项。
3. 熟悉用三目体式显微镜观测光学表面光洁度，判断其疵病等级。

【实验仪器】

三目体式显微镜，清洁试剂，高级脱脂棉，镊子，油纸，各类待测光学元件。

【实验方法】

1. 光学元件的拿取方法(图 8-1-1)

(1) 应该尽量在洁净、低粉尘的环境下使用光学元件。

(2) 由于手中或皮肤上的油脂会污染光学元件，所以拿取光学元件时应戴手套或者指套，并尽可能不要接触光面或者镀膜面，可抓握光学元件磨砂面或外框。

(3) 对于尺寸极小或者形状特殊的光学元件(如柱状、片状等)，可用镊子夹持。

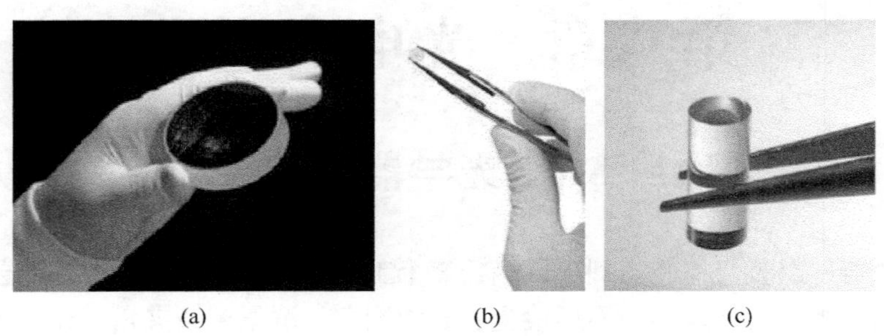

(a) (b) (c)

图 8-1-1 光学元件的拿取方法

2. 光学元件的清洁方法(图 8-1-2)

(1) 空气除尘：非接触式的空气除尘清洁方法适用于几乎所有光学元件。使用空气除尘器如洗耳球(即皮吹子)等进行除尘，也可使用专用的压缩空气进行除尘，但切勿用嘴吹元件上的灰尘。进行空气除尘后，观察元件表面。

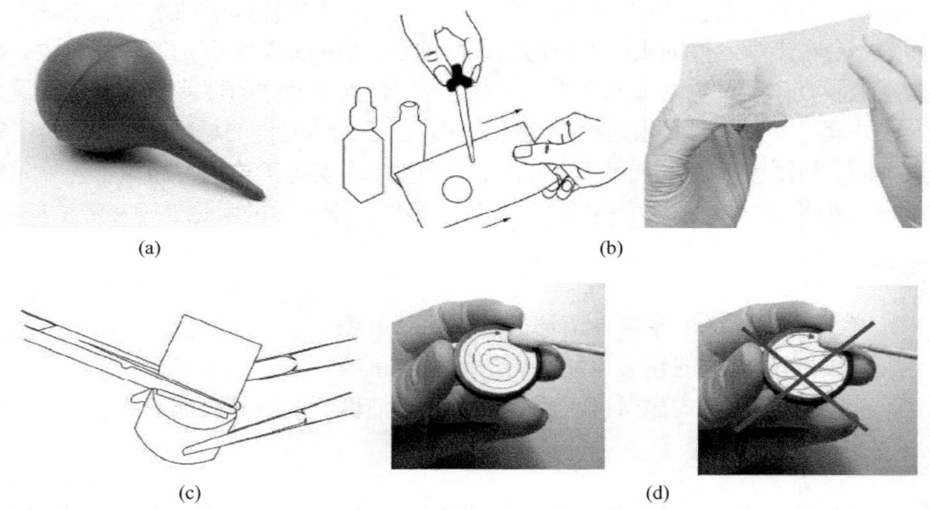

(a) (b)

(c) (d)

图 8-1-2 光学元件的清洁方法

(2) 擦镜纸+镜片清洁剂：适合硬质光学元件、质地较硬的镀膜产品，如无镀膜的透镜、棱镜，部分介质膜反射镜。清洁时，采用镜片清洁剂将镜头纸打湿后使用，尽量不要使用干燥的镜头纸直接擦拭光学元件。镜片清洁剂一般为庚烷或其他异构体混合物清洁剂。

(3) 擦镜纸、脱脂棉+溶剂：适合软质材料或质地较软的镀膜产品，如偏振棱镜、金属膜反射镜等，采用溶剂配合镜头纸、脱脂棉等进行清洁擦拭。常用的几种清洁光学元件的溶剂有：①丙酮、甲醇的混合液体，混合比一般为 1∶1 左右；②乙醇(酒精)，乙醚的混合液按照 1∶1 或 7∶3 左右混合比配置，如果空气比较潮湿，可以增加到 1∶2 左右；③异丙酮或其他液体溶剂。如镀铝膜的光学元件，不可用含乙醇的溶剂清洁，可以采用异丙酮溶液清洁。白醋或其他酸性溶剂有时也用于光学元件的清洁。如氢氟酸(HF)或盐酸(HCl)可用于擦拭硅晶片，硝酸可用于擦拭锗基镜片。但是酸性溶液通常不能用于硫化锌(ZnS)或硒化锌(ZnSe)元件的清洁。

(4) 擦拭手法：①点滴拖动法；②“刷洗”法；③“擦除”法；④棉签擦除法。

注意事项：

(1) 只在必要时清洁光学元件。清洁光学元件会增加污染或损坏的机会，如果光学元件不脏，则不必清洁。可在高亮度光源附近通过反射或投影的效果观察，如果可以看到灰尘或污渍，或是灰尘、污渍引起的散射，则需要进行清洁，也可在显微镜下观察光学元件表面的洁净程度。

(2) 清洁光学元件时，为避免手接触有机溶剂和元件，应佩戴手套或指套。也可用镊子等工具夹持光学元件，但最好使用木制、塑料等材质较软的镊子。如果使用金属镊子，请在镊子前端套上软性保护材料，以免损伤光学元件表面。

3. 光学元件的包装、储存方法

(1) 在一般环境下，光学元件十分稳定，需做好防尘处理，可用光学元件包装纸等包装后放置在密封袋中保存。长时间暴露在高温多湿的环境下时，光学元件表面可能会产生模糊、霉变等问题，因此长时间不使用的光学元件应放入干燥密闭的容器内保管。

(2) 微小光学元件可放入吸附性比较好的硅胶盒中保存。

(3) 对于镀膜器件(如滤光片等)，表面的膜层容易被划伤，应放置在干净的 PET 膜等专用的滤光片包装里，并放在恒温恒湿的环境中保存，如图 8-1-3 所示。

(a)

(b)

图 8-1-3　光学元件的包装与储存

(4) 待检测的光学元件可放置在玻璃培养皿中暂放保存。

4. 使用三目体式显微镜观测光学表面光洁度

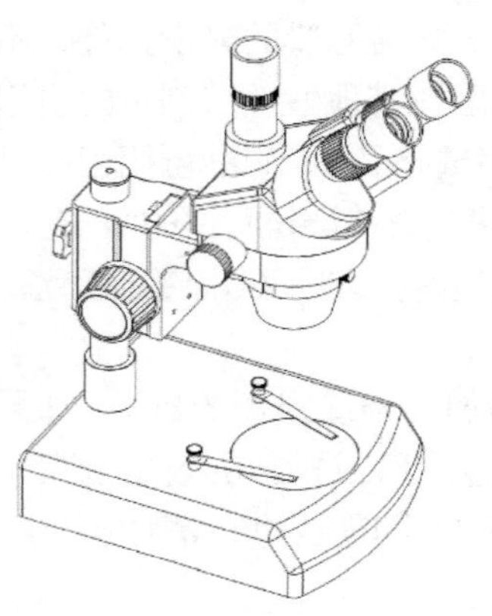
图 8-1-4　三目体式显微镜

1) 三目体式显微镜简介

三目体式显微镜(图 8-1-4)又称为实体显微镜或立体显微镜，是一种具有正像立体感的目视仪器，广泛应用于生物学、医学、农林等方面。它具有两个完整的光路，所以观察时物体呈现立体感。在光学测试应用中，它主要用来观察透镜、棱镜或其他透明物质的表面质量，以及检查精密刻度的质量等。

三目体式显微镜可配备摄影目镜，实时将被观测物体显示在液晶屏幕上，减少长时间观察带来的视觉疲劳。可配备数显测量平台(最小分度值为1μm)，可以 *X-Y* 双向移动被测物体，利用此装置可以通过背投影来测量某些光学元件。

2) 三目体式显微镜技术参数(表 8-1-1)

表 8-1-1　SZM7045/SZM7045TR 成像参数

目镜	标准配置		附加大物镜					
			0.5×		1.5×		2×	
	工作距离 100mm		工作距离 165mm		工作距离 45mm		工作距离 30mm	
	放大倍率	视场范围	放大倍率	视场范围	放大倍率	视场范围	放大倍率	视场范围
10X/20	7×	28.6	3.5×	57.1	10.5×	19	14×	14.3
	45×	4.4	22.5×	8.9	67.5×	3	90×	2.2
15X/15	10.5×	21.4	5.25×	42.8	15.75×	14.3	21×	10.7
	67.5×	3.3	33.75×	6.7	101.25×	2.2	135×	1.7
20X/10	14×	14.3	7×	28.6	21×	9.5	28×	7.1
	90×	2.2	45×	4.4	135×	1.5	180×	1.1

注意：这个工作距离是固定的，不随倍率的改变而改变。使用辅助物镜后，总放大率=物镜放大率×目镜倍率×辅助物镜倍率

$$\text{物方视场(mm)}=\frac{\text{目镜视场}}{\text{物镜放大率}\times\text{目镜倍率}\times\text{辅助物镜倍率}}$$

5. 光学表面光洁度及疵病等级判断

1) 光学表面缺陷标准

影响光学元件表面光洁度的瑕疵主要包括麻点、斑点、划痕、崩边等。除镀膜层疵病、长擦痕和崩边之外的表面疵病又称一般表面疵病(图 8-1-5)。通常长宽比大于 4：1 的称为划痕，长宽比小于 4：1 的称为麻点。

(1) 麻点：光学零件表面呈现的微小的点状凹穴，包括开口气泡、破点，以及细磨或者精磨后残留的砂痕等称为麻点。光学零件表面经侵蚀或镀膜之后形成的反射光中呈干涉色突变的局部腐蚀或者覆盖称为斑点，通常在透射光中能观察到的斑点都按麻点处置。

(2) 划痕：光学零件表面呈现的微细的长条形凹痕。长宽比不大于 160:1 的擦痕又称为短划痕，长宽比不小于 160:1 的擦痕则称为长划痕。(注：ISO10110-7:1996 规定长度大于 2mm 的划痕为长划痕。)

(3) 崩边：光学零件有效孔径之外的边缘破损，不包括可发展的裂纹。(注：位于有效孔径内的崩边部分按麻点处置。崩边虽然位于有效孔径之外，它仍可能对光学系统产生不利的影响，影响零件密封性和安装牢固度。)

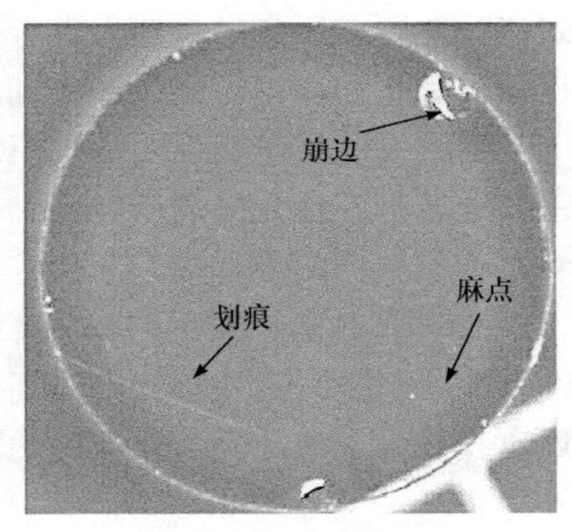

图 8-1-5 光学表面疵病

(4) 级数：表征表面疵病大小且以毫米(mm)为单位的数值分级。级数值为疵病面积的平方根，也是该级表面疵病的最大值。

根据美国军用标准 MIL-O-13830B 中光学零件表面质量说明及可接受缺陷的说明，划痕和麻点可以用两个代表其限制尺寸的号数来标记，如 60/40。第一个号为划痕号，表示限制划痕大小的标号；第二个号为麻点号，表示麻点大小的标号。通常划痕标号分为 10#、20#、40#、60#、80#，麻点标号分为 5#、10#、20#、40#、50#，如表 8-1-2 所示。

表 8-1-2 划痕与麻点的级数

划痕标号	10#	20#	40#	60#	80#
宽度/mm	0.01	0.02	0.04	0.06	0.08
麻点标号	5#	10#	20#	40#	50#
直径/mm	0.05	0.1	0.2	0.4	0.5

2) 有关划痕的规定

当元件的划痕级数超过表面质量要求的划痕级数时，元件不合格。当元件的划痕级数没有超过表面质量要求的划痕级数，但元件存在最大划痕时，则所有最大划痕长度之和不得超过元件直径的 1/4。对于非圆形元件，其直径取相等面积圆的直径。

例如直径为 20mm 的光学元件表面质量的要求为 60-40，则元件上的划痕宽度必须≤0.06mm，当有>0.06mm 的划痕时，元件不合格。当有 2 条 60#，长度为 3mm 的划痕时，最大划痕的长度和为 6mm，大于元件直径的 1/4 即 5mm，此时元件不合格。

当元件上存在最大划痕与较小划痕时，而最大划痕的长度之和未超过 1/4 直径，要求所有的划痕级数分别乘以对应划痕长度之和与元件等效直径之比所得的乘积之和，不得超过最大划痕级数的 1/2。

当元件上的划痕级数未超过表面质量要求的划痕级数，即元件上不存在最大划痕时，要求所有的划痕级数分别乘以对应划痕长度之和与元件等效直径之比所得的乘积之和，不得超过最大划痕级数。

当元件的质量指标要求划痕级数为 20# 或优于此等级时，元件表面不允许有密集划痕，即在元件表面任何一个直径为 6.35mm 的圆形区域内不允许有 4 条或 4 条以上大于或等于 10# 的划痕。

对于圆形元件不允许有 20# 级数以上与直径相等的划痕，对于方形元件不允许有 20# 级数以上贯穿元件的划痕。当两条或多条划痕之间间隔小于 0.1mm 时，划痕合并为 1 条计算，合并后的划痕长度从划痕开始到划痕结束，宽度取划痕的外边。

3) 有关麻点的规定

麻点的级数取允许疵病的实际直径。如果麻点形状不规则，则应取最大长度和最大宽度的平均值作为直径，规定以 1/100mm 作为计量单位。

当元件上存在超过表面质量要求的麻点级数时，元件不合格。元件上每 20mm 直径范围内，只允许有 1 个最大麻点。元件上每 20mm 直径范围内，所有麻点直径的总和不得超过最大麻点直径的 2 倍。当麻点的质量要求为 10#或优于此等级时，任何两个麻点的间距必须大于 1mm。当出现密集麻点时，以麻点聚集的外围圈直径为麻点的大小。小于 2.5μm 的麻点略去不计。

【实验内容】

(1) 拿取各种光学元件。
(2) 清洁各类光学元件。
(3) 检查光学元件的崩边。

(4) 检测光学透镜、棱镜、反射镜、滤光片、偏振片的光洁度，将数值填入表 8-1-3 中。

(5) 包装与储存光学元件。

表 8-1-3 光学器件简单验伤，测算疵病尺寸

	崩边(有/无)	麻点/气泡	擦痕	合格(是/否)
透镜 1				
透镜 2				
反射镜 1				
反射镜 2				
偏振片 1				
偏振片 2				
棱镜 1				
棱镜 2				
滤光片 1				
滤光片 2				

注意：测量前先观察，需要清洁的元件可以先进行清洁操作，再检查光洁度。

【思考题】

1. 请总结光学器件取用与清洁的注意点(归纳三点即可)。
2. 简述显微镜使用方法及显微镜放大倍率计算公式。

实训工位 2 光学元件外形与面形检测(Ⅰ)

光学元件在加工和装配时，不仅对元件的材料有要求，对其几何尺寸和偏差也有一定的要求。本实训工位主要训练学生借助量具、光学平晶等进行光学元件外形尺寸检测，并了解光学元件图纸标注外形尺寸的方法。

【实验目的】

1. 掌握选择正确的测量工具测量光学元件的外形尺寸。
2. 熟悉光学元件外形尺寸检验方法。
3. 熟悉平面光学元件面形检测。

【实验仪器】

待测透镜，游标卡尺，螺旋测微器，高度仪，光学平晶，显微镜。

【实验方法】

1. 测量工具介绍

1) 游标卡尺

游标卡尺(图 8-1-6(a))是一种比较精密的量具，其中数显游标卡尺(图 8-1-6(b))是以数字显示测量示值的长度测量工具。在测量中游标卡尺通常用来测量精度较高的元件，其测量精度可以达到 0.01mm。它可测量光学元件的内径、外径、深度、台阶等。

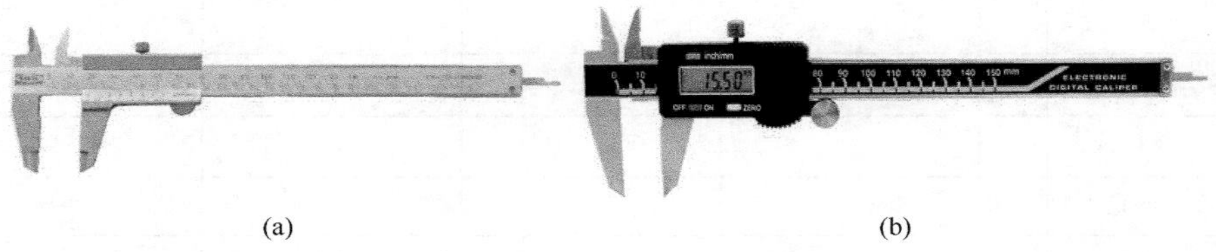

(a)　　(b)

图 8-1-6　(a) 游标卡尺；(b) 数显游标卡尺

2) 外径千分尺

外径千分尺(图 8-1-7(a))和数显外径千分尺(图 8-1-7(b))也叫螺旋测微器，常简称为千分尺。它是比游标卡尺更精密的长度测量量具，其微调丝杆可增加 1 位估读值，使测试数据更准确，测量精度可以达到 0.001mm，可用于测量光学器件的外径等。

3) 高度计

高度计(图 8-1-8)是针对众多工业应用领域及检测机构测量高度的高精度仪器，测量精度可以达到 0.001mm，可用于检测光学器件高度等。

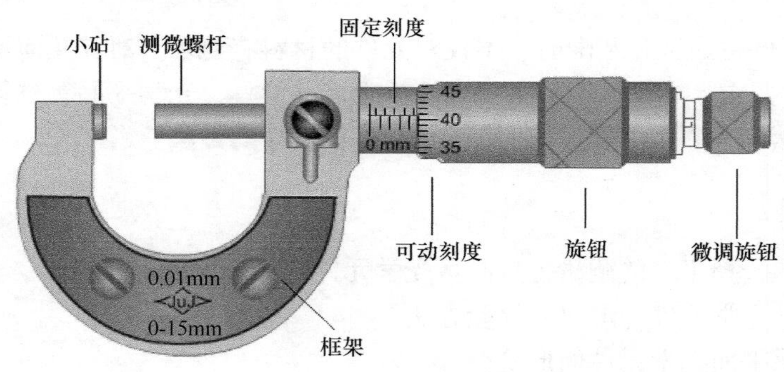

(a)

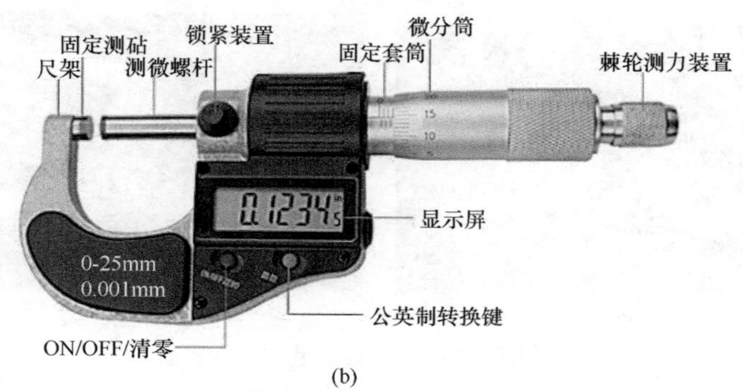

(b)

图 8-1-7　(a) 外径千分尺；(b) 数显外径千分尺

4) 光学平晶

光学平晶(图 8-1-9)是用光学玻璃或石英玻璃制造的，其光学测量平面是表面粗糙度和平面度误差都极小的玻璃平面，将具有平面的光学元件放置在其上方，配合高度计，能够辅助测量平面光学元件厚度，也能够利用光波干涉法测量平面度误差。测量时，将平晶平面与被测表面平行放置且形成小楔角，当单色光源光线垂直于被测表面照明时，且平晶与被测表面间的间隙很小，则由平晶测量面反射的光线与被测表面反射的光线在测量面发生干涉而形成明暗相间的干涉条纹。如干涉条纹平直，相互平行且分布均匀，则表示被测表面的平面度很好；如干涉条纹弯曲，则表示平面度不好。干涉条纹的位置与光线的入射角有关。

图 8-1-8　高度计

图 8-1-9　光学平晶

2. 光学检测的基本方法

(1) 测量透镜、棱镜、窗口等光学元件的外形尺寸时，注意拿取元件的方法，可参见实训工位 1 的相关内容。

(2) 检测时，选用合适的量具进行测量。量具应轻触元件的边缘或表面，不能过于用力，高度仪释放时轻触元件表面进行读数(图 8-1-10)。

(3) 非数显型仪器读数时应根据量具的测量精度进行估算读数。

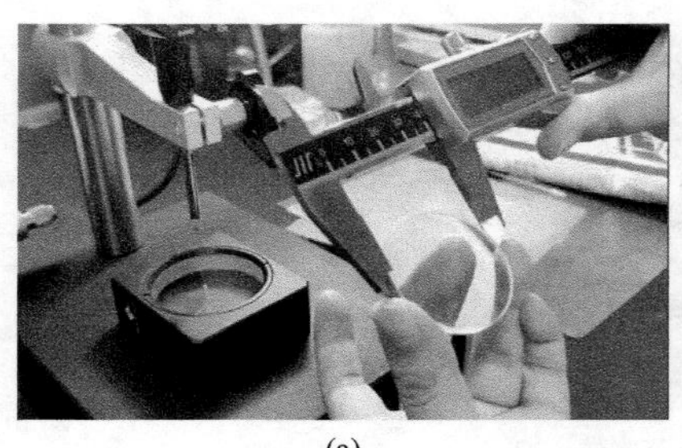

(a)

(b)

图 8-1-10　量具测量方法示意图

3. 光学元件的尺寸标注方法

1) 透镜、分划板等圆形光学零件应标出下列有关尺寸和公差

①零件表面的曲率半径；②外圆直径及公差；③中心厚度及公差；④倒角尺寸及公差；⑤光学零件的表面为平面时，通常不标注或标注为 R_∞。

2) 棱镜及其他非圆形光学零件图纸上应标注出下列有关尺寸及误差

①零件的直线尺寸和角度及公差；②倒角尺寸及公差；③零件表面通光区域尺寸。

注：棱镜零件图上若未画出棱的倒角图形，则所标注的尺寸一律是到尖棱的尺寸，标注棱镜角度公差时，一般注在锐角上。

3) 对倒角的标注

光学零件图上一般用图形和文字表明倒角要求。若图面上的倒角尺寸小于2mm，一般不绘制出实际倒角图形，只需在倒角处引出细实线，标注其倒角尺寸，不允许倒角的棱线，应用细实线引出，并注明“尖棱”(现在一般标注的是“倒脊不可”)，若在同一图形上所有或部分倒角尺寸均相同，则只需用文字在技术要求中注明“全部倒角”或“其余倒角”“未注倒角”。

4) 简单的三视图(主视图、俯视图、左视图)

【实验内容】

1. 选择适当的工具，检测透镜外形尺寸并填入表 8-1-4 中。

表 8-1-4　透镜外形尺寸数据记录表　　(单位：mm)

测量项目 / 测量次数	φ(直径)	D(中心厚)	D(边缘厚)	透镜类型
第一次				
第二次				
第三次				
平均值				

2. 选择适当的工具，检测棱镜外形尺寸并填入表 8-1-5 中。

表 8-1-5　棱镜外形尺寸数据记录表　(单位：mm)

测量项目 / 测量次数	长	宽	高	棱镜类型
第一次				
第二次				
第三次				
平均值				

3. 检测窗口外形尺寸，画出其三视图，并标注部件尺寸填入表 8-1-6 中。

表 8-1-6　窗口外形尺寸数据记录表　(单位：mm)

测量项目 / 测量次数	长	宽	高	窗口内径	窗口厚度
第一次					
第二次					
第三次					
平均值					

【参考文献】

[1] 李士贤, 李林. 光学设计手册(修订版). 北京: 北京理工大学出版社, 1996.
[2] 宋菲君, 陈笑, 刘畅. 近代光学系统设计概论. 北京: 科学出版社, 2019.

实训工位 3　光学元件外形与面形检测(Ⅱ)

本工位主要是使用光学自准直仪对光学元件容易损坏的抛光面形进行非接触检测。学生可以学习光学自准直仪的原理和使用方法，能利用光学自准直仪测量棱镜角度公差、平行差和塔差等指标。

【实验目的】

1. 掌握光学自准直仪的工作原理和使用方法。
2. 熟悉利用光学自准直仪测量棱镜的公差、平行差和塔差等。

【实验仪器】

光学自准直仪，标准量块，平晶，待测棱镜等。

【实验方法】

光学自准直仪简介如下。

1) 光学自准直仪

光学自准直仪是一种光学测角仪器。它是利用光学自准直原理来观测目标位置的变化，广泛应用于直线度和平面度的测量。它和多面棱镜、标准量块等配合可以检测分度机构的分度误差，此外还可以测量零部件的垂直度和平行度等。自准直仪的结构如图 8-1-11 所示。

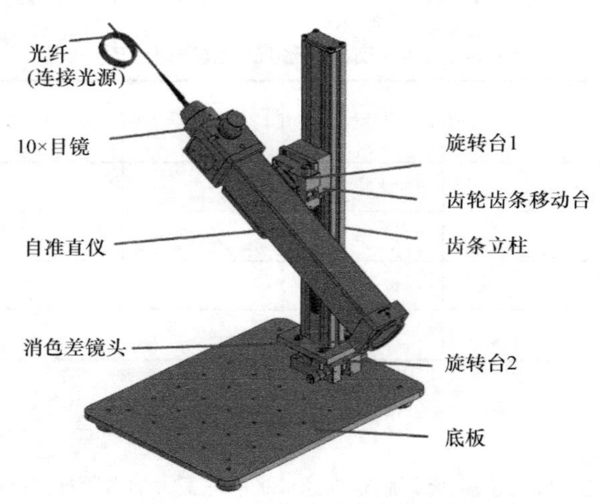

图 8-1-11　光学自准直仪的结构

2) 光学自准直仪的分类

由于分划板和各个光学元件的位置、结构不同，自准直仪分为高斯型自准直仪、阿贝型自准直仪、双分划板型自准直仪三种基本光路。本实训采用双分划板系统。

3) 自准直仪测量棱镜误差参数的原理

如图 8-1-12 所示，光线通过位于物镜焦平面的分划板后，经物镜形成平行光。平行光被垂直于光轴的反射镜反射回来，再通过物镜后在焦平面上形成分划板标线像与标线重合。当反射镜倾斜一个微小角度α时，反射回来的光束就倾斜 2α。

自准直仪的光学系统：由光源发出的光经分划板、半透反射镜和物镜后射到反射镜上。如反射镜倾斜，则反射回来的十字标线像偏离分划板上的零位的距离 t。

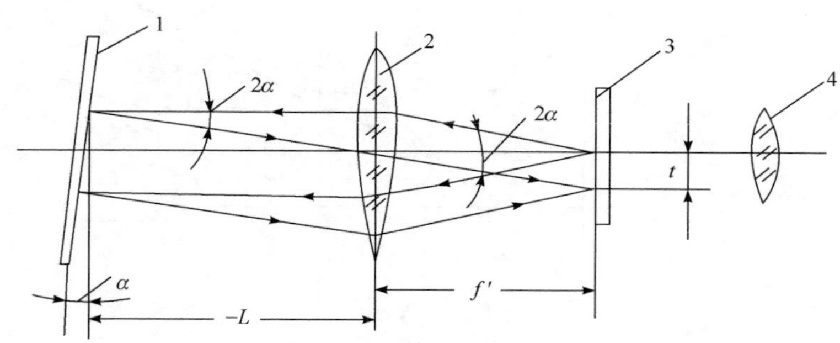

图 8-1-12　自准直光管原理图

1. 分划板；2. 物镜；3. 反射镜；4. 透镜

十字线与其倒像错开距离 t 为

$$t = f\tan 2\alpha \tag{8-1-1}$$

其中，f 为焦距；α 为偏角；t 为偏离量。当 α 值很小时

$$t = 2f\alpha \tag{8-1-2}$$

$$2\alpha = \frac{t}{f} \tag{8-1-3}$$

A. 平面光学窗口平行度误差检测原理

由图 8-1-13 可知，两个平面的夹角为 θ，设入射光线垂直入射，则在第二个面上的入射角为 θ，所以反射到第一个面上的光线入射角为 2θ。根据折射公式 $n\sin 2\theta = n'\sin\varphi$ (n 为玻璃折射率，n' 为空气折射率)，若角度很小，则 $\theta = \varphi/2n$。

由图可知，两反射像的夹角为 φ。由公式(8-1-1)可知，每 0.1mm 代表 0.9s。将得到的距离 t 值代入公式 $\theta = \dfrac{t}{2nf}$ 可得到 θ。

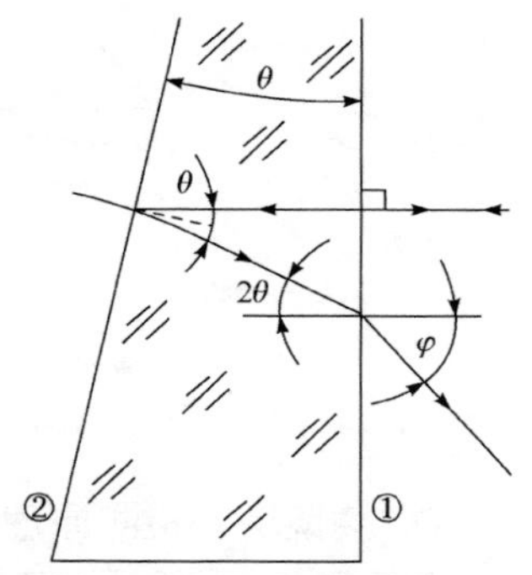

图 8-1-13　平面光学窗口平行度误差检测原理图

①、②为镜面

B. 分光棱镜分光角度误差检测原理

如图 8-1-14 所示，假设分光棱镜底面棱的夹角为 α，分光棱镜的分光角度为 θ。根据 $n\sin 2\alpha = n'\sin\varphi$，则 $\alpha=\varphi/2n$。由光路图可知，$\theta = n\alpha - \alpha + 90° = \dfrac{\varphi(n-1)}{2n} + 90°$。由公式(8-1-1)可知每 0.1mm 代表 0.9s。

将得到的距离 t 值代入公式 $\theta = \dfrac{t}{4nf}$ 可得 θ。

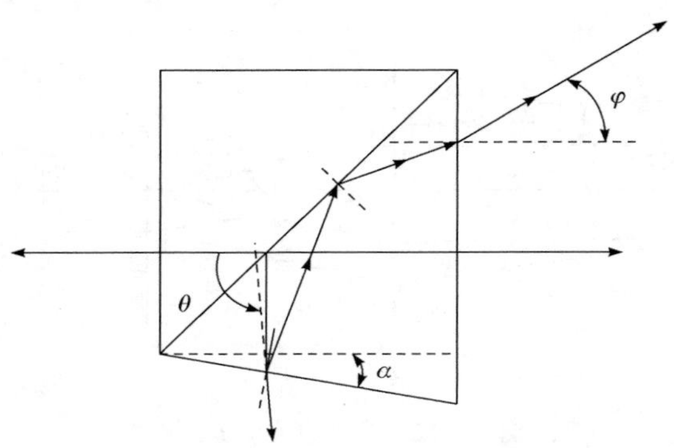

图 8-1-14　分光棱镜分光角度误差检测原理图

C. 直角棱镜 90°误差检测原理

如图 8-1-15 所示，由光线在棱镜中的传播规律可知，当偏角为 θ 时，经过一次反射后入射角为 2θ。根据 $n\sin 2\theta = n'\sin\varphi$，得 $\theta = \dfrac{\varphi}{2n}$。由图可知，两反射像的夹角为 φ。由公式(8-1-1)可知，每 0.1mm 代表 0.9s。将得到的距离 t 值代入公式 $\theta = \dfrac{t}{4nf}$ 可得到 θ。

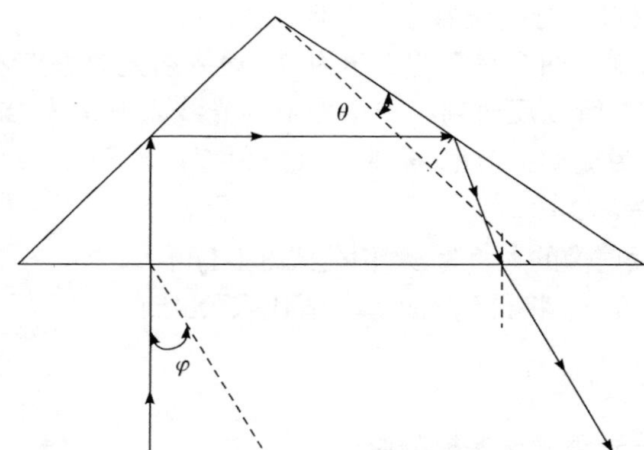

图 8-1-15　直角棱镜 90°误差检测原理图

D. 棱镜塔差检测原理

如图 8-1-16 所示，已知棱镜的偏角为 θ，经过角度推导，得到两个反射像的偏角为 4θ。将得到的距离 t 值代入公式 $4\theta = \dfrac{t}{f}$ 就可以算出 θ。

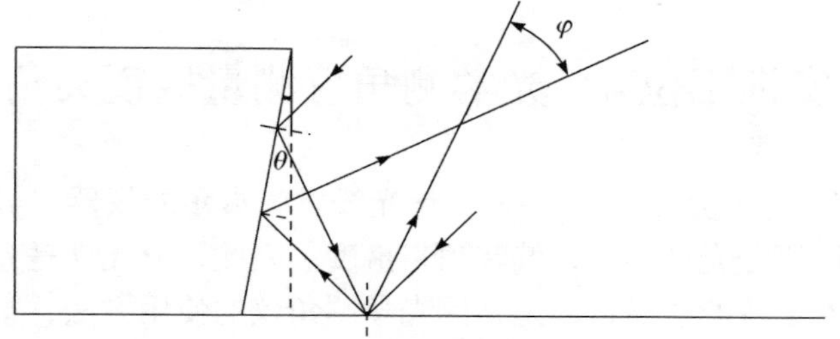

图 8-1-16　棱镜塔差检测原理图

E. 标准量块比较法测量棱镜角度误差的原理

标准量块：度量块是一种角度计量基准，能在两个具有研合性的平面间形成准确角度的量规。利用角度量块附件把不同角度的量块组成需要的角度，常用于检定角度样板和万能角度尺等，也可用于直接测量工件的角度。

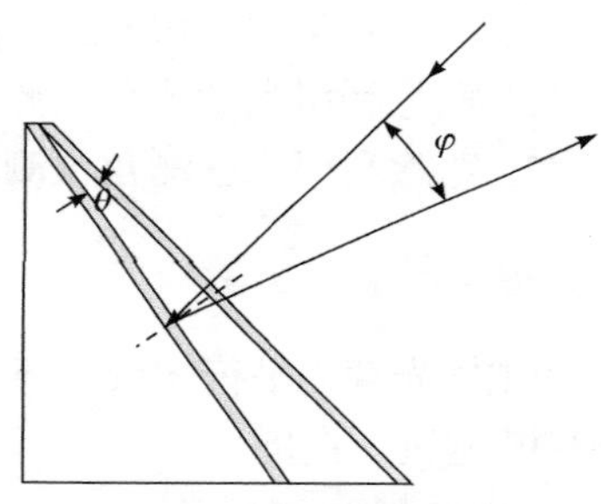

图 8-1-17　比较法测量误差原理图

由图 8-1-17 可知，棱镜和标准量块相差 θ，设入射光线垂直入射，则入射角为 θ，所以两个十字像相差 2θ。由公式(8-1-1)可得每 0.1mm 代表 0.9s。将所得十字像的距离 t 可算出 θ。

【实验内容】

将光纤光源打开，将自准直仪调成与待测光学元件合适的角度，使其可以在目镜中找到两个反射的十字叉丝像(图 8-1-18)，记录两个十字叉丝像的距离 t，代入相应的计算公式求得 θ。本工位分别完成下列检测：

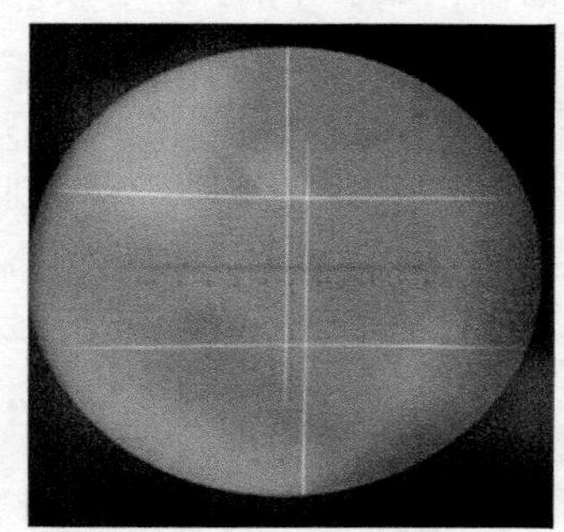

图 8-1-18　十字叉丝像

(1) 平面光学窗口的平行度误差检测；

(2) 分光棱镜分光角度误差测量；

(3) 直角棱镜 90°角误差测量；

(4) 直角光学元件塔差测量；

(5) 比较法测量 45°棱镜角度误差(其他如 30°、60°)。

【参考文献】

[1] 郁道银, 谈恒英. 工程光学. 北京: 机械工业出版社, 2006.

实训工位 4　光学测角仪测量棱镜夹角

光学测角仪(也称分光计)是一种测量光线之间夹角的仪器。折射率、光波长等物理量也可以用分光计的光线偏转角来量度。因此，分光计是光学实验中的一种基本仪器。本工位的主要目的是掌握光学测角仪的使用方法，学会利用测角仪测量棱镜角度和棱镜折射率。

【实验目的】

1. 掌握光学测角仪的工作原理和使用方法。
2. 熟悉利用光学测角仪测量棱镜角度。
3. 熟悉利用光学测角仪测量折射率。

【实验仪器】

LED 光源，平行光管，环带光阑，被测透镜($\phi = 40\text{mm}$，$f' = 200\text{mm}$)，刀口，CMOS 相机，白屏。

【实验方法】

光学测角仪是一种测量光线夹角的基本仪器。通常由光线夹角还可推导出折射率、光波长等物理参量。此外，分光计还具备多种扩展功能，如在分光计的载物台上放置色散棱镜或衍射光栅就成为一台简单的光谱仪；如果和偏振片、波片及光电探测器配合，还可以对光的偏振现象进行定量研究。

光学测角仪结构如图 8-1-19 所示，主要包括基座、平行光管、望远镜、载物台和刻度圆盘等。望远镜为阿贝自准式望远镜，由目镜、全反射棱镜、叉丝分划板和物镜组成。平行光管的主要部件是会聚透镜和狭缝。

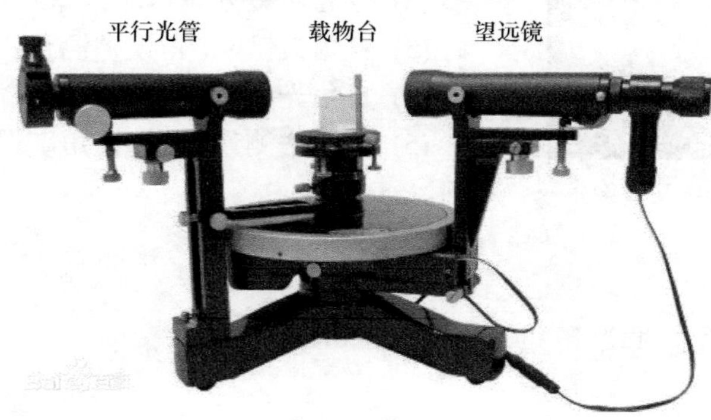

图 8-1-19　光学测角仪的结构图

【实验内容】

1. 分光计测量三棱镜顶角

将三棱镜放置在载物台上，转动载物台，使三棱镜顶角对准平行光管，让平行光管射出的光束照在三棱镜两个折射面上(图 8-1-20)。将望远镜转至位置Ⅰ处观测反射光，调节望远镜微调螺丝使望远镜竖直叉丝对准狭缝像中心线；再分别从两个游标(设左游标为 A，右游标为 B)读出反射光的方位角 θ_1、θ_2；然后将望远镜转至位置Ⅱ处观测反射光，用相同方法读出反射光的方位角 θ_1' 、 θ_2'。

如果实际光路图如图 8-1-21 所示，那么可以证明得到

$$\varphi = \angle A + \angle 1 + \angle 2$$

$$\angle A = \angle 1 + \angle 2$$

$$\angle A = \frac{1}{2}\varphi$$

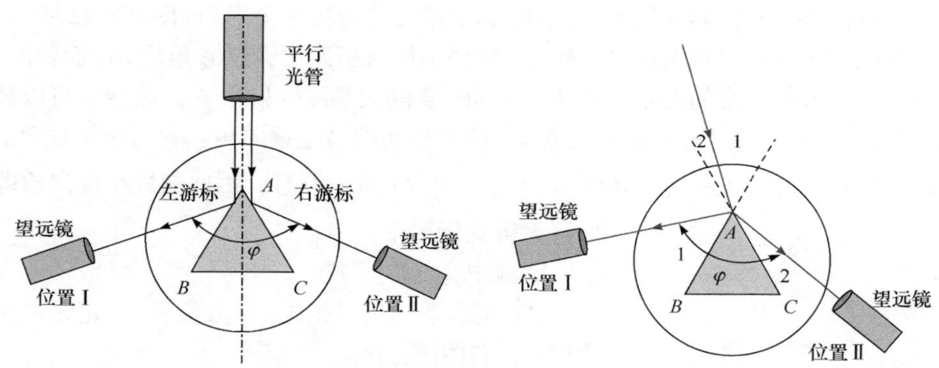

图 8-1-20　分光计测量三棱镜顶角的示意图　　图 8-1-21　光线斜入射三棱镜顶角的示意图

举例说明，在实验中望远镜游标读数如表 8-1-7 所示。

表 8-1-7　望远镜游标读数

望远镜位置	游标(左)	游标(右)
位置Ⅰ	θ_1=175°45′	θ_2=355°48′
位置Ⅱ	θ_1'=295°43′	θ_2'=115°44′

由左游标读数可得到望远镜转角为

$$\varphi_{左} = \theta_1' - \theta_1 = 119°58'$$

由右游标读数可得到望远镜转角为

$$\varphi_{右}=360°-\left|\theta_2'-\theta_2\right|=119°56'$$

$\varphi_{右}\neq\varphi_{左}$说明有偏心差，故望远镜实际转角为

$$\varphi=\frac{1}{2}\left(\varphi_{左}+\varphi_{右}\right)=119°57'$$

根据$A=\varphi/2$的关系，即可求出棱镜顶角。

学生可根据自己所采集数据，填写表 8-1-8。

表 8-1-8　实验数据记录表

望远镜位置	θ_1	θ_2	转角φ	棱镜角A
Ⅰ	θ_1=	θ_2=		
Ⅱ	θ_1' =	θ_2' =		

2. 用分光镜检测光学元件的最小偏向角求折射率

三棱镜是分光仪器中的色散元件，其主截面是等腰三角形，如图 8-1-22 所示。光线以入射角i_1投射到棱镜AB面上，经棱镜两次折射后，以i_2角从AC面射出，出射光线与入射光线的夹角δ称为偏向角。δ的大小随入射角i_1而改变。可以证明，当i_1=i_2时，偏向角为极小值$\delta_{\min}$，称为棱镜的最小偏向角。它与棱镜顶角A和折射率n之间的关系为：$n=\sin\left[\left(\overline{\delta}_{\min}+\overline{A}\right)/2\right]/\sin\left(\overline{A}/2\right)$，因此测最小偏向角即可计算得到折射率。

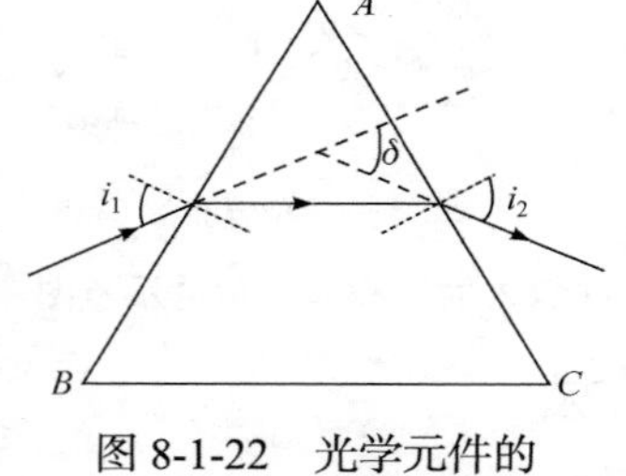

图 8-1-22　光学元件的最小偏向角示意图

实验中，

(1) 望远系统正对光源，定为位置Ⅰ，记录左侧游标θ_1，右侧游标θ_2。

(2) 居中放置棱镜，旋转载物台观察折射光线移动方向，当与初始光源方向夹角最小时定为位置Ⅱ，记录左侧游标θ_1'，右侧游标θ_2'。自行设计表格记录实验数据，计算最小偏向角，求折射率。

【注意事项】

为了保持仪器的精度，减少故障，延长使用寿命，必须对仪器做好维护保养工作。狭缝机构制造精细，调整精密，没有必要时不宜拆卸调节，以免由于调节不当而影响精度。

【思考题】

测棱镜顶角的方法还有哪些？

实训工位 5　光学系统焦距与传递函数检测

透镜是最基本的光学元件之一，其成像规律是许多光学仪器的设计依据。焦距是透镜的重要参数之一，测定焦距是最基本的光学实验。学生通过该工位掌握光具座上各元件的共轴等高调节，了解光学实验和使用光学仪器的一般规则，用不同的方法测定凸透镜和凹透镜的焦距，并通过软件计算透镜焦距。

光学传递函数表征光学系统对不同空间频率的目标的传递性能，广泛用于对透镜系统成像质量的评价。它是在傅里叶分析理论的基础上发展起来的。最早在 1938 年，德国人弗里塞对鉴别率法进行了改进，提出用亮度呈正弦分布的分划板来检验光学系统，并且证实了这种鉴别率板经照相系统成像后像的亮度分布仍然是同频率的正弦分布，只是振幅受到了削弱。1946 年法国科学家 P. M. Duffheux 正式出版了一本阐述傅里叶方法应用于光学中的书，并首次提出传递函数的概念，从此开拓了像质评价的新领域。

【实验目的】

1. 熟悉光学焦距仪的使用与光学元件的焦距检测。
2. 熟悉光学系统传递函数的检测。

【实验仪器】

平行光管，分划板，待测透镜(凸透镜)，CMOS 相机。

【实验方法】

1. 光学焦距仪测透镜焦距原理

光学焦距仪的工作原理见本书实验 2.1。实验中测量凸透镜焦距和凹透镜焦距的光路图如图 8-1-23 和图 8-1-24 所示。

测量凹透镜焦距需要将一自准直透镜组与待测凹透镜组成伽利略望远系统，通过测量 CCD 中采集到的望远系统中的像对距离，即可求得凹透镜的焦距。

$$f'_x = -\frac{y'}{y} f_{\circ} \tag{8-1-4}$$

2. 光学系统分辨率及分辨率板

光学成像系统的成像质量必须经过实践检验。对于采用什么样的方法或手段来正确评价和检验光学系统的成像质量显得尤为重要。人们先后提出了传递函数法、瑞利判断法、分辨率法、点列图法等，其中星点法、点列图法都带有一定的主观性，光学传递函数方法能对像质做出更为全面的评价。分辨率法由于指标单一且便于测量，在光学系统的像质检测中得到了广泛应用。

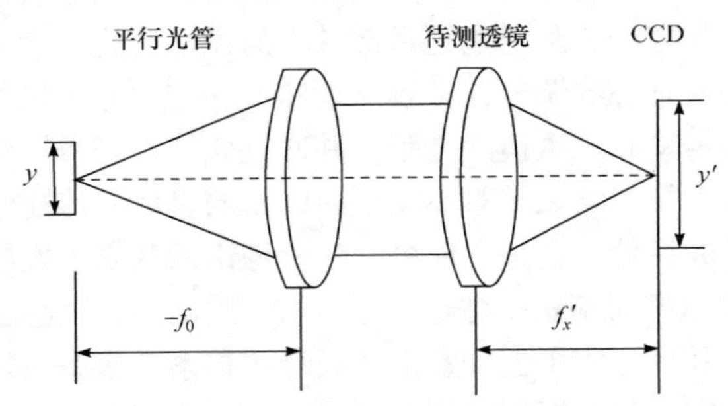

图 8-1-23 凸透镜焦距测量光路图

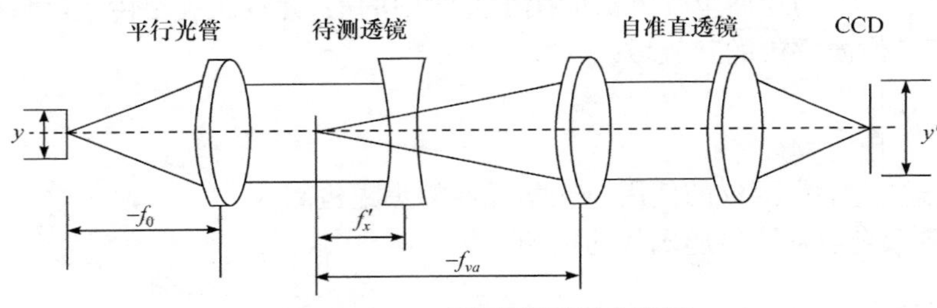

图 8-1-24 凹透镜焦距测量光路图

1) 瑞利判据

一个发光物点经过光学系统成像，即使是理想的光学系统，由于光的衍射，所成的像已不再是一个点而是一个衍射像。聚焦像最亮光斑称为艾里斑。如果有两个发光物点，则经过光学系统后形成两个上述这样的亮斑。瑞利指出：能分辨的两个等亮度点间的距离对应艾里斑的半径，即一个亮点的衍射图案中心与另一个亮点的衍射图案的第一暗环重合时，这两个亮点能被分辨，如图 8-1-25 所示。

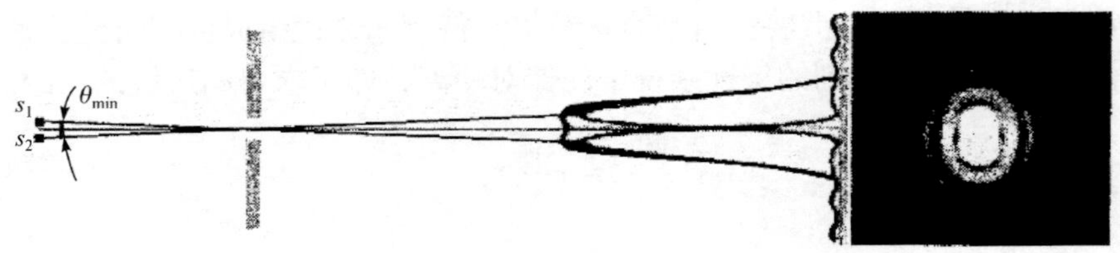

图 8-1-25 两个亮点刚能分辨示意图

若在两个衍射图案光强分布的叠加曲线中有两个极大值和一个极小值，其极大值与极小值之比为 1∶0.735，这与光能接收器(如眼睛或照相底版)能分辨的亮度差别相当。若两亮点更靠近，接收器就不能再分辨出两点了，如图 8-1-26 所示。

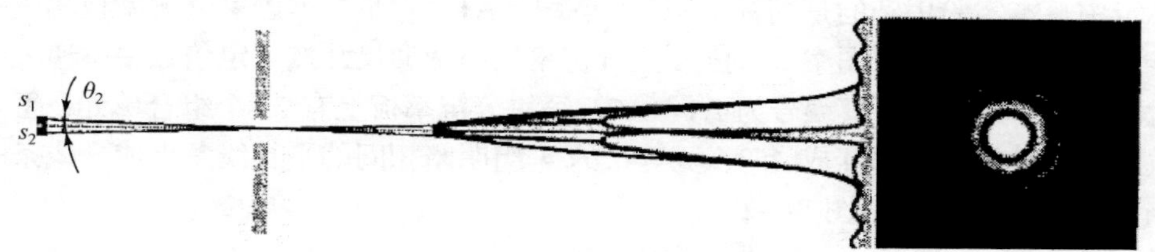

图 8-1-26　两个亮点不能分辨示意图

2) 镜头分辨率的测量

在一个固定的平面内，分辨率越高，意味着可使用的点数越多，这是判断镜头好坏的一个重要指标。镜头的分辨率一般用单位距离中能分辨的线对数(如每毫米线对数：lp/mm)来表示。在没有像差的理想情况下，艾里斑的大小与光的波长和通光口径有关，其艾里斑半角：$\sin\theta = 1.22\lambda / D$，其中$\lambda$是光波长，$D$ 是通光直径。在某些特定的场合，对分辨率要求非常高的情况下，艾里斑影响分辨率就不可忽视。按照光的衍射理论和瑞利判据的定义，在没有像差的条件下，镜头的分辨率仅与镜头的相对孔径有关，若以能分辨的两点距离来表示，则有

$$\sigma = \frac{1.22\lambda f}{D} \tag{8-1-5}$$

镜头的分辨率通常用每毫米能分辨的线对数 N_1 来表示，此时有

$$N_1 = \frac{1}{\sigma} = \frac{D}{1.22\lambda f} \tag{8-1-6}$$

值得注意的是，系统的分辨率是一个整体的概念，它由镜头的分辨率和 CCD/CMOS 芯片的分辨率两部分组成。设镜头的分辨率为 N_1，CCD/CMOS 芯片的分辨率为 N_P，则系统的分辨率 N 可由如下公式来表示：

$$\frac{1}{N} = \frac{1}{N_1} + \frac{1}{N_P} \tag{8-1-7}$$

其中，CCD/CMOS 芯片的分辨率 N_P 可根据其像元大小计算得到。光学系统分辨率的测量就是根据以上原理，将分辨率板作为目标物放在物平面位置。计算机通过 CCD/CMOS 采集被测镜头像平面上的分辨率板的像，通过图像处理技术和 CCD/CMOS 芯片像元的大小，分析所得图像的灰度分布，从而以刚能分辨开两线之间的最小距离σ (mm)的倒数为系统的分辨率 N，可以算出镜头的分辨率 N_1。

3) 分辨率板

分辨率板广泛用于光学系统的分辨率、景深、畸变的测量及机器视觉系统的标定中。本实验用到的是国标 A 型分辨率板 A1，它是根据国家分辨率板相关标准设计的分辨率测试图案。一套 A 型分辨率板由图形尺寸按一定倍数关系递减的七块分辨率板组成，其编号为 A1～A7。每块分辨率板上有 25 个组合单元，每一线条组合单元由相邻互成 45°、宽等长的 4 组明暗相间的平行线条组成，线条间隔宽度等于线条宽度(图 8-1-27)。

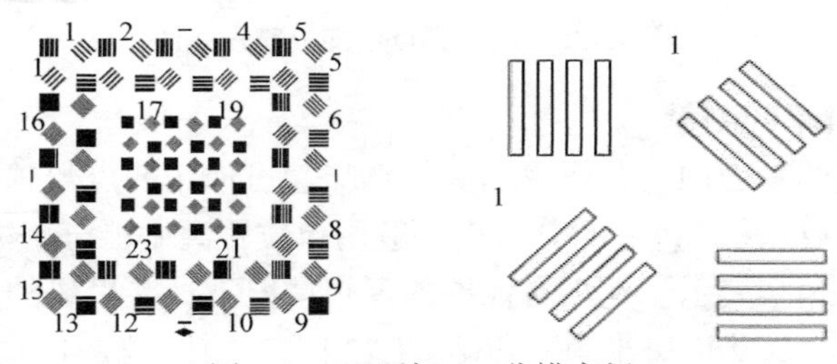

图 8-1-27　国标 A1 分辨率板

调制传递函数 MTF 的测试方法按共轭方式的不同，可以分为有限共轭和无限共轭两种，如图 8-1-28 所示。有限共轭系统是指物体在待测镜头前面一个有限距离并且在待测镜头后一个有限距离形成物体的实像。有限共轭透镜的应用实例包括照相放大镜头、超近摄镜头、光纤面板、显像管和影印镜头等。对于有限共轭系统，放大率等于图像高度除以物体高度。无限共轭系统要用准直仪将目标物

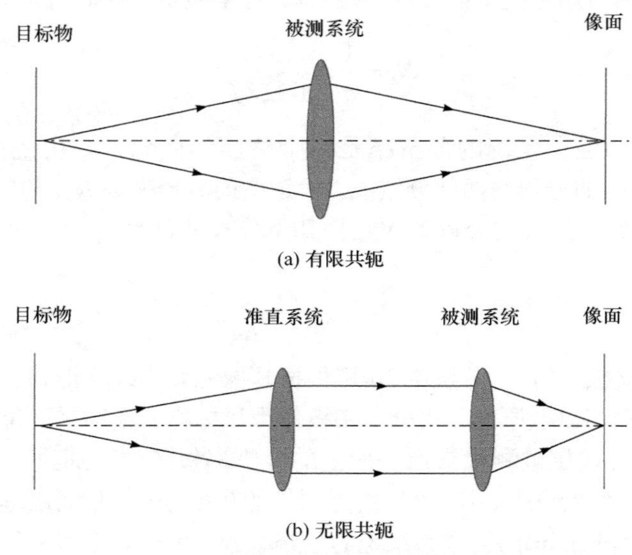

(a) 有限共轭

(b) 无限共轭

图 8-1-28　有限共轭和无限共轭系统示意图

呈现在待测镜头上，像平面的图像尺寸可以由物体宽度、准直仪焦距和待测镜头焦距计算。

狭缝法测试 MTF 的原理就是采用狭缝对一个被测光学系统成像，对于采集到的带有原始数据和噪声的图像信号进行数字化和去噪处理，之后进行傅里叶变换取模得到包括目标物在内的整个系统的 MTF，最后对影响因素进行修正，得到最终被测系统的 MTF。对于无限共轭光学系统，这个影响因素主要包括目标狭缝、准直系统、中继物镜和 CCD/CMOS 各部分本身的 MTF；对于有限共轭光学系统，则主要是狭缝和 CCD/CMOS 的影响。

【实验内容】

1. 凸透镜焦距检测

实验步骤见本书实验 2.1。将实验数据填入表 8-1-9 中。

2. 凹透镜焦距检测

将平行光管、CMOS 相机、2 个自准直透镜($\phi = 40$mm，$f' = 150$mm)(双凸透镜)、待测凹透镜放置在平行导轨上。调整光路，确保各元件光路共轴和清晰成像。3 次测量求取平均值，填入表 8-1-9 中。

表 8-1-9 凸透镜与凹透镜的焦距检测数据采集表 (单位：mm)

测量次数	截取线距	计算焦距	平均焦距
第一次			
第二次			
第三次			

3. 基于线扩散函数测量光学系统 MTF 值

(1) 搭建光学系统，将平行光管、待测透镜和 CMOS 相机放置在导轨滑块上，调节所有光学器件共轴。

(2) 运行实验软件，选择“采集模块”中的“采集图像”，调整相机和透镜间的距离，使成像最清晰。如图像亮度和对比度不够，可以适当调节软件采集模块的增益和曝光时间。

(3) 选择实验软件中的“MTF 测量”功能模块，随后点击“选取线扩散函数”和“计算 MTF”，便可得到被测透镜的 MTF 图。

【参考文献】

[1] 郁道银, 谈恒英. 工程光学. 北京: 机械工业出版社, 2006.
[2] 贺顺忠. 工程光学实验教程. 北京: 机械工业出版社, 2007.
[3] Goodman J W. Introduction to Foufier Optics. New York: McGRAW-HILL, 1968.
[4] Boreman G W. Transfer Function Techniques, Handbook of Optics, vol. II. New York: McGRAW-HILL 2009.
[5] Bass M, Van Stryland E W, Williams D R, et al. New York: McGRAW-HILL, 1995.

实训工位 6　偏振与分光元件的光学特性检测

振动方向对于传播方向的不对称性叫做偏振。光波的偏振和其在光学各向异性晶体中的双折射现象是证明光波是横波的有效证据，也是其区别于纵波的最明显标志之一。光在传播过程中的不同振动方向增加了一个可被控制的自由度，可以通过适当的光路安排或者特殊材料、镀膜等光学元件进一步将偏振状态的变化转换成传播方向、相位、频率及光强的改变，通过测量光强等参量的变化获得某些特殊光学元件的分光比和消光比等物理特性。

【实验目的】

1. 熟悉常见的偏振光学元件和分光元件。
2. 掌握偏振元件的消光比检测方法和分光元件的分光比检测方法。
3. 熟悉光学元件的衍射现象，掌握其衍射效率检测方法。

【实验仪器】

激光器，偏振片，分光棱镜，激光功率计。

【实验方法】

1. 偏振光和自然光

光一般可以分为自然光、偏振光和部分偏振光。其中自然光的光矢量在各个方向上的振动概率和大小相同。光矢量的方向和大小有规则变化的光称为偏振光，又分为线偏振光、圆偏振光和椭圆偏振光。自然光在传播中由于某些外界因素的影响，造成各个振动方向强度不等，某一方向的振动比其他方向占优势，就是部分偏振光。

2. 偏振光学元件及其消光比检测

一般光源发出的光不是偏振光，必须通过一定的途径才能够从非偏振光中获取偏振光。从自然光中获取偏振光的方法主要包括：①反射和折射产生偏振光；②由二向色性材料产生线偏振光；③双折射晶体产生线偏振光。

能够将自然光变为偏振光的器件称为起偏器，用于检验偏振光的器件称为检偏器。根据马吕斯定律，一束强度为 I_0 的线偏振光通过检偏器后的强度为

$$I = I_0 \cos^2 \alpha \tag{8-1-8}$$

其中，α 为线偏振光的偏振方向与检偏器的透光轴之间的夹角，如图 8-1-29 所示。

由上式可知，当两偏振器透光轴平行时(α=0°)，透射光强最大 I_0；当两偏振器透光轴相互垂直时(α=90°)，如果偏振器是理想的，则透射光强为零，没有光从检偏器出射，称此时检偏器处于消光位置，同时说明从起偏器出射的光是完全线偏振光；当两偏振器相对转动时，随着α的变化，可以连续改变透射光强。

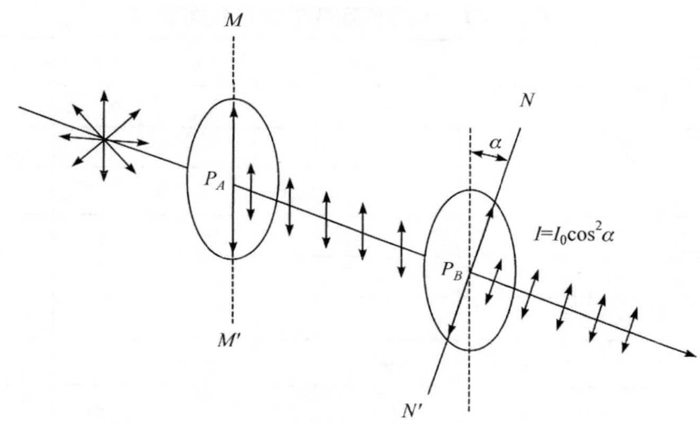

图 8-1-29　马吕斯定律原理图

实际的偏振器件往往不是理想的，自然光透过器件后得到是部分偏振光。因此，即使两个偏振器的透光轴互相垂直，透射光强也不为零。检偏器相对于被测偏振器转动时的最小透射光强与最大透射光强之比称为被测偏振器的消光比，它与最大透过率(透过的最大光强与入射光强之比)是评价偏振器性能的重要参数。消光比越小，最大透射率越大，该偏振器质量越高。

3. 分光光学元件及其分光比检测

将起偏器旋转 3 个不同角度，分别测量偏振分光棱镜和非偏振分光棱镜的分光比，对比两种分光棱镜有什么不同。(偏振分光棱镜分光具有偏振特性，即透 P 反 S，因而其分光比会随着入射光的偏振特性改变而改变，而非偏振分光棱镜则不会受到入射光偏振特性的影响。)

【实验内容】

(1) 测量偏振片消光比(表 8-1-10)。

表 8-1-10 偏振片消光比

光功率	1	2	3	平均值	消光比 $(P_{max}-P_{min})/P_{max}$
P_{max}					
P_{min}					

(2) 马吕斯定律的验证(初始光强 I_0=____________)。

将数据填入表 8-1-11 中，并在此基础上作出马吕斯定律周期变化图。

表 8-1-11 马吕斯定律的验证数据表

两偏振片夹角 θ/(°)	$\cos\theta$	$\cos^2\theta$	功率计示数(测量值)	$I_0\cos^2\theta$(计算值)
90				
80				
…				
10				
0				
–10				
…				
–80				
–90				

(3) 测量分光棱镜的分光比(表 8-1-12)。

表 8-1-12 分光棱镜的分光比

棱镜种类		透射方向光功率	反射方向光功率	分光比
非偏振分光棱镜	1			
	2			
	3			
偏振分光棱镜	1			
	2			
	3			

【思考题】

试分析偏振片和偏振分光棱镜在偏振特性方面的优势和不足。

实训工位 7　基于光学投影技术的镜头参数检测

对于投影机而言，镜头是投影机光路中一个重要元件。投影镜头可分为定焦镜头和变焦镜头。光学镜头的光圈值定义为 $F=f/D$，与焦距 f 成正比，与通光直径 D 成反比。例如针对 f'=50mm 的标准镜头而言，最大的通光直径为 29.5mm，其最大光圈为 F1.7。同一变焦镜头在不同的焦距下，虽然最大的通光直径相同，但是换算之后其最大光圈是不同的。F 值越大，光圈越小，通光亮度越小；反之，F 值越小，光圈越大，通光亮度越大。比如 F2.8 投影机，就是 F4 投影机亮度的 2 倍，是 F5.6 投影机亮度的 4 倍。

【实验目的】

1. 掌握各种光学镜头的分类与特点。
2. 掌握光学投影检测仪的原理与使用方法。
3. 熟悉使用光学投影检测仪快速检测光学镜头的视场角。
4. 熟悉使用光学投影检测仪快速检测镜头的焦距。

【实验仪器】

LED 光源，平行光管，环带光阑，被测透镜(ϕ = 40mm，f' = 200mm)，刀口(放在平移台上)，CMOS 相机，白屏。

【实验方法】

1. 光学镜头分类

从焦距上可分为短焦镜头、中焦镜头和长焦镜头；从视场大小可分为广角、标准和远摄镜头；从结构上可分为固定光圈定焦镜头、手动光圈定焦镜头、自动光圈定焦镜头、手动变焦镜头、自动变焦镜头、自动光圈电动变焦镜头和电动三可变(光圈、焦距、聚焦均可变)镜头等；从接口上可分为 C 型接口、CS 型接口、U 型镜头。

2. JT50-Ⅰ型投影仪简介

JT50-Ⅰ型投影仪是一种检验电视摄像镜头的专用设备，可以方便快速地评价各种电视摄像镜头的像质，具有检验效率高、操作简单、性价比高、结构携带方便、适用范围广等特点。目前该设备已经成为电视摄像镜头的生产厂家、经销商和广大用户的优选设备之一。

3. 光学镜头的参数确定

光学投影检测仪的核心部件为鉴别率板，它的图案设计合理，线条清晰锐利，具有较强的实用性，如图 8-1-30 所示。鉴别率板有五个矩形，其中由内往外数第二、三、四、五个矩形所对应的摄像机靶面格式分别是 1/4″、1/3″、1/2″、2/3″，所对应的视场分别为ϕ4.5mm、ϕ6mm、ϕ8mm、ϕ11mm，找出最大完整矩形即可确定该镜头的视场。

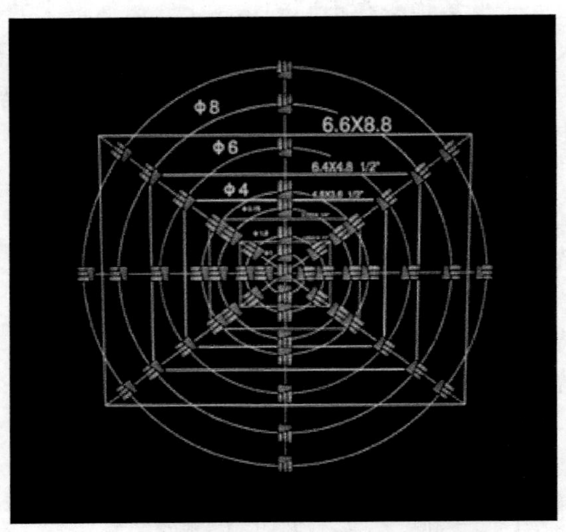

图 8-1-30　鉴别率板的投影图像

1) 焦距粗测

将被测镜头装在投影仪上，此处测量利用相似三角形原理，可以任选投影屏上清晰外接圆为待测目标。例如测量ϕ6mm 圆在投影屏上的投影直径 D，测量镜头至投影屏表面之间的距离 L。将上述数据代入下式得

$$\text{焦距}\qquad f'=6L/D \tag{8-1-9}$$

2) 视场角粗测

测量屏幕上投影图像的视场直径 H(投影最大外接圆直径)及镜头到投影屏之间的距离 L。将上述数据代入下式得

$$\text{视场角}\qquad 2\omega=2\arctan(0.5H/L) \tag{8-1-10}$$

注：用上述方法得到的焦距和视场角为近似值，结果仅供参考。如需这些参数的精确值，应采用其他精确的测量方法。

【实验内容】

1. 粗测镜头焦距

ϕ6mm 圆在投影屏上的投影直径 D=__________。
镜头至投影屏之间的距离 L=______________。
焦距 f'=6L/D，根据公式(8-1-9)得 f'=_______________。

2. 视场角粗测

视场直径 H=__________。
镜头至投影屏之间的距离 L=__________。
根据公式(8-1-10)，得视场半角 ω=__________。

【注意事项】

1. 光轴垂直于屏幕的调节

投影仪的摆放要保持光轴垂直于投影屏幕。可以先把镜头安装到投影仪上，用卷尺测量圆形投影图案的上下左右的半径是否相等，若相等，则说明镜头的光轴与屏幕垂直；若不相等，则可以通过左右摆动投影仪和调整投影仪的三个底座螺钉来达到光轴垂直。

2. 成像面清晰度不均匀的判别

可以将镜头装在光孔夹具上，原地旋转镜头，看不均匀的图像是否会随着镜头的转动而转动，若随着转动，则是镜头问题；若不随着转动，则是装夹的问题。检测镜头像质时，先把中心像质调到最清晰，再看视场的其他位置的像质是否达到合格要求。要保证在中心像质最清晰的情况下整个像面分辨率都达到或者超过验收标准才算合格。

3. 物距的确定

被测镜头在近摄距到无穷远之间的像质都是合格的，可以根据镜头厂家提供的参数，把物距调到从近摄距到十倍焦距的不同位置，分别检测像质，只有各个位置像质都合格，这个镜头才算合格。

实训工位 8　波片的相位延迟检验

在光学技术领域，特别是在偏光技术应用中，光学相位延迟器件是光学调制系统中的重要器件。目前，对光学相位延迟量的测量方法有很多，包括半阴法、补偿法、电光调制法、机械旋光调制法、磁光调制法、相位探测法、光学外差测量法、分频激光探测法、分束差动法等。测量方法的发展经历了由简单到复杂，由直接测量到补偿法测量，由标准波片补偿到电光、磁光补偿。补偿法的一个问题是补偿器本身会带来一定的误差，如标准波片“不标准”，补偿器光轴与测量光束不垂直等。本实验用索列尔-巴比涅(Soleil-Barbinet)补偿器进行相位补偿，测量精度高，适用范围广。

【实验目的】

1. 掌握偏振光学理论。
2. 了解 Soleil-Barbinet 相位补偿器的应用。
3. 熟悉相位延迟测量方法。

【实验仪器】

光源(激光器)，起偏器，待测器件(如波片)，补偿器，检偏器，光探测器。

【实验方法】

索列尔-巴比涅相位补偿器是一款连续可调的宽带零级相位器件，如图 8-1-31 所示，由两块楔角相等、长度不等的晶体楔 A、A'及一块平行平晶 B 组成，可用于产生相位延迟或进行相位补偿。通过改变晶体楔对的组合厚度，从而对透过的任何波长光产生预先给定的相位延迟，获得相位补偿。它可广泛地应用在光谱分析和需要进行相位调节的激光实验中。

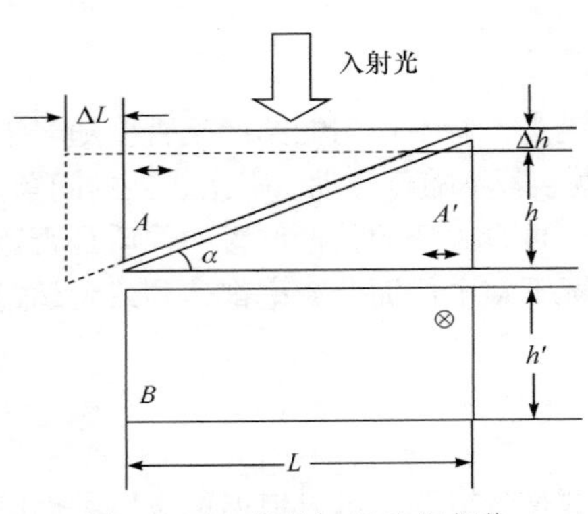

图 8-1-31　索列尔-巴比涅相位补偿器的原理图

索列尔-巴比涅相位补偿器的设计原理：该补偿器的作用类似于一个相位延迟量可调的零级波片，其中两个晶体楔的晶轴相互平行且都平行于折射棱边，可用微动螺旋使其中一个晶体楔做平行移动。平行晶片的晶轴与晶体楔晶轴垂直。当一个晶体楔平移时，在两晶体楔全接触的区域内，它们的总厚度在增减，形成一个厚度可变的石英片，使这个厚度和平行晶片的厚度之间产生任意的差值，从而使 o 光和 e 光之间产生所需要的相位延迟，从而可实现将入射的椭圆或圆偏振光变换为平面偏振光；或通过将补偿器预设为某值，获得所需的偏振态。

设补偿器中的晶体楔厚度为 h，宽为 L，楔角为 α，如图 8-1-31 所示，则

$$h = L\tan\alpha \tag{8-1-11}$$

当晶体楔平移 ΔL 后，沿光束通过方向的厚度改变量为

$$\Delta h = \tan\alpha\Delta L \tag{8-1-12}$$

光通过补偿器后产生的相位延迟量为

$$\begin{aligned}\delta_C &= \frac{2\pi}{\lambda}\left[(n_o - n_e)h + (n_e - n_o)h'\right] \\ &= \frac{2\pi}{\lambda}(n_e - n_o)(h' - h) \\ &= \frac{2\pi}{\lambda}(n_e - n_o)\Delta h \\ &= \frac{2\pi}{\lambda}(n_e - n_o)\Delta L\tan\alpha\end{aligned} \tag{8-1-13}$$

其中，n_o, n_e 分别是晶体发生双折射的 o 光和 e 光对应的主折射率。式(8-1-13)表明光通过补偿器后产生的相位延迟量正比于厚度改变量 Δh，也正比于晶体楔的平移量 ΔL。

【实验内容】

(1) 相位延迟测量的光路元件由光源(激光器)、起偏器、待测器件(如波片)、补偿器、检偏器和光探测器构成，如图 8-1-32 所示。

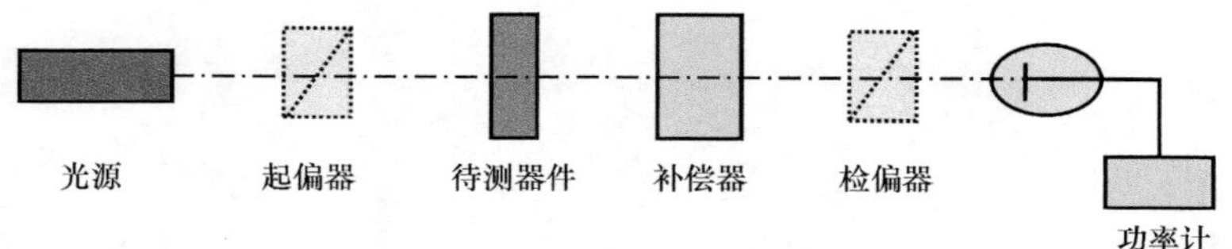

图 8-1-32　相位延迟测量的光路示意图

(2) 入射光偏振方向与补偿器晶轴夹角为 45°，补偿器平移方向即晶体楔晶轴方向。

(3) 正交调节：将起偏器、检偏器放到光路中，旋转检偏器，使输出光束光强最小，即光电探测器示值最小，即消光，此时起偏器和检偏器偏振方向正交。

(4) 补偿器晶轴方位调节：把补偿器放置到光路中的起偏器和检偏器之间，光线应垂直穿过光学表面，此时输出光强可能不再是最小。绕光传播方向旋转补偿器到消光位置，此时补偿器晶轴方向与入射光偏振方向重合。再将补偿器旋转 45°后固定。

(5) 补偿器零位确认：补偿器旋转 45°后，光电探测器指示一般不再为 0。调节测微丝杆可得到两个消光位置，分别对应补偿器提供相位延迟量为 0 和 2π 的位置。对任意波长入射光，零相位延迟的位置不变，而 2π 相位延迟的位置则和入射波长有关。在 0 和 2π 之间可对测微丝杆的平移量线性定标。

(6) 待测器件晶轴方位调节：补偿器在零相位延迟位置。把待测器件放置到光路中的起偏器和补偿器之间，光线应垂直穿过待测器件的光学表面，绕光传播方向旋转待测器件到消光位置，此时待测器件晶轴方向与入射光偏振方向重合，再旋转待测器件 45°使其晶轴方向与补偿器晶轴方向一致，此为测量位置。

(7) 调节补偿器测微丝杆，找到消光的位置。通过补偿器上的测微丝杆的读数，可得到待测器件的相位延迟。

(8) 多次测量波片的相位延迟，求平均值，并将测量的实验数据填入表 8-1-13 中。

表 8-1-13　数据表

测量次数	$\Delta L_{2\pi}$/mm	ΔL/mm	φ
1			
2			
3			
平均值			

实训项目 8.2　光纤器件与系统集成

光纤器件与系统集成实训项目包括 8 个工位，涵盖光纤光缆的识别、光纤熔接技术、光纤连接器的制作、光纤准直器的对接耦合、光时域反射仪的使用训练、光纤耦合型无源器件的制作、光纤阵列制作与测试及视频传输光网络的搭建。本项目旨在通过一系列面向工程应用的光通信实训工位练习，培养学生运用所学物理和光电技术，分析光通信工程问题中的影响因素，并能借助恰当的仪器和工具，通过计算、设计和分组讨论，获得最优解决方案，提高解决复杂工程问题的能力。

实训工位 1　光纤光缆的识别

光纤通信自问世以来，因其通信容量大、传输距离长、抗电磁干扰、保密性好、重量轻、资源丰富等优点，已经广泛应用于市内局间中继、长途通信和海底通信等公用通信网及铁道、电力等专用通信网，同时在公用电话、广播和计算机专用网中也得到应用，并已逐渐用于用户系统。目前，光缆取代过去用户系统无法实现宽频信息传输的传统线路，提供了高质量的电视图像和高速数据等新业务。学生通过本实训，可掌握光纤光缆的基础知识，了解光缆的铺设过程，对通信中出现的光缆技术问题能够做出正确的判断，并能进行光缆修复，达到解决工程问题的目的。

【实验目的】

1. 掌握光纤的基本结构。
2. 掌握光缆的基本结构和分类。
3. 熟悉实际工程中光缆的接续问题及其解决方法。

【实验仪器】

G.652 单模光纤，多模光纤，中心束管光缆，铠装钢带架空光缆，松套层绞式加强型铠装光缆，铠装铝带管道光缆，中心管式室外非铠类光缆，非金属非铠装光缆，无卤阻燃光缆，野战拖曳光缆，地线复合架空电力室外光缆，D 型(也称为立式或者帽式)光缆接续盒，卡式 2×2 光缆接续盒，卧式 2×2 机械密闭光缆接续盒。

【实验原理】

光纤裸纤一般分为三层：纤芯为高折射率玻璃芯，包层为低折射率硅玻璃(直径一般为 125μm)，最外层是起保护作用的树脂涂覆层。

标准松套层绞式轻铠光缆的结构是将单模光纤套入由高模量的塑料做成的松套中，套管内填充阻水化合物。缆芯的中心或两侧是一根或两根金属加强芯。对于某些芯数的光缆来说，金属加强芯外还需挤上一层聚乙烯，松套管(和填充绳)围绕中心加强芯绞合成紧凑和圆形的缆芯，缆芯内的缝隙以阻水化合物填充。

除了根据光纤芯数和光纤种类选用光缆以外，还要根据光缆的使用环境来选择光缆的外护套，一般有以下几种情况：

(1) 户外光缆直埋时，宜选用铠装光缆。架空时，可选用带两根或多根加强筋的黑色塑料外护套的光缆。

(2) 建筑物内用的光缆在选用时应注意其阻燃的特性。一般在管道中或强制通风处可选用阻燃类型的光缆。

(3) 楼内垂直布缆时，可选用层绞式光缆；水平布线时，可选用可分支光缆。

(4) 传输距离在 2km 以内，可选择多模光缆，超过 2km 可用中继或单模光缆。

(注：光缆转弯时，其转弯半径要大于光缆自身直径的 20 倍。)

光纤光缆的接续原则：芯数相等时，相同束管内的对应相同套管颜色的光纤对接；芯数不同时，按顺序先接芯数大的，再接芯数小的。

光纤在架设、熔接工作完成后就是测试工作，主要仪器是光时域反射仪(OTDR)，可以测试光纤断点的位置和光纤链路的全程损耗，了解沿光纤长度的损耗分布和光纤接续点的接头损耗。

【实验内容】

(1) 根据实验室提供的光纤光缆，识别并标注其名称，并说明应用场合。

(2) 根据实验室提供的各种光缆接续盒，将各种光缆与接续盒配套。

(3) 练习裸纤的处理技术，包括清洁，切割等，为后续实训工位做准备。

【思考题】

1. 某个光缆接续盒的标识为：GJHQ-JT12　YD/T 814.3-2005，简述该标识代表的信息。

2. 金属加强构件、松套层绞、填充式、铝-聚乙烯黏结护套、皱纹钢带铠装、聚乙烯护层的通信用室外光缆，包含 12 根 50/125μm 二氧化硅系列渐变型多模光纤和 5 根用于远供电及监测的铜线径为 0.9mm 的四线组，光缆的型号应表示什么?

【参考文献】

[1] 蓝建生, 万志隶. 光纤光缆鉴别实用技术. 智能建筑与城市信息, 2008, 2: 52.
[2] 陈炳炎. 光纤光缆的设计和制造. 杭州: 浙江大学出版社, 2020.

实训工位 2　光纤熔接技术

光纤熔接在光纤通信系统中是一个非常重要的环节，熔接质量关系到光纤通信系统的传输质量和容量。光纤熔接是一项细致的工作，特别在端面制备、熔接、盘纤等环节，要求操作者周密考虑，规范操作，以降低熔接损耗，保证接续质量。学生通过本实训，可了解光纤熔接机工作原理，并掌握熔接工具的使用方法、光纤熔接技术的操作步骤及规范、光纤熔接损耗的测量及评价方法，以期提高光纤熔接水平。

【实验目的】

1. 掌握光纤熔接设备的工作原理和使用方法。
2. 掌握光纤接续的步骤及操作规范。
3. 掌握光纤熔接损耗的测量与质量评价。

【实验仪器】

光纤熔接实验平台，光纤熔接机，光纤切割刀，光纤剥线钳，凯夫拉剪刀，8 芯集束光缆，红光指示光源，1550nm 光源，光功率计。

【实验原理】

光纤熔接机利用光学成像系统提取光纤图像，并通过计算分析给出光纤相关数据和提示信息，控制对准系统将两根光纤的纤芯准确对准，再通过放电电极激发出高温电弧将两根光纤的前端熔化，之后稍微向前推进使其熔接一起，以获得低损耗、低反射、高机械强度及长期稳定可靠的光纤熔接接头，最后出具熔接损耗评估报告。

【实验内容】

(1) 光纤熔接机的设置。
(2) 光纤端面的制备。
实验步骤：开剥处理光缆、安装热缩管、开剥光纤护套、剥除光纤涂覆层、清洁裸纤、切割裸纤、检查光纤断裂。

(3) 光纤的接续及补强保护。

实验步骤：光纤装夹、光纤熔接、热缩保护。

(4) 盘纤收容。

(5) 光纤熔接损耗测量。

【注意事项】

1. 使用红光笔时，光源或光纤末端切不可朝向人眼，直视会对眼睛造成伤害。
2. 光纤跳线不可过度弯折，每次进行连接前都需要先使用酒精湿布对光纤端面进行清洁。
3. 熔接机需要定期进行维护。

【思考题】

1. 熔接单模和多模光纤时，在参数设置上需要注意什么？
2. 根据实验结果，分析影响熔接损耗大小的因素。

【参考文献】

[1] 曹辉, 梁佩莹, 蔡静, 等. 光电信息与技术实验教程. 北京: 国防工业出版社, 2015.
[2] 冯义彬, 黄文胜. 综合布线系统工程实训手册. 重庆: 重庆大学出版社, 2015.

实训工位 3 光纤连接器的制作

光纤连接器是用于连接两根光纤或光缆，以形成连续光通路的可以重复使用的光无源器件。光纤连接器在光通信系统中起着接续的作用，已经广泛应用于光纤传输线路、光纤配线架和光纤测试器中，是目前使用数量最多的光无源器件。学生通过本实验，可掌握利用连接器头及陶瓷插芯等散件制作光纤连接器的方法，熟练配胶封装技术以及研磨的方法和技巧。

【实验目的】

1. 掌握利用散件制作光纤连接器的方法。
2. 掌握配胶固化封装的方法及技巧。
3. 掌握研磨的方法及技巧。
4. 制作一根 FC/PC 和 FC/APC 跳线。

【实验仪器】

各种连接器头及陶瓷插芯，光纤研磨机，研磨纸，加热固化炉，加热夹板，光纤端面检测仪，超声波清洗机，玻璃皿，电子秤，竹签，纸巾，脱气泡机，米勒刀，酒精，擦试纸，卡紧钳，剪刀，尖嘴钳。

【实验原理】

光纤连接器的主要用途是用以实现光纤通信系统中光纤的接续。现在已经广泛应用的光纤连接器虽然种类众多，结构各异，但其内部结构基本相同，即绝大多数的光纤连接器一般由两个插针和一个耦合管组成的高精度组件构成。

光纤连接器不能单独使用，它必须与其他同类型的连接器互配才能形成光通路的连接。目前较为流行的光纤连接器装配和对接方式为：利用环氧树脂热固化剂，将光纤黏固在高精度的陶瓷插针孔内，然后使两插针在外力的作用下，通过适配器套筒的定位实现光纤之间的对接。

【实验内容】

(1) 穿散件操作：插针后面的散件需要在插针穿入之前套在光缆上；黏合剂的配制、调胶。

(2) 光纤插入和加热固化。

(3) FC 研磨。

(4) 端面检查。

(5) 二次卡紧 FC 型组装操作。

(6) 插入损耗测试。

(7) 封装。

【注意事项】

1. 所穿散件方向不可穿反，不可多穿或少穿，必须在光缆上保持整齐。

2. 调胶量需要根据生产量而定，使用时间不得超过 2 小时。

3. 如果光纤断在插芯里，要及时进行处理，用钢丝顶出断纤，吸胶后重做插入。

4. 一定要保持插芯表面和烤炉清洁，随时处理残留胶迹。

5. 研磨时，如果插芯不足 12 个，要考虑均匀分布或用废插芯补位。

6. 研磨过程要用过滤水，若用普通水，可能会因为水中的悬浮颗粒造成插芯磨出划痕。

7. 超声波清洗时，手拿住夹具两边凸出部分进行清洗，切记不能用手直接拿住光缆清洗。

【思考题】

1. 简述 FC/PC 和 FC/APC 连接器的特点。
2. 列举光纤连接器产生损耗的所有原因。

【参考文献】

[1] 帅词俊, 刘德福, 刘景琳, 等. 光纤器件制造理论与技术. 北京: 科学出版社, 2014.

实训工位 4　光纤准直器的对接耦合

光纤无源器件是光纤通信系统中的重要元件，可以实现光信号的连接、能量分波/合波、波分复用/解复用、光路转换、能量衰减和反向隔离等功能。光纤准直器是光无源器件的重要组件之一。学生通过本实训，可掌握光纤准直器的工作原理、调试及测试方法。

【实验目的】

1. 掌握光纤准直器 C-Lens 和 G-Lens 的工作原理及其应用。
2. 掌握光纤准直器的生产、调节方法。
3. 掌握光纤准直器的性能测试技术。

【实验仪器】

光纤准直器耦合台，光纤准直器，光源，光功率计。

【实验原理】

光纤准直器由单模尾纤和准直透镜组成，具有低插入损耗、高回波损耗、工作距离长、宽带宽、高稳定性、高可靠性、小光束发散角、体积小和质量小等特点。光纤端面出射的发散光束变换为平行光束，或者将平行光束会聚并高效率耦合入光纤，确保光线传输达到近乎平行的程度，以避免因为光束发散所导致的光能损失。

光纤准直器分为自聚焦光纤准直器(G-Lens)和定折射率光纤准直器(C-Lens)。G-Lens 又称为径向变折射率透镜，其折射率以中心轴呈圆柱对称分布，且为径向坐标 r 的函数。由于这种折射率分布，光线在其中传播时其轨迹呈正弦曲线状，光线会周期性地在对称轴处聚焦，因此称为自聚焦透镜。光在自聚焦透镜传播的一个周期，光束沿正弦轨迹传播完成一个正弦波周期的长度称为一个节距(P)，选取不同长度的 G-Lens 即可实现对光的不同控制效果。对于 1/4 P 的自聚焦透镜，当会聚光从自聚焦透镜一端面输入时，经过自聚焦透镜后会转变成平行光线；同理，对于 1/4 P 的自聚焦透镜，当从一端面输入一束平行光时，经过自聚焦透镜后光线会聚在另一端面上。G-Lens 光纤准直器一般都是选 1/4 P 的自聚焦透镜，其两端面是一端是垂直光轴的平面，另一端面呈 8°平面，且焦点就在端面上，具有小体积、平端面、易加工、易调整对准、易耦合组装、耦合效率高、结构紧凑等特点。

C-Lens 是由普通光学玻璃加工而成，其折射率对于单一波长来说是固定不变的，其工作原理可理解为有固定焦距的普通透镜。C-Lens 在材料上与普通透镜不同，它采用了一种在光纤通信波段具有高折射率的材料，这种材料具有良好的耐酸碱腐蚀性，并且在 C-Lens 两个端面镀增透膜，对光纤通信所用波段具有高达 99.9%以上的透过率。C-Lens 光纤准直器是一种新型微透镜，一个端面是平面，呈 8°角，另一个端面是球面。与传统 G-Lens 准直器相比，它具有插损低、工作距离大及成本低等优点。

无论是 C-Lens，还是 G-Lens，8°角是为了避免反射光对通信系统造成影响，所以将产品端面研磨成一定斜角以减少反射光。

【实验内容】

(1) 光纤准直器耦合调节。

(2) 光纤准直器偏心测试。

【思考题】

描述光纤准直器的参数有哪些？分别阐述其物理意义。

【参考文献】

[1] 王彦晓, 裴立明, 陈盼. 光纤准直器的耦合效率. 科技资讯, 2013, 19: 69.

[2] 范志刚, 左保军, 张爱红. 光电测试技术. 北京: 电子工业出版社, 2008.

实训工位 5　光时域反射仪的使用训练

光时域反射仪(optical time domain reflectometer，OTDR)是根据光束在光纤中传输时的背向瑞利散射和菲涅耳反射理论制成的光电一体化精密仪表，被广泛应用于光纤光缆工程的测量、施工、维护及验收工作中，被形象地称为光通信中的“万用表”。OTDR 能将光纤链路的完好情况和故障状态以曲线形式清晰地显示出来，并根据曲线反映的事件的情况确定故障位置和障碍性质。

本实验介绍了 OTDR 的工作原理和使用方法，并测试了系统中一般光纤线路中的常见事件，通过观察分析不同事件在测试曲线中的特征，了解光纤的均匀性、缺陷、断裂、接头耦合等若干性能，进而获得光纤线路的整体情况。

【实验目的】

1. 学习光时域反射仪的工作原理。
2. 掌握光时域反射仪的使用方法。
3. 熟练利用光时域反射仪测量光纤线路中的各种常见事件。

【实验仪器】

OTDR 实验平台，光时域反射仪，发射光缆，接收光缆，活动光纤盘，光纤跳线。

【实验原理】

OTDR 利用瑞利散射和菲涅耳反射来表征光纤特性。光源(E/O 变换器)在脉冲发生器的驱动下产生窄光脉冲，此脉冲经定向耦合器入射到被测光纤中。在光纤中传播的光脉冲会因瑞利散射和菲涅耳反射产生反射光，该反射光再经定向耦合器后由光检测器(O/E 变换器)收集，并转换成电信号，最后通过电信号放大和对多次反射信号平均化处理改善信噪比，并由显示器显示出测试波形和结果。简单地说，OTDR 的工作原理就类似于一个雷达。它先对光纤发出一个信号，然后观察从某一点上返回来的是什么信息。这个过程会重复地进行，然后将这些结果进行平均并以轨迹的形式显示出来，该轨迹描绘了在整段光纤内信号的强弱，即光纤的状态。

OTDR 对在入射端接收到的背向反射光强进行对数处理，将所得结果作为纵坐标，以信号回到该点的时间先后作为横坐标(实际仪表显示采样长度)，即可得到该光纤沿长度的损耗分布特性曲线。

对于理想的 OTDR 和无瑕疵的直光纤而言，OTDR 曲线是一条从左到右向下倾斜的直线，偏离该直线的地方被称为“事件”。事件是指除光纤材料自身正常散射以外的任何导致损耗或反射功率突然变化的异常点，包括各类连接及弯曲、裂纹或断裂等损失。事件包括反射事件和非反射事件。

【实验内容】

(1) 测试分析 APC/PC 光纤端面的事件。
(2) 测试分析光纤裂纹处产生的事件。
(3) 观测盲区，并分析脉宽对盲区影响的规律。

(4) 测试光纤熔接损耗。

(5) 测试分析光纤宏弯处的事件。

(6) 测试完整光纤链路所包含的各个事件，并进行整体分析。

【注意事项】

(1) 应避免 OTDR 激光直射眼睛。不要用眼睛直接看 OTDR 的光输出连接器，也不要在测试时直视光纤尾端。当 OTDR 的可视红光故障定位(VFL)功能开启时，不要用眼睛直视 VFL 光源的输出端口，也不要直视连接在 VFL 输出端的光纤尾端。

(2) 绝对不能将带有任何光信号的光纤连接到 OTDR 端口上，这样会导致 OTDR 永久性损伤，确保在连接时所有光纤都是在无信号状态下。

(3) 将光纤接入 OTDR 端口前，一定要将光纤端面清洁干净，否则会导致 OTDR 测试误差。必须保持 OTDR 光输出连接器内部清洁，避免污物污染光输出连接器，否则将导致 OTDR 无法测试出光纤曲线。

(4) 测试连接光纤时，要使光纤自然弯曲，不可过度弯折，每次连接前都要先使用酒精湿布对光纤端面进行清洁。

(5) 光纤微弯器使用完毕后，要将其中光纤取下并固定好，避免光纤长时间弯曲。

【思考题】

1. 当用 OTDR 测量光纤弯曲损耗时，在其他条件都相同的情况下，若光源波长分别为 1550nm 和 1310nm，测量结果有何不同？为什么？

2. 用 OTDR 测量光纤损耗时，双向测量结果往往会不同，分析造成测量结果不同的原因。

【参考文献】

[1] 王蕾. 仪器仪表的使用与操作技巧. 北京: 电子工业出版社, 2019.
[2] 张谱. 提升 OTDR 性能的方法研究. 华中科技大学硕士学位论文, 2019.

实训工位 6 光纤耦合型无源器件的制作

光纤耦合器和波分复用器在光纤通信及光纤传感领域占有举足轻重的地位。这些器件的制作可以采用熔融拉锥法、微器件式和光波导式。熔融拉锥型光纤器件因制作方法简单灵活、价格便宜、易与外部光纤连接、附加损耗低、温度稳定性好等优点，已成为目前市场的主流产品。学生通过本实训，可掌握拉锥机的基本结构和功能，熟悉拉锥操作流程，制作 3dB 光纤耦合器和 1310nm/1550nm 的波分复用器(WDM)。

【实验目的】

1. 掌握拉锥机的基本结构、功能和拉锥操作流程。
2. 熟练利用拉锥机制作 3dB 光纤耦合器。
3. 熟练熔融拉锥型波分复用器的制作机制，并制作熔融拉锥型 1310nm/1550nm 波分复用器。

【实验仪器】

熔融拉锥机，半导体激光器(1310nm 和 1550nm)，光纤功率计，红宝石切刀，酒精泵瓶，脱脂棉若干，氢气发生器，氮气瓶，封装系统。

【实验原理】

熔融拉锥机是将两根(或者两根以上)除去涂覆层的光纤以一定的方式靠拢，在高温加热下熔融拉伸，最终在加热区形成双锥体形式的特殊波导结构。这是一种实现传输光功率耦合的方法。熔融拉锥机的工作原理如图 8-2-1 所示，加热源常采用氢氧焰、丙烷(丁烷)氧焰等，也有采用电加热的，利用计算机精确控制各种过程参量，并随时监控光纤输出端口的光功率变化，从而实现器件制作的目的。

光纤耦合器和波分复用器的详细工作原理见第六章光纤技术类中的相关介绍。

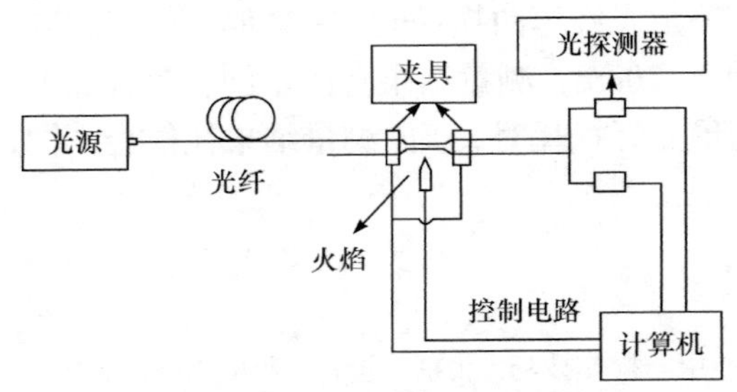

图 8-2-1　熔融拉锥系统示意图

【实验内容】

(1) 熟悉熔融拉锥机的操作，掌握熔融拉锥机中各部件的功能、操作方法及注意事项。

(2) 设计拉锥机的各项参数，制作 3dB 光纤耦合器和波分复用器，并对器件进行封装。

(3) 测试光纤器件的性能，包括器件分光比、插损、隔离度和附加损耗等。

【思考题】

1. 从 3dB 耦合器的一端输入 1mW 的光，它的两个输出端口各约 0.5mW，那么反过来从两个端口各输入 0.5mW 的光，原来输入端输出多少功率的光呢？

2. 1550nm 的 3dB 耦合器对于 1310nm 入射光而言，分束比也是 50%吗？

【参考文献】

[1] 吕敏, 沈力, 杨笛. 1310nm/1550nm 单模光纤波分复用器的研制. 光学技术, 2008, 34: 362.
[2] 吕春晓. 熔锥型波分复用器的制作工艺研究. 大连理工大学硕士学位论文, 2012.

实训工位 7　光纤阵列制作与测试

随着光通信超高速、高集成度的发展，系统中的各种平面光波导器件，如光收发模块、微型光开关、激光阵列芯片等集成光学器件已经从研制阶段走向大规模实用阶段。作为各类光学器件的核心——光纤阵列组件，其光纤定位精度、横向误差、光纤平行度、可靠性等影响着这些光产品的性能，并由此影响着通信网络的发展。学生通过本实训，可掌握光纤阵列的制作方法与规范操作，培养学生细心严谨、精益求精的科学态度。

【实验目的】

1. 掌握单纤及多纤光纤带裁剪、绕纤、剥皮的操作方法，确保生产效率与品质。
2. 掌握 V 型槽及光纤清洗的操作方法。
3. 掌握光纤阵列组装作业的操作方式。
4. 掌握光纤阵列点头胶、固化及尾胶的操作方法。
5. 掌握光纤阵列所有产品的检验详细方法。
6. 掌握产品高低温循环可靠性测试的操作行为。
7. 掌握光纤阵列的包装的操作方法。

【实验仪器】

光纤剪，剥皮器，绕纤夹具，卷尺，烤箱，45 倍显微镜，镊子，烧杯，玻璃皿，烤盘，磁力搅拌器，高精密电子秤，计时器，搅拌子，V 槽，盖板，处理剂，酒精，组装夹具及其配件，塑料牙签，针筒，紫外胶固化机(UV 机)，UV 防护面具，光照度计，光学显微镜，UV 固定夹具，计时器，温度控制箱(TC 箱)，标签，包装袋，包装盒。

【实验原理】

光纤阵列(fiber array，FA)是利用 V 型槽基片，把一束光纤或一条光纤带按照规定间隔安装在基片上所构成的阵列。光通信中的光纤阵列主要包括基板、压板和光纤。通常在基板的基底切割出多个凹槽，将插入凹槽的光纤固定，然后用压板压紧。光纤阵列对材料和制造工艺的要求非常高，主要使用特殊的切割工艺精密刻划的 V 型槽来实现定位，需要通过超精密加工技术将除去光纤涂层的裸露光纤部分精确地定位在 V 型槽内，以减少连接损耗，再通过加压器部件加压并用黏合剂固定，端面经过光学研磨形成光纤阵列。基板材料会影响光纤阵列的光学性质，需要使用膨胀系数较小的材质来保证光纤阵列无应力、高可靠性及高温下无光纤移位。玻璃和硅是常用的材质，此外还有陶瓷、导电基板及塑料基板。

【实验内容】

(1) 裁纤、盘纤及剥皮。

(2) V 型槽及光纤清洗：V 型槽上夹具、超声波振洗、表面处理、烘烤、光纤擦拭及日光灯检验。

(3) 组装作业：来料检查、放基座、放光纤、放基盖、放玻璃压片、自检。

(4) 点头胶、UV 固化、烘烤及拆夹具。

(5) 点尾胶、UV 固化及烘烤。

(6) 光纤阵列成检：端面检测、检外观、物料分类及记录。

(7) 打开 TC 箱，对器件进行高低温测试。

(8) 来料确认，套上硅胶管，装入内袋，装入包装盒，然后送检。

【注意事项】

1. 所有使用的工具必须清洁干净方可进行作业。
2. 操作过程中必须佩戴手指套及口罩，测量光强时必须佩戴 UV 防护面罩。
3. 在高温炉中取出产品时必须戴好棉手套，以防烫伤。

【思考题】

查阅资料详细列举一种基于光纤阵列的应用，说明在这个应用中光纤阵列的指标参数是如何影响该系统性能的。

实训工位 8　视频传输光网络的搭建

目前，传统的电时分复用的光通信系统的速率几乎以每 10 年 100 倍的速度稳定增长，但其发展速度最终受到电子器件速率瓶颈的限制，在 40Gbit/s 以上很难实现。光纤的带宽(如朗讯的全波光纤和康宁的城域网光纤)和色散指标(如 G.653，G.655)的不断提高，以及各种光纤放大器技术的不断进步，大大促进了波分复用技术的发展。该技术以较低的成本和较简单的结构形式数十倍地扩大单根光纤的传输容量，现已成为宽带光网络中的主导技术。本实验旨在通过搭建点对点光纤通信系统、波分复用视频光通信系统和光分插复用视频光通信系统，使学生掌握波分复用技术和光分插复用器的特性及其简单应用。

【实验目的】

1. 掌握光纤通信的基本原理，搭建基本视频通信实验系统。

2. 了解波分复用器(WDM)的基本概念及特性，设计并实现简单的 WDM 通信系统。

3. 了解光分插复用器(OADM)的基本概念及特性，设计并实现简单的 OADM 通信系统。

【实验仪器】

音频/视频传输模块及电源(3 个)，光接收和发射模块(1550nmRX/1310nmTX，1310nmRX/1550nmTX，1310nmTR)，1310nm/1550nm WDM(2 个)，光功率计，FC/LC 光纤跳线(2 根)，FC/FC 单模法兰盘(3 个)，OADM。

【实验原理】

WDM 技术是在一根光纤中同时传输多个波长光信号的技术。其基本原理是在发送端将不同波长的光信号组合起来(复用)，并耦合到光缆线路上的同一根光纤中进行传输，在接收端又将组合波长的光信号分开(解复用)，并作进一步处理，恢复出原始信号送入不同的终端。

OADM 是全光网络的关键节点设备之一，从传输线路中有选择地下路(drop)通往本地的光信号，同时上路(add)本地用户发往另一节点用户的光信号，而不影响其他波长信道的传输。OADM 在光域内实现了传统同步数字体系(SDH)设备中的电分插复用器在时域中的功能，它更具有透明性，可以处理任何格式和速率的信号，使整个光纤通信网络系统的灵活性大大提高。

【实验内容】

(1) 设计点对点图像传输系统。

① 设计背靠背图像传输系统。

② 设计长距离光纤图像传输系统。

(2) 设计 WDM 视频光通信实验。

(3) 设计 OADM 视频光通信实验。

【思考题】

1. 实验中，不管用 1310nm 还是 1550nm 的发射端发射信号，用任何一个接收端都能接收，请解释这种现象。

2. 在 OADM 实验中，如果我们使用衰减器代替光纤，(在 1550nm 处，光纤的衰减可以认为是 0.18dB/km，考虑各种因素，可以认为是 0.25dB/km，这样 10dB 衰减器可以近似为 40km 的光纤衰减)，加入不同的衰减器，结果会不一致。当衰减小于一定值的时候，图像基本没有变化，当衰减大到很大程度时，图像才开始明显变差，请思考这是什么原因。

【参考文献】

[1] 沈建华. 光纤通信系统. 北京: 机械工业出版社, 2014.

[2] 顾畹仪. 光纤通信. 2 版. 北京: 人民邮电出版社, 2011.

实训项目 8.3　应用光谱学

光谱检测技术是通过分析光与物质相互作用过程中的透射、散射、吸收及发射光谱，获取光源的物理特性和所研究物质的相关信息，包含元素的种类、组分及内部的能级结构、化学键性质、反应动力学等，具有灵敏度高、可无损检测等诸多优势。目前该技术被广泛应用在生物医学、环境监测、卫生检疫、食品制药、金属工业和科学研究等领域。

应用光谱学实训项目包括 10 个工位，涵盖光度学测量、辐射度学与绝对辐射校准、反射颜色测量、色度学测量、透射谱与滤光片测量、分光光度法、荧光测量、原子发射光谱测量、拉曼光谱及物质鉴别、光栅光谱仪的设计与应用。通过本实训项目，可学生能够掌握光谱学的基本原理与技术，能利用光谱检测设备，结合所学光谱学知识分析物质成分与结构，并尝试设计搭建光栅光谱仪。

实训工位 1　光度学测量

【实验目的】

1. 了解光度量的相关概念。
2. 掌握电光转换效率的测量和计算方法。
3. 理解照度与距离平方反比定律。
4. 掌握光源亮度的测量方法。

【实验原理】

光源的电光效率定义为光源的光通量与消耗电功率之比。光源的光通量采用相对测量方法——积分球法测量，分别将已知光通量的标准灯和待测灯放入积分球内，在积分球的窗口处测量照度，设定积分球壁上任何位置的照度与光源的总光通量成正比，通过标准灯和待测灯的照度之比可算出待测灯的光通量，进而得到光源的电光效率。

照度与距离平方反比定律的验证实验是将光源和照度计共轴等高放置在导轨上，改变照度计的位置，测量不同距离处的照度，验证平方反比定律。

用光阑照度法进行光源亮度的测量适用于较大发光面某一部分的光亮度测量。将光源和已知开口直径的限制光阑共轴放置，在观测方向上距离待测光源一定距离处共轴等高放置照度计光度探头，沿着观测方向测量照度。在光度探头与限制光阑之间添加若干屏蔽外部杂散光和调整光斑大小的可变光阑，将光斑大小调整为小于或等于光度探头探测面的大小。由测得的照度值 E、待测光源与光度探头之间的距离 l，以及限制光阑直径 D，代入公式 $L=\dfrac{4El^2}{\pi D^2}$，即可得到光源的亮度。

【实验内容】

(1) 光源电光效率的测量。
(2) 照度与距离平方反比定律的验证。
(3) 用光阑照度法测量光源亮度。

【思考题】

在验证照度与距离的平方反比定律时，当距离比较大时，会偏离平方反比定律，试找出偏离的原因。

【参考文献】

[1] 郁道银, 谈恒英. 工程光学, 4 版. 北京: 机械工业出版社, 2016.

实训工位 2　辐射度学与绝对辐射校准

【实验目的】

1. 了解辐射校准的意义、方法和流程。
2. 应用辐射校准的结果进行绝对辐射测量。

【实验原理】

在进行辐射度测量时，测量仪器获得的原始数据一般是计数值或电压、电流等数值，我们要将其转换为辐射度，需要通过一定的标准将所测量的物理量与辐射度单位联系起来。

本实验利用标准钨灯对测量系统进行标定。在额定电流下驱动标准钨灯发光，光线经积分球被光纤光谱仪记录，得到标准灯的相对光谱分布，通过与标准灯的已知实际光谱分布相对比，可得到测量系统在不同波长处的补偿系数，生成补偿系数文件，从而完成系统标定。之后使用这一系统测量其他光源，结合已生成的补偿系数文件，实现对其他光源的绝对辐射测量。

【实验内容】

(1) 利用标准光源对测量系统进行标定。

(2) 用标定后的测量系统对其他光源进行绝对辐射测量。

【思考题】

1. 进行辐射度测量时，为什么要先进行系统标定？

2. 对不同颜色的 LED 进行测量，对比原始光谱与绝对辐射定标后光谱的区别，并分析其原因。

【参考文献】

[1] 金伟其, 王霞, 廖宁放. 辐射度、光度与色度及其测量. 2 版. 北京: 北京理工大学出版社, 2016.

实训工位 3　反射颜色测量

【实验目的】

1. 了解国际照明委员会衡量物体色的知识。

2. 掌握利用反射式光纤测量光谱的方法。

3. 掌握根据反射光谱测量物体色的方法。

【实验原理】

物体的反射颜色因光源及照明和观察条件的不同而不同。为正确评价颜色，国际照明委员会对光源及照明和观察条件做了规定，本实验以 A 标准照明体为照明光源，分别使用反射式光纤、0/45°、垂直/漫射三种照明与观察几何条件，利用参考白板进行校准，测量色卡的色品坐标，从而确定被测物的颜色。

在使用反射式光纤进行频色测量的实验中，反射式光纤的“光源端”连接光源，“采集端”连接光谱仪，“探测端”连接 SMA 接口。光从探测端射出，照射在测试样品上，反射光经采集端被光谱仪记录。在使用 0/45°照明与观察几何条件时，光源经光纤与 SMA 镜圈连接，调整光纤出射端方向使光竖直向下照射；使用另一光纤一端连接光纤准直镜，一端连接光谱仪，调整准直镜位置与竖直方向成 45°，反射光经准直镜和光纤被光谱仪记录。在使用垂直/漫射的照明与观察几何条件时，光源经光纤连接反射式积分球的光源端，光进入积分球内并照射在紧贴积分球采样口的测试样品上，反射光经积分球漫反射后通过积分球的采集端被光谱仪记录。

【实验内容】

(1) 利用反射式光纤测量物体的反射颜色。

(2) 使用 0/45°照明与观察几何条件测量物体的反射颜色。

(3) 使用垂直/漫射的照明与观察几何条件测量物体的反射颜色。

【思考题】

物体的反射颜色测量与哪些因素有关？

【参考文献】

[1] 滕秀金, 邱迦易, 曾晓栋. 颜色测量技术. 北京: 中国计量出版社, 2007.

实训工位 4　色度学测量

【实验目的】

1. 理解三刺激值和色品图。

2. 理解 LED 的电特性、空间特性、颜色特性及平均发光强度，掌握其测量方法。

3. 掌握 LED 分光机的原理。

【实验原理】

LED 是一种单极性 PN 结二极管，具有单向导通性。LED 的电特性参数包括正向电压、正向电流、反向电压和反向电流。用直流电源正向接通 LED，缓慢增大电压，得到正向电压和正向电流之间的关系，当加压至 LED 光强不再明显增大时，即得到最大允许正向电压；将直流电源反接 LED，缓慢增大电压，得到反向电压和反向电流之间的关系，增加电压至 LED 出现瞬间闪光时停止，此时的电压值就是反向击穿电压。

LED 在空间各方向上的发光强度是不一样的，LED 的发光强度在空间的分布状况即 LED 的空间特性。半强度角是指光强为光轴方向光强一半的方向与光轴之间的夹角，2 倍半强度角称为发散角。LED 的空间特性测量方法是将 LED 安装在旋转台上，并与照度计探头等高，旋转 LED 使得照度计读数最大，此时的照度计读数设置为 100%，分别顺时针和逆时针旋转度盘，强度每降低 10%记录一次角度。根据测量数据得到 LED 的半强度角和发散角，并绘制出 LED 的光强空间分布图。

LED 的颜色特性包括三刺激值、色品坐标、主波长、色纯度、色温和显色指数等。测量时，LED 发出的光经积分球后被光纤光谱仪记录，在色度学测量模块下得到单色 LED 的三刺激值、色品坐标、主波长和纯度，以及白光 LED 的三刺激值、色品坐标、色温和显色指数。

将不同的颜色混合在一起而形成另外一种颜色的过程称为混色。由各成分颜色的三刺激值之和便能获得混合色的三刺激值，进而求出混合色的色品坐标。

LED 的平均发光强度测量的几何条件分为两种：CIE 标准条件 A(适用于高亮度且发射角很小的 LED 光源)和 CIE 标准条件 B(适用于大多数低亮度的 LED 光源)。两种条件都规定接收端必须是面积为 $100mm^2$ 的圆。以 LED 的顶端和接收器的接收面为两端点，对于条件 A，LED 离接收器的距离为 316mm，LED 发射到接收器的空间角为 0.001sr；对于条件 B，LED 到接收器的距离为 100mm，LED 发射到接收器的空间角为 0.01sr。把接收的信号转化为光照度，那么 LED 的平均发光强度可以用光照度乘以 LED 到接收器的距离平方得到。

在 LED 的生产过程中，每个 LED 的电学和光学特性都不完全相同，我们需要对其进行测量并分类。LED 分光机是对 LED 进行分类的专门设备。它能够准确、快速地对 LED 发出光的主波长、平均发光强度、正向导通电压等进行测量并进行分类筛选，所以在 LED 的生产过程中应用广泛。

【实验内容】

(1) LED 电特性测量。

(2) LED 的发散角测量及空间分布特性测量。

(3) LED 的色度学测量。

(4) LED 光源配色实验。

(5) LED 平均发光强度测量。

(6) LED 分光机的模拟。

【思考题】

在实际应用中，LED 分光机主要通过测量 LED 的哪些性能进行分类?

【参考文献】

[1] 陈凯, 杨志豪, 李蕴, 等. LED 照明产品检测及认证. 西安: 西安电子科技大学出版社, 2016.
[2] 金伟其, 王霞, 廖宁放. 辐射度、光度与色度及其测量. 2 版. 北京: 北京理工大学出版社, 2016.
[3] 滕秀金, 邱迦易, 曾晓栋. 颜色测量技术. 北京: 中国计量出版社, 2007.

实训工位 5　透射谱与滤光片测量

【实验目的】

1. 掌握光谱透过率的定义。

2. 了解滤光玻璃的滤光原理、种类、命名及指标。
3. 搭建透射光谱测量光路。
4. 测量多种类型滤光片的透射光谱，并对其参数进行计算。

【实验原理】

采用单色光垂直入射滤光片，滤光片的光谱透过率定义为透过滤光片的光强与入射光强之比，它代表了滤光片对不同波长光的透过能力。有色光学玻璃(又称滤光玻璃)是对光谱具有选择吸收和透射性能的光学玻璃，其具有选择吸收和透射性质。

本实验使用卤钨灯作为光源，光源的光束通过光纤准直镜后照射到待测滤光片上，其透射光束通过积分球收集，并被光纤光谱仪记录。

【实验内容】

(1) 搭建透射光谱测量光路。

(2) 分别测量选择吸收型玻璃 QB2、截止型玻璃 HB600、中性型玻璃 ZAB10、ZAB50 和带通型玻璃 DBT530、DBT660 的透射光谱，并对其光学指标进行记录和计算。

【思考题】

1. 滤光玻璃按光谱特性主要分为哪几类?
2. 以 HB600 和 DBT660 命名的滤光玻璃具有什么样的光谱特性?

【参考文献】

[1] 郁道银, 谈恒英. 工程光学. 4 版. 北京: 机械工业出版社, 2016.

实训工位 6　分光光度法

【实验目的】

1. 理解比尔定律。
2. 掌握紫外可见分光光度计的搭建及测量方法。
3. 了解吸光度及吸收光谱分析。
4. 通过光谱分析的方法测量溶液浓度。

【实验原理】

物质对光线的吸收表现出选择性，即对不同波长的光具有不同的吸收能力。

选择性吸收与物质分子的能级结构有关，反映了分子内部结构的差异。研究各种物质的吸收光谱，可为研究它们的内部结构提供重要信息。比尔定律表明，当单色光通过厚度一定的有色溶液时，溶液的吸光度与溶液的浓度成正比。本实验采用标准曲线法测量溶液的浓度，即通过配制一系列浓度的标准溶液，测量其吸光度，绘制出标准曲线，然后通过测量未知浓度溶液的吸光度，与标准曲线对照，得到该溶液的浓度。实验中以卤钨灯为光源，光束经准直镜后透过比色皿，通过积分球收集后被光纤光谱仪记录，得到透射光谱；比色皿中先后盛有溶剂和某浓度的溶液，通过比较两次的透射光谱，即可得到该溶液对特定波长光的吸收情况，也即溶液在某浓度下的吸光度。分别测量不同浓度溶液的吸光度，便可绘制出标准曲线。通过测量未知浓度溶液的吸光度，与标准曲线对照，即可得到该溶液的浓度。

【实验内容】

(1) 搭建紫外-可见分光光度计的实验装置。
(2) 绘制硫酸铜溶液的浓度-吸光度标准曲线。
(3) 测量未知硫酸铜溶液的浓度。

【思考题】

1. 在绘制标准曲线时，所选择的实验参数应符合什么要求？
2. 在测量未知溶液浓度时，实验误差可能来自哪些方面？

【参考文献】

[1] 邢梅霞, 夏德强. 光谱分析. 北京: 中国石化出版社, 2012.
[2] 刘崇华. 光谱分析仪器使用与维护. 北京: 化学工业出版社, 2010.
[3] 李炜, 夏婷婷. 仪器分析. 北京: 化学工业出版社, 2020.

实训工位 7　荧 光 测 量

【实验目的】

1. 掌握荧光光度分析法的基本原理。
2. 定性检测叶绿素及打印纸的荧光。
3. 掌握荧光分光光度计的搭建及测量方法。
4. 测量维生素 B_2 溶液的浓度。

【实验原理】

当入射光照射到物质上后，物质分子吸收光能量而进入激发态，当其从激发态回到基态时，过剩的能量以电磁辐射的形式放射出去，即产生荧光。荧光的强度与溶液的浓度满足一定的关系，可以采用标准曲线法测量溶液的浓度。通过测量不同浓度标准溶液的荧光强度，获得标准曲线，然后测量未知浓度溶液的荧光强度，并与标准曲线对照，从而得到未知溶液的浓度。

在叶绿素及打印纸的荧光的定性检测实验中，将样品紧贴着 LED 的出光口和积分球的进光口放置，分别使用 380nm、420nm 和 520nm 的 LED 光源作为激发光照射到样品上，激发出的荧光和透射光被积分球所收集并被光谱仪记录。对于维生素 B_2 溶液的浓度测量，使用激光光源，将样品放在荧光比色皿中，激发光束与接收光束成直角布置，以减少杂散光和瑞利散射的影响。荧光光束通过光纤准直镜后被光纤光谱仪采集。

【实验内容】

(1) 测量和观察正常叶片、枯叶和打印纸的荧光光谱。

(2) 对比不同波长的光作为激发光源，同一叶片荧光的变化。

(3) 测量维生素 B_2 的荧光，记录荧光强度与激发光强度的关系。

(4) 使用荧光光谱分析法测量维生素 B_2 溶液的浓度。

【思考题】

1. 在进行溶液的荧光测量时，激发光束和接收光束为什么要成直角布置？
2. 测得的荧光强度跟哪些实验因素有关？
3. 当激发光的波长不同时，同一物质产生的荧光波长是否也不同？为什么？

【参考文献】

[1] 邢梅霞，夏德强. 光谱分析. 北京：中国石化出版社，2012.
[2] 刘崇华. 光谱分析仪器使用与维护. 北京：化学工业出版社，2010.
[3] 李炜，夏婷婷. 仪器分析. 北京：化学工业出版社，2020.
[4] 齐海燕，秦世丽，张旭男. 光谱分析法. 哈尔滨：哈尔滨工业大学出版社，2021.

实训工位 8　原子发射光谱测量

【实验目的】

1. 了解原子发射光谱分析的基本概念和原理。
2. 测量光谱管组的气体发射光谱。
3. 掌握原子发射光谱的定性分析方法。
4. 掌握利用原子发射光谱进行光谱仪波长标定的方法。

【实验原理】

本实验使用光谱管组来观测不同气体的原子发射光谱。每支光谱管两端均装有电极，管内分别充有氢气、氦气、汞气、氖气和氩气。通过在光谱管的两端加高压，使管内的气体产生辉光放电。由于每种原子只能发出具有本身特征的某些特定波长的光，因此原子不同，发射的明线光谱也不同，这种光谱叫做原子的特征谱线，据此可对元素种类进行定性分析。

利用原子的特征谱线可以对光纤光谱仪进行波长标定。光谱仪是将光信号经分光系统和 CCD 阵列转换为各波长的电信号，再经计算机处理，以获得光谱曲线。光谱仪在出厂时都已精确标定，确定了 CCD 像素和光波长的对应关系。但在使用一段时间后，由于电路漂移等因素会造成 CCD 像素和光波长的对应关系发生变化，因此需要定期标定。谱线波长和 CCD 阵列各像素的位置之间满足一定的多项式关系。本实验利用原子的某些已知特征峰波长的特征谱线，找出其在 CCD 像素点上的对应位置，通过测量多组特征峰对应的 CCD 像素位置，进行多项式拟合，确定多项式系数的值，从而修正谱线波长和 CCD 阵列各像素位置之间的多项式关系，实现对光纤光谱仪波长的标定。本实验采用汞和氩的光谱管在可见光范围内发射的 7 条特征谱线，实现对光纤光谱仪波长的标定。

【实验内容】

(1) 气体发射光谱的观察。

(2) 对五种气体(氢气、氦气、汞气、氖气和氩气)的发射光谱进行测量，分别标记特征峰位置，并分析气体种类。

(3) 用汞灯和氩灯的发射光谱及其特征峰标准波长对光谱仪进行标定。

【思考题】

在实际使用时，为什么需要对光谱仪进行定期标定？

【参考文献】

[1] 郑国经，计子华，余兴. 原子发射光谱分析技术及应用. 北京：化学工业出版社, 2010.
[2] 齐海燕，秦世丽，张旭男. 光谱分析法. 哈尔滨：哈尔滨工业大学出版社, 2021.

实训工位 9　拉曼光谱及物质鉴别

【实验目的】

1. 掌握拉曼散射的基本原理。

2. 了解拉曼光谱测量的基本器件。

3. 掌握四氯化碳和乙醇溶液等液体样品的拉曼光谱测量方法。

4. 掌握常见塑料制品等固体的拉曼光谱测量方法。

【实验原理】

当光束入射到介质上时，除了被介质吸收、反射和透射外，还有一部分光会被散射。在量子理论中，光通过介质时，激发的光子与作为散射中心的材料分子发生相互作用，产生两类碰撞：一类是“弹性碰撞”，散射光的频率仍与激发光频率一致，这种散射称为瑞利散射；另一类是“非弹性碰撞”，散射光的频率发生改变，这种散射称为拉曼散射。拉曼光谱分析法是基于拉曼散射效应，对与入射光频率不同的散射光谱进行分析得到分子振动、转动方面的信息，并应用于分子结构研究的一种分析方法。

本实验采用了 785nm 窄线宽半导体激光器作为光源，输出的激发光经由光纤进入拉曼探头，照射被测样品，在背向接收光路中滤除非拉曼信号(瑞利散射和激发光反射部分)，分离出拉曼散射信号并由收集光纤导出到拉曼光谱仪，通过对采集到的拉曼光谱进行处理和分析，从而鉴定物质种类。

【实验内容】

(1) 搭建拉曼光谱测量光路，测量拉曼激光器的峰值波长。

(2) 测量四氯化碳和乙醇溶液的拉曼光谱。

(3) 测量不同材质塑料样板的拉曼光谱，形成数据库，然后对常见的塑料制品(矿泉水瓶、药瓶、乐扣密封盒、光盘盒、水杯等)的材质进行鉴别。

【注意事项】

1. 避免直视拉曼探头的出光口，避免损伤眼睛。

2. 四氯化碳属于有毒试剂，样品拿取需小心轻放，如果玻封破碎，请妥善处理。

3. 激光器不能长时间工作在最大电流处。

【思考题】

1. 用拉曼光谱进行材质鉴别的原理是什么？

2. 在进行拉曼光谱测量时，如何减少环境光的影响？

【参考文献】

[1] 吴国祯. 拉曼谱学——峰强中的信息. 3 版. 北京: 科学出版社, 2021.

实训工位 10　光栅光谱仪的设计与应用

光谱仪是用于光谱检测的设备。光谱仪按采用的色散元件不同通常可分为棱镜光谱仪和光栅光谱仪。光栅光谱仪具有覆盖波段宽、分辨率高的特点。随着闪耀光栅的出现及加工技术的不断提升，高精密光栅的制作成本越来越低，光栅光谱仪逐渐取代了棱镜光谱仪，成为一种最常用的光谱仪，如吸收光谱仪、荧光光谱仪、拉曼光谱仪等。因此，作为光电信息专业的高年级学生和相关专业的研究生，设计与搭建光栅光谱仪有助于深入了解该光谱仪的工作原理、结构及各元件对实验系统的影响。

【实验目的】

1. 掌握光栅光谱仪的原理及结构。
2. 理解光栅、反射镜、光阑、透镜等部件在光谱仪中的作用。
3. 掌握透射式、反射式和折返式光谱仪的设计和性能分析。

【实验仪器】

多孔板(600mm×450mm)，光源(白光和 405nm LED 各 1 个，汞灯 1 个)，光栅(透射光栅，反射光栅、闪耀波长 500nm，150 线/mm 和 300 线/mm 各 1 个)，带标尺的旋转平台，准直透镜(f'=100mm 1 个，f'=150mm 2 个)，凹面镜(保护银凹面反射镜 2 个，f=152mm)，平面反射镜(俯仰角可调平面镜 2 个)，可调狭缝(2 个)，白屏(100mm×100mm)，彩色 CCD，样品架，米尺。

【实验原理】

光栅光谱仪通常由入射狭缝、光栅色散系统、出射狭缝、成像系统及采集系统组成。图 8-3-1 为常见的光栅光谱仪结构示意图。

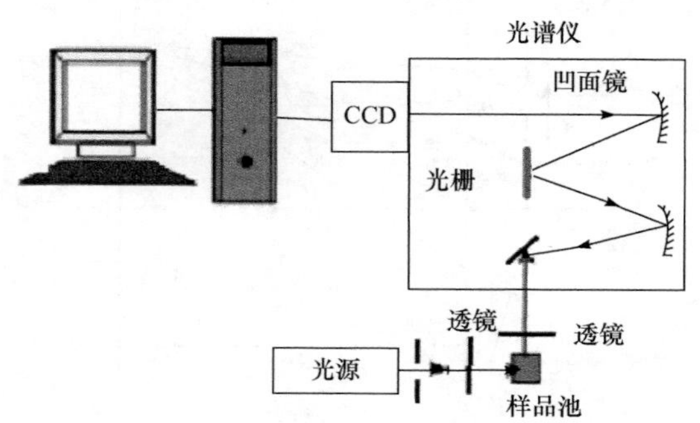

图 8-3-1　光栅光谱仪结构示意图

1. 光栅

光栅是色散系统的重要组件。一般说来，任何一种具有空间周期性的衍屏光学元件都可称为光栅。一般光谱仪上的光栅是在一块板上制作许多与光波长可比拟的等距平行刻槽，刻槽线的密度通常在每毫米数百条到数千条。

光栅可分为透射式与反射式两种。透射光栅是在一块镀铝的光学玻璃毛胚上刻划一系列等宽等距且平行的狭缝。反射光栅是在一块镀铝的光学玻璃毛胚上刻出一系列剖面结构像锯齿形状，等距且平行的刻线。多数光谱仪中主要使用的是反射式光栅，如图 8-3-2 所示。图 8-3-2(a)为槽面宽度为 s、槽距为 d(光栅常数)的平面反射式光栅；(b)为闪耀光栅，这种光栅的每个刻槽面与光栅平面成一定的角度β。

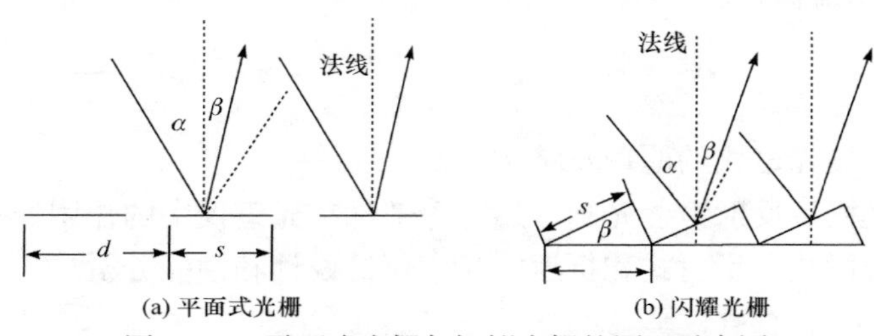

图 8-3-2　平面式光栅与闪耀光栅的原理示意图

早年光栅上的刻槽制作是工艺极其复杂的精密加工过程，先要连续多天制作一块母光栅，再根据母板做出复制光栅。刻槽光栅在制作中的周期性误差会引起假谱线，即所谓鬼线。近些年来利用激光全息模压技术制成的全息光栅，以其优良的性能和简单的工艺逐步取代传统的刻划光栅。全息光栅还有条纹密度高、条纹间距均匀、没有周期误差的优点，现在应用于许多大型光谱仪上。

1) 光栅分光原理

当波长为λ的平行光入射到一块平面衍射光栅时，则在透镜的焦平面上得到光栅的夫琅禾费衍射图像，如图 8-3-3 所示。

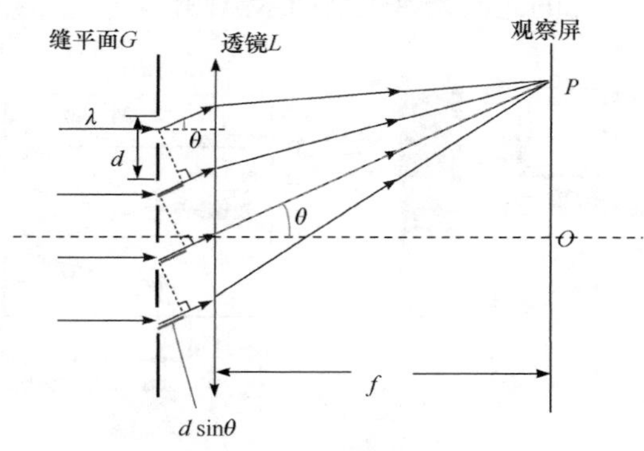

图 8-3-3　光栅衍射原理

根据光栅方程

$$d(\sin i+\sin\theta)=m\lambda,\quad m=0,\pm 1,\pm 2,\cdots \tag{8-3-1}$$

式中，d 为光栅常数；i 为入射角；θ为第 m 级亮纹对应的衍射角；λ为入射光波长。

由方程(8-3-1)可知，除零级外，不同波长的同一级主极大对应不同的衍射角，由此能将不同波长的光区分出来。判定光谱是否分开需要根据瑞利判据，即一条谱线的强度极大值和另一条谱线的第一极小值之间的距离是否符合瑞利判据。

传统透射式光栅由于无色散的零级光谱占了总能量的大部分，所以衍射效率低，而闪耀光栅的优势在于它的刻槽与表面并不平行，使得 0 级与±级分离开来，这样就把大部分能量转移出来，并集中到了某一个级次上去。虽然闪耀光栅理论上只对其闪耀角对应的闪耀波长产生极大强度，但由于刻槽面衍射的中央极大到极小有一定的宽度，所以闪耀波长附近一定的波长范围内的谱线也有相当大的光强。

2) 光栅的角色散率

不同波长的光入射到光栅时，除零级外各波长的衍射角不同。角色散率表示波长差为 dλ的两个波长的光线在空间被分开的角距离。对公式(8-3-1)微分，得

$$d\cdot\cos\theta\cdot\mathrm{d}\theta=m\cdot\mathrm{d}\lambda \tag{8-3-2}$$

可得角色散率

$$\frac{\mathrm{d}\theta}{\mathrm{d}\lambda}=\frac{m}{d\cos\theta} \tag{8-3-3}$$

光栅的线色散率为角色散率与透镜焦距的乘积

$$\frac{\mathrm{d}l}{\mathrm{d}\lambda}=\frac{\mathrm{d}\theta}{\mathrm{d}\lambda}\cdot f=\frac{mf}{d\cos\theta} \tag{8-3-4}$$

式中，f 为会聚透镜的焦距。可见光栅的色散与光波长无关，它仅决定于光栅常数 d 和光栅的衍射级次 m，色散是作为分光元件的衍射光栅的重要特性参数。

根据光栅方程，在已知光栅常数 d 和入射角 i 时，实验测得某光波的第 m 级亮线的衍射角θ，则可求得该光波波长。同时，如果测得各色光第 m 级亮线的衍射角θ，则可算得各色光的波长差，从而求得第 m 级亮线的角色散。

3) 光栅的色分辨本领

光栅的色分辨本领用波长 λ 附近能被分辨的最小波长差 $\Delta\lambda$ 的比值来表示，即

$$\Delta=\frac{\lambda}{\Delta\lambda}=mN \tag{8-3-5}$$

式中，m 是光谱级次；N 是光栅的总刻痕数。

4) 光栅的自由光谱范围

光栅光谱中不发生越级的最大光谱范围称为光栅的自由光谱范围，表示为

$$\Delta\lambda = \lambda / m \tag{8-3-6}$$

可以看出，光栅的色分辨本领正比于刻痕数 N 和级次 m，但自由光谱范围反比于级次 m，所以使用光栅时应根据需要合理地选择参数。

2. 成像系统与采集系统

成像系统与采集系统主要由探测器、数据采集卡和计算机系统组成，探测器是关键元件。目前用于光谱仪上的探测器主要有光电倍增管(PMT)、电荷耦合器件(CCD)和互补金属氧化物半导体(CMOS)。

1) PMT——光电倍增管

PMT 是具有极高灵敏度和超快时间响应的光探测器件，可广泛应用于光子计数、极微弱光探测、分光光度计等仪器设备中。PMT 是一种真空器件，由光电发射阴极(光阴极)和聚焦电极、电子倍增极及电子收集极(阳极)等组成。当光照射到光阴极时，光阴极向真空中激发出光电子，这些光电子按聚焦极电场进入倍增系统，并通过进一步的二次发射得到的倍增放大；然后把放大后的电子用阳极收集作为信号输出。因为采用了二次发射倍增系统，所以 PMT 在探测紫外、可见和近红外区的辐射能量的光电探测器中具有极高的灵敏度和极低的噪声。另外，PMT 还具有响应快速、成本低、阴极面积大等优点。但是，PMT 是“色盲”，它只能接收到几个光子，无法判断光子的波长或频率、所以在探测时通常需要调控狭缝来控制进光量，但同时也会影响探测的光谱分辨率。而要探测整个光谱，必须配合使用旋转光栅扫描的方式完成，因此光谱检测时间较长。

2) CCD——电荷耦合器件

CCD 又称图像传感器，是一种大规模集成电路光电器件，它能把光学影像信号转化为数字信号。CCD 上的微小光敏物质称为像素，像素数越多，其提供的画面分辨率就越高。CCD 的突出特点是以电荷作为信号，而不同于其他大多数器件是以电流或者电压为信号，所以 CCD 的基本功能是电荷的存储和电荷的转移。它存储由光或电激励产生的信号电荷，当对它施加特定时序的脉冲时，其存储的信号电荷便能在 CCD 内作定向传输。CCD 工作过程的主要问题是信号电荷的产生、存储、传输和检测。

3) CMOS——互补金属氧化物半导体

CMOS 制造技术和一般计算机芯片没什么差别，是电压控制的一种放大器件，主要是利用硅和锗这两种元素所做成的半导体，使其在 CMOS 上共存着 PN 结的半导体，这两个互补效应所产生的电流即可被处理芯片记录和解读成影像。CMOS 是组成 CMOS 数字集成电路的基本单元。

简单地说，CCD 是光学成像，CMOS 是模拟成像。CMOS 价格比 CCD 便宜，但是 CMOS 器件产生的图像质量比 CCD 低。到目前为止，市面上绝大多数的消费级别及高端数码相机都使用 CCD 作为感应器；CMOS 感应器则作为低端产品应用于一些摄像头上。CMOS 相比于 CCD 的最主要优势就是省电，CMOS 电路几乎没有静态电量消耗，只有在电路接通时才消耗电量。当然，CMOS 的主要问题是在处理快速变化的影像时，由于电流变化过于频繁而过热，如果抑制得不好就容易出现杂点。

随着 CCD 性价比越来越高，多数光谱仪已采用 CCD 作为探测元件。

3. 光谱仪中常用光源

目前光谱仪常用的光源有：氘灯、钨灯、氙灯、高压汞灯和发光二极管。

1) 氘灯：D_2气体电弧放电发光

直流电弧使得氘气(D_2)放电。高电压、热光源。发射波长范围为 110～900nm。通常采用的是 190～400nm 的波段，因为在这一波段氘灯的发射光谱比较平滑连续，没有锐线谱。在 500nm、600nm、650nm 处有强烈的锐线发射，因此可见光区这一波段不宜选作光谱仪光源。氘灯的玻璃罩用特殊的紫外玻璃或者石英玻璃制作，以免普通玻璃对紫外光的吸收。紫外玻璃的透射下限约为 190nm，石英玻璃大致在 150nm。

2) 钨灯：用钨丝的热发射发光

为防止钨丝氧化和蒸发，最初将灯泡内抽真空，后来充入惰性气体。此后发现，若充入少量卤素(如碘、溴)，可以通过卤-钨循环在很大程度上改善钨丝的老化问题。目前的钨灯大多采用此结构，因此相应称为碘钨灯、溴钨灯，或统称卤钨灯。

发射波长为 300nm～2.5μm 的广谱范围，通常用于紫外-可见光谱的可见光区光源。

3) 氙灯：氙气体电弧放电发光

氙灯的发射范围为 300～1100nm，如图 8-3-4 所示，发射光谱稳定，且谱分

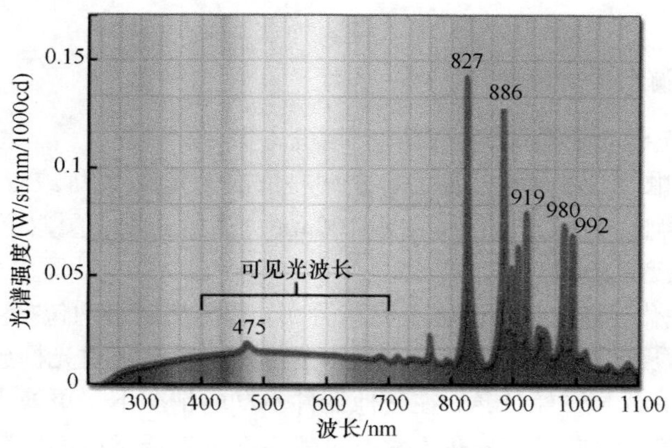

图 8-3-4　氙灯典型的发射光谱分布

http://zeisscampus.magnet.fsu.edu/articles/lightsources/xenonarc.html

布与自然光较为接近，因此比较适用于以定量分析为目的的荧光光谱仪。氙灯中所充氙气气压大致在 40～60 大气压之间，使用寿命大致在 1500～2000 小时。氙灯在紫外和可见区光谱好，但价格相对较高。

4) 高压汞灯：汞蒸气电弧放电

高压汞灯发光强度较强，约为相同功率卤钨灯的几十倍。谱中有大量的锐线发射峰，如图 8-3-5 所示。高压汞灯使用寿命较短，通常只有 200 小时。

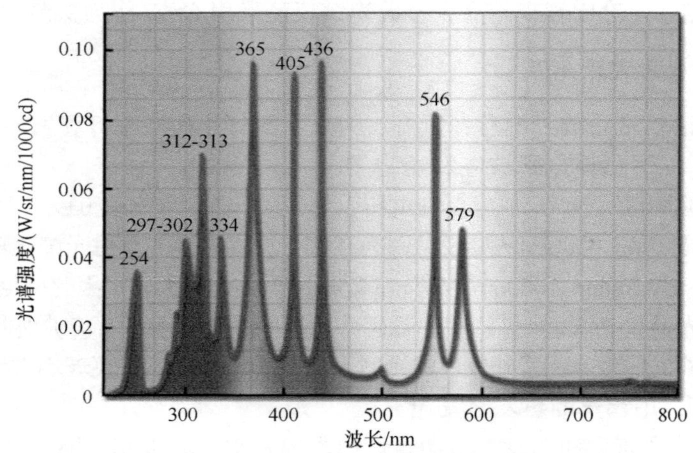

图 8-3-5 汞灯的典型发射光谱分布

http://zeiss-campus.magnet.fsu.edu/articles/lightsources/mercuryarc.html

5) 发光二极管：电子与空穴湮灭发光

单色性较上述白光源好得多，可以根据应用需要分别选择合适波长的 LED 光源。光谱带宽通常是 50nm 左右。光源稳定性优异，寿命可达数万小时。

【实验内容】

1. 透射光栅光谱仪的设计

选用透射光栅、变换透镜、白屏、相机。

(1) 搭建如图 8-3-6 所示光路，自左向右依次为光源(汞灯或者白光 LED)、狭缝、准直透镜(可选择直径 50mm，焦距 100mm)、透射光栅、透镜(可选直径 50mm，焦距 100mm 或者 150mm)、白屏。

(2) 调整优化光路，观察白屏上光谱分布。具体注意事项包括：光源尽可能靠近狭缝；准直透镜位置距离狭缝基本是 1 倍焦距；紧贴透射光栅放置变换透镜；在变换透镜后焦面上放置白屏。在其他器件不动的情况下，更换光源即可观察到对应的光谱分布，如果光谱分布太大，可考虑在准直透镜前面安装光阑。

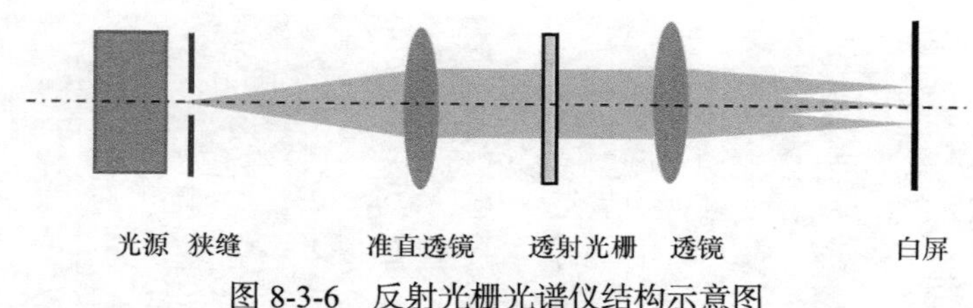

图 8-3-6　反射光栅光谱仪结构示意图

(3) 移走变换透镜和白屏，更换为成像镜头和相机。

(4) 运行“光栅光谱仪分析软件”，点击“打开相机”即可看到光谱图，旋转要分析的区域，点击“系统标定”。(思考：为何要进行标定？)

(5) 点击“灰度曲线”，得到像素与灰度的对应曲线，找到 0 级和三条特征谱线，如图 8-3-7(a)所示得到汞灯光谱。分别将 576.9nm、546.0nm、491.6nm 和 0 级位置的像素坐标输入，点击“多项式拟合”，即可获取标定参数，并将参数保存，同时右下角显示光谱数据。

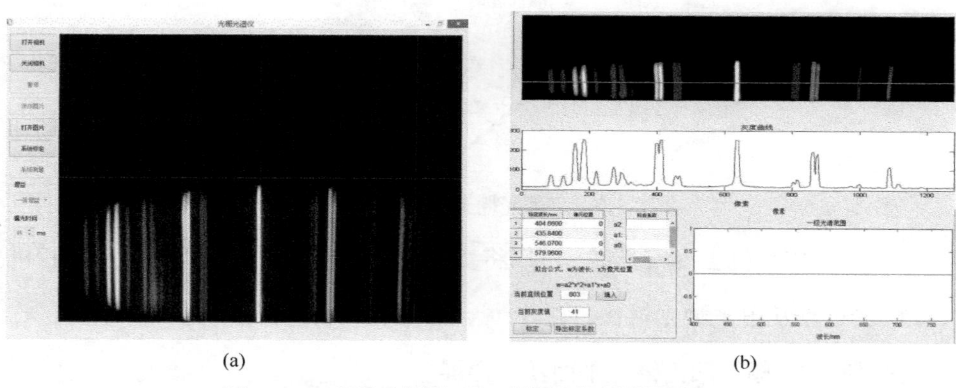

(a)　(b)

图 8-3-7　光谱采集图(a)与系统标定和测量界面(b)

注意观察和分析在白屏上看到的光谱线与 CCD 接收显示屏上显示的光谱线有什么不同?

(6) 更换白光 LED 光源，获得光谱数据。图 8-3-8 为白屏上 LED 的光谱图。

2. 反射光栅光谱仪的设计

选用反射光栅、变换透镜、白屏、相机。

(1) 搭建如图 8-3-9 所示光路，自左向右依次为光源(汞灯或者白光 LED)、狭缝、准直透镜(可选择直径 50mm，焦距 100mm)、反射光栅(可选择 150 线/mm)、透镜(直径 50mm，焦距 100mm)和白屏。

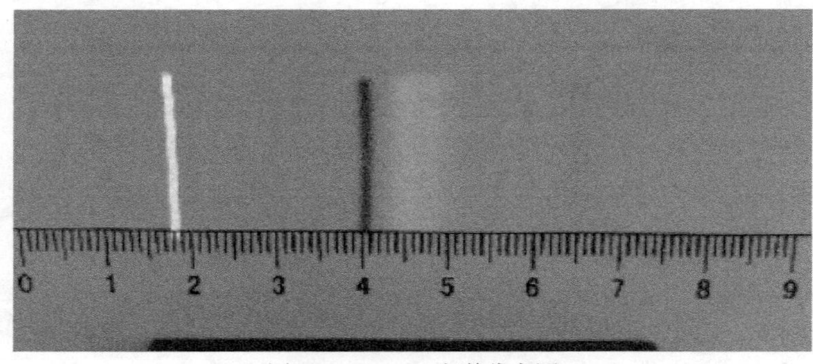

图 8-3-8　LED 光谱分布图

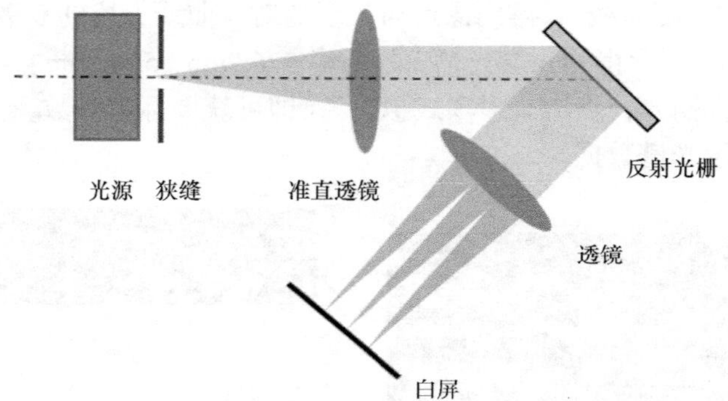

图 8-3-9　反射光栅光谱仪结构示意图

(2) 如果用相机去观察光谱，可以将变换透镜和白屏更换为成像镜头和相机。

3. 折返型反射光栅光谱仪的设计

选用反射光栅、凹面镜、平面镜、白屏。

(1) 搭建如图 8-3-10 所示光路，自左向右依次为光源(汞灯或者白光 LED)、

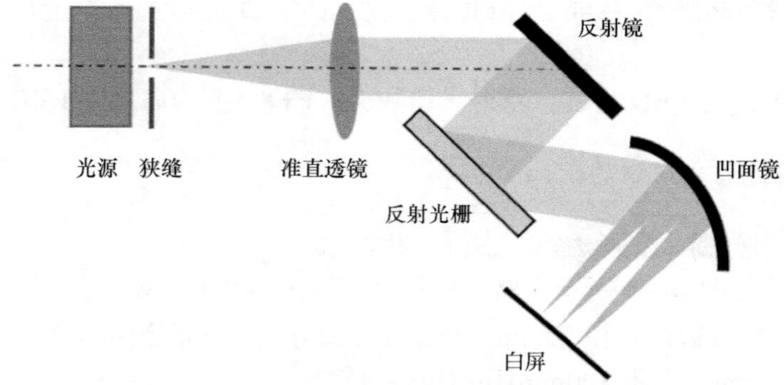

图 8-3-10　折返型反射光栅光谱仪设计示意图

狭缝、准直透镜(可选择直径 50mm，焦距 100mm)、反射镜、反射光栅(可选择 150 线/mm)、变换透镜(直径 50mm，焦距 100mm)，白屏。

(2) 如果用相机观察光谱，可以将白屏更换为相机。

4. 试利用自行设计的光栅光谱仪测试某样品，并根据光谱图分析样品成分和含量

【注意事项】

光路调试过程中需要注意的问题如下。

【思考题】

1. 将光栅旋转 180°会发生什么情况？90°呢？
2. 影响光谱仪定标精度的因素有哪些？其中主要因素是什么？
3. 光阑在光学谱设计中的作用是什么？
4. 采用不同的光学元件设计的光谱仪各有什么优势和劣势？

1. 光路调整问题

(1) 调同轴：通过激光器尽可能将各个元件的光轴调到同一平面上。对平面镜(包括平面光栅)，以其通过中心点的光轴为准，这样可大幅提高光路的质量和效率。

(2) 保证平行光入射到光栅表面：透镜成的像应在凹面镜的焦点处，而各镜面之间的角度过大会引入更多的像差。

(3) 缓、慢、准调节光学元件：调节各个镜面的俯仰角时，要边观察后方成像边缓慢旋转调节螺丝，切不可心急而用力过猛。光学实验是精密的，有耐心才有可能得到较好的实验结果。

2. 器件使用问题

(1) 在用 CCD 接收光谱之前应注意入射光强，防止光强过大损坏 CCD。

(2) 使用其他光源时，如果光强较大，注意遮挡，避免眼睛直视。

(3) 根据设计或选定的光路进行元器件的选择，选择时注意所取的元器件的规格、参数确定符合实验要求后方可进行实验。

(4) 光学元件怕脏、潮、霉等，避免手与光学元件表面直接接触。

(5) 将光学元件放置到指定位置之后应检查是否固定，防止意外掉落造成损坏。

3. 仪器遮光罩对光谱仪的影响

选择用反射光栅和两块凹面镜的光谱仪结构，加上仪器罩进行遮光实验，

观察白屏或显示屏上的光谱显示效果。改变仪器罩上的通光狭缝，再观察其变化情况。

【参考文献】

[1] 袁波, 杨青. 光谱技术及应用. 杭州: 浙江大学出版社, 2019.
[2] 杨福家. 原子物理学. 3 版. 北京: 高等教育出版社, 2000.
[3] 陆同兴, 路轶群. 激光光谱技术原理及应用. 2 版. 北京: 中国科学技术大学出版社, 2009.
[4] 李民赞. 光学分析技术及其应用. 北京: 科学出版社, 2006.

附　录

1. 实验常用激光器及其性能参数(附表 1)

附表 1　实验常用激光器及其性能参数

名称	输出 主波长/nm	输出功率 /mW	输出 方式	激光管长度/谐 振腔长度/m	脉宽	单脉冲能量	峰值 功率
氦氖激光器	632.8	40～50	连续	1.0～1.5			
半导体激光器	650.4	4～10	连续	不详			
半导体泵浦的倍频激光器	533.0	10 ~ 50	连续	不详			
Ar^+激光器	457.9 488.0 514.5	(50～20)×10^3	连续	0.5～2.0			
掺钛蓝宝石飞秒激光器	800	400	脉冲	1.0-1.5	30fs	～10^{-9}nJ	～10^6W
氙灯泵浦调*Q*-YAG 激光器	1064		脉冲	～1.0	20ns	150mJ	～10^6W
半导体泵浦调 Q-YAG 激光器	1064		脉冲	～1.0	60ns	100mJ	～10^6W

2. 氦氖激光电源使用说明

使用激光器前请仔细阅读本说明，按顺序操作：

(1) 将氦氖激光器末端的插头插到氦氖激光电源上；

(2) 将氦氖激光电源的插头插到电源插座上；

(3) 开启激光电源的开关；

(4) 如果激光器没有起辉，应迅速关闭激光电源开关，适当顺时针调整电流电位器，再次开启电源开关，直至出光，然后将电流调到额定电流位置；

(5) 激光器起辉后调整电流电位器，使工作电流在 4.5～5mA 之间；

(6) 使用完毕，应先关闭激光电源开关，再拔下电源插头和激光器插头，顺序不可颠倒。

特别注意：

严禁空载使用氦氖激光电源，即禁止在未接上激光器插头时开启激光电源的开关。

其他高功率激光器的使用说明详见各个相关实验项目的附录。

3. 常用化学处理药液

1) 几种常用的化学处理药液

A. 显影液

显影液呈碱性，是将曝光后的卤化银底片进行化学处理，使其中因曝光形成的金属银沉积下来，显出灰度。灰度等级由金属银粒子的密度确定，密度越高，黑度越高。显影时间根据不同实验目的和材料情况确定，一般靠经验。显影液有多种配方，需要按照实验的不同选用。

附表 2 列出了常用的三种显影液的配方，其中 D-19 是硬调显影剂，不易得到线性记录，适合于振幅型全息图的显影；D-76 属软调显影剂，适用于要求线性较好、灰度梯度较为丰富的全息图的显影，如傅里叶变换全息图和像面全息图等；D-72 也属软调显影剂，但比 D-76 稍硬些。

附表 2　常用的三种显影液的配方

药名＼药量＼型号		D-19	D-72	D-76
添加顺序↓	蒸馏水(50℃)	600ml		
	米吐尔	2g	3g	2g
	无水亚硫酸钠	90g	45g	100g
	对苯二酚	8g	12g	5g
	无水碳酸钠	48g	73g	—
	溴化钾	5g	2g	—
	硼砂(粒状)	—	—	2g
	加蒸馏水至 1000ml			

注意：药品必须按顺序投入蒸馏水中，待前一种药完全且充分溶解后，才能放入第二种药，否则药液会出现沉淀，影响药效。下同。

B. 定影液

定影液是将显影后的底片中未发生反应的卤化银清洗干净，只留下变黑的金属银微粒，以免感光乳剂再次曝光，因此定影后的底片不必再避光。常用定影液型号为 F-5，其配方见附表 3。

附表 3　F-5 定影液配方

药品名称	药量
蒸馏水(50℃)	600ml
硫代硫酸钠	240g
无水亚硫酸钠	15g
冰醋酸	13.5ml
加蒸馏水至 1000ml	

C. 漂白液

漂白处理过程是将振幅型底片转变为相位型，漂白剂通过氧化作用把显影形成的金属银还原成透明的卤化银，而使振幅分布转变为相位分布或厚度分布。漂白液的种类很多，大致分为两类，一类形成折射率型底片，另一类形成表面浮雕型底片。这里仅介绍常用的几种漂白液配方，见附表 4 和附表 5。

附表 4　折射率型漂白液配方

①铁漂白液	
药品名称	药量
蒸馏水	600ml
铁氰化钾	15g
溴化钾	15g
加蒸馏水至 1000ml	

②改进的 R-10 柔化漂白液			
A 液		B 液	
药品名称	药量	药品名称	药量
蒸馏水	600ml	蒸馏水	600ml
重铬酸铵	20g	氯化钠	45g

续表

②改进的 R-10 柔化漂白液			
浓硫酸	14ml	(或溴化钾)	92g
		(或碘化钾)	128g
加蒸馏水至	1000ml	加蒸馏水至	1000ml

方法：将 1 份 A 液和 1 份 B 液混合，加 10 份蒸馏水使用，待黑色褪去，再浸泡 1min，流水冲洗。混合后的溶液有效期限为 24h。

③溴化铜漂白液	
药品名称	药量
蒸馏水	600ml
溴化铜	60g
加蒸馏水至 1000ml	

附表 5　表面浮雕型漂白液配方

①R-10 柔化漂白液			
A 液		B 液	
药品名称	药量	药品名称	药量
蒸馏水	600ml	蒸馏水	600ml
重铬酸铵	20g	氯化钠	45g
浓硫酸	14ml		
加蒸馏水至	1000ml	加蒸馏水至	1000ml

方法 1：将 1 份 A 液和 1 份 B 液混合使用，底片显影后先漂白，经流水冲洗，再放入定影液清除卤化银。混合后的溶液有效期限为 24h。

方法 2：将 1 份 A 液和 1 份 B 液混合，加 5 份蒸馏水使用，底片显影后先定影后漂白，待黑色褪去，再浸泡 1min，流水冲洗。混合后的溶液有效期限为 24h。

②改进的铁漂白液	
药品名称	药量
蒸馏水	600ml
重铬酸钾	19g
溴化钾	28g
铁氰化钾	19g
醋酸	5ml
明矾	25g
加蒸馏水至 1000ml	

2) 底片的常规处理流程

底片，包括照相底片和专用于全息照相的干板，卤化银乳胶板是使用最为普遍的一类全息干板，其常规处理流程如下：

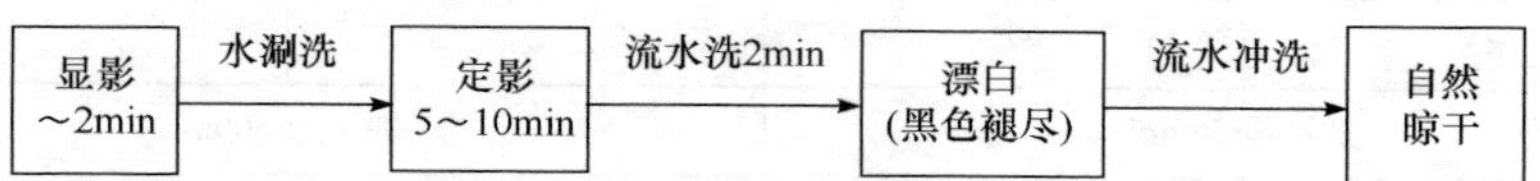

上述流程中，漂白处理并不是必须的，根据具体实验要求而定。

3) 底片的特殊处理

A. 国产 Hodo-R 型银盐全息干板的特殊处理

国产 Hodo-R 型银盐全息干板是一种全彩色全息超微粒干极，它对红、绿、蓝三色激光都敏感，因此常用于制作真彩色反射型全息图，其化学后处理方法与常规的单色感光材料有很大区别，其处理步骤如下。

(1) 鞣化处理：在鞣化试剂中浸泡 6min 后水洗 5s。

(2) 显影：在 CWC2 型显影液中浸泡，显影至干板呈灰色，时间为 3min。

(3) 水洗 3min。

(4) 漂白：在 PBU-Q 型乳化漂白液中浸泡直到全白。

(5) 流水冲洗 10min。

(6) 自然晾干。

附表 6 是相关药液的配方。

附表 6　Hodo-R 型全彩色银盐全息干板化学后处理药液配方

鞣化试剂配方	
药品名称	药量
蒸馏水	600ml
无水碳酸钠	5g
溴化钾	2g
甲醛(福尔马林 37%)	10ml
加蒸馏水到 1000ml	

CWC2 型显影液配方			
A 液		B 液	
药品名称	药量	药品名称	药量
蒸馏水(50℃)	300ml	蒸馏水(50℃)	300ml
邻苯二酚	10g	无水碳酸钠	30g
抗坏血酸(维生素 C)	5g		

续表

CWC2 型显影液配方			
无水亚硫酸钠	5g		
尿素	50g		
加水至 500ml		加水至 500ml	
用法：将 A 液和 B 液以 1∶1 混合使用，有效时间为 24h。			

PBU-Q 型乳化漂白液配方	
药品名称	药量
蒸馏水	600ml
溴化铜	1g
过硫酸钾	10g
柠檬酸	50g
溴化钾	20g
对苯二酚(或二氨酚)	1g
加蒸馏水至 1000ml　　注意：配制完 6h 后再使用	

注意：药品按顺序投入蒸馏水中，必须待前一种药完全且充分溶解后，才能放入第二种药，否则药液会出现沉淀，影响药效。下同。

B. 航微一号银盐感光胶片的特殊处理

航微一号银盐感光胶片是专用于实验 3.5 彩色编码摄影的记录材料，其化学后处理方法与一般黑白摄影胶片有很大区别，其处理流程为：

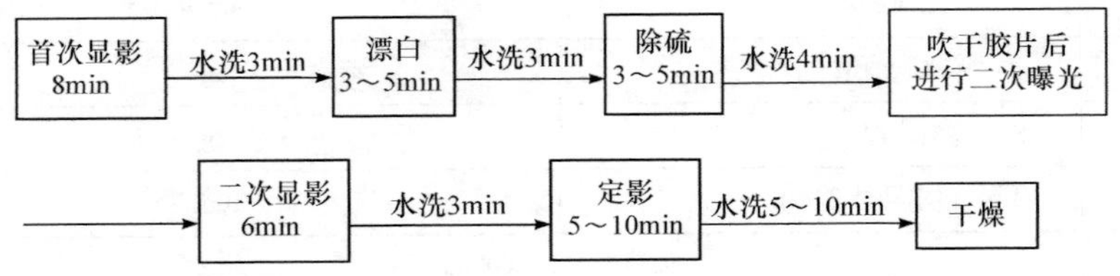

附表 7 是相关药液的配方。

附表 7　航微一号银盐感光胶片的化学后处理药液配方

首显液配方		R-9 漂白液	
蒸馏水(50℃)	600ml	蒸馏水	600ml
米吐尔	5g	重铬酸钾	9.5g
无水亚硫酸钠	90g	加蒸馏水至	1000ml

续表

首显液配方		R-9 漂白液	
对苯二酚	5g	浓硫酸	12ml
无水碳酸钠	15g	CB-2 除硫液	
溴化钾	2g	无水亚硫酸钠	210g
硫氰酸钾	2g		
加蒸馏水至 1000ml		加蒸馏水至 1000ml	
二显液配方		F-5 定影液	
蒸馏水(50℃)	600ml	蒸馏水	600ml
米吐尔	5g	硫代硫酸钠	240g
无水亚硫酸钠	90g	无水亚硫酸钠	15g
无水碳酸钠	15g	硼酸	7.5g
溴化钾	2g	冰醋酸	13.5ml
		硫酸铝钾	15g

C. HR-1 型银盐全息干板(厚)的化学后处理药液配方

HR-1 型银盐全息干板感光胶膜比较厚，适合于记录反射型体全息图，其成分与常用的天津 I 型全息干板略有差别，因此化学后处理方法也不尽相同，这里给出几种专用的药液配方，见附表 8 和附表 9(注：定影液仍用 F-5)。

附表 8　HR-1 型银盐全息干板显影液配方

药品名称	药量
蒸馏水(50℃)	600ml
菲尼酮	2g
无水亚硫酸钠	30g
对苯二酚	8g
无水碳酸钠	60g
加蒸馏水至 1000ml	

附表 9　专用漂白液配方

①EDTA 漂白液		②“铜”漂白液	
药品名称	药量	药品名称	药量
蒸馏水(50℃)	600ml	蒸馏水(50℃)	600ml
铁钠盐 (乙二胺四乙酸钠铁盐)	30g	溴化铜	1g
溴化钾	30g	过硫酸钾	10g
浓硫酸	10ml	柠檬酸	50g
		溴化钾	20g
加蒸馏水至 1000ml		加蒸馏水至 1000ml